国家出版基金项目
NATIONAL PUBLICATION FOUNDATION

主　编　周　钟
副主编　杨静熙　张　敬　蔡德文
　　　　蒋　红　廖成刚　游　湘

大国重器

中国超级水电工程·锦屏卷

重大工程地质问题研究

李文纲　杨静熙　刘忠绪　巩满福　郑汉淮　等　编著

中国水利水电出版社
www.waterpub.com.cn
·北京·

内 容 提 要

本书系国家出版基金项目《大国重器　中国超级水电工程·锦屏卷》之《重大工程地质问题研究》分册。本书针对锦屏一级水电站坝高 305.0m 的世界第一高混凝土双曲拱坝和高地应力区大型地下洞室群极其复杂的地质环境，对影响工程勘察和建设的复杂地质背景下区域构造稳定性、大消落深水库库岸稳定性、工程建设坝址的选择、左岸深部裂缝对建坝条件的影响、特殊地质条件下坝区岩体工程地质分类及参数选取、特高拱坝坝基岩体稳定性、左岸抗力体工程地质、高地应力条件下大型洞室群围岩变形破坏与稳定性、高陡边坡稳定性等重大工程地质问题，采用以工程地质宏观分析判断为主、定量计算评价为辅的方法进行了系统论述、评价，既有工程地质问题在不同勘测设计阶段勘察和研究的重点内容、研究思路和方法的总结，又有工程地质问题在一般工程和锦屏一级工程研究异同的总结。

本书可供水电、水利、岩土、交通等相近领域的勘察与设计人员、施工与监理人员、建设业主以及高等院校相关专业的师生参考。

图书在版编目（ＣＩＰ）数据

重大工程地质问题研究 / 李文纲等编著. -- 北京：
中国水利水电出版社，2022.3
　　（大国重器　中国超级水电工程. 锦屏卷）
　　ISBN 978-7-5226-0599-9

　　Ⅰ.①重… Ⅱ.①李… Ⅲ.①水利水电工程－工程地质－研究－凉山彝族自治州 Ⅳ.①P642.427.12

中国版本图书馆CIP数据核字(2022)第056003号

书　　名	大国重器　中国超级水电工程·锦屏卷 **重大工程地质问题研究** ZHONGDA GONGCHENG DIZHI WENTI YANJIU
作　　者	李文纲　杨静熙　刘忠绪　巩满福　郑汉淮　等 编著
出版发行	中国水利水电出版社 （北京市海淀区玉渊潭南路 1 号 D 座　100038） 网址：www.waterpub.com.cn E-mail：sales@mwr.gov.cn 电话：(010) 68545888（营销中心）
经　　售	北京科水图书销售有限公司 电话：(010) 68545874、63202643 全国各地新华书店和相关出版物销售网点
排　　版	中国水利水电出版社微机排版中心
印　　刷	北京印匠彩色印刷有限公司
规　　格	184mm×260mm　16 开本　23.25 印张　566 千字
版　　次	2022 年 3 月第 1 版　2022 年 3 月第 1 次印刷
定　　价	**198.00 元**

《大国重器 中国超级水电工程·锦屏卷》编撰委员会

《重大工程地质问题研究》
编 撰 人 员

主　　编　李文纲

副 主 编　杨静熙　刘忠绪　巩满福　郑汉淮

参编人员　舒建平　孙　云　王　刚　冉从彦

　　　　　吉华伟　陈长江　苏建德　吕章应

　　　　　周英华

锦绣山河，层峦叠翠。雅砻江发源于巴颜喀拉山南麓，顺横断山脉，一路奔腾，水势跌宕，自北向南汇入金沙江。锦屏一级水电站位于四川省凉山彝族自治州境内，是雅砻江干流中下游水电开发规划的控制性水库梯级电站，工程规模巨大，是中国的超级水电工程。电站装机容量 3600MW，年发电量 166.2 亿 kW·h，大坝坝高 305.0m，为世界第一高拱坝，水库正常蓄水位 1880.00m，具有年调节功能。工程建设提出"绿色锦屏、生态锦屏、科学锦屏"理念，以发电为主，结合汛期蓄水兼有减轻长江中下游防洪负担的作用，并有改善下游通航、拦沙和保护生态环境等综合效益。锦屏一级、锦屏二级和官地水电站组成的"锦官直流"是西电东送的重点项目，可实现电力资源在全国范围内的优化配置。该电站的建成，改善了库区对外、场内交通条件，完成了移民及配套工程的开发建设，带动了地方能源、矿产和农业资源的开发与发展。

拱坝以其结构合理、体形优美、安全储备高、工程量少而著称，在宽高比小于 3 的狭窄河谷上修建高坝，当地质条件允许时，拱坝往往是首选的坝型。从 20 世纪 50 年代梅山连拱坝建设开始，到 20 世纪末，我国已建成的坝高大于 100m 的混凝土拱坝有 11 座，拱坝数量已占世界拱坝总数的一半，居世界首位。1999 年建成的二滩双曲拱坝，坝高 240m，位居世界第四，标志着我国高拱坝建设已达到国际先进水平。进入 21 世纪，我国水电开发得到了快速发展，目前已建成了一批 300m 级的高拱坝，如小湾（坝高 294.5m）、锦屏一级（坝高 305.0m）、溪洛渡（坝高 285.5m）。这些工程不仅坝高、库大、坝身体积大，而且泄洪功率和装机规模都位列世界前茅，标志着我国高拱坝建设技术已处于国际领先水平。

锦屏一级水电站是最具挑战性的水电工程之一，开发锦屏大河湾是中国几代水电人的梦想。工程具有高山峡谷、高拱坝、高水头、高边坡、高地应力、深部卸荷等"五高一深"的特点，是"地质条件最复杂，施工环境最恶劣，技术难度最大"的巨型水电工程，创建了世界最高拱坝、最复杂的特高拱坝基础处理、坝身多层孔口无碰撞消能、高地应力低强度比条件下大型地下洞室群变形控制、世界最高变幅的分层取水电站进水口、高山峡谷地区特高拱坝施工总布置等多项世界第一。工程位于雅砻江大河湾深切高山峡谷，地质条件极其复杂，面临场地构造稳定性、深部裂缝对建坝条件的影响、岩体工程地质特性及参数选取、特高拱坝坝基岩体稳定、地下洞室变形破坏等重大工程地质问题。坝基发育有煌斑岩脉及多条断层破碎带，左岸岩体受特定构造和岩性影响，卸载十分强烈，卸载深度较大，深部裂缝发育，给拱坝基础变形控制、加固处理及结构防裂设计等带来前所未有的挑战，对此研究提出了复杂地质拱坝体形优化方法，构建了拱端抗变形系数的坝基加固设计技术，分析评价了边坡长期变形对拱坝结构的影响。围绕极低强度应力比和不良地质体引起的围岩破裂、时效变形等现象，分析了三轴加卸载和流变的岩石特性，揭示了地下厂房围岩渐进破裂演化机制，提出了洞室群围岩变形稳定控制的成套技术。高拱坝泄洪碰撞消能方式，较好地解决了高拱坝泄洪消能的问题，但泄洪雾化危及机电设备与边坡稳定的正常运行，对此研究提出了多层孔口出流、无碰撞消能方式，大幅降低了泄洪雾化对边坡的影响。高水头、高渗压、左岸坝肩高边坡持续变形、复杂地质条件等诸多复杂环境下，安全监控和预警的难度超过了国内外现有工程，对此开展完成了工程施工期、蓄水期和运行期安全监控与平台系统的研究。水电站开发建设的水生生态保护，尤其是锦屏大河湾段水生生态保护意义重大，对此研究阐述了生态水文过程维护、大型水库水温影响与分层取水、鱼类增殖与放流、锦屏大河湾鱼类栖息地保护和梯级电站生态调度等生态环保问题。工程的主要技术研究成果指标达到国际领先水平。锦屏一级水电站设计与科研成果获1项国家技术发明奖、5项国家科技进步奖、16项省部级科技进步奖一等奖或特等奖和12项省部级优秀设计奖一等奖。2016年获"最高的大坝"吉尼斯世界纪录称号，2017年获中国土木工程詹天佑奖，2018年获菲迪克（FIDIC）工程项目杰出奖，2019年获国家优质工程金奖。锦屏一级水电站已安全运行6年，其创新技术成果在大岗山、乌东德、白鹤滩、叶巴滩等水电工程中得到推广应用。在高拱坝建设中，特别是在300m级高拱坝建设中，锦屏一级水电站是一个新的里程碑！

本人作为锦屏一级水电站工程建设特别咨询团专家组组长，经历了工程建设全过程，很高兴看到国家出版基金项目——《大国重器　中国超级水电工程·锦屏卷》编撰出版。本系列专著总结了锦屏一级水电站重大工程地质问题、复杂地质特高拱坝设计关键技术、地下厂房洞室群围岩破裂及变形控制、窄河谷高拱坝枢纽泄洪消能关键技术、特高拱坝安全监控分析、水生生态保护研究与实践等方面的设计技术与科研成果，研究深入、内容翔实，对于推动我国特高拱坝的建设发展具有重要的理论和实践意义。为此，推荐给广大水电工程设计、施工、管理人员阅读、借鉴和参考。

中国工程院院士

2020 年 12 月

千里雅江水，高坝展雄姿。雅砻江从青藏高原雪山流出，聚纳众川，切入横断山脉褶皱带的深谷巨壑，以磅礴浩荡之势奔腾而下，在攀西大地的锦屏山大河湾，遇世界第一高坝，形成高峡平湖，它就是锦屏一级水电站工程。在各种坝型中，拱坝充分利用混凝土高抗压强度，以压力拱的型式将水推力传至两岸山体，具有良好的承载与调整能力，能在一定程度上适应复杂地质条件、结构形态和荷载工况的变化；拱坝抗震性能好、工程量少、投资节省，具有较强的超载能力和较好的经济安全性。锦屏一级水电站工程地处深山峡谷，坝基岩体以大理岩为主，左岸高高程为砂板岩，河谷宽高比1.64，混凝土双曲拱坝是最好的坝型选择。

目前，高拱坝设计和建设技术得到快速发展，中国电建集团成都勘测设计研究院有限公司（以下简称"成都院"）在20世纪末设计并建成了二滩、沙牌高拱坝，二滩拱坝最大坝高240m，是我国首座突破200m的混凝土拱坝，沙牌水电站碾压混凝土拱坝坝高132m，是当年建成的世界最高碾压混凝土拱坝；在21世纪初设计建成了锦屏一级、溪洛渡、大岗山等高拱坝工程，并设计了叶巴滩、孟底沟等高拱坝，其中锦屏一级水电站工程地质条件极其复杂、基础处理难度最大，拱坝坝高世界第一，溪洛渡工程坝身泄洪孔口数量最多、泄洪功率最大、拱坝结构设计难度最大，大岗山工程抗震设防水平加速度达0.557g，为当今拱坝抗震设计难度最大。成都院在拱坝体形设计、拱坝坝肩抗滑稳定分析、拱坝抗震设计、复杂地质拱坝基础处理设计、枢纽泄洪消能设计、温控防裂设计及三维设计等方面具有成套核心技术，其高拱坝设计技术处于国际领先水平。

锦屏一级水电站拥有世界第一高拱坝，工程地质条件复杂，技术难度高。成都院勇于创新，不懈追求，针对工程关键技术问题，结合现场施工与地质条件，联合国内著名高校及科研机构，开展了大量的施工期科学研究，进行科技攻关，解决了制约工程建设的重大技术难题。国家出版基金项目——《大国重器　中国超级水电工程·锦屏卷》系列专著，系统总结了锦屏一级水电站重大工程地质问题、复杂地质特高拱坝设计关键技术、地下厂房洞室群围岩破裂及变形控制、窄河谷高拱坝枢纽泄洪消能关键技术、特高拱坝安全监控分析、水生生态保护研究与实践等专业技术难题，研究了左岸深部裂缝对建坝条件的影响，建立了深部卸载影响下的坝基岩体质量分类体系；构建了以拱端抗变形系数为控制的拱坝基础变形稳定分析方法，开展了抗力体基础加固措施设计，提出了拱坝结构的系统防裂设计理念和方法；创新采用围岩稳定耗散能分析方法、围岩破裂扩展分析方法和长期稳定分析方法，揭示了地下厂房围岩渐进破裂演化机制，评价了洞室围岩的长期稳定安全；针对高拱坝的泄洪消能，研究提出了坝身泄洪无碰撞消能减雾技术，研发了超高流速泄洪洞掺气减蚀及燕尾挑坎消能技术；开展完成了高拱坝工作性态安全监控反馈分析与运行期变形、应力性态的安全评价，建立了初期蓄水及运行期特高拱坝工作性态安全监控系统；锦屏一级工程树立"生态优先、确保底线"的环保意识，坚持"人与自然和谐共生"的全社会共识，协调水电开发和生态保护之间的关系，谋划生态优化调度、长期跟踪监测和动态化调整的对策措施，解决了大幅消落水库及大河湾河道水生生物保护的难题，积极推动了生态环保的持续发展。这些为锦屏一级工程的成功建设提供了技术保障。

　　锦屏一级水电站地处高山峡谷地区，地形陡峻、河谷深切、断层发育、地应力高，场地空间有限，社会资源匮乏。在可行性研究阶段，本人带领天津大学团队结合锦屏一级工程，开展了"水利水电工程地质建模与分析关键技术"的研发工作，项目围绕重大水利水电工程设计与建设，对复杂地质体、大信息量、实时分析及其快速反馈更新等工程技术问题，开展水利水电工程地质建模与理论分析方法的研究，提出了耦合多源数据的水利水电工程地质三维统一建模技术，该项成果获得国家科技进步奖二等奖；施工期又开展了"高拱坝混凝土施工质量与进度实时控制系统"研究，研发了大坝施工信息动态采集系统、高拱坝混凝土施工进度实时控制系统、高拱坝混凝土施工综合信息集成系统，建立了质量动态实时控制及预警机制，使大坝建设质量和进度始终处于受控状态，为工程高效、优质建设提供了技术支持。本人多次到过工程建设现场，回忆起来历历在目，今天看到锦屏一级水电站的成功建设，深感工程建设的艰辛，点赞工程取得的巨大成就。

本系列专著是成都院设计人员对锦屏一级水电站的设计研究与工程实践的系统总结，是一套系统的、多专业的工程技术专著。相信本系列专著的出版，将会为广大水电工程技术人员提供有益的帮助，共同为水电工程事业的发展作出新的贡献。

　　欣然作序，向广大读者推荐。

中国工程院院士　钟登华

2020 年 12 月

  混凝土拱坝作为拱梁共同传力的超静定承载结构，具有超载力量强、抗震性能好、工程量与投资节省的优点，从 20 世纪 50 年代梅山连拱坝建设开始，在 20 世纪末和 21 世纪初我国水电开发中得到了广泛的发展。自 20 世纪 90 年代初期雅砻江二滩拱坝（坝高 240m）开始建设、1998 年 7 月投产发电，至 2015 年大渡河大岗山拱坝（坝高 210m）投产发电，我国已陆续建成投产了雅砻江二滩（坝高 240m）、锦屏一级（坝高 305m），金沙江溪洛渡（坝高 285.5m），大渡河大岗山（坝高 210m），澜沧江小湾（坝高 294.5m），黄河拉西瓦（坝高 250m），乌江构皮滩（坝高 232.5m）等 7 座坝高超过 200m 的拱坝。先后于 2020 年 6 月、2021 年 6 月投产发电的金沙江乌东德、白鹤滩拱坝坝高分别达 270m、289m。在这些特高拱坝的勘测设计和建设过程中遇到了一系列复杂的重大工程地质问题，这些重大难题的勘察查明、设计论证与施工处理对特高拱坝的建坝安全性和技术经济性有着重大的意义。锦屏一级坝高 305m，为当今世界第一高坝，其独特的"两高一深"（高边坡、高地应力、深卸荷）地质特点带来的一系列高山峡谷区高坝大库工程区域构造稳定性、水库库岸稳定性、拱坝拱座及抗力体岩体稳定性、大型地下洞室群围岩稳定性、高陡岩质边坡稳定性等重大工程地质问题的勘察最具有代表性。我很高兴看到国家出版基金项目——《大国重器 中国超级水电工程·锦屏卷》之《重大工程地质问题研究》专著编撰出版，也很高兴为其撰序。

  锦屏一级水电站于 2005 年 11 月正式开工建设，2014 年 7 月全部 6 台机组投产发电，随着锦屏一级水电工程建设的顺利投产发电，工程地质勘察手段和方法的应用，区域地质、水库和枢纽工程地质条件的查明，重大工程地质问题的分析评价等的研究论证结论成功得到了验证，其工程地质勘察研究论证处于国内外领先水平。

  在工程地质勘察的手段和方法方面，适时采用行业新技术、新方法来提高勘察精度和工作效率，如 SM 植物胶冲洗液护壁与 SD 钻具取芯技术、绳索取芯技术被广泛应用于软弱夹层和深孔钻进，断层、挤压破碎带、滑坡滑带等软弱岩带岩芯采取率和品质大大提高；地震层析成像（地震 CT）、地震浅层反射等物探技术应用于探测深部裂缝、变形体、滑坡体等不良地质体的空间展布；高清晰数码摄影地质编录技术、三维激光扫描技术广泛应用于前期地质测绘、施工阶段地质编录；采用"水电水利工程地质三维数字化平台"（GeoSmart）的三维地质模型建模技术建立了枢纽区三维地质模型。

在重大工程地质问题的分析研究方面，复杂地质背景下区域构造稳定性研究，重点解决了锦屏山断裂的槽台边界断裂、历史演变及其分段活动性问题，以及潜在震源区划分与变化问题；高坝大消落深水库库岸稳定性研究，重点解决了近坝库段呷爬、水文站滑坡和三滩右岸变形体对工程的影响评价；工程建设坝址选择研究，查明了小金河口至景峰桥长 21km 河段的地质条件及其建高坝适宜性，拟定了 4 个比较坝址，完成了推荐坝址比较与选择；选定坝址左岸深部裂缝对建坝条件的影响研究，则通过大量勘探平洞揭示变形破坏迹象的分布规律及其成因机制，查明了深部裂缝是深山峡谷高地应力特定地质条件下的边坡深卸荷拉裂体系；特殊地质条件下岩体工程地质特性、分类及参数选取研究，查明了深部裂缝岩体工程地质特性，深入分析了其不同发育状况对岩体质量的影响，建立了考虑深部裂缝影响的坝基岩体质量分级体系；300m 级特高拱坝坝基岩体稳定性研究，查明了河床风化卸荷岩体特性和可利用性，首次在河床坝基利用了微新、弱卸荷的 $Ⅲ_1$ 级岩体，减小了坝基开挖；高地应力条件下大型洞室群围岩变形破坏与稳定性研究，查明了施工开挖期围岩变形破坏类型、特征、规律及其成因机制，评价了破坏后的围岩质量；左岸抗力岩体工程地质研究，查明了基本地质条件及专门处理对象工程地质性状，提出了处理建议，施工期开展了大量检测、监测并评价了灌浆处理效果；左岸高达 530m 的工程边坡稳定性研究查明了边坡坡体结构和高高程砂板岩倾倒变形、左坝头变形拉裂岩体、大范围卸荷岩体的变形破坏成因模式，以地质宏观判断和合适的定量计算综合评判了边坡稳定性，以边坡坡体结构、可能失稳模式为基础，提出了相应的处理建议。

对上述问题的工程地质勘察、分析评价、论证研究代表了我国水电行业的最新、最高水平，处于世界领先水平。

为系统总结锦屏一级水电站工程地质勘察和研究所取得的经验和成就，

推广和应用 300m 级特高拱坝、高地应力条件下大型地下洞室群、500m 级岩质高边坡等水电工程地质勘察和评价的新技术、新方法及研究思路、原则，中国电建集团成都勘测设计研究院一批长期从事锦屏一级地质勘察的工程技术人员编撰了国家出版基金项目——《大国重器　中国超级水电工程·锦屏卷》之《重大工程地质问题研究》专著确是必要和适时之举，可供今后类似水电工程地质勘察和研究借鉴。

专著内容丰富且全面，系统总结了 20 多年来锦屏一级工程地质勘察的艰难历程和丰硕成果，分九个重大工程地质问题，对勘察方法和手段的应用、勘察布置原则进行了总结，并系统地对工程地质问题的研究方向、内容及其研究思路、方法、过程和成果进行了总结，所提出的研究思路与具体工作方法对类似工程类似问题的研究具有重要的指导作用。

我国水能资源丰富，随着水电开发的逐渐西移，尤其是实施国家战略雅鲁藏布江下游水电开发建设的勘察设计和工程实施，将遭遇更为复杂的地质条件和难度更大的工程地质问题，这既是严峻的挑战，也是新的发展机遇，水电工程地质工作者任重道远。相信专著的出版将会为广大工程地质技术人员提供一定的帮助，让我们共同为我国现代化建设事业和工程地质事业的发展作出新的贡献。

中国工程院院士　王思敬

2021 年 12 月

中国水能资源极其丰富，理论蕴藏量达 6.76 亿 kW，可开发装机容量高达 3.78 亿 kW。为贯彻国家科学开发水电并做好生态环境保护的重要指导思想，20 世纪国家提出了体现全国水电发展战略的十二大水电基地规划。锦屏一级水电站正是十二大水电基地规划之一的雅砻江干流下游河段（卡拉至江口）的控制性水库梯级电站，位于四川省凉山彝族自治州盐源县和木里县境内，其上游为卡拉水电站，下游为锦屏二级水电站。

锦屏一级水电站枢纽由挡水大坝、泄洪消能、引水发电等永久建筑物组成。水电站地处中国西部的深山峡谷地区，位于青藏高原向四川盆地过渡的斜坡地带，地形地质条件极其复杂，工程规模巨大，技术难度高，尤其是混凝土双曲拱坝最大坝高达 305.0m，为世界第一高坝，其地质勘察和设计技术水平处于世界前列，是国内外专家公认的"地质条件最复杂，施工环境最恶劣，技术难度最大"的巨型水电工程，正如我国水电工程界泰斗、中国科学院和中国工程院两院院士潘家铮所说"三峡最大，锦屏最难"。

锦屏一级水电站地处两岸相对高差超过 1500m 的雅砻江大河湾西侧的深切高山峡谷地区，位于锦屏山断裂西侧，工程区工程地质条件和水文地质条件极为复杂，具有"两高一深"（高边坡、高地应力、深卸荷）的独特地质特点，工程面临的复杂性工程地质难题前所未有。重大工程地质问题主要包括以下 9 项：复杂地质背景下区域构造稳定性、大消落深水库库岸稳定性、工程建设坝址的选择、左岸深部裂缝对建坝条件的影响、特殊地质条件下坝区岩体工程地质分类及参数选取、特高拱坝坝基岩体稳定性、左岸抗力体工程地质、高地应力条件下大型洞室群围岩稳定性、高陡边坡稳定性。针对九大工程地质问题，开展了大量的地质调查与测绘、勘探、试验，通过独立开展和联合国内高校、科研机构开展了多达 30 余项的专题研究和科研工作，取得了丰富的研究成果，全面解决了这些重大工程地质问题给工程设计带来的难题，保障了电站的顺利建设和投产发电。

本书根据锦屏一级水电站 20 多年对九个重大工程地质问题的勘察、专题研究、科研工作成果的总结编撰而成。本书第 1 章介绍了工程概况、基本地质条件、重大工程地质问题、勘察方法及其应用成果。第 2 章针对复杂地质背景下区域构造稳定性，介绍了锦屏山断裂的槽台边界认识及其分段活动性，地震统计区带、潜在震源区的变化，提出了不同概率下的基岩地震动参数，对区域构造稳定性进行了分区分级评价。第 3 章针对大消落深水库库岸稳定性，介绍了库区地质条件及工程地质分段，论述了蓄水后库岸变形破坏规律和典型库岸稳定性。第 4 章在工程建设坝址的选择研究中，介绍了河段地质条件及 4 个比较坝址拟定过程，完成了推荐坝址比较与选择。第 5 章针对锦屏一级首次揭示的左岸深部裂缝对建坝条件的影响，介绍了深部裂缝发育的地质特征和发育规律，论述了深部裂缝成因机制及其对建坝条件影响。第 6 章在坝区岩体工程地质分类及参数选取研究中，有针对性地介绍了考虑深部裂缝影响的坝基岩体质量分级体系，以及岩体与结构面参数选取。第 7 章在特高拱坝坝基岩体稳定性研究中，介绍了 300m 级特高拱坝建基岩体选择原则与关键因素，论述了坝基岩体变形、坝肩岩体抗滑、坝基岩体渗漏与渗透稳定等关键工程地质问题。第 8 章在左岸抗力体工程地质研究中，着重介绍了抗力体岩体可灌性与灌浆评价标准，以及工程综合处理效果。第 9 章在典型的高地应力条件下大型地下洞室群围岩稳定性研究中，重点介绍了地下洞室群围岩工程地质条件、厂房位置及洞室轴线的确定，论述了洞室群开挖期围岩变形破坏和成因机理等。第 10 章针对高陡边坡稳定性的研究，重点介绍了边坡岩体结构、坡体结构特征和自然边坡稳定性分区，论述了不同坡体结构下的工程边坡的稳定性，介绍了高位危岩体勘察的方法、手段和稳定性、危害性评判的标准和等级划分。第 11 章总结了主要研究成果并提出高拱坝水电工程需关注的主要工程地质问题。

本书第 1 章由杨静熙、巩满福、郑汉淮、刘忠绪编写，第 2 章由刘忠绪、郑汉淮、陈长江编写，第 3 章由刘忠绪、舒建平、孙云编写，第 4 章、第 5 章由杨静熙、刘忠绪、巩满福编写，第 6 章由杨静熙、王刚编写，第 7 章由杨静熙、舒建平、吕章应编写，第 8 章由杨静熙、孙云、冉从彦编写，第 9 章由刘忠绪、苏建德、陈长江编写，第 10 章由杨静熙、吉华伟、冉从彦编写，第 11 章由李文纲、刘忠绪编写。周英华参与了部分章节的图件处理。全书由李文纲、杨静熙、周钟策划，李文纲、杨静熙、刘忠绪统稿，成都理工大学严明教授审稿。

本书总结、提练了锦屏一级水电站各阶段工程地质勘察成果、专题研究成果和施工期重大科研成果。参与科研的单位主要有成都理工大学、中国科学院地质与地球物理研究所、中国地震局地质研究所、中国地质大学（武汉）、四川大学、河海大学、西南交通大学、中国水利水电科学研究院等近20家科研院所；施工期科研项目由雅砻江流域水电开发有限公司资助。勘察研究过程中，各勘察、专题研究、重大科研成果均得到了水电水利规划设计总院的技术指导和审查。在此一并表示诚挚的谢意！

本书在编写过程中得到了中国电建集团成都勘测设计研究院有限公司各级领导和同事的大力支持与帮助，中国水利水电出版社为本书的出版付出了诸多辛劳，在此一并表示衷心感谢！

限于作者水平，书中不妥之处，恳请批评指正！

作者

2021 年 12 月

目　录

第 1 章

概论

　　锦屏一级水电站位于四川省凉山彝族自治州盐源县和木里藏族自治县境内，是雅砻江干流下游河段（卡拉至江口）的控制性水库梯级电站，其上游梯级从上游到下游依次是孟底沟、杨房沟、卡拉水电站，下游梯级从上游到下游依次为锦屏二级、官地、二滩和桐子林水电站。锦屏一级水电站混凝土双曲拱坝高达305m，既是已建成的世界最高拱坝，也是已建成的世界第一高坝。

　　水电站所在锦屏大河湾地区处于青藏高原向四川盆地过渡的横断山极大起伏高山区，地貌上多属侵蚀山地，地形上多为高山峡谷，两岸谷坡陡峭，形成切割深度为2000～2500m的典型深切峡谷。锦屏大河湾在大地构造部位上处于著名的"川滇菱形断块"东部，由理塘—前波断裂所分割的Ⅲ级断块雅江—九龙断块南部，周边各边界断裂活动强烈，是现代地震活动的发震构造，使得锦屏大河湾地区和工程区区域地震地质背景极其复杂。

　　水电站所处两岸相对高差达1500～2000m的深切高山峡谷地区，和极其复杂的区域地震地质背景、地质构造背景，导致工程区地质条件和水文地质条件极为复杂，不仅有高达1500～2000m的峡谷高陡斜坡，还有明显的钻孔饼芯、平洞片帮及实测最大达35～40MPa的高—极高地应力条件，以及有河流快速下切、谷坡急剧抬升带来的强烈物理地质作用，除发育大量的滑坡、崩塌、变形体之外，坝址区左岸还发育有典型的深卸荷（深部裂缝）现象，是国内外专家公认的"地质条件最复杂，施工环境最恶劣，技术难度最大"的巨型水电工程。这些复杂的地质条件给300m级特高拱坝工程带来了诸如复杂地质条件的勘察评价、300m级特高拱坝的结构设计及基础处理设计，以及高山峡谷复杂地形条件区的施工组织等一系列关键技术问题，这些技术问题也都是世界级难题。

1.1　主要地质特点

　　锦屏一级工程极其复杂的地质条件体现在几个方面：区域构造稳定性总体较差中相对稳定的区域地质背景，高陡边坡，硬、脆大理岩和变质砂岩，众多的断层、层间挤压错动带、节理裂隙，复杂且强烈的岸坡岩体变形破坏，高地应力环境，复杂多变的左右岸地下水径流体系等，其中最重要、影响最大的条件可以概化为"两高一深"（高边坡、高地应力、深卸荷）条件。这三个条件单独或和其他地质条件的组合，给锦屏一级工程地质勘察带来了诸多工程地质难题，也给世界第一高拱坝和其他枢纽建筑物的设计、施工带来了高难度的技术问题。

　　1. 高边坡

　　高边坡在锦屏一级有两个含义：一个是高差达1500～2000m的天然岸坡。锦屏一级所在雅砻江锦屏大河湾地区新构造运动强烈，中更新世晚期以来，雅砻江快速下切，最大切割深度达2000m，两岸岸坡高程一般在3000.00～3800.00m，呈现出坡高谷深的典型深切河谷特点，岸坡相对高差大，最大坡高达2000m。

　　另一个是高度普遍在300～500m的工程开挖边坡。枢纽工程三大建筑物开挖形成的工程边坡主要有左右岸坝顶及缆机平台开挖边坡、左右岸拱肩槽开挖边坡、电站及泄洪洞进水口（含引渠内侧）开挖边坡、开关站与混凝土系统开挖边坡、二道坝与水垫塘开挖边坡、泄洪雾化区边坡等。这些工程开挖边坡规模都很巨大，其中两岸坝肩边坡均在 400m 以上，左岸坝肩边坡最高达 530m（坝顶高程 1885.00m 以上最大坡高 225m），其边坡开挖支护工程是世界上最复杂地质条件的坝肩高陡边坡治理工程；电站进水口及泄洪洞进口边坡高约 300m；两岸泄洪雾化区边坡高也近 300m。

天然边坡高陡，首先会给前期地质勘察带来较多的困难，如勘探工程量比常规工程大，施工便道修建难度高，平洞、钻孔等交叉作业安全风险大，勘探周期延误的可能性大。

其次，天然边坡越高，受内外营力联合作用的改造越强烈，岸坡岩体各种成因机制的变形破坏越强烈、越复杂，岩体越破碎，两岸高位危岩体发育分布多，边坡稳定性越差，对工程安全、周边环境的影响越大，需要进行专门的地质勘察、评价和支护处理。

再次，边坡高度高，规模效应、尺寸效应会更加放大，同样的地质问题对边坡稳定性的不利影响会随着坡高增加而不断加大，到一定高度后量变会引起质变。尤其是进入 21 世纪后，随着中国水电开发建设往更西部转移，水电工程的规模越来越大，二滩、小湾、锦屏一级、溪洛渡、大岗山、龙滩、构皮滩等 14 个已建水电工程出现了多个坡高 300m 以上的特高边坡，一些严重的边坡稳定问题比 20 世纪建设的规模较小的边坡工程更加突出。对锦屏一级工程而言，坡高在 1000m 以上的天然边坡，其左岸临江边的中下部有深部裂缝发育，其稳定性现状、未来发展演化趋势及其工程边坡开挖后变化趋势的分析、评价，右岸顺向坡薄—中厚层大理岩中层间挤压错动带发育，贯通性好，天然边坡稳定性现状、工程开挖边坡稳定性的分析、评价，都是高陡边坡带来的典型工程地质问题。

2. 高地应力

锦屏一级水电站工程区地处青藏高原向四川盆地过渡的斜坡地带，随着青藏高原的快速隆升并向东部扩展推移，从而在青藏高原周边，扬子地台西缘部位形成和发育了大量挽近期以来有强烈走滑和逆冲性质的活动性断裂，导致区域地壳应力有较高的内动力条件。已有研究成果显示，工程区现今构造应力场为 NW—NWW 向主压应力场。另外，工程区谷坡高陡，相对高差达 1500～2000m，自重应力量值高。上述两种应力叠加，加之由于地壳内、外动力地质作用的剧烈交织与转化，强烈影响河谷动力学演化过程，地壳抬升，河谷深切，河谷应力迅速释放、分异和调整，造成工程区天然状态下岩体地应力高，且分布十分复杂。勘察发现钻孔出现饼芯、平洞出现片帮等应力集中现象，24 组孔径法空间地应力测试、10 孔水压劈裂法平面应力测试的成果表明，坝区为高—极高地应力区，最大主应力 σ_1 量值达 30～40MPa，方向与岸坡近于垂直，倾向坡外。

峡谷地区水电工程的发电建筑物多布置在两岸山体内，同时由于装机规模大，往往形成大型地下洞室群。高度较高的大坝，尤其是坝高 200m 以上的特高拱坝，对地基要求高，大部分需要开挖至微新岩体，坝基挖深大、边坡开挖高，可能会挖至岸坡应力增高集中带。由于地应力赋存环境和工程作用效应的复杂性，大型地下洞室群、特高拱坝坝基及边坡的勘察不可避免地遇到一系列重大工程地质问题，其中地下洞室群围岩变形稳定、特高拱坝坝基和边坡岩体开挖卸荷等高地应力问题尤为突出。

高地应力条件下，在岩石卸荷力学特性、复杂岩体地质结构特征、开挖方法、支护时机与方式等多重因素作用下，岩体变形破坏表现出以应力、岩石强度、结构面控制及其复合控制为主、破坏形式多样、机理复杂的特征，已远超出已有工程经验认识。具体体现在高—极高地应力区，天然状况下，微新、无卸荷岩体嵌合紧密，岩体工程地质性状好，但坝基、洞室或边坡开挖后，发生卸荷松弛、岩体应力释放、转移再集中后，会带来岩体的岩爆、劈裂、弯折、卸荷回弹等变形破坏，岩体损伤程度高，工程地质性状劣化严重，给坝基与帷幕岩体质量、地下洞室围岩分类及稳定性、边坡稳定性带来极大的不利影响和处理的技术难题。

3. 深部裂缝（深卸荷）

左岸深部裂缝在 1992 年年初平洞勘探揭示，之后，经过大量的勘探试验，基本查明了深部裂缝在上游Ⅱ勘探线到下游 A 勘探线长约 1km，距岸坡水平深 50~330m 内均有发育，裂缝主要发现于Ⅵ—A 勘探线高程 1720.00~1820.00m、Ⅱ—Ⅰ勘探线高程 1780.00m 附近洞段和高程 1900.00m 以上的砂板岩部位，多发育在坚硬的变质砂岩和大理岩中，岩质相对软弱的板岩中少见。深部裂缝一般成带出现，在大理岩中最大宽度可达 12m，砂板岩中最大宽度可达 13.5m。依据张开宽度、充填物特征等，将深部裂缝（带）划为Ⅰ级、Ⅱ级、Ⅲ级、Ⅳ级四个等级，其中Ⅰ级最大张开宽度大于等于 20cm，Ⅳ级累计张开宽度小于 3cm。深部裂缝发育段在地震波、声波波速特征上大多表现为低波速异常，平均纵波波速值 $V_p = 1400~3500m/s$，岩体完整性系数 K_v 仅为 0.08~0.4，变形模量 $E_0 = 0.8~1.6GPa$。

深部裂缝的发育展布特征与规律、工程地质性状、成因机制，都超过了中国水电工程界已有的工程经验与认识，一经勘探揭示，就成为坝区最重大的工程地质问题之一，给工程勘察与评价带来了众多的工程地质难题。

深部裂缝的地质特征、连通性、变形破坏程度及其成因机制的判断与认识，直接影响到对深部裂缝及其左岸岸坡当前变形破坏阶段和今后发展演化趋势的分析、判断，进而影响到对山体稳定性的分析、判断，这些都关系到对普斯罗沟坝址工程地质条件的认识与评价，关系到坝址与坝型的比较选择。深部裂缝空间展布规律及其不同岸坡段变形破坏程度的差异，在坝址与坝型选定后影响到坝轴线选择与枢纽建筑物布置，进一步影响到左岸坝基建基岩体的选择与评价、左岸坝基与抗力体深部裂缝岩体变形稳定评价与加固处理地质建议、坝基深部裂缝发育段防渗帷幕深度建议与处理地质建议、还有坝肩边坡尤其是坝顶以上边坡、拱肩槽上游侧坡左坝头变形拉裂岩体大块体的稳定性评价。

1.2 重大工程地质问题

独特的"两高一深"地质条件，既给工程地质勘察带来了诸多地质难点、难题，也给世界第一高拱坝和其他枢纽建筑物的设计、施工带来了高难度的技术问题。将"两高一深"带来的诸多难点、难题按问题性质、研究主要内容、涉及工程建筑物进行适当合并、归类，可归并为以下九个重大工程地质问题。从 20 世纪 80 年代末期开始，到 2014 年锦屏一级全部建成投产发电，20 多年来，通过几代地质工程师的努力，由"两高一深"带来的诸多重大技术难点、难题一一被攻克，为后续各设计专业提供了大量翔实而准确的地质资料，并在施工建设中得到充分验证。本书针对这些重大工程地质问题，对地质勘察新技术、新方法及应用效果，研究的主要内容及实现的方法、思路，最终的地质勘察成果进行了分析、归纳、整理、总结，梳理出了一系列复杂地质条件下 300m 级特高拱坝重大工程地质问题地质勘察的成功经验，对解决相关重大工程地质问题有了一套较为成熟和有效的勘察方法和流程，也形成了区域地质、高坝深库、特高拱坝与高地应力区大型地下洞室群、高陡边坡勘察等一系列核心技术，可供后续同类工程的地质同行参考。

1. 复杂地质背景下区域构造稳定性

锦屏一级水电站工程区所在雅砻江锦屏大河湾地区，所处"川滇菱形断块"的边界断裂均为多期继承性活动的断裂带，喜山期以来印度洋板块向欧亚板块的强烈推挤，使得在青藏高原急剧抬升的同时，"川滇菱形断块"总体上向南东方向推移，导致上述各边界断裂均发生了强烈的水平剪切错动，成为现代地震活动的发震构造，使得工程区地质构造背景和地震地质背景均很复杂，"区域构造稳定性"问题突出，需要开展工程区外围的大范围到中等范围再到小范围的相关区域地震地质背景的充分研究、论证，从中选择一个区域构造相对稳定的场地来建设锦屏一级水电站。

"复杂地质背景下区域构造稳定性"这一重大工程地质问题的主要研究内容、研究过程和研究成果与同期勘察的同类工程基本相同，比较有锦屏特色、能反映锦屏大河湾地区极其复杂区域地质条件的研究内容则有五部分：①包括大地构造部位、区域地质构造概况、新构造运动等的区域地震地质背景研究；②从坝址东侧外围约 2km 处通过的锦屏山断裂，是否是扬子准地台—甘孜褶皱系之间的大地构造槽台界线，并且它的分段活动性怎样尤其是工程所在中段的活动性怎样，对工程场地构造稳定性的影响较大；③地震统计区带、潜在震源区划分与确定；④地震动参数及其"5·12"汶川地震后的复核；⑤区域构造稳定性分级分区评价。

2. 大消落深水库库岸稳定性

锦屏一级水库处于中国西部雅砻江下游高山峡谷中，水库区自然地形地质条件极其复杂，小金河支库区小金河断裂、木里弧形断裂发育段，崩塌、滑坡众多，泥石流沟发育，水库库岸在蓄水后的稳定问题突出，尤其是近坝库岸距大坝近，如果失稳破坏则会对大坝造成较大影响，对下游人民生命财产安全威胁大，需要高度重视。高坝大库尤其是深消落条件下的岸坡稳定性，是锦屏一级需要解决的重大工程地质问题之一。

研究方向与主要研究内容可以细化如下：首先是查明水库区基本地质条件，完成库岸工程地质分段；其次是蓄水前库岸稳定性评价；再次是蓄水后库岸稳定性变化特征；最后是不同结构的典型岸坡可能的失稳破坏模式和滑移边界条件，稳定性分析评价。

3. 工程建设坝址的选择

雅砻江小金河口—景峰桥长约 21km 的锦屏一级选址河段内，工程地质条件极为复杂，主要表现在：①河段处于印支期地槽向地台过渡的边缘地带，构造挤压强烈，初始地应力高；②河段内地层岩性复杂，各类岩石物理力学性质差异较大；③河段主要为纵向谷，谷坡陡峻，外动力地质作用强烈，谷坡稳定性问题较突出。由于河段这些复杂的地形地质条件，给"工程建设坝址选择"带来了一系列较复杂的工程地质问题，给坝址、坝型选择带来了极大的难度与挑战。

"工程建设坝址的选择"所涉及的一系列工程地质问题，归纳起来主要研究内容有两大部分：①完成小金河口—景峰桥长约 21km 河段工程地质特征及其分段建高坝条件研究，完成四个比较坝址的初拟，并开展相应的勘探试验工作；②初步查明、分析评价各比较坝址工程地质条件、建坝地质条件和主要枢纽建筑物工程地质条件，比较分析各坝址及主要建筑物工程地质条件，完成代表性坝址推荐和坝址坝型选择研究。

4. 左岸深部裂缝对建坝条件的影响

坝区左岸发现的"深部裂缝"是锦屏一级水电站工程特有（或者说是水电工程中第一个揭示、第一个认识到并命名）的地质现象，深部裂缝的展布、成因及其对建坝条件影响研究，是锦屏一级工程最重大的工程地质问题，涉及对山体稳定性、建坝条件影响的评价，在预可行性研究阶段对坝址选择有重大的影响，在可行性研究阶段对坝轴线选择和枢纽建筑物布置有重大影响。

"左岸深部裂缝对建坝条件的影响"这个最重大工程地质问题研究，根据在不同阶段的研究内容与工程的关系，可以细化为左岸边坡地质背景、深部裂缝发育特征与规律、深部裂缝成因机制和深部裂缝对建坝条件的影响研究四个部分，其中建坝条件研究又可以进一步细化为对山体稳定性影响和对坝基变形稳定、抗滑稳定、渗透稳定及泄洪雾化区边坡稳定性影响等研究。

5. 坝区岩体工程地质分类及参数选取

锦屏一级具有"两高一深"的地质特点，影响岩体工程地质特性的地质因素众多，且作为第一座坝高超 300m 的混凝土双曲拱坝，拱坝对岩体质量要求高，因此，"坝区岩体工程地质分类及参数选取"就成为锦屏一级工程的一个最关键的工程地质问题。

这个重大工程地质问题根据研究方向和内容可以划分为坝区结构面研究、坝区岩体质量工程地质分类研究、坝区岩体与结构面参数选取研究和地下洞室群围岩工程地质分类研究四个方面：①坝区结构面研究是完成结构面规模分级、性状分类研究；②坝区岩体质量工程地质分类研究是完成工程地质岩组划分、岩体结构特征研究，重点是左岸深部裂缝对岩体质量影响，完成岩体质量工程地质分类，开挖后开展必要的物探检测和补充试验，对岩体质量分级进行复核研究；③坝区岩体与结构面参数选取研究是根据坝区岩体质量分级、结构面分类开展试验，对试验成果归类、统计、分析，完成参数选取，并在开挖后进行复核研究；④地下洞室群围岩工程地质分类研究是深入分析影响围岩工程地质分类的岩性岩组与岩石强度、岩体完整性、结构面与地下水状况、地应力状况等因素，完成围岩工程地质分类与参数选取研究。

6. 特高拱坝坝基岩体稳定性

锦屏一级 305m 高拱坝为世界第一高坝，其特高拱坝坝基地质条件极其复杂，如岩性复杂，断层、层间挤压错动带、绿片岩、煌斑岩脉等各种规模、类型的地质缺陷较发育，河床及两岸低高程岩体地应力高，复杂地基岩体质量评价与利用研究具有世界级难度。因此，作为世界最高坝，复杂地质条件下的"特高拱坝坝基岩体稳定性"是又一个世界级的重大工程地质问题。

研究问题主要包括：坝基岩体质量分级与可利用岩体研究，坝基岩体变形稳定、渗透稳定及坝肩岩体抗滑稳定评价，f_2、f_5、f_8、f_{13}、f_{14}、f_{18} 断层及煌斑岩脉等地质缺陷对坝基稳定影响的评价，提出处理的地质建议和处理效果检测标准，完成处理效果评价。

7. 左岸抗力体工程地质

锦屏一级水电站左岸抗力体高程约 1810.00m 以上为普遍风化卸荷拉裂强烈的砂板岩，1810.00m 以下为大理岩夹少量绿片岩，还有一条宽 1.5～4.9m 贯穿抗力体的煌斑岩脉。除发育有 f_2、f_5、f_8 等规模较大的断层外，第 6 层薄—中厚层大理岩中还发育有较多的顺层层间挤压错动带。在浅表部常规卸荷带以内、水平深度 120～200m 范围内还发育有Ⅲ级、Ⅳ级为主的深部裂缝。这些地质缺陷控制了坝基及抗力体岩体的变形稳定，对拱坝有很大的不利影响，因此，"左岸抗力体工程地质"研究具有十分重要的意义，同样是锦屏一级工程的一个重大工程地质问题。

"左岸抗力体工程地质"研究的主要内容有四个方面：①查明抗力体地质条件，完成分高程分区岩体质量评价，并根据处理洞室开挖揭示条件复核；②查明 f_2、f_5、f_8 断层与层间挤压错动带及煌斑岩脉、深部裂缝等专门处理地质缺陷的分布、工程地质性状，评价其水泥灌浆可灌性，提出复核后处理的地质建议，最主要的是开展普通水泥固结灌浆试验，分析研究其可灌性、灌后工程地质性状改善程度，提出不同类型地质缺陷的灌浆效果检查项目与指标；③开展各种检测与测试，完成系统处理和专门处理效果评价；④综合处理效果检查成果、抗力体各项监测成果，完成抗力体处理效果评价。

8. 高应力条件下大型洞室群围岩稳定性

锦屏一级水电站地下厂房洞室群布置于右岸山体内，装机容量 3600MW，洞室群中主厂房最大跨度 28.9m、最大高度 68.8m，洞室群规模巨大。地下厂房区围岩为三叠系中上统杂谷脑组第二段大理岩，岩石湿抗压强度一般为 60～75MPa，实测最大主应力达 35.7MPa，围岩强度应力比较低。高地应力条件下大型地下洞室群围岩工程地质特性及开挖后围岩变形破坏类型、规律、机理的研究难度极大，围岩长期稳定问题十分突出，这使得"高应力条件下大型洞室群围岩稳定性"研究同样是锦屏一级工程的重大工程地质问题之一。

根据锦屏一级地下厂房洞室区地质特点，"高应力条件下大型洞室群围岩稳定性"研究内容可以细化为五个方面：①查明高应力大跨度地下洞室群基本地质条件；②完成围岩分类和围岩稳定性评价；③分析、研究开挖期围岩变形稳定问题，尤其是在高地应力条件下的围岩变形特征、变形机理；④预测可能变形破坏模式；⑤提出加固处理和监测布置的地质建议，综合评价加固后的围岩稳定性。

9. 高陡边坡稳定性

锦屏一级水电站枢纽区自然边坡高陡，相对高差达 1500～2000m，且由于锦屏大河湾地区新构造运动强烈，地壳强烈抬升，雅砻江快速下切，使得工程区谷坡物理地质现象强烈、普遍且影响深度大，岸坡岩体在长期应力释放及重力等综合因素作用下卸荷强烈，其中左岸山体发育深部裂缝、边坡高高程砂板岩岩层倾倒变形、卸荷拉裂强烈；工程开挖后左岸坝肩边坡最高达 530m，开挖坡体内仍保留一部分深卸荷、倾倒变形、卸荷拉裂岩体。工程区谷坡强烈的物理地质作用，使得坝区自然岸坡呈现出独特的岩体结构和坡体结构，两岸岩体的倾倒变形、变形拉裂、卸荷及深卸荷、局部的平面滑塌等变形破坏现象随处可见，而且在开挖过程中，左右岸工程边坡都发生有新的变形破坏现象，因此，自然边坡和工程边坡稳定问题很突出，"高陡边坡稳定性"是锦屏一级工程又一个世界级的工程地质技术难题。

"高陡边坡稳定性"研究根据研究方向和内容可以细化为五个方面：①查明自然边坡地质条件；②分析、研究枢纽区边坡岩体结构与坡体结构，边坡已有变形破坏现象，完成自然边坡稳定性分区；③开展典型工程边坡可能失稳破坏模式及其稳定性预测评价，提出加固处理的地质建议；④开展典型工程边坡稳定性分析计算；⑤完成两岸高位危岩体勘察与评价，提出加固处理和监测的地质建议，并评价处理后的稳定性。

1.3 勘察方法与应用

工程地质勘察方法与手段是指为查明坝区及枢纽建筑物工程地质条件而进行的地质调查、地质测绘及勘探、试验研究工作的方法与手段，一般可分为地质测绘、工程勘探、工程物探、岩土体试验和计算机信息等几大类。

为初步查明各比较坝址及其初拟建筑物工程地质条件，选定坝址后查明并评价坝区地质条件、枢纽建筑物工程地质条件，查明岩土体工程地质特性及其参数，完成前述九个重大工程地质问题的勘察与研究，进行了大量的常规钻孔、平洞、坑槽探等工程勘探、工程物探、岩土体试验工作。

地质测绘方法与手段很多，其中工程地质测绘是最基本的方法，包括工程地质地层柱状图实测、平面测绘、剖面测绘。工程地质平面测绘中采用了当时比较新、比较先进的航卫片遥感测绘技术和陆地摄影平面地质测绘技术，进入21世纪后，在枢纽区高位危岩体测绘、开挖边坡地质编录中采用了三维激光扫描技术，快速地完成了远程测绘、地质编录与资料收集等。

工程勘探在锦屏一级工程中应用最多、最广泛的仍然是最常规的平洞、钻孔、竖井、坑槽等。各坝址区勘探中布置了大量的平洞、钻孔，水库滑坡、变形体和天然建材中的碎石土防渗土料、砂卵砾石料、黏土料等勘探中布置了少量的竖井、坑槽，并在其中取样进行了各种岩土体的物性与力学试验。

工程物探全称是地球物理勘探，是运用地球物理学的原理和方法，对地球的各种物理场分布及其变化进行观测，探索地球本体及近地空间的介质结构、物质组成、形成和演化，研究与其相关的各种自然现象及其变化规律。主要用于探测地下岩体结构、地质构造、软弱夹层和地下水、岩溶洞穴。锦屏一级工程一般采用的方法有地震波测试、声波测试、地震层析成像及钻孔全景图像等。声波测试在整个地质勘察阶段各个比较坝址均有使用，包括平洞声波、钻孔声波和承压板变形试验配套声波，按声波测试激发和接收形式可分为单孔声波和对穿声波。根据声波测试成果划分了岩体完整性 K_v，取得了不同风化程度岩石声波成果，还利用承压板变形试验及配套声波测试成果建立了岩体变形模量 E_0 与声波波速 V_p 的动静关系式。针对平洞岩体较破碎、声波测试无法取得数据或数据质量较差的情况，进行了少量地震波测试，取得了一定数据，并与声波进行了对比。此外勘察中还采用了地震层析成像、钻孔全景图像和伪随机流场法等。

岩土体试验包括大型现场试验和室内试验两种。常规的岩石室内试验、岩块或结构面室内中剪试验和岩体、结构面现场承压板变形试验，以及抗剪（断）试验，在锦屏一级工程前期十多年的地质勘察中，各个比较坝址均有应用，取得了很多资料，获得了坝区不同类型岩土体的物理力学性质及其参数。在坝区河床钻孔、两岸钻孔中开展了很多常规的钻孔压水试验，查明了不同岩性、不同类型岩体的透水性，相对隔水层的分布范围和埋深，以及两岸地下水位，为确定防渗帷幕深度和帷幕固结灌浆的范围及深度、参数提供了可靠的地质依据。

20 世纪末，随着计算机硬件、操作系统和应用软件的发展，计算机信息技术在水电站地质勘察中得到广泛应用，从一般的工程地质 CAD 制图、三维可视化，到工程地质数值计算、数值模拟，再到工程地质数据库、工程地质三维建模，锦屏一级都走在前列，在这些计算机信息技术的应用中取得了很多成果，并大量应用于设计。作为国内水电界第一批开始工程地质三维建模的工程之一，从 20 世纪 90 年代中后期开始初步的尝试，到2002 年可行性研究阶段后期，工程地质三维建模的大规模建设、应用，完成了生产精度的三维地质模型建立，再到 2004 年锦屏一级工程开始施工建设后，将三维设计融合到生产全过程中，实现了正向的生产—建模过程。

在工程开工建设之前的前期勘察阶段，利用已有勘探平洞、钻孔，针对岩土体性状的变化趋势而进行简易监测方法，一般情况下，具有便于观测、量测、记录且经济、实用的特点。锦屏一级水电站的简易地质观测主要针对坝区左岸边坡揭示出的深部裂缝开展，从1994 年起至 2003 年止，历时近十年，包括各个高程所有揭示了深部裂缝的平洞。采用的方法以最简单易行的洞底或洞壁连续水泥条带为主，辅以针对单条深部裂缝的水泥条带、玻璃条带等，连续观测。

在锦屏一级工程的勘察过程中，针对各阶段国内外各种先进的地质勘察新技术、新方法，与时俱进地引进、采用了 SM 植物胶钻进、地震层析成像（地震 CT）技术、三维激光扫描技术、三维地质模型建模技术、基于建基面岩体变形快速检测仪（YBKC-70）的坝面刚性承压板试验技术等一系列新技术、新方法，获得了大量成果（图 1.3-1～图 1.3-4 和表 1.3-1），最终较好地完成了全部工程地质重大技术问题的地质勘察和专题研究，取得的成果已全部应用于工程设计、施工中。

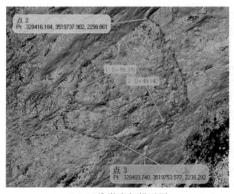

(a) 三维激光扫描云图　　　　　　　　　　　　(b) 危岩体实景

图 1.3-1　右岸 17 号危岩体及其三维激光扫描云图

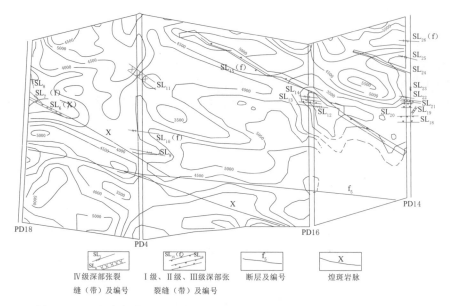

图 1.3-2 左岸高程 1780.00m 平切地震层析成像地质解译图（单位：m/s）

图 1.3-3 大坝建基面承压板法试验装置

在锦屏一级工程地质勘察过程中，通过对极其复杂地质条件的勘察，对坝区左岸深部裂缝、300m 级特高拱坝、高地应力区大型地下洞室、高陡边坡、特高拱坝大坝混凝土人工骨料等工程地质问题的勘察与研究，取得了大量的成果，通过对成果长期不断的分析、归纳、总结，逐步形成了深卸荷（深部裂缝）工程地质勘察与评价技术、高地应力区特高拱坝河床建基岩体可利用工程地质勘察与评价技术、复杂地质条件高陡岩质

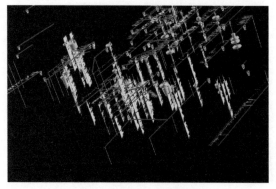

(a) 带有各种地质属性的勘探图元

(b) 三维地质模型

图 1.3-4 基于 GeoSmart 建立的锦屏一级水电站三维地质模型

边坡工程地质勘察与评价技术、高地应力低岩石强度应力比条件下大型地下洞室群工程勘察与评价技术等一系列中国西部地区复杂地质条件下水电工程地质勘察的关键技术，并大量应用于后续特高拱坝水电工程的勘察与设计。

表 1.3-1　　　　　　　　　工程地质勘察主要新技术及其成果汇总表

勘察技术 分类	名称	具 体 应 用	主 要 成 果	解决的工程地质问题
地质测绘	航卫片遥感测绘技术	（1）在锦屏大河湾地区的区域地质调查中，开展了从大河湾地区及其外围地区1∶200000航卫片，到大河湾地区1∶50000航卫片，再到锦屏一级工程区1∶25000航卫片的遥感地质调查，逐步往工程区逼近；（2）在高山峡谷区的库区地质调查中，对库区地形地貌、地层岩性、地质构造和崩塌、滑坡、泥石流等地质灾害进行了遥感地质调查	雅砻江锦屏大河湾的外围地区遥感地质研究报告（1∶200000）、大河湾地区遥感地质研究报告（1∶25000）、大河湾区域地质调查报告（1∶10000）和锦屏一级水电站坝段外围地质测绘报告（1∶25000）	（1）结合地面地质调查、测绘成果，研究了大河湾地区的地形地貌、地层岩性及地质构造形迹的延伸展布特征；（2）查明了库区地质条件和崩塌、滑坡、泥石流等地质灾害发育分布特征
	陆地摄影平面地质测绘技术	1992年年底解放沟吊桥建成通行前，三滩、解放沟、普斯罗沟坝址左岸的地质平面测绘都应用了这种地质测绘技术	预可行性研究阶段早期除水文站坝址之外的3个比较坝址地质平面图	解决了三滩、解放沟、普斯罗沟坝址左岸无法直接到达的工程地质测绘难题，辅助查明了坝址地质条件
	三维激光扫描技术	在国内水电水利工程首次应用，主要用于边坡结构面调查、高位危岩体工程地质测绘和拱坝坝基开挖后地质编录、定量化指标数理统计	坝基、边坡与高位危岩体各种扫描云图、高清晰照片和各种定量化指标统计成果及图，包括右岸猴子坡潜在不稳定岩体扫描图，右岸大坝建基面高程1810.00～1790.00m梯段岩体积节理数J_v等值线图等	（1）解决了坝基、边坡岩体结构面调查、定量化指标统计，完成了岩体质量分级与评价；（2）解决了高位危岩体几何形态、体积测量、结构面产状量测，完成了危岩体稳定性评价
	岩体结构精细测量技术	（1）前期地质勘察阶段大量应用于地面地质测绘、平洞工程地质分段中的岩体结构量化指标统计，一般采用5m×2m测网；（2）施工阶段大量应用于坝基、边坡地质编录，以开挖梯段低高程全断面精测为主，5m×2m测网加密补充	（1）前期地表测绘、平洞精测网素描图和各种岩体结构量化指标；（2）施工阶段坝基、边坡等精测网素描图和岩体质量指标RQD、岩体积节理数J_v、岩体块度系数RBI等岩体结构量化指标	获得了各级岩体质量指标、岩体体积节理数、岩体块度系数等结构量指标，完成了相应部位岩体质量分级与评价
	坝基岩体质量与损伤综合检测评价技术	施工阶段大量应用于坝基岩体质量与损伤综合检测评价，包括系统检测、随机检测，主要检测项目包括爆破与卸荷松弛声波检测、岩体质量声波检测、钻孔全景图像检测	查明了坝基各级岩体空间展布、延伸规律，获取了各级岩体和地质缺陷的岩体单孔声波、对穿声波、钻孔变模和岩体完整性系数等定量化指标	完成了开挖后坝基岩体质量和地质缺陷的评价，以及爆破开挖、卸荷松弛特征评价，为建基面加固处理提供了可靠的地质依据

勘察技术		具 体 应 用	主 要 成 果	解决的工程地质问题
分类	名称			
工程勘探	SM植物胶冲洗液配合SD钻具钻进技术	广泛应用于4个比较坝址水库滑坡、岸坡变形体和坝址河床覆盖层、断层等破碎带和软弱夹层的取芯	查明了各比较坝址水库滑坡、岸坡变形体和河床覆盖层、断层等破碎带和软弱夹层等工程地质特性	解决了4个比较坝址工程地质条件的评价问题
工程勘探	绳索取芯钻进技术	主要应用于深孔或孔壁不稳定的地层,预可行性研究阶段4个比较坝址主勘探线河床钻孔均有1个1倍坝高的300m级深孔应用了该项技术	取得了4个坝址断层、层间挤压错动带等破碎带,尤其是水文站坝址强烈风化卸荷破碎岩体较完整且质量较好的岩芯	解决了4个坝址断层、层间挤压错动带等破碎带钻孔取芯质量问题,保证了相关工程地质问题评价的准确性
工程物探	地震CT技术	(1)前期地质勘察阶段主要应用于在Ⅳ—Ⅵ线山梁边坡勘探、左岸坝头变形拉裂岩体边坡,查明深部裂缝、深卸荷松弛拉裂带的发育特征; (2)施工阶段应用于查明左岸f_2、f_5断层、煌斑岩脉和深部裂缝;右岸溶蚀裂隙等展布规律与工程地质性状	(1)前期获得了左岸深部裂缝的发育特征和展布规律的平切面、剖面地震层析成像波速等值线图和地质解译图; (2)施工阶段获得了左岸抗力体区断层、煌斑岩脉、深部裂缝展布和地下厂区防渗帷幕线上溶蚀裂隙、溶洞发育及空间分布形态的成像检测成果图	(1)前期解决、回答了深部裂缝的延伸展布规律,评价了其对坝基与抗力体岩体变形稳定的影响; (2)施工阶段查明了左岸抗力体区断层、煌斑岩脉、深部裂缝和地下厂区溶蚀裂隙、溶洞发育及空间分布形态,为加固处理设计提供了地质依据
工程物探	钻孔全景图像	(1)可研阶段后期钻孔勘探中开始少量应用,辅助进行钻孔地质资料编录; (2)施工阶段在各种检测中大规模采用,应用于判断岩体质量、软弱破碎带性状和各种灌浆效果,判断坝基岩体或洞室围岩松弛情况	(1)前期各个部位勘探钻孔的高清晰柱状全景图像; (2)施工阶段坝基开挖前后不同岩级岩体钻孔全景图像;坝基与左岸抗力体加固处理固结灌浆灌后水泥结石充填效果的钻孔全景图像;地下厂房围岩松弛的钻孔全景图像	(1)前期勘察阶段解决了取芯质量差钻孔地质资料的收集问题; (2)施工阶段解决了坝基、左岸抗力体加固处理水泥固结灌浆效果检查与评价问题,最终完成了坝基变形稳定评价问题; (3)施工阶段完成了地下洞室围岩破坏区、强烈松弛区和弱松弛区划分问题,完成了围岩稳定性评价
工程物探	伪随机流场法	水库蓄水阶段,应用于左岸坝基高程1595.00m排水洞涌水来源等的探测分析	查明了高程1595.00m排水洞内涌水主要来自山体地下水和下游河水,来自坝前库水的渗漏量较小	查清楚了高程1595.00m排水廊道渗漏水主要来源,间接证明了大坝帷幕处理效果良好
岩土体试验	破碎带现场原状样品非常规渗透变形试验	共进行了f_2断层主错带及影响带、f_5断层主错带、f_5与f_8断层影响带和f_{14}断层主错带及影响带4种软弱破碎岩体的现场渗透变形试验	获得了断层破碎带及影响带的渗透系数、破坏比降和允许破坏比降	解决了f_2、f_5、f_8、f_{14}等断层的渗透稳定性评价问题,并针对坝基岩体渗透稳定评价和帷幕处理设计提出了相应处理的地质建议

勘察技术		具 体 应 用	主 要 成 果	解决的工程地质问题
分类	名称			
岩土体试验	地下水连通试验	可行性研究阶段在右岸开展了食盐-电阻率法的地下水连通试验，采用在普斯罗沟锦屏山断层西侧大理岩段沟水中投放工业盐，在右岸PD7洞等各涌水点及地表泉点等地下水涌水点接收，实时、短间隔测量涌水点的电导率	获得了各接收点地下水电导率的变化情况，各接收点峰值到来时间、消退时间和地下水水流速度	解决了各接收点地下水与地表普斯罗沟投放点之间的水力联系规律研究问题，并应用于右岸地下水系的划分和坝厂联合防渗的地质建议
	深部裂缝连通试验	采用便于肉眼观测的影视专用彩色烟在左岸中高程1780.00m便道的勘探平洞和Ⅳ线、Ⅵ线山梁高高程、低高程平洞进行了烟雾连通试验，还开展了雨季渗滴水观测	试验表明深部裂缝相互之间连通性较差，基本不连通；中高程、低高程与地表连通性差，雨季基本不见渗滴水，高高程砂板岩中深部裂缝与地表有一定连通，雨季可见少量渗滴水	解决了深部裂缝延伸展布、连通特征的研究问题，并应用于深部裂缝成因机制的研究
	基于建基面岩体变形快速检测仪的坝面刚性承压板试验技术	跟随坝基开挖进度在两岸建基面开展了66点坝面φ40cm承压板变形试验，主要针对地质缺陷进行，对部分新鲜完整岩体也补充进行了试验。同时进行对应部位的配套声波测试，以便复核V_p—E_0对应关系	（1）利用坝面φ40cm原位承压板，结合灌排洞φ50cm承压板，复核并获得了各级岩体变形模量； （2）建立了变形模量E_{050}与穿声波V_{cp}的相关关系； （3）完成了坝基岩体质量检测评价和地质缺陷专门处理、坝基固结灌浆效果的检测评价	解决了各种验收评价问题
	底摩擦试验	通过模拟河谷下切，慢慢形成雅砻江河谷，直至深部裂缝出现，模拟深部裂缝的产生、发展、演化过程及发育分布规律	试验结果显示模拟产生的裂缝特征与左岸发现的深裂缝特征能较好地吻合	解决、回答了深部裂缝的成因机制之一，验证了深部裂缝是由于在河谷下切的作用下，三滩向斜核部坚硬岩层的释能作用产生滑脱造成
计算机信息	三维建模技术	在高精度三维地形面基础上，将物探、钻探、洞探、坑井、试验、地质编录、激光扫描、数码摄影等原始资料录入到数据中心，然后基于数据开展地质解析，完成交互式工程地质三维设计	（1）锦屏一级水电站三维地质模型； （2）模型构件包括15个地层面，231条三级以上断层，10个河床及岸坡覆盖层面，3条煌斑岩脉，47条深部裂缝，5个强、弱、深卸荷面，弱风化面； （3）地下洞室细部模型、左岸坝头边坡模型两个专题模型	（1）解决了复杂地质条件下的三维地质模型建模难题； （2）实现了三维模型到二维图件的快速出图，提高了工作效率与质量

第 2 章

复杂地质背景下区域构造稳定性研究

区域构造稳定性是指建筑物所在地区一定范围、一定地质历史时期内，断层和地震的活动性。区域构造稳定性的正确评价是影响水电水利工程经济合理、安全可靠的重要因素之一，对水电规划、开发方式，坝址坝型选择及大坝等建筑物的设计、运行等有直接的影响，在一定条件下，是关系到水电水利工程是否可行的根本地质问题。

锦屏一级水电站从规划阶段就开始了区域构造稳定性的研究工作，并且将研究范围扩大到整个雅砻江锦屏大河湾地区。研究时间跨度长，从 20 世纪 80 年代末期开始，至 21 世纪初才完成，"5·12"汶川地震后又进行了地震危险性的复核，前后持续时间超过 20 年，是我国水电水利工程界中第一批全面系统开展区域构造稳定性研究的水电工程之一。

区域构造稳定性研究中，在传统的地质调查、勘探和断层活动性测龄等手段、方法的基础上，基于 20 世纪 80 年代末期、90 年代初期的技术水平，引进新技术、新方法开展了航卫片的遥感地质调查、构造稳定性数值模拟、地球物理场深部构造解译等专题研究，采用多层次、多手段、不同方法，在查明工程区所在大地构造单元、区域地质背景、地貌与新构造运动特征、主要断裂及其活动性的过程中，针对几个重大问题开展调查、研究，最终完成大河湾地区的构造稳定性分区分级评价，为电站的建设选择了稳定、合适的场址。其中区域遥感地质解译和外围地质调查、测绘工作由远及近，由粗到细，从外围、小比例尺向场地加大比例尺逐步逼近。

复杂地质背景下区域构造稳定性研究是在研究清楚区域地震地质背景的基础上，在明确地震统计带与潜在震源区的划分，完成工程场地基岩地震动参数计算外，应重点关注场址区锦屏山断裂活动性和锦屏大河湾地区区域构造稳定性分级分区评价。锦屏山断裂活动性研究需要对锦屏山断裂与金河—箐河断裂带、龙门山断裂带的关系，锦屏山断裂与木里滑脱—逆冲叠置岩片的关系，与其东侧茶铺子—巴折区划性复活断裂带（韧性剪切带）的关系，进行详细调查研究，最终确定锦屏山断裂非槽台边界断裂；同时，还要对工程区包括锦屏山断裂在内的主要断层同位素年龄及活动性进行研究，完成锦屏山断裂分段活动性研究。锦屏大河湾地区区域构造稳定性分级分区评价需要充分研究断裂活动性、地震活动性、岩浆活动性及水热活动性等因素的综合作用，选择合适的因素对锦屏一级工程所在整个锦屏大河湾地区构造稳定性进行分级分区评价，最后确定相对稳定的场地来作为锦屏一级工程建设的场地。

2.1 区域地震地质背景

电站所在雅砻江下游锦屏大河湾地区处于"川滇菱形断块"东部的Ⅲ级断块——雅江—九龙断块上。"川滇菱形断块"的边界断裂均为多期继承性活动的断裂带，在喜山期以来印度洋板块向欧亚板块的强烈推挤，使得在青藏高原急剧抬升的同时，"川滇菱形断块"也向南东方向推移，导致各边界断裂均发生强烈的水平剪切错动，成为断块周边现代地震活动的发震构造，使得锦屏大河湾地区地震地质背景很复杂，而工程近场区发育的锦屏山断层、马头山—周家坪断层组等区域性断裂活动性强烈，使得工程区区域地质地震背景同样极其复杂。

2.1.1　大地构造部位

从槽台学说的观点，雅砻江锦屏大河湾地区在大地构造部位上跨越松潘—甘孜地槽褶皱系和扬子准地台两个一级构造单元。从断块学说的观点，锦屏大河湾地区又处于由鲜水河断裂带、安宁河断裂带、则木河—小江断裂带及金沙江—红河断裂带所围限的"川滇菱形断块"的东部，以金河—箐河断裂为界划分的雅江—稻城断块和攀枝花—楚雄断块两个Ⅱ级构造单元，锦屏一级水电站即位于其中雅江—稻城断块内理塘—前波断裂所分割的Ⅲ级断块——雅江—九龙断块南部。

2.1.2　区域地质概况

1. 地形地貌

雅砻江中游锦屏大河湾地处青藏高原向四川盆地过渡之斜坡地带的横断山极大起伏高山区，地形总的趋势是西北高东南低，呈阶梯状逐渐降低，由海拔 4000～5000m 降至约2000m。锦屏一级水电站即位于锦屏大河湾之西侧，地貌上多属侵蚀山地，地形上表现为高山峡谷，整个区域分布有较多大小不等、形态各异的山间盆地和构造洼地。

锦屏大河湾地区大体上以大河湾之西雅砻江—小金河一线为界，西北部属青藏高原东南缘侵蚀山原区；东南部属川西南山地区。西北部侵蚀山原区，木里一带表现为向南凸出的山地，山顶形态圆缓，海拔一般为 3000～3800m，最高达 4000m 以上，河流切割深度为 2000～2500m。东南部为川西南山地之锦屏大河湾地带，山势多为北北东向展布，与构造线基本吻合。河湾地带最高峰罐罐山（海拔 4488m）与火炉山（海拔 4342m）一线偏于河湾西侧，构成河湾地带分水岭。河湾地带最大切割深度为 2500～3000m，火炉山以南缓慢倾斜逐渐过渡到盐源山间盆地，盆地海拔一般为 2400～2500m，四周被群山环绕。锦屏大河湾地貌形态的另一重要特征是区内广泛发育有多级夷平面。自北西向南东，较明显的有 3500～4000m、3000m 左右、1800～2300m，小金河以上木里一带的山原区夷平面保留较完整。

小金河以下的大河湾地区雅砻江河谷深切，形成谷中谷形态的峡谷，雅砻江在卡拉—巴折段，两岸山峰海拔多在 3000～4000m，两岸谷坡陡峭，高差一般为 1000～2000m，河道狭窄，水流湍急，急滩跌水屡见不鲜。

锦屏大河湾河段零星分布有六级阶地，大多数为基座阶地或侵蚀阶地。沿河阶地有一定的连贯性，但两岸不对称。

2. 地层与岩石

工程区地层分区以锦屏山—小金河断裂为界，东侧属扬子准地台的盐源—丽江地层分区，西北侧属松潘—甘孜地槽的马尔康地层分区，见图 2.1-1。

（1）锦屏山—小金河断裂之东，前人称之为盐源—丽江台缘拗陷，出露地层有震旦系和志留系到三叠系。为稳定型—次稳定型沉积，主要为一套滨—浅海相碎屑岩、碳酸盐岩及酸性和基性火山岩建造。根据岩相建造及变质程度盐源地层分区南北又有差异。

盐源地层分区南部在盐源一带位于被动大陆边缘紧邻古陆一侧，出露地层有震旦系下统酸性火山岩和震旦系上统碳酸盐岩。一般缺失寒武系、奥陶系，志留系超覆在震旦系之

图 2.1-1 锦屏一级大河湾地层分区图
（图中普斯罗沟坝址为锦屏一级最终坝址）

Ⅰ—扬子准地台；Ⅰ₁—攀西分区；Ⅰ₂—盐源—丽江分区；Ⅱ—松潘—甘孜地槽；Ⅱ₁—马尔康西分区；

Ⅱ₁¹—九龙小区；

①—锦屏山—小金河断裂；②—金河—箐河断裂

上。从志留系到二叠系下统为浅海相碎屑岩及碳酸盐岩沉积，缺失志留系上统及泥盆系上统，显示海水自西南向北脉动式海侵的特征。晚二叠世到三叠纪为海陆相及碳酸盐台地相沉积。晚三叠世末到早侏罗世初褶皱隆起为陆，缺失侏罗纪、白垩纪和第三纪沉积。

盐源地层分区北部地层因受构造破坏出露不全，且普遍变质。由于推覆构造逆冲于南部盐源一带，导致在周家坪以北缺失南部晚二叠世宣威组和中生代地层。

（2）锦屏山—小金河断裂以西的九龙地区由于晚二叠世的裂谷作用，导致大陆边缘剥离断层发育，形成特殊的活动型沉积的岩石组合及化石混生现象，剥离断层造成一些时代地层的缺失，并非代表长期的沉积间断。本区出露的地层有前震旦系江浪群、下志留统、上石炭统、上二叠统和中—上三叠统。

（3）大河湾地区的岩浆岩，主要分布于九龙河口一带及沪宁茶铺一带。前震旦系火山岩见于江浪群中，其岩性为基性火山岩，有少量钠质火山岩，已变质为斜长角闪片岩、纳长片岩、纳长浅粒岩。上二叠统火山岩在该区广泛分布，在沪宁茶铺子一带的绿片岩（称上二叠统沪宁组），经分析为正变质岩，原岩为基性火山岩，为大陆裂谷海相拉斑玄武岩。锦屏山以西的绿片岩，少数呈绿片岩透镜体，似层状夹于大理岩和角砾状结晶灰岩中。

3. 主要地质构造

锦屏一级所在大河湾地区断裂构造十分发育，按其展布方向大致可分为 SN 向、NNE—NE 向、NNW—NW 向及弧形断裂。SN 向断裂带主要分布在康滇南北向构造带一带；NNE—NE 向断裂带主要分布在盐源—丽江台缘拗陷一带；NW 向断裂带主要在西部；弧形断裂展布于木里、盐源地区，如图 2.1-2 所示。

大河湾地区主要区域性主干断裂基本地质特征如下：

（1）安宁河断裂带。从坝址东侧约 60km 通过，是川滇南北向构造带的主要断裂之一，它北起石棉田湾，向南经冕宁、西昌、德昌至会理以南形迹消匿，长约 350km。它是由数条近于平行之南北向压扭性断裂所组成，横剖面上呈明显的堑—垒构造，展布于安宁河谷及其两侧。该断裂大致可分三段：石棉—冕宁、冕宁—西昌、西昌—会理以南。各段总体呈南北走向，倾西或倾东，倾角 60°～80°。

断裂带宽窄不一，最宽可达数千米。该断裂形成于晋宁期，在以后漫长的地史发展中曾多次活动，控制两侧沉积建造和岩浆活动。该断裂带在新生代以来，仍表现了强烈的新活动性，由于差异运动的影响，控制了早更新统昔格达组的沉积格局，断裂沿线第四系地

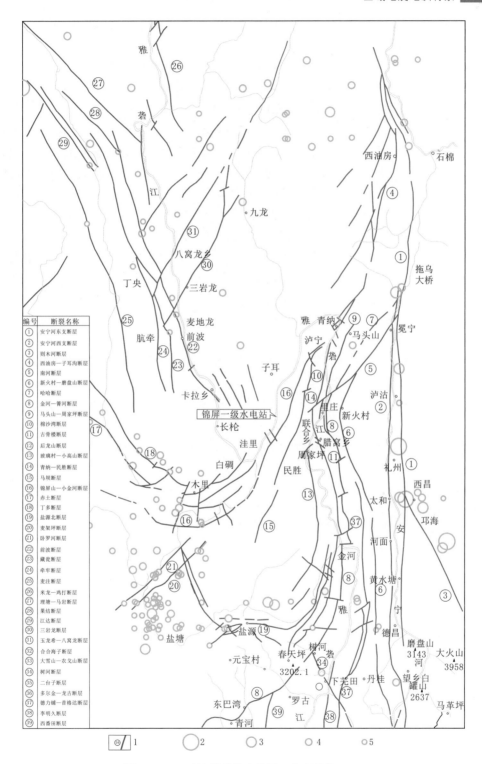

编号	断裂名称
①	安宁河东支断层
②	安宁河西支断层
③	则木河断层
④	西油房一子耳沟断层
⑤	南河断层
⑥	新火村一磨盘山断层
⑦	哈哈断层
⑧	金河一菁河断层
⑨	马头山一周家坪断层
⑩	棉沙断层
⑪	古骨楼断层
⑫	后龙山断层
⑬	玻璃村一小高山断层
⑭	青纳一民胜断层
⑮	马坝断层
⑯	锦屏山一小金河断层
⑰	赤土断层
⑱	丁多断层
⑲	盐源北断层
⑳	麦架坪断层
㉑	卧罗河断层
㉒	前波断层
㉓	藏龙断层
㉔	牵车断层
㉕	麦注断层
㉖	米龙一鸡打断层
㉗	理塘一马岩断层
㉘	果结断层
㉙	江达断层
㉚	三岩龙断层
㉛	玉龙希一八窝龙断层
㉜	合合海子断层
㉝	大雪山一农戈山断层
㉞	树河断层
㉟	二台子断层
㊱	多尔金一龙古断层
㊲	德力铺一昔格达断层
㊳	李明久断层
㊴	西番田断层

图 2.1-2　区域断裂构造简图（高程单位：m）

1—断裂及编号；2—M≥7.0级震中；3—M＝6.0～6.9级震中；
4—M＝5.0～5.9级震中；5—M＝4.0～4.9级震中

层的褶皱断层屡见不鲜，并有中强地震发生。因此它是一条多期性、继承性活动断裂带，在航磁重力异常图上反映明显。

安宁河断裂东支北段为晚更新世活动，中段为全新世活动，南段多为早中更新世活动，部分地段表现有晚更新世早期活动；而断裂西支隐伏于全新统及晚更新统冲洪积层之下，为早中更新世—晚更新世早期活动断裂。

(2) 金河—箐河断裂带。北段断层位于坝址东侧 21km。断裂带从云南程海延入盐边箐河，向北经矿山梁子、金河过雅砻江往羊坪子、里庄延伸并被南河断裂斜接，区内长达 220km。断裂走向变化较大，北段走向为 NNE—SN 向，南段走向为 N40°～45°E，倾北西或西 45°～70°，呈向南东凸出的弧形。北段西盘震旦系、泥盆系推覆到东盘三叠系上统白果湾群之上；南段西盘震旦系和古生界逆冲于东盘古生界和中、新生界之上。破碎带宽 50～70m，最宽达 250m，由压碎岩、角砾岩、挤压透镜体组成。根据地层的重复和缺失关系，估计该断裂带垂直断距达万米以上。金河—箐河断裂形成较早，经历了长期的发展过程，其力学性质也发生了多次转变，是康滇古陆与西缘拗陷带间一条重要的边界断裂，控制着两侧地块的差异性活动和地史演化特征。尤以古生代至三叠纪的差异性运动最为明显：断裂东侧古陆长期隆起，大部分地区前震旦系基底岩系裸露，古生界缺失，而西侧盐源—丽江一带则持续沉降，接受了巨厚的古生界—三叠系沉积，沿断裂带海西期玄武岩喷发异常活跃。三叠纪以后，断裂由拉张转变为挤压，致使断裂带某些地段出现飞来峰构造。第四纪以来，该断裂仍有活动，南段断裂新构造活动强烈，屡有强震发生；中段金河—箐河断裂活动较弱，偶有中震发生，弱震不多见；北段里庄以北活动微弱。

(3) 锦屏山—小金河断裂带。从坝址东侧通过，距坝址最近约 2km，北起石棉西北，往南西经燕麦地，在张家河坝斜穿雅砻江，进入锦屏山区，再经新兴、兰坝、吉尔坪沿小金河至木里列瓦山以西，区内延伸约 150km。主要断于三叠系内部，部分断于二叠系与三叠系之间。该断裂总体走向由吉尔坪以北的 N20°～40°E 至列瓦山南变为近东西向，呈一向南东凸出的弧形断裂带。断裂总体倾北西到北，倾角较陡，一般为 70°～85°，在列瓦山一带以弧形推覆构造形式出露，倾角变缓至 45°～70°。断裂带具压扭性（右行），早期形成的破碎带宽十余米至数十米，主要为胶结紧密的碎裂岩、糜棱岩和压碎角砾岩，晚期右行走滑形成的断层泥和炭化破碎带宽约 2.5m（解放沟探洞）。

该断裂带地史上曾认为是扬子准地台与西部地槽的边界断裂。自晚古生代至中生代，断裂两侧沉积环境，沉积建造差别甚大，西部为斜坡—半深海浊积相复理石建造和塌积相砾块状碳酸盐岩夹火山岩建造，而东部台缘区则以浅海相碳酸盐岩、碎屑岩建造为主。印支运动使西部地槽褶皱回返，东部台缘拗陷带亦褶皱成陆，后经燕山—喜山期构造运动进一步改造，可能已构成一规模宏大的推覆断裂带，使原断裂带的特征被掩盖。据深部物理场延拓资料反映，锦屏山断裂切割深度 5～10km。第四纪以来，该断裂带除木里弧顶部位有中强震发生外，其余各段均无明显活动。

(4) 青纳—民胜断裂带。位于坝址东侧 10～12km，该断层与锦屏山山体走向相一致，它北起青纳以北，经泸宁、联合乡西、甘家沟、石沟和民胜乡西侧，止于瓦力铺子一带，断层总长 70 多千米，走向 N10°～40°E，倾向北西（表部倾南东），倾角 64°～85°。青纳以北断于二叠系绿片岩和玄武岩中；泸宁以南断于中三叠统白山组大理岩和二叠系绿片岩之间，或中、上三叠统大理岩与砂板岩之间。断层破碎带宽数十米，沿断裂带两侧地层产状变化大，砂板岩中发育强烈的挤压揉皱和牵引褶曲及石英脉，显示压扭性质。在地貌上，该断裂通过处形成绵延数十千米、高数百米的断崖及山垭，并有大量滑塌和崩积，同时还有一系列大泉分布。这说明该断裂第四纪以来具有一定活动性。重磁延拓资料亦有明显反映，但切割深度仅为数千米。

（5）马头山—周家坪断裂带。位于坝区东侧约 20km，包括马头山断层、棉沙湾断层、安沙坪子断层、周家坪断层、里庄断层，是一组近于平行且首尾基本相连的北东向断裂带，其中马头山断层、安沙坪子断层、里庄断层是基本控制里庄附近的燕山期花岗岩的西部界线，而周家坪断层则限制了震旦系—二叠系地层继续向北北西方向延伸。

马头山断层北起马头山，往西南经司依诺，止于松林坪一带，总长 50 多千米，其产状是 N20°E/NW∠60°，主要为逆冲断层。断层东盘主要为泥盆系大理岩、结晶灰岩及板岩，西盘则为石炭、二叠系结晶灰岩、砂岩、泥灰岩等。

棉沙湾断层北起许家坪，经棉沙湾东，然后过雅砻江，止于南河东南一带，长度仅 10 余千米，是与马头山断层近于平行的一条断层。其产状是 N25°E/SE∠70°，为逆断层性质。该断层基本上是二叠系玄武岩与中三叠统绿片岩的界线。

安沙坪子断层北起牙骨台子以北，经牙骨台子和里庄西，往南延伸到周家坪以东，长 26km。它与马头山断层、周家坪断层、里庄断层基本平行，其产状 N15°～20°E/NW∠60°，为逆冲性质。该断层在不同段落切割了不同时代的地层或岩浆岩。

周家坪断层北起松林坪，与马头山断层相连，向西南经周家坪，止于海子一带，长 30 多千米，其产状为 N20°～30°E/NW∠60°，为挤压性断层。该断层在不同段落分别构成泥盆系与二叠系之间的界线。

里庄断层与安沙坪子断层近于平行，北起牙骨台子以北，向南经里庄，止于里庄以南，长度仅 10 余千米，断层走向南北，倾向西，倾角为 60°～80°，为挤压逆冲性质，北段通过上三叠统板岩、变质砂岩与燕山期流纹霏细岩之间，南段则断于燕山期花岗岩中。

（6）前波断层。位于坝区北西侧，距坝址最近处约 30km。前波断层是理塘断裂带中的一条主要断层，它是本区西部雅江—稻城断褶带内的Ⅲ级断块雅江断褶带与义敦断褶带的分界断裂。该断裂北起甘孜以北，往南东经理塘延伸至本区前波、卡拉乡，消失于长枪穹隆北端，区内延伸约 50km。区内断裂带北段（前波以北）断于二叠系和三叠系之间，南段（前波以南）断于二叠系内部。总体产状是 N15°～30°W/SW∠50°～70°。断层破碎带宽 30～60m，由构造角砾岩、糜棱岩和断层泥组成，并有高炭化现象。该断裂活动历史悠久，但研究程度差，据已有资料表明，在早二叠世晚期，可能是本区西北部基性岩浆喷溢的通道，晚三叠世又有强烈活动，为主要的岩浆活动带。该断裂带第四纪以来有明显活动性，沿断裂带有中强地震发生，为现代活动断裂。

2.1.3　新构造运动特征

工程区西北属于青藏高原，东南为云贵高原，水电站所在雅砻江大河湾地区处于深切的高山原和切割的中山原之间的过渡带。总体上，地势西北高东南低，西北部青藏高原平均海拔一般为 3000～4000m，区域北部的贡嘎山主峰海拔 7556m。

夷平面是代表了新构造运动中比较宁静，侵蚀基准面长期稳定，由外力侵蚀、剥蚀作用形成的近似平坦地面，包括平顶分水岭、等高峰顶面、谷肩、山麓剥蚀面等。夷平面形成后，若遭到差异性的构造变动，相应的夷平面就要变形变位，因此，从夷平面的有无及其变形变位可以分析、判断新构造运动的差异性与强度。锦屏一级大河湾地区有三级夷平面（表2.1-1），其基本特征是：①广泛分布有宽平的或强烈切割，但高程相近的地面，它削平不同构造类型的地质体；②山顶面有砾石或红土等松散覆盖层残留，昔格达层下伏有红土风化壳，昔格达层底部含有强风化的玄武岩细砾；③分水岭高地上保存有古岩溶地貌，而这些古岩溶地貌并非现代外力作用所能形成的。锦屏一级工程所在锦屏大河湾地区各级夷平面广泛而又成层分布，未受构造变形变位分析，反映一级夷平面形成以来，地壳运动表现为大面积的间歇性均衡抬升。

表 2.1 - 1　　　　　　　　　　雅砻江锦屏大河湾地区夷平面特征

级别	高程/m	地形形态特征	盖层堆积物	代表地点	形成时间
一	3500.00～4000.00	平顶分水岭、等高峰顶面	河流相石英、砾石	锦屏山区、韭菜坪、羌活牛场、呷咀、鲁昌山、牛尼、火炉山、白林山、横梁子	白垩纪之后老第三纪前
二	3000.00	次级平顶分水岭、等高峰顶面	残留有古坳沟，河流相石英砾石及红土	花椒坪、二罗梁子、印坝、乌沙洞、木洛山、锦屏山两侧、大草坝、毛牛圈、大林乡	晚第三纪中更新世
三	1800.00～2300.00	谷肩、山麓剥蚀面	粉砂质昔格达层	沿雅砻江流域，如白乌、长坪子、西番地	上新世

小金河口以下的雅砻江锦屏大河湾地区河段零星分布有六级阶地，大多数为基座阶地或侵蚀阶地。沿河阶地有一定的连贯性，但两岸不对称。发育的六级阶地，在洼里、倮波、泸宁、牙骨台子、里庄等地发育较好，各级阶地特征见表2.1-2。分析各地的阶地高差可以看出，Ⅵ级与Ⅴ级阶地高差很大，Ⅳ级与Ⅲ级高差较大，其他各级阶地之间的高差相对较小，阶地高差的相似性说明了地壳运动的统一性；各级阶地的堆积厚度小，阶面狭窄，并朝河谷明显倾斜，表明了该区以强烈抬升为主，中间仅有短暂的相对停顿，即使在暂时相对停顿而出现的河流侧蚀过程中仍有上升的趋势。

表 2.1 - 2　　　　　　　　　　雅砻江大河湾地区沿河阶地特征汇总表

级别	特征	河段				
		麦地龙	洼里	泸宁	牙骨台子	里庄
Ⅵ	阶面高程/m	2135.00	1985.00	1810.00	1770.00	1700.00
	拔河/m	215	325	370	390	345
	类型	侵蚀	基座	侵蚀	基座	侵蚀
	组成	表部碎石土；下部砂板岩	表部黏土夹砾石，厚5m；下部砂板岩	表部碎石土；下部片岩	半胶结砾石层，厚10m低角度不整合于昔格达组之上	表部碎石土；下部千枚岩灰岩

级别	特征	河　段				
		麦地龙	洼　里	泸　宁	牙骨台子	里　庄
V	阶面高程/m	2080.00	1860.00	1690.00～1710.00	1620.00	1600.00
	拔河/m	160	200	250～270	240	245
	类型	侵蚀	基座	侵蚀	基座	侵蚀
	组成	表部碎石土；下部砂板岩	上部砂砾、黏土，厚25～30m；下部砂板岩	表部碎石土；下部片岩	上部砾石，厚10m；下部灰岩	表部碎石土，厚3～12m；下部千枚岩、灰岩
IV	阶面高程/m	2030.00	1790.00	1600.00～1610.00	1520.00	1480.00
	拔河/m	110	130	160～170	140	125
	类型	侵蚀	基座	侵蚀	基座	侵蚀
	组成	表部碎石土；下部砂板岩	上部砾石，厚32～41m；下部砂板岩	表部碎石土；下部片岩	上部块砾石夹粗砂，厚8m；下部灰岩	表部碎石土；下部灰岩
III	阶面高程/m	2000.00	1740.00	1530.00～1540.00	1460.00	1420.00
	拔河/m	80	80	90～100	80	65
	类型	基座	基座	基座	基座	基座
	组成	表部砂砾石、碎石土；下部砂板岩	上部砾石夹粗砂，厚31～47m；下部砂板岩	表部砾石，厚1m；下部板岩	上部砂砾石；下部片岩板岩	上部砾石、粗砂，厚11～18m；下部灰岩、千枚岩
II	阶面高程/m	1960.00	1700.00	1480.00～1485.00	1435.00	1390.00
	拔河/m	40	40	40～45	55	35
	类型	基座	基座	基座	基座	基座
	组成	表部砂砾石；下部砂板岩	上部砾石，厚20～25m；下部砂板岩	表部砾石，厚1m；下部板岩	上部砾石，厚6m；下部片岩板岩	砾石夹粉细砂，厚4.5m以上
I	阶面高程/m	1940.00	1680.00	1455.00～1460.00	1402.00	1370.00～1375.00
	拔河/m	20	20	15～20	22	15～20
	类型	堆积	基座	堆积	基座	堆积
	组成	砂砾石壤土	上部粗砂、砾石，厚10～15m；下部砂板岩	上部沙、黏土厚0.5～1m；下部块砾石	上部砾石，厚6m；下部花岗岩	上部砂层，厚0.5～3m；下部块砾石，总厚20m左右
江水面高程/m		1920.00	1660.00	1440.00	1380.00	1335.00

根据阶地地貌形态、结构特征分析及测年资料，各级阶地形成时期分别是：牙骨台子Ⅵ级阶地堆积的河流相黑色砂层中取样经 TL 测定为（15.63±1.23）万年，属中更新世；Ⅴ级、Ⅳ级阶地顶部均有红土覆盖其下为砾石层和砂层，砾石层粒径较大，它们岩性结构相近，里庄北Ⅳ级阶地上部黑砂层 TL 测定为（4.29±0.39）万年，属晚更新世中期；Ⅲ级阶地根据其位置及上下级阶地时代，归属晚更新世晚期堆积，在软心沟Ⅲ级阶地砂 TL 测定为（3.44±0.26）万年；Ⅱ级、Ⅰ级阶地从其堆积物岩性、阶地结构特征看，其时代较晚，当属全新世。

根据前述夷平面和阶地的高程和时代，对雅砻江大河湾地区各时期的构造抬升速度的估算成果见表 2.1-3。

表 2.1-3　　　　　雅砻江大河湾地区新构造运动上升幅度和速率统计表

夷平面或阶地		海拔或拔河/m	形成时代	上升幅度/m	上升时代	抬升速度/(mm/a)
夷平面	一	海拔 3500～4000	$N_2-Q_1^1$	500～1000	$N_2-Q_1^1$	
	二	海拔约 3000	Q_1^2	900	Q_1^2	
	三	海拔 2100	Q_1^3	310～420	Q_1^3	
阶地	Ⅵ	拔河 215～390	Q_2	150～210	16 万～5 万 aB.P.	1.36～1.91
	Ⅴ	拔河 160～270	Q_3			
	Ⅳ	拔河 110～170	Q_3	40～60	5 万～3.4 万 aB.P.	2.50～3.75
	Ⅲ	拔河 65～100	Q_3			
	Ⅱ	拔河 35～55	Q_4^1	75～110	3.4 万 aB.P.	2.21～3.24

2.1.4　地震活动性

锦屏一级水电站位于"川滇菱形断块"内，断块周边断裂为强烈构造活动和地震活动区，地震活动和块体边界断裂及其运动关系极为密切。

在印度板块向北俯冲作用下，青藏高原强烈抬升，强大的水平侧压力使"川滇菱形块体"向东南方向移动，伴随块体运动，边界断裂以不同性质、不同方式发生运动。以红河为界，北部地区 NW 向、NNW 向断裂以左旋兼挤压运动为主，近南北向断裂以左旋兼挤压（局部拉张）为主，北东向断裂则以左旋挤压（局部拉张）为主，红河断裂及其西侧地区北西向断裂则以右旋挤压（局部拉张）为主，北东向断裂则以左旋挤压为主。因此，菱形块体的边界断裂多为地震多发区，已记载的 140 余个 5.0 级及以上地震中，7.0 级及以上强烈地震达 10 个，占总数近 8%，而且极震走向与断裂走向基本一致。

"川滇菱形断块"的边界断裂鲜水河断裂、则木河—小江断裂及金沙江—红河断裂虽然地震活动强烈，但是距坝址区较远，沿这些断裂带所发生的地震活动对坝区影响烈度均未超过Ⅴ度。而坝址东侧 60km 处的安宁河断裂带，南西侧 50～100km 的盐源—木里弧形断裂带及北西侧30km处的理塘—德巫断裂带历史上发生过若干次中强以上地震，它们对坝区的影响烈度从未达到过Ⅶ度（见表2.1-4）。

表2.1-4　　　　　　　　　　历史地震对坝址的影响烈度

时间（年-月-日）	震中地点	震级	震中距/km	长短轴方位	震中烈度	对坝址区影响烈度
624-8-15	西昌一带	≥6.0	65		≥Ⅷ	＜Ⅵ
814-4-2	西昌一带	7.0	65		Ⅸ	Ⅵ
1467-1-19	盐源一带	6.5	70		Ⅷ	＜Ⅵ
1489-1	西昌一带	6.8	78		Ⅸ	＜Ⅵ
1536-3-19	西昌北	7.5	60		Ⅹ	Ⅵ
1732-1-29	西昌东南	6.8	92	b	Ⅸ	＜Ⅵ
1850-9-12	西昌普格间	7.5	92	b	Ⅹ	Ⅵ
1913-8	冕宁	6.0	81	ab	Ⅷ	＜Ⅵ
1944-8	冕宁	5.5	81	ab	Ⅶ	＜Ⅵ
1944-8-3	九龙南	5.8	42			Ⅵ
1952-9-30	冕宁	6.8	62	ab	Ⅸ	＜Ⅵ
1980-2-2	木里西南	5.8	48		Ⅵ	＜Ⅵ

工程25km范围的近场区地震活动较为平静，无破坏性地震发生，历史上也未记载到破坏性地震（$M \geq 4.7$），1970年以来现代仪器记录的地震也很少（表2.1-5和图2.1-3），共记载2.0~3.9级地震16次，其中3.0~3.9级1次，2.0~2.9级15次。

表2.1-5　　　　　　　　工程近场区现代仪器记录的地震（1970—2010年）

时间（年-月-日）	纬度/(°)	经度/(°)	震级
1980-2-14	28.200	101.700	2.0
1980-9-3	28.270	101.880	2.0
1982-3-27	28.130	101.850	2.0
1983-12-6	28.220	101.630	2.2
1993-7-7	28.267	101.733	2.7
1996-8-27	28.133	101.683	2.6
2002-1-12	28.183	101.467	2.1
2002-2-9	28.367	101.517	2.1
2002-3-10	28.433	101.583	2.0
2003-12-12	28.450	101.633	2.5
2007-6-6	28.200	101.760	2.8
2007-11-20	28.190	101.750	2.4
2008-3-4	28.180	101.590	2.4
2008-3-30	28.230	101.630	2.8
2008-5-4	28.170	101.770	2.9
2008-11-1	28.190	101.810	3.1

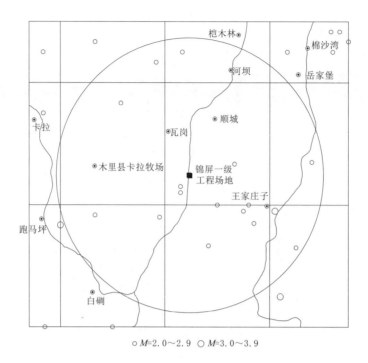

○ $M=2.0\sim2.9$ ◯ $M=3.0\sim3.9$

图 2.1-3 工程近场区现代仪器记录地震分布图（1970—2010 年）

（图中圆圈为工程场地外沿 25km 的范围）

2.2 锦屏山断裂性质研究

锦屏山断裂是距锦屏一级水电站工程坝址最近仅约 2km 的区域性断裂，曾被认为是扬子准地台和松潘—甘孜褶皱系之间的槽台界线，是第四纪活动断裂。但后来随着锦屏地区基础地质工作的不断深入与细化，锦屏山断裂的发育展布特征、地质特征逐渐清晰，其活动性及分段特征逐渐明确，认为扬子准地台和松潘—甘孜褶皱系槽台界线是茶铺子—巴折区划性复活断裂带，从而修正了锦屏山断裂为扬子准地台西缘的边界断裂的认识。

2.2.1 扬子准地台和松潘—甘孜褶皱系槽台界线研究

21 世纪之前，国内大部分研究单位和研究者将锦屏山断裂带视为扬子准地台与松潘—甘孜地槽褶皱系之间的大地构造分区边界断裂，即槽台分界线。部分学者认为锦屏山断裂带东侧的金河—箐河断裂带和龙门山断裂带一起作为扬子准地台（龙门山台褶带和康滇台隆）和昆仑三江褶皱系（可可西里巴颜喀拉槽地褶皱带）的分界断裂。无论如何划分，该槽台分界及其大地构造的形成，归属三叠纪印支期构造运动的产物。之后，还经历了燕山期和喜山期构造运动的演变。

20 世纪 90 年代四川省地质矿产局在进行 1：50000 俣波幅和洼里幅地质填图工作时，通过大量实测和研究工作，认为锦屏山断裂位于松潘—甘孜造山带南端造山带主体的木里滑脱—逆冲叠置岩片内（图 2.2-1）。松潘—甘孜印支褶皱造山带是在华力西晚期扬子准地台西部边缘拉张裂谷化的古生代地层为基底、由晚二叠世—三叠纪复理石（类复理石）沉积楔状体所构成的被动陆缘地带，于晚三叠世（223Ma）后因扬子大陆与西部羌塘—昌都大陆碰撞拼合形成的印支褶皱造山带。松潘—甘孜印支褶皱造山带与扬子准地台西缘的边界断裂（即槽台边界）是茶铺子—巴折区划性复活断裂带（韧性剪切带）。

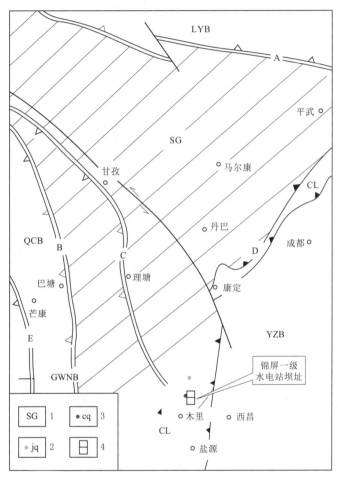

图 2.2-1 锦屏山断裂所处区域大地构造位置

［据比例尺 1：50000 俣波幅（H-47-144-A）和洼里幅（H-47-144-C）区域地质调查报告，1996］
A—阿尼玛卿缝合带；B—金沙江缝合带；C—甘孜—理塘蛇绿混杂岩带；D—龙门山—盐源
前陆逆冲带；E—澜沧江蛇绿混杂岩带；LYB—劳亚大陆；QCB—羌塘—昌都微大陆；
GWNB—冈瓦纳大陆；CL—前陆逆冲楔；YZB—扬子陆块；
1—松潘—甘孜造山带；2—江浪穹隆；3—长枪穹隆；
4—区域地质图俣波幅和洼里幅及锦屏山断裂位置

进入 21 世纪后，研究认为，青藏高原东缘的龙门—锦屏造山带位于松潘—甘孜印支造山带与扬子克拉通的中新生代四川前陆盆地之间，以出露大面积的前震旦纪古老变质杂岩、少量的新元古代变质火山岩及震旦纪—早、中三叠世海相沉积岩为特征。龙门山—锦屏山的东缘发育一系列的逆冲断裂和飞来峰构造，逆冲作用使山体向东逆冲推覆在四川盆地之上。锦屏山地区推覆构造带滑移面均为韧性剪切带，而且整个推覆构造带由多个岩片推覆堆叠在一起，在其前缘则出现飞来峰群，厘定了扬子地台西缘的边界断裂（"槽—台"边界）是茶铺子—巴折区划性复活断裂带（韧性剪切带），距锦屏山断裂以东约16km，从而修正了锦屏山断裂为扬子准地台西缘的边界断裂的认识，即锦屏山断裂不是扬子准地台和松潘—甘孜褶皱系槽台界线。

从锦屏山推覆体构造看（图2.2-2），锦屏山断裂是该推覆体内的盖层断裂，其延伸深度约5km。

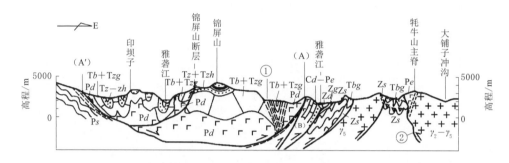

图2.2-2 锦屏山推覆体地质剖面示意图（廖忠礼等，2003）

Zg—观音崖组；Zd—灯影组；Zs—苏雄组；Cd—大塘组；Ps—三道桥组；Pd—大石包组；
Pe—峨眉山组；Tb—菠茨沟组；Tzg—扎尕山组；Tz—杂谷脑组；Tzh—侏倭组；
γ_5—三叠纪—侏罗纪花岗岩；γ_2-γ_5—震旦纪—三叠纪花岗岩；
(A′)—烂铺子—喇嘛山滑脱面；(A)—茶铺子—巴折复活断裂带；(B)—江口断层；
①—青纳韧性剪切带；②—浸水村—四合村断层

2.2.2 断裂活动性分段研究

大范围、广义的锦屏山断裂是指东北起自石棉西，向西南经蟹螺、窝堡、锦屏山、小金河、卧罗河、金棉、丽江，止于剑川的斜贯川滇西部高原的一条北东向构造带，即锦屏山—小金河—丽江断裂带，总体走向NE40°，全长370km。断裂带分布于"川滇菱形断块"的中部，夹于活动断块的边界断裂—剑川断裂和安宁河断裂之间。根据第四纪以来断裂在地形地貌、几何结构、运动性质、活动时代、活动方式、地震活动等方面的差异，从东北向西南断裂带划分为5段：蟹螺—窝堡断裂段、锦屏山—小金河断裂段、卧罗河断裂段、大坪子—金棉断裂段、栗楚卫—剑川断裂段。断裂带段与段之间具有明显的不连续性，有的呈左阶羽列式连接，有的呈右阶羽列式连接，有的被横向断裂分割，显示了复杂的构造局面。

本书所涉及与工程关系更密切的是小范围、狭义的锦屏山断裂，是指大范围锦屏山—小金河—丽江断裂带的第二段锦屏山—小金河断裂段。锦屏山—小金河断裂带是锦屏山推覆构造中的一条断裂，两条次级断裂呈左阶羽列式排列，总体波状弧形展布，早期与木里弧形构造带相接，后期改道与小金河—丽江断裂连通，共同组成锦屏山—小金河—丽江断裂带。断裂以高角度逆冲运动性质，以垂直运动为主，仅少量走滑分量。

鉴于锦屏山—小金河断裂带与锦屏一、二级水电站开发的关系极其密切，从20世

80 年代末期开始的区域构造稳定性研究中，除了开展锦屏山—小金河—丽江断裂带的分段活动性研究外，还专门针对锦屏山—小金河断裂带开展了进一步的分段活动性研究。

1. 21 世纪前研究成果

锦屏山—小金河断裂从锦屏一级水电站坝址东侧约 2km 通过，是雅砻江河湾区最受人们关注的断裂。断裂北起窝堡乡以北，经青纳西、锦屏山最高峰西侧、兰坝尔东，止于雅砻江与小金河交汇处以南，近场区北段称为锦屏山断裂，南段称为小金河断裂。锦屏山断裂为锦屏山推覆体中（推覆体北部）东倾的浅层断裂，研究表明主要活动时代为早中更新世，晚更新世至全新世未发现有明显地质地貌和强震活动证据。沿断层无破坏性地震记载，也无 $M \geqslant 3.0$ 级小震活动，微震活动也极少，沿断裂也无热水活动。

主要从卫星影像、地形地貌、断层活动性热释光测温、断裂剖面与组成物质测年四个方面来进行断裂活动性分段研究。

卫星影像上，锦屏山断裂有所显示，但表现为断断续续的线性影像，总体不清晰，且分段特征不明显，与晚第四纪至今仍在强烈活动的断裂影像特征有明显区别。例如区域内的鲜水河断裂、安宁河断裂，在卫星影像上都显示出笔直且连续的线性影像特征。因此，从卫星影像特征分析判断，可认为锦屏山断裂是晚第四纪（晚更新世以来）不活动的断层。

地形地貌上显示出活动特征不一样的分段。北段（张家河坝至小伯楼）断裂带通过处多呈槽地沟谷和山垭负地形并控制了现代地貌形态，断裂西侧断壁矗立，东侧地势低缓，沿断裂带泥石流、滑坡发育。中段（小伯楼至大堂沟北）地貌显示较明显，断层沿线常呈沟谷或山垭，尤以西侧三叠系大理岩断层崖最为醒目。南段（大堂沟至小金河）地貌显示不明显。

从断层活动性热释光测温成果分析，锦屏山断裂温度较低，一般在 45～78℃，说明活动水平不高，但从南段往北段温度有增高趋势，表明北段活动相对南段稍强。

从断裂剖面与组成物质测年成果分析，各段特征如下：

断裂北段，在近场区东北的雅砻江拐弯处（窝堡乡西南）见锦屏山断裂带通过下二叠统变质砂岩、板岩，其上覆盖有雅砻江Ⅲ级阶地堆积的粗砾石层（图 2.2-3），可以确定锦屏山断裂在雅砻江Ⅲ级阶地形成后至今断层未见明显活动。

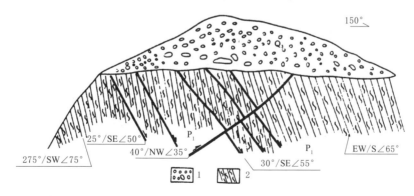

图 2.2-3 羊房子东雅砻江北岸锦屏山断裂剖面图
1—雅砻江Ⅲ级阶地砾石层；2—下二叠统变质砂岩、板岩

在张家河坝吊桥西端南侧，断层发育在三叠系盐圹组（T_2y）变质粉砂岩、板岩和二叠系下统（P_1^2）变质砂岩和变质玄武岩之间（图2.2-4）。先期的断裂破碎带出露宽度大于20m，发育在先期断裂破碎带内的最新断层 f_1 宽度仅 $10\sim20cm$，该断层带内的构造岩物质 ESR 测年，活动年代大于150万年，为早中更新世断裂。

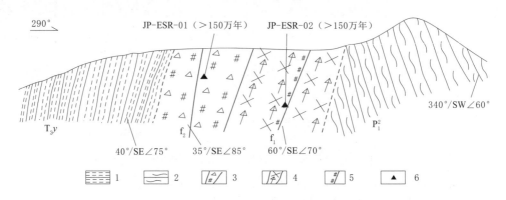

图 2.2-4 张河坝桥西锦屏山断裂剖面图
1—板岩；2—砂质板岩千枚岩；3—断层角砾岩；4—断层碎裂岩；
5—含砾断层泥；6—ESR 采样点

断裂中段，在青纳乡海子沟上游，断裂发育在三叠系白山组（T_2b）大理岩之内（图2.2-5）。断面上发育有近水平擦痕，断裂带内构造岩胶结致密坚硬，构造岩与断层不可剥离，判断为前第四纪断层。

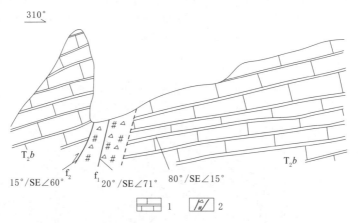

图 2.2-5 青纳乡海子沟上游锦屏山断裂剖面图
1—大理岩；2—断层角砾岩带

20世纪90年代初期，原电力工业部、水利部华东勘测设计院在解放沟横穿中段锦屏山断裂中开挖的平洞中，清楚可见断层存在（图2.2-6）。断面产状为 N38°E/NW∠78°，断层西盘由二叠系石灰岩、变质岩组成，东盘为三叠系砂板岩。断层破碎带宽4m，破碎带及影响带宽约30m。破碎带主要为灰黑色断层泥和断层角砾，角砾岩宽约20cm，砾径

1~2cm，胶结良好。断层泥热释光年龄为（17.76±1.44）万年，说明断裂的最后一次活动年代为 17 万年左右，相当于中更新世晚期。

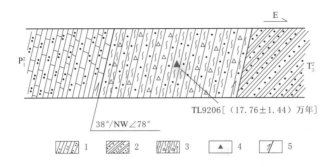

图 2.2-6　解放沟平洞中锦屏山断裂剖面图

1—变质灰岩、石英岩；2—砂质板岩；3—断层带；4—热释光采样点；5—断层

在普斯罗沟顶部见到断面走向 N15°~20°E，倾向南东，倾角 70°~80°，发育于 T_3^2 砂板岩中（图 2.2-7），断面有方解石充填，采样热释光测年，年代为 143 万年，显示断裂最晚活动时代更早。

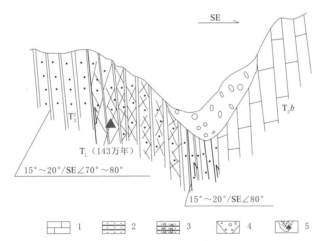

图 2.2-7　普斯罗沟锦屏山断裂系断面示意图

1—T_2b 大理岩；2—T_3^2 砂板岩；3—含方解石脉的构造岩带；4—崩积物；5—测年样品位置

　　南段，锦屏山断裂西延和木里弧形断裂相接，构成木里弧形断裂带的前缘断层，近场区仅包括弧顶以东部分，距锦屏一级水电站约 45km。断层大部分段落是三叠系不同岩性段的界线，有小部分段落是二叠系与三叠系之间的界线。断层性质以挤压逆冲为主，例如木里县城以南的列瓦山南麓，上二叠统结晶灰岩及大理岩逆冲到中三叠统灰色粉砂岩、长石石英砂岩夹泥灰岩之上（图 2.2-8）。

　　上述对断层带组成物质通过不同方法所测得的年龄结果，在绝对数值上虽有所差异，但所反映的锦屏山断裂的最晚活动年代多为中更新世晚期或更早。

　　综上分析，从野外观察到的地质剖面特征、较多断裂带物质测年结果、断裂的卫星影

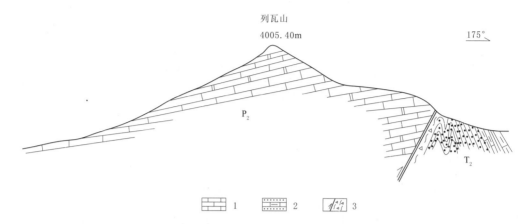

图 2.2-8 列瓦山南麓地形地质剖面

1—上二叠统结晶灰岩及大理岩；2—中三叠统粉砂岩、长石石英砂岩；3—断层带

像特征及其缺乏现代地震活动和热水活动等现象，都一致地反映出锦屏山断裂地质地震活动微弱，晚第四纪以来（Q_3—Q_4）已停止了活动，属早中更新世断裂。

2. "5·12" 汶川地震后断裂活动性复核成果

对锦屏二级引水隧洞锦屏山断裂特征研究表明，断裂具有多期运动特征，百余米宽的构造岩带由 4 类构造岩组成，从两头向中间依次为构造角砾岩、构造碎裂岩、构造粉碎岩、鳞片状细粒粉碎岩，它们是 4 次大的断裂运动的产物。按构造岩结构和坚硬程度差异，角砾岩形成时代最早，其后依次为碎裂岩和粉碎岩，其活动时代应均为前第四纪，即属老断裂。较新活动部位则分布于细粒粉碎岩中，应为第四纪早中期活动的产物。断裂活动的多期次在粉碎岩中也有反映，表现在多组次级断面间具有互相交切错断的现象。较新活动部位位于鳞片状细粒粉碎岩中，粉碎岩颗粒较细，呈半胶结状结构，遇水则变软、变滑，结合测年资料（表 2.2-1）分析，其活动时代为早更新世。

表 2.2-1　　　　　　锦屏二级引水隧洞锦屏山断裂取样测年成果汇总表

序号	隧洞编号	取 样 位 置		测试方法	测年成果/ka
		大断裂活动面	断裂内次级小断层		
1	2 号引水隧洞	—	次级小断层	ESR	＞1500
2			次级小断层	ESR	＞1500
3				TL	(1698.53±356.69)
4	3 号引水隧洞	大断裂活动面	—	ESR	＞1500
5			次级小断层	ESR	＞1500
6				TL	＞1500
7			次级小断层	ESR	＞1500
8				TL	(1323.72±246.54)
9	4 号引水隧洞		次级小断层	ESR	(1660.42±332.08)

注　ESR 为电子自旋共振法；TL 为热释光法。

2.3 潜在震源区划分与变化

进入 21 世纪以后，尤其是在 2008 年"5·12"汶川地震后，随着对中国西部地区地震地质背景研究的深入，对锦屏一级工程区所在雅砻江锦屏大河湾地区区域地震地质背景的研究有了不同的认识，锦屏一级水电站所涉及地震带或对其地震危险性影响最大和最直接的地震带，逐步由 20 世纪 80 年代末期、90 年代初期的可可西里—金沙江地震带为主，另有阿尔金—祁连山地震带（龙门山地震带）和华南地震区的雪峰—武夷地震带次之，变化为鲜水河—滇东地震带、巴颜喀拉山地震带、龙门山地震带和华南地震区中长江中游地震带。由此带来了工程区涉及潜在震源区的变化，但变化后的潜在震源区划分与第五代《中国地震动参数区划图》（GB 18306—2015）一致。

2.3.1 21 世纪前潜在震源区划分

对不同地震带地震活动影响的认识，21 世纪前认为工程场地地震危险性影响最大和最直接的地震带是可可西里—金沙江地震带、阿尔金—祁连山地震带（龙门山地震带）和华南地震区的雪峰—武夷地震带，由此确定的对场地地震危险性影响较大的主要潜在震源有近场区邻近区的前波 7.0 级潜在震源区（20 号）、西昌 8.0 级潜在震源区（8 号）、普格 8.0 级地震潜在震源区（7 号）、盐源 7.0 级潜在震源区（19 号）4 个，以及近场区的马头山—周家坪 6.5 级潜在震源区（A 号），共 5 个；各震源区分布位置与锦屏一级水电站工程的关系见图 2.3-1。

2.3.2 "5·12"汶川地震后潜在震源区划分

进入 21 世纪以后，尤其是在 2008 年"5·12"汶川地震后的研究中，参照《中国地震动参数区划图》编制有关潜在震源划分方案，根据对工程区域及其周边地震地质活动性和地震地质环境特征的研究，锦屏一级工程区域范围内共确定了 19 个潜在震源区（图 2.3-2），其中对工程场地地震危险性影响最主要的近场区潜在震源有前波 7.0 级潜在震源区（1 号）、锦屏山 7.0 级潜在震源区（4 号）2 个，近场区周边主要潜在震源区包括九龙 7.0 级潜在震源区（3 号）、宁蒗 7.5 级潜在震源区（5 号）、盐源 7.0 级潜在震源区（6 号）、李子坪 7.5 级潜在震源区（8 号）、冕宁 8.0 级潜在震源区（9 号）、普格 8.0 级潜在震源区（10 号）等 6 个。新的潜在震源区划分与 2015 年开始执行的第五代《中国地震动参数区划图》（GB 18306—2015）一致。

与 20 世纪 90 年代初期成果比较，水电站周边潜在震源区的变化有以下四种类型：①新增潜在震源区，共有西北侧的九龙 7.0 级潜在震源区、东北侧的冕宁 8.0 级潜在震源区 2 个；②潜在震源区名称变化，原西昌 8.0 级潜在震源区改名为冕宁 8.0 级潜在震源区；③一分为二的，西南侧的原盐源 7.0 级潜在震源区一分为二，新盐源潜在震源区震级仍为 7.0 级，在其西北侧新增了宁蒗 7.5 级潜在震源区；④对工程影响最大的是名称变化、范围扩大、上限震级提高的，东侧原马头山—周家坪 6.5 级潜在震源范围从大河湾东侧扩大至整个大河湾地区，震级由 6.5 级提高至 7.0 级，名称改为锦屏山 7.0 级潜在震源区。

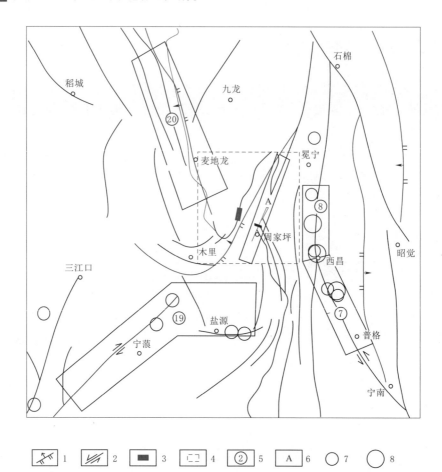

图 2.3-1 锦屏一级水电站近场区及其邻近区主要潜在震源区分布图（2001 年以前）

1—挤压断层；2—平移断层；3—场址点；4—近场区；5—潜在震源区编号；

6—近场区内潜在震源区；7—M_s=6.0~6.9；8—M_s=7.0~7.9；

⑦—普格 8.0 级潜在震源区；⑧—西昌 8.0 级潜在震源区；⑲—盐源 7.0 级潜在震源区；

⑳—前波 7.0 级潜在震源区；A—马头山—周家坪 6.5 级潜在震源区

2.4 场地地震动参数

工程场地地震危险性及基岩地震动参数的研究始于 20 世纪 60 年代初期，最早由中国科学院地质研究所 503 队开展工作，之后中国科学院地质研究所、地球物理研究所，水电部水利科学研究所，成都地质学院，成都勘测设计院和上海勘测设计院等单位，又先后进行了地震和地质方面的研究工作。从 1990 年开始中国地震局地质研究所全面开展了工程场地地震危险性分析评价工作。

研究工作流程与同期勘察及后来勘察的其他水电工程相同，先通过对工程区区域地质条件、断裂活动性、区域地震空间分布特征、时间分布特征和近场区地震概况、历史地震对工程场地的影响研究，确定地震统计区带、划分潜在震源区，再进一步确定工程区场地的

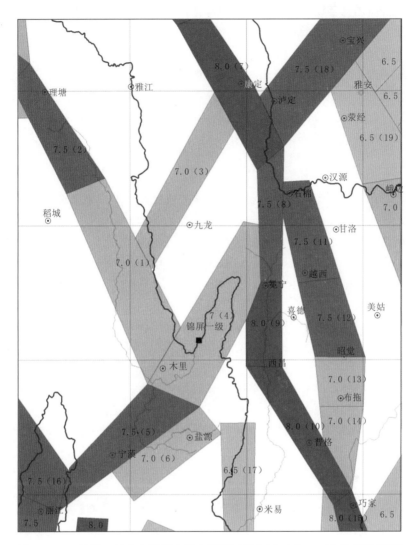

图 2.3-2　锦屏一级水电站周边潜在震源区划分图（"5·12"汶川地震后）

(1)—前波 7.0 级潜在震源区；(2)—理塘 7.5 级潜在震源区；(3)—九龙 7.0 级潜在震源区；
(4)—锦屏山 7.0 级潜在震源区；(5)—宁蒗 7.5 级潜在震源区；(6)—盐源 7.0 级潜在震源区；
(7)—康定 8.0 级潜在震源区；(8)—李子坪 7.5 级潜在震源区；(9)—冕宁 8.0 级潜在震源区；
(10)—普格 8.0 级潜在震源区；(11)—越西 7.5 级潜在震源区；(12)—昭觉 7.5 级潜在震源区；
(13)—布拖 7.0 级潜在震源区；(14)—布拖南 7.0 级潜在震源区；(15)—巧家 8.0 级潜在震源区；
(16)—丽江 7.5 级潜在震源区；(17)—米易 6.5 级潜在震源区；(18)—宝兴 7.5 级潜在震源区；
(19)—雅安 6.5 级潜在震源区

动衰减关系和地震统计区、潜在震源区地震活动性参数，最后采用反映地震活动时空非均
匀性的地震危险性的概率分析方法计算工程场地基岩动峰值加速度。

2.4.1　地震危险性与动参数分析计算方法

20 世纪 90 年代初期第一次地震危险性分析评价时采用的是当时我国新的地震烈度区

划图（1990）所使用的反映地震活动时空非均匀性的地震危险性分析方法，2008 年"5·12"汶川地震后的复核使用的也是这种方法。

主要计算方法和步骤如下：

（1）以地震带为统计单元，分析地震活动的时间非均匀性，确定未来百年地震发生的概率模型和地震危险性空间相对分布概率模型。对每个统计单元采用分段的泊松过程模型。令 N 表示统计单元未来 t 年内发生次数的随机变量，根据泊松过程的基本假定，发生 n 次 4.0 级以上地震的概率为

$$P(N=n)=\frac{(\nu_4 t)^n}{n!}e^{-\nu_4 t} \qquad (2.4-1)$$

式中：ν_4 为 4.0 级以上地震的年平均发生率，该值通过对地震带未来百年地震活动趋势预测结果得到，反映了地震带地震活动水平的时间非均匀性。

统计单元内地震震级概率密度函数为截断的指数函数：

$$f_M(m)=\frac{\exp[-\beta(m-m_0)]}{1-\exp[-\beta(m_{uz}-m_0)]} \qquad (2.4-2)$$

其中
$$\beta=2.3b$$

式中：m_0 为震级下限；m_{uz} 为地震带震级上限；b 为在统计单元内震级频度关系中的值，它反映大小地震间的比例关系，当震级小于震级下限和大于震级上限时，概率密度值为 0。

（2）在地震带（统计单元）内部划分潜在震源区。潜在震源区内地震危险性是均匀分布的。潜在震源区由几何边界、震级上限和分震级档的地震空间分布函数 $f_{i,mj}$ 来描述。

（3）利用全概率求和原理计算在统计单元内发生一次地震时，场点给定地震动值（a）的超越概率。基本计算公式为

$$P(A\geqslant a)=\iiint\int P(A\geqslant a|E)f(x,y|m)f_M(m)f_{|x,y}(\theta)\mathrm{d}x\mathrm{d}y\mathrm{d}m\mathrm{d}\theta \qquad (2.4-3)$$

式中：$P(A\geqslant a|E)$ 为震级为 m、震中位置为（x,y）、地震动椭圆衰减长轴方向与正东方向夹角为 θ 时，场点给定地震动值（a）被超过的概率，该函数由地震动衰减关系确定；$f(x,y|m)$ 为给定震级的空间分布函数，该函数可由考虑震级分档情况和潜在震源区的面积得到；$f_{|x,y}(\theta)$ 为等震线长轴取向概率密度函数，用 δ 函数表示，在同一潜在震源区内等震线长轴取向概率密度函数相同，不同的潜在震源区该函数可以不同。

2.4.2　21 世纪前基岩地震动参数

依据 20 世纪 80 年代末期、90 年代对工程区地震地质背景的认识，在确定了对工程区地震危险性有影响的地震统计区带、潜在震源区后，进一步确定了各地震统计区、潜在震源区的地震活动性参数，再结合工程区场地的动衰减关系，采用所有水电站工程场地地震危险性计算都用的概率分析方法来计算、确定场地基岩动峰值加速度。

1. 地震活动性参数

地震带地震活动性参数中震级上限 M_{uz} 是指震级—频度关系式中，累积频度趋于零的震级极限值。综合分析和考虑未来百年地震强度趋势分析，认为研究区发生的历史上最大

地震可以代表地震带内的最大的震级，因此确定研究区震级上限为可可西里—金沙江地震带的 8.0 级。

起算震级 M_0 是指对工程场点有影响的最小震级。在我国大陆地区，震级为 4.0 级的地震在震中附近就能造成Ⅵ度的影响。所以，在大多数情况下，均将起算震级 M_0 定为 4.0 级，在锦屏的研究中也将地震带的起算震级 M_0 定为 4.0 级。

震级频度关系式中的 b 值代表着地震带内不同大小地震频数的比例关系，它和地震带内的应力状态及地壳破裂强度有关，是从实际资料的统计中得到的。

地震年平均发生率 ν 是指一定统计区（地震带）范围内，平均每年发生等于和大于起算震级 M_0 地震次数。年平均发生率 ν 根据强震由年平均发生率 ν_i 和 b 值来得到。

综合上述参数，得到不同地震带地震活动性参数，见表 2.4-1。

表 2.4-1　　　　锦屏工程区域地震带地震活动性参数（20 世纪 90 年代）

地震带	M_{uz}	b	ν_4	M_0
可可西里—金沙江	8.0 级	0.7327	13.69	4.0
龙门山 阿尔金—祁连山	8.0 级	0.68	10.64	4.0
华南 雪峰—武夷	8.0 级	0.63	2.215	4.0

研究区所在中国西部地区发震构造部位与地震强度关系统计结果见表 2.4-2，对已发生过相应震级档次以上地震潜在震源区赋值为 1。

表 2.4-2　　　　中国西部地区发震构造部位与地震强度关系的统计

震级	地震总次数	主干断裂		次级断裂		构造不明	
		频次	比率/%	频次	比率/%	频次	比率/%
6.0	267	203	76	37	14	27	10
7.0	86	75	87	11	13		
8.0	18	17	94	1	6		

研究区所在青藏高原地区断层性质与地震强度关系统计结果见表 2.4-3。

表 2.4-3　　　　青藏高原地区断层性质与地震强度关系统计

断层性质	8.6~8.0 级		7.9~7.5 级		7.4~7.0 级		6.9~6.0 级		5.9~5.0 级		最大震级 M_{max}
	频次	比率/%	频次	比率/%	频次	比率/%	频次	比率/%	频次	比率/%	
走滑断层	1	100	5	100	6	67	53	71	12	38	8.6
逆断层	—	—	—	—	2	22	15	20	17	53	7.3
正断层	—	—	—	—	1	11	7	9	3	9	7.3

研究区主要潜在震源区的权数分配见表 2.4-4。

表 2.4－4 潜在震源区权数分配表

编号	潜在震源区	M/级	6.5～7.0级	7.0～7.5级	7.5～8.0级
1	大理	8.0	0.048	0.103	0.133
2	永胜	8.0	0.034	0.064	0.100
3	理塘	8.0	0.026	0.039	0.038
4	嵩明	8.0	0.036	0.071	0.061
5	宜良	8.0	0.036	0.094	0.101
6	东川	8.0	0.041	0.071	0.066
7	普格	8.0	0.032	0.041	0.060
8	西昌	8.0	0.034	0.041	0.063
9	鲜水河	8.0	0.058	0.127	0.167
10	耳源	8.0	0.041	0.094	0.148
11	建水	8.0	0.050	0.051	0.073
12	巴塘	7.5	0.025	0.047	
13	德来	7.5	0.025	0.031	
14	盐津	7.5	0.040	0.051	
15	澄江	7.5	0.036	0.076	
16	中甸	7.0	0.021		
17	南华	7.0	0.030		
18	宾川	7.0	0.034		
19	盐源	7.0	0.025		
20	前波	7.0	0.014		
21	渡口	7.0	0.022		
22	巧家	7.0	0.034		
23	石棉	7.0	0.027		
24	鲜南	7.0	0.035		
25	鲜北	7.0	0.039		
26	宝兴	7.0	0.017		
27	马边	7.0	0.028		
28	美姑	7.0	0.023		
29	西洱	7.0	0.030		
30	昆明	7.0	0.010		
31	绒坝岔	7.0	0.048		

　　地震活动性参数的不确定性对地震危险性也是一个重要的影响，为此以 b 和 ν 为试验参数分别赋予其一定范围的变化（表2.4－5）。

表 2.4-5 锦屏一级普斯罗沟坝址地震危险性不确定性影响

不确定因子	衰减公式			边 界		破裂方向			活动性参数			
	1	2	3	+5km	-5km	-50, 0.3 10, 0.7	-50, 1.0 10, 0.0	-50, 0.7 10, 0.3	$b+0.1$	$b-0.1$	2ν	0.5ν
震级	7.2	7.2	7.4	7.4	7.5	7.3	7.4	7.3	7.1	7.5	7.6	7.1

2. 场地基岩地震动参数

根据前述潜在震源划分、地震活动性参数赋值和地震动衰减关系,工程场地地震危险性分析计算成果见表 2.4-6。

表 2.4-6 锦屏一级水电站工程基岩场地主要概率地震动参数表(21 世纪前)

成果时间	年超越概率	50 年(10%)	50 年(5%)	100 年(2%)	100 年(1%)
1993 年	动水平峰值加速度/gal	104.3	131.6	197.1	229.9

2.4.3 "5·12"汶川地震以后基岩地震动参数

21 世纪以后,尤其是在汶川地震以后,根据对工程区地震地质背景最新研究成果和认识,进一步根据复核调整过的地震统计区带和潜在震源区,确定了各自的地震活动性参数赋值和地震动衰减关系,对锦屏一级水电站工程场地基岩地震动参数、加速度反应谱参数进行了重新计算与确定。

1. 地震活动性参数

汶川地震后根据新确定地震统计带和潜在震源区,场地地震烈度衰减关系普遍采用椭圆长、短轴联合衰减模型,衰减方程为

$$I = a + bM + c_1\ln(R_1 + R_{0a}) + c_2\ln(R_2 + R_{0b}) + \varepsilon \qquad (2.4-4)$$

式中:I 为地震烈度;M 为震级;R_{0a}、R_{0b} 分别为长、短轴方向烈度衰减的近场饱和因子;R_1、R_2 分别为烈度为 I 的椭圆等震线的长半轴和短半轴长度;a、b、c_1、c_2 均为回归系数;ε 为回归分析中表示不确定性的随机变量,通常假定为对数正态分布,其均值为 0,标准差为 σ。锦屏一级工程区域地震烈度衰减关系见表 2.4-7。

表 2.4-7 锦屏一级工程区域地震烈度衰减关系

参数	a	b	c	R_0	σ	备注
长轴	4.707	1.254	-1.571	20	0.697	长轴衰减
短轴	2.399	1.254	-1.233	7	0.697	短轴衰减

基岩水平地震动衰减关系的一般形式如下:

$$\ln Y = C_1 + C_2 M + C_3 M^2 + C_4\ln[R + C_5\exp(C_6 M)] \qquad (2.4-5)$$

式中:Y 为地震动参数;R 为震中距;M 为震级;C_1、C_2、C_3、C_4、C_5、C_6 为回归系数。锦屏一级工程区域的回归系数见表 2.4-8。

表 2.4 - 8   锦屏一级工程区域的回归系数

C_1	C_2	C_3	C_4	C_5	C_6	备 注
-2.153	2.857	-0.106	-1.904	0.327	0.614	美国西部
1.3970	2.1234	-0.0634	-1.977	0.497	0.563	研究区长轴
-0.5629	1.9849	-0.0566	-1.624	0.101	0.667	研究区短轴

锦屏一级采用鲜水河—滇东地震带、巴颜喀拉山地震带、龙门山地震带和华南地震区长江中游地震带 4 个地震统计区带,包括震级上限 M_{uz}、起算震级 M_0、震级频度关系式中的 b 值、年平均发生率 ν 的地震活动性参数见表 2.4 - 9。

表 2.4 - 9   锦屏一级区域地震带地震活动性参数

地 震 带	所取资料起始年			活动性参数			
	$M \geqslant 7.0$	$M \geqslant 6.0$	$M \geqslant 5.0$	M_{uz}	M_0	b 值	ν_4
鲜水河—滇东地震带	—	1900	1923	8.0	4.0	0.831	28.31
龙门山地震带	—	1573	1921	8.0	4.0	0.731	5.105
华南地震区 长江中游地震带	—	—	1800	7.0	4.0	0.989	1.67
巴颜喀拉山地震带	—	1915	1960	8.5	4.0	0.588	3.156

潜在震源区包括震级上限 M_{uz}、空间分布函数 $f_{i,mj}$、椭圆长轴取向及其方向性函数的地震活动性参数,见表 2.4 - 10。

表 2.4 - 10   锦屏一级水电站 8 个主要潜在震源区地震活动性参数

潜在震源区编号	名 称	M_{uz}	θ_1/(°)	P_1	θ_2/(°)	P_2	M 级					
							4.0~5.4	5.5~5.9	6.0~6.4	6.5~6.9	7.0~7.4	≥7.5
1	前波 7.0 级	7.0	145	1.0	0	0.0	0.0130	0.0130	0.0113	0.0139	0.0000	0.0000
2	理塘 7.5 级	7.5	125	1.0	0	0.0	0.0139	0.0139	0.0119	0.0147	0.0373	0.0000
3	九龙 7.0 级	7.0	55	1.0	0	0.0	0.0131	0.0131	0.0114	0.0129	0.0000	0.0000
4	锦屏山 7.0 级	7.0	35	1.0	0	0.0	0.0103	0.0103	0.0078	0.0000	0.0000	0.0000
6	盐源 7.0 级	7.0	35	1	0	0.0	0.0145	0.0145	0.0508	0.0576	0	0
8	李子坪 8.0 级	8.0	95	1.0	0	0.0	0.0102	0.0102	0.0111	0.0136	0.0288	0.0000
9	冕宁 8.0 级	8.0	125	1.0	0	0.0	0.01	0.01	0.011	0.0134	0.0415	0.1151
10	普格 8.0 级	8.0	125	1.0	0	0.0	0.0085	0.0085	0.0083	0.0091	0	0

注 M_{uz} 为各潜在震源区的上限;θ_1、θ_2 为等震线长轴取向角度;P_1、P_2 为相应分布概率。

2. 场地基岩地震动参数

根据前述汶川地震后复核过的潜在震源区划分、地震活动性参数赋值和地震动衰减关系,锦屏一级水电站工程场地基岩地震动参数计算成果见表 2.4 - 11,基岩水平地震动加速度反应谱参数见表 2.4 - 12,不同超越概率水平的基岩地震动加速度反应谱曲线见图 2.4 - 1。

表 2.4－11　　锦屏一级水电站工程基岩场地主要概率地震动参数表（汶川地震后）

成果时间	年超越概率 P	50 年（10%）	50 年（5%）	100 年（2%）	100 年（1%）
2010 年	动水平峰值加速度 /gal	129	167	269	317

表 2.4－12　　　　锦屏一级工程场地基岩水平地震动加速度反应谱参数

参　数	50 年超越概率		100 年超越概率
	10%	5%	2%
PGA/gal	129	167	269
T_1/s	0.10	0.10	0.10
T_2/s	0.6	0.7	0.8
B_{max}	2.8	2.8	2.8
γ	0.9	0.9	0.9

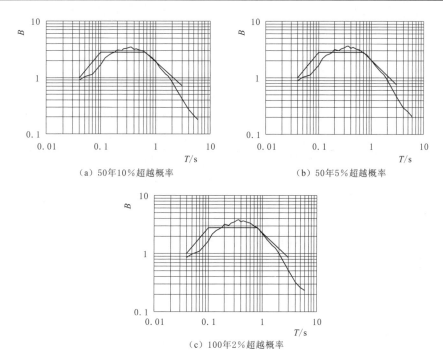

（a）50 年 10%超越概率　　　　　　（b）50 年 5%超越概率

（c）100 年 2%超越概率

图 2.4－1　锦屏一级水电站坝址不同超越概率水平的基岩地震动加速度反应谱曲线
（折线为设计地震动反应谱；曲线为标准反应谱）

　　"5·12"汶川地震后复核结果明显高于 1993 年安全评价结果，主要原因有：①锦屏一级水电站工程自 20 世纪 90 年代开展场地地震安全性评价以来，对工程场地所在地区及其周边地震地质活动性和危险性的认识和研究有了较大的变化，进入 21 世纪后，其主要成果反映在第四代《中国地震动参数区划图》（GB 18306—2001）中，对工程所涉及地区的地震区划值由 0.1g 区提高为 0.15g 区；②作为距锦屏一级水电站最近的丽江—小金河断裂带是扬子准地台和松潘—甘孜地槽褶皱系的大地构造边界，为锦屏山推覆构造向深部延伸的前缘断裂，也是川滇菱形活动地块内部南北次级活动地块边界断裂，其中距锦屏一级水电站约 20km 的主体发震断裂是晚更新世活动的小金河断裂，而其分支组成断裂北东段的马头山—周家坪断裂等具有晚更新世最新活动，一起构成距锦屏一级水电站最近的潜在地震危险源，其震级上限达 7.0 级；③安宁河地震构造带的最新研究成果显示，该断裂带发现有多次古地震事件，其大震的重复间隔时间明显缩短，地震发生频度增高。对其潜在地震危险性的评估在"5·12"汶川地震后的评估有很大的变化，发现和确认该潜在震源区内存在距锦屏一级坝址最近距离为 40～45km、北西向分布全新世活动的断裂为河里断裂，从而将安宁河断裂的冕宁段潜在危险性的上限强度由 7.0 级提高至 8.0 级，也就相应地提高了该潜在震源对工程场地地震危险性的影响。

2.5　构造稳定性评价

为了更好、更快地完成锦屏一级区域构造稳定性评价工作，在该项工作开始之际，即 20 世纪 80 年代末至 90 年代初，联合西南交通大学、地质矿产部成都地质矿产研究所、成都理工大学（原成都地质学院）等多家科研院校开展了"雅砻江锦屏大河湾地区区域构造稳定专题"及其众多子题的研究，采用了航卫片的遥感地质调查、构造稳定性数值模拟研究、地球物理场深部构造研究，以及 U 系年龄、热释光年龄、ESR 年龄、碳 14 同位素年龄等新技术、新方法，对诸如地貌及新构造运动特征、地层岩性及地质构造形迹、锦屏山断裂活动性及是否为槽台分界、坝址区小断层活动性等关键问题进行了深入研究，也对锦屏一级工程区域地震带、主要潜在震源区及其划分变化进行了研究，最后完成了对锦屏一级水电站构造稳定性的分级分区评价。在这些关键问题研究中的一些思路、方法、技术路线及其研究成果在当时水电水利工程界，都具有较多的创新性，至今仍对区域地震地质背景复杂地区的类似研究具有极大的参考意义和借鉴价值。

经过充分的分析研究，选择了断层活动年代新老、地震活动性（以震级为例）、水热活动性（温泉的发育程度，包括温泉的多少、水温高低）、构造活动性、块体的介质条件等 5 个因素，分稳定、较稳定、较不稳定和不稳定 4 个等级，完成了锦屏大河湾地区分级分区的区域构造稳定性评价。分析评价认为，锦屏一级高坝、锦屏二级闸址位于构造稳定区，锦屏二级厂房位于构造较稳定区。

2.5.1　构造稳定性影响因素和稳定性分级

20 世纪 80 年代、90 年代水电工程的区域构造稳定性研究中，通过多方面的综合研究，认为构造稳定性是指在内动力作用下，主要由断裂活动性、地震活动性、岩浆活动性及水热活动性等因素综合作用所表现的稳定程度，同时还应考虑与内动力作用密切相关的地形地貌及介质块体的特征及完整性。其中，断层活动年代的新老成为评价区域构造稳定性的首要因素，但是，它又不可能是评价一个地区构造稳定性的唯一因素；而其他诸因素还必须参与作用，甚至有时还起到了决定性作用，如地震活动性在稳定性评价中占据极为重要地位。

　　锦屏一级水电站在 20 世纪 80 年代末期到 90 年代中期区域构造稳定性研究中，首先扩大范围开展了整个锦屏大河湾地区的地壳稳定性研究，深入研究了大河湾地区的断层活动年代新老、地震活动性（以震级为例）、水热活动性（以温泉的发育程度，包括温泉的多少、水温高低）、构造活动性、块体的介质条件等 5 个因素，并开展了雅砻江锦屏大河湾地区构造稳定数值模拟研究，最终根据在活动构造带中相对稳定性的高低来划分和选择相对稳定的工程建设场地——"安全岛"的原则，将整个锦屏大河湾地区的构造稳定性分为稳定、较稳定、较不稳定和不稳定 4 个等级来进行分区评价。首先按照主次关系，从定性及定量方面相应的进行概略的四级划分，即按不稳定、较不稳定、较稳定和稳定等四分法的顺序，依次将各种因素划分为 4 种类型（表 2.5-1）。

表 2.5-1　　　　　　　　　　　　　区域构造稳定性分级表

参　量	稳定	较稳定	较不稳定	不稳定
断层活动年代/万年	≥50	≥12.5，<50	≥1，<12.5	<1
地震活动性	<3.0 级或无地震	3.0～5.0 级以下	5.0～6.0 级以下	6.5～7.0 级以下
温泉的发育程度	不发育	较发育	发育	极发育
构造活动性	不显著	较显著	显著	极显著
块体的完整性	完整	较完整	破碎	极破碎

2.5.2　构造稳定性分区分级评价

　　根据锦屏大河湾地区区域地质特点，对上述区域构造稳定影响因素中主次因素类型划分，以断块划分为基础，采用定性为主、定量为辅的方法，按影响因素进行综合评价，将锦屏大河湾地区划分为稳定、较稳定、较不稳定和不稳定四种地区。其中稳定区为九龙—里伍区，较稳定区为锦屏山—盐源区，较不稳定区为麦地龙—木里区、里庄—联合（金河）乡区，不稳定区为冕宁—德昌区。

　　1. 九龙—里伍稳定区

　　锦屏一级高坝坝址坐落于该区。

　　该区位于锦屏山断裂以西与前波断裂之间三角地带，按断块划分属九龙—木里断褶带的北部，为海西晚期形成的前泥盆系组成的变质核带造山后演变为现在的弧形穹隆带，其变质程度明显高于上覆地区，已达角闪岩相，具有较高的刚性和强度。发生造山作用时，穹隆带北西发生了强烈的花岗岩浆活动，形成燕山晚期—喜山期陆壳改造型花岗岩，主要岩体有放马坪岩体和折多山岩体等。该区内部断裂不发育，是构造稳定性较高的刚性较大的断块，据区内北东和北西向断裂取样进行同位素年龄测定，结果表明大多年龄超过 50 万年，或超过 100 万年，个别达到 270 万年。因此，该区普遍年龄很老，均属早期活动断裂，中晚期尚未发现活动迹象。区内无水热活动，也无 5.0 级地震发生。

　　综合评价，九龙—里伍稳定区是工程建设理想的构造稳定区。

　　2. 锦屏山—盐源较稳定区

　　锦屏二级引水隧洞和厂房位于该区。

按断块划分锦屏山—盐源区属锦屏山—盐源断褶带的北部,是海西晚期—印支期扬子准地台西缘被动大陆边缘上形成的锦屏山—木里—盐源冲断推覆造山带的前缘带,它坐落于陆架及其向陆坡的转折带部位上。

断褶带的北部锦屏山段和南部盐源—丽江段有较大的区别。其中锦屏山段由于强烈的韧性剪切变形,引起区域动力变质,并有大量的花岗岩浆侵入,段内主干断裂呈北北东向延伸,断崖发育,但多被风化或植被覆盖,明显的表现为第四纪时期以来的微弱活动特征。根据大量的断层同位素年龄的测定结果表明,最新活动时期主要集中在 30 万~40 万年。

锦屏山—盐源区很少有水热活动,在其南部边缘盐源附近,虽然于 1976 年发生了 $M \geqslant 6.7$ 级的地震,但是与其他地震带相比,是属于较弱的。

综合评价,把锦屏山—盐源区划分为较稳定区。

3. 麦地龙—木里较不稳定区

麦地龙—木里区位于大河湾地区的最西侧,其大部分为木里断褶带,但还包括北西向理塘构造带的东南端。其外围虽然有高强地震发生,但进入本区后,仅有 5 级地震出现,活动强度减弱。本区周围构造部位特殊,木里断褶带处在南北挟持、汇而不交的地区,有利于地应力的大量集中,具有孕震的条件。从地形地貌上看区内北部构造带控制了太阳山的北西展布方向,同时亦控制了雅砻江的流向,沿断裂带的断层崖及崩滑体都很发育,而且沿前波断裂带有大量温泉出现,水温多在 30~40℃。木里断褶带控制了小金河谷的发育,并在小金河弧形构造的东侧河谷西岸阶地出现有北西向第四纪张性断层。南段亦控制小金河弧形构造西翼的北西向水系和新老第三系与第四系的展布,并在老第三系中形成大量的北西向褶皱。

断层同位素年龄测试结果表明,藏翁断裂和前波断裂都出现了 12 万~15 万年的活动历史,这是较不稳定地区的活动时代主流,但由于断裂的多期性,还出现 2 万~3 万年的更新活动年龄。

综合评价,将麦地龙—木里区划为构造较不稳定区。

4. 里庄—联合(金河)乡较不稳定区

里庄—联合(金河)乡区主要受经向构造体系所控制,北段与北北东向构造相复合构成一条向西突出的弧形构造形式。基本上展布于雅砻江断裂带的磨盘山断裂与金河—箐河断裂之间的长条状地带,区内主要包括有里庄断裂、马头山断裂、大水沟断裂、周家坪断裂以及金河—箐河断裂等晚期活动断裂。根据同位素年龄测定结果表明,多数年龄均在 6 万~8 万年之间,少数出现 2 万~3 万年的活动历史。

里庄等断裂控制麦地乡、牙骨台子和腊窝乡等第四纪盆地。盆地中第四系发生了强烈变形,北西向第四纪断裂反映了顺扭活动特征,而木萨沟一带第四纪断裂则反映了反扭性质,其多期活动性十分明显。金河—箐河断裂南段的羊坪子断裂可见白果湾组地层逆冲在第四纪地层之上,属反扭性质,活动性明显。其余活动形迹不明显,仅在金河乡附近有 40℃的温泉出露。此外,区内南段 1951 年 5 月 10 日发生过 $M = 5.5$ 级地震,区内其他地段尚未出现 5.0 级以上地震。

综合评价,将里庄—联合(金河)乡区划为较不稳定区。

5. 冕宁—德昌不稳定区

冕宁—德昌区主要是安宁河一带，受经向构造体系的南北向主干断裂的严格控制。区内主要为前震旦纪变质岩及大片元古代中性侵入岩，由于经受历次地壳运动的影响，岩体十分破碎，断裂纵横交错，岩浆活动频繁。

新生代以来，特别是第四纪以来经受东西向的强大挤压，安宁河东西侧的对冲作用，使安宁河谷强烈下沉，在河谷中沉积了厚达 1800m 的松散堆积物，并使昔格达地层发生了强烈的变形。与南北向主干断裂配套的东西向的张性断裂也比比皆是，组成了大量的地垒和地堑及阶梯式的构造形式。但由于构造活动的多期性，时而受到南北向的挤压作用，在第四纪地层中亦产生了一些东西向挤压性构造形迹。该区近期的活动也仍未停止，根据 1958 年 4 日至 1977 年 4 月地形变测量资料，冕宁以北表现为东盘上升，冕宁以南，安宁河东支断裂的西盘下降，沉降幅度最大处为安宁河东支断裂以及与北东向相交部位的西昌和冕宁断陷盆地。

在整个安宁河断裂带中，有温泉 13 处，水温 20～40℃，最高可达 40℃以上。沿断裂带可记录到 5.0 级以上地震 14 次，其中 6.0 级以上地震 6 次，最大 7.5 级地震。

冕宁—德昌区以第四纪松散的沉积盆地地形为主体，大量的主干断裂隐伏其下，并经历了多次活动，断裂胶结物一般较松散。同位素年龄测定结果表明，除南河断裂在 78 万～100 万年有一次强而明显的构造活动外，近期强烈活动期为 6 万～8 万年。尤其是冕宁之北，安宁河断裂在全新世尚在活动。

综合评价，沿安宁河断裂带展布的冕宁—德昌区为构造不稳定区。

2.6 场地构造稳定性评价成果

锦屏一级水电站位于理塘—前波断裂、金河—箐河断裂和鲜水河断裂所围限的Ⅲ级块体雅江—九龙断块南部。根据区域地质背景和地震地质背景，按照相关规程规范的有关规定，从深大断裂尤其是现代活动断裂的展布、新构造运动特征、地震活动性重点是中强震活动的特征、现代构造应力场和以区域重磁异常为代表的地球物理场特征等多项区域构造稳定性的判别指标分析，雅江—九龙断块内部具有较好的稳定性，但工程区外围强烈现代活动的深大断裂和大量的中强地震活动带均有分布。

雅江—九龙断块所在"川滇菱形断块"内部地震活动总体较弱，区域地震活动主要受川滇菱形块体边界断裂控制，同时受邻近的其他一级构造单元边界断裂影响。断块包括了两个前泥盆系地层为核部的穹隆构造，内部以褶皱为主，断裂不发育，经历了海西—印支期的地槽演化和印支晚期褶皱回返，断块内部岩石普遍变质，虽变质程度不一，但硬化程度较高，是刚性较大的且构造稳定性较高的断块。雅江—九龙断块内部北东和北西向断裂取样进行同位素年龄测定，结果表明大多年龄大于 50 万年，或大于 100 万年，已无现代活动；此外工程区内无水热活动，也无 5.0 级地震发生。即使是坝址东侧仅 2km 的锦屏山断层，其断层物质测龄显示中更新世中期（17 万～38 万年）以来无活动，也已不属现代活动断裂。工程区北西即雅砻江主库库尾的前波断裂是一条有一定活动性的现代活动断裂，但断裂逐渐消失于长枪穹隆而未延伸至工程近场区，对工程地震活动影响较小。坝址各枢纽建筑物均不存在抗断问题。

从工程区内乃至更大范围的雅砻江锦屏大河湾地区，多级夷平面和阶地相位、地质特征的对比分析，可以判断工程区新构造运动以整体的均衡性抬升为主，无明显的差异性活动。

根据早期开展的构造稳定性评价成果，锦屏一级坝址区位于构造稳定区。为了对比分析，按照现行标准《水电工程区域构造稳定性勘察规程》（NB/T 35098—2017）的有关规定，锦屏一级坝址工程场地区域构造稳定性评价为稳定性较好（表 2.6 - 1）。

表 2.6 - 1　　按照 NB/T 35098—2017 的工程场地区域构造稳定性分级评价结果

参量	稳定性好	稳定性较好	稳定性较差	稳定性差
地震动峰值加速度 a/g	$a<0.09$	$0.09 \leqslant a < 0.19$	$0.19 \leqslant a < 0.38$	$a \geqslant 0.38$
锦屏一级评判	—	0.17	—	—
地震烈度	<Ⅶ	Ⅶ	Ⅷ	≥Ⅸ
锦屏一级评判	—	Ⅶ	—	—
活断层	25km 以内无活断层	5km 内以无活断层	5km 以内有活断层，震级 $M<5.0$ 级地震的发震构造	5km 以内有活断层，并有震级 $M \geqslant 5.0$ 级地震的发震构造
锦屏一级评判	—	场址区 5km 范围内只有 1 条锦屏山断层，其活动时代为中更新世，不是活断层	—	—
工程近场区地震与震级 M	有 $M<4.7$ 级的地震活动	有 4.7 级 $\leqslant M<6.0$ 级的地震活动	有 6.0 级 $\leqslant M<7.0$ 级地震活动或仅一次 $M \geqslant 7.0$ 级强震活动	有多次 $M \geqslant 7.0$ 级强震活动
锦屏一级评判		近场区 25km 范围内未记录到 $M \geqslant 4.7$ 级以上中强震	—	—

注　1. 表中地震动参数的场地条件为平坦稳定的Ⅱ类场地。

　　2. 在判定稳定性分级时按满足一项最不利的参量确定为相应级别。

第 3 章

大消落深水库库岸
稳定性研究

水库是水力发电工程的重要组成部分，大型水电工程的兴建，往往形成大型水库，蓄水后库区水文地质条件将发生较大改变，使得库周地带的地质环境也随之发生变化，易引发各种工程地质问题，如水库渗漏、库岸稳定、水库浸没、水库淤积及水库诱发地震等。不同地质环境下的水库，其存在的工程地质问题不尽相同，一般情况下，西部高山峡谷区水库的库岸稳定问题、水库诱发地震等问题比较突出。

锦屏一级水电站水库为雅砻江下游梯级水电站的龙头水库，属中国西部高山峡谷区深大水库，水电站正常蓄水位 1880.00m，死水位 1800.00m，最大的消落高度 80m，总库容 77.6 亿 m³，调节库容 49.1 亿 m³，属年调节水库。水库由三部分组成：雅砻江主库，回水至木里县卡拉乡附近，长约 58km；小金河一级支库，回水至木里县后所乡嘎姑村附近，长约 90km；卧罗河二级支库，回水至盐源县壁基乡卧罗村，长度 21km。

锦屏一级水库属峡谷型水库，周围群山环抱，岸坡陡立，基岩裸露，地层岩性以相对不透水的变质砂板岩为主，大理岩局部分布，且岩溶程度微弱。水库区不存在水库渗漏、浸没、淤积等问题，水库诱发地震也不十分突出，对工程与环境的影响小，主要工程地质问题是高坝大库大消落条件下的水库库岸稳定问题。水库区岸坡主要由变质砂岩、粉砂质板岩及千枚岩构成，多属岩性较软弱层状（板状）结构的纵向谷，断裂构造发育，岩层风化卸荷与倾倒变形破坏较强烈，库区滑坡、崩塌、变形体发育，库岸稳定条件复杂。加之，水库属库容大、壅水高、消落大的高山峡谷区深大水库，蓄水后库岸出现了较多的变形破坏现象，对此开展了蓄水后库岸稳定性勘察，研究了库岸变形破坏类型、特征与规律，对重点库段、重点滑坡及变形体在蓄水后的变形破坏特征与稳定性进行了深入的分析、研究，提出了应对的地质建议，为水库安全运行决策提供了可靠的地质依据。

3.1 研究方法与思路

水库工程地质勘察可以分为综合性勘察和专门性勘察。综合性勘察要求对水库区工程地质条件进行全面的调查和分析，判断水库区存在的工程地质问题及其危害程度，提出应对的地质建议。综合性勘察以工程地质测绘与调查为主，辅以航卫片遥感测绘技术对包括水库区在内的坝段外围进行地质测绘，再结合钻探、坑槽探、物探和岩土体测试等工作。岩土体测试主要包括岩土层、软弱夹层、滑带土等矿物分析和物理力学性试验，以及滑带土物质年龄测定。专门性勘察针对水库重大工程地质问题进行，重点是水库蓄水和运行期库岸的变化破坏特征、稳定性评价，以专题研究为主。水库开始蓄水后，开展了每年两次的库岸稳定性复核调查，采用了无人机高清摄影与正射影像建模、水下地形测绘等新的勘察手段、方法，对蓄水后变形比较明显、潜在威胁较大的滑坡、变形体开展了监测工作。

大消落深水库库岸稳定性研究的主要方法与思路如下：

（1）勘测设计阶段库岸工程地质分段与稳定性预测评价。通过收集并分析有关库区遥感图像资料和区域地质背景资料，开展工程地质测绘、勘探和岩土体试验、观测等，查明水库区地貌形态、库岸岩土构成、岸坡结构、地质构造、水文地质条件、物理地质现象等基本地质条件；然后根据库岸各段地质条件，进行库岸工程地质分段，结合库岸变形破坏迹象、稳定现状，完成库岸稳定性分段的预测评价，对重点滑坡、变形体的稳定性、可能的失稳机制、模式及其危害进行评价，提出包括监测在内的应对措施地质建议。

（2）蓄水后库岸变形破坏特征与规律研究。水库蓄水后，开展库岸稳定性综合的复核调查，分析、研究蓄水后库岸变形破坏现象及其类型，归纳、总结不同稳定状态岸坡在蓄水后的变形破坏特征及其稳定性变化趋势；在此基础上，进一步分析、研究岸坡变形破坏与地形地貌、地层岩性、岸坡结构等的关系，分析同一类岸坡在蓄水过程中的变形破坏规律。

（3）蓄水后库区典型岸坡稳定性分析。蓄水后岸坡除库岸再造外，原发育的一些大型～特大型老滑坡，出现了整体或局部复活，并且变形破坏随水库运行持续发展，同时发生了大量基岩变形库岸，一般规模大，后缘多在正常蓄水位以上 200～300m，其成因机理复杂。在库岸变形破坏特征调查成果的基础上，重点分析这些典型岸坡在蓄水后的变形破坏特征及其稳定性。

3.2 勘测设计阶段库岸工程地质分段与稳定性预测评价

锦屏一级水库位于川西高山峡谷区，地层岩性以软硬相间的砂板岩为主，局部为坚硬的大理岩，断裂构造发育，岸坡以直立陡倾纵向、斜向谷坡为主，岩层倾倒变形强烈，发育较多的滑坡、变形体，岸坡稳定条件复杂。水库地质勘察工作开始于 20 世纪 90 年代初，至 21 世纪初可行性研究阶段结束，主要开展了工程地质测绘与调查（含卫片、航片遥感解译），适量的钻孔、井探、坑槽探、物探和岩土体测试等工作，以及多项专题研究。在查明库区基本地质条件的基础上，完成了库岸的工程地质分段与稳定性的预测评价。

3.2.1 基本地质条件

锦屏一级水库位于四川西部雅砻江锦屏大河湾地区的高山峡谷区，具有极其复杂的地质条件，地层岩性以软硬相间的砂板岩为主，局部为坚硬的大理岩，发育有北东向卧罗河断层、北北东向的锦屏山—小金河断裂、北北西的前波断层及木里弧形断裂带，岸坡以直立陡倾纵向、斜向谷坡为主。砂板岩风化卸荷和倾倒变形强烈，岩体破碎，发育较多的滑坡、变形体，也分布有大量不同成因的松散覆盖层，岸坡稳定条件差异大，蓄水后的变形破坏各异。

1. 地形地貌

库区位于青藏高原东南缘侵蚀山原区，为具有以侵蚀作用为主的准高原地貌景观：卡拉乡以南至小金河口一带山原顶面呈阶梯状递降，属于强烈切割的准山原亚区；木里一带为向南凸出的山地，山顶形态圆缓，高程一般为 3000.00～3800.00m，最高达 4000.00m 以上。雅砻江河谷切割深度为 1500～2000m，由于受雅砻江及小金河等支流的强烈切割，山原面基本解体，地表起伏大，相对高差多在 600～800m，1000m 以上者也较常见，具有高山地貌的雏形。

库区地形如图 3.2-1 所示，山高谷深，河谷狭窄，多呈不对称的 V 形谷，其横剖面总体上表现为上宽下窄的"谷中谷"形态，江面宽度50～200m不等，河床纵坡降一般大于3‰，其中，卡拉至白碉段纵坡降在10‰以上。

（a）近坝库岸　　　　　　　　　　（b）雅砻江主库　　　　　　　　　　（c）小金河支库

图3.2-1　库区地形

2. 地层岩性

库区地层分区以锦屏山—小金河断裂为界，东南属盐源—丽江地层分区，西北属松潘—甘孜地层分区，其中，包括雅江小区和木里小区。

出露地层由老至新分别为：志留系（S）出露于雅砻江拖沟至库尾及小金河落锅米一带，呈带状分布；泥盆系（D）出露于雅砻江白碉、大铺子、下苦苦及下马鸡店一带，出露较少；石炭系（C）主要出露于雅砻江草坪子、下苦苦一带，出露较少；二叠系（P）在雅砻江扎凹、小金河下落府及卧罗河口上游一带广泛出露；三叠系（T）在库区内分布广泛，为库盆的主要地层；第四系松散堆积物主要有冲积、崩坡积、滑坡和泥石流堆积物等，分布于现代河床谷底、沿江两岸及坡脚缓坡地带。

库岸基岩以变质岩为主，其岩性主要为变质砂岩、粉砂质板岩及千枚岩，分布于库区整个主库和支库河段，库内滑坡及崩塌体主要发育在该地层之中；大理岩分布较少，仅在坝区、雅砻江金洞子、小金河下落府及卧罗河库尾一带发育，多形成狭窄的深谷。

3. 地质构造

库区处于鲜水河断裂带、安宁河断裂带、则木河—小江断裂带及金沙江—红河断裂带所围限的"川滇菱形断块"的东部Ⅱ级构造单元雅江—稻城断块区内由理塘—前波断裂所分割的Ⅲ级断块——雅江—九龙断块上，库区断裂构造形迹主要有NE向卧罗河断层、NNE向的锦屏山—小金河断裂、NNW向的前波断层及木里弧形断裂带，见图3.2-2。

锦屏山—小金河断裂：该断裂北起石棉西北，往西经燕麦地，在张家河坝斜穿雅砻江，进入锦屏山区，再经新兴、兰坝、吉尔坪沿小金河至木里列瓦山以西；主要断于三叠系内部，部分断于二叠系与三叠系之间。该断裂总体走向由吉尔坪以北的N20°～40°E至列瓦山南变为近东西向，呈一向南东凸出的弧形断裂带，断裂总体倾北西到北，倾角较陡约70°～85°，在列瓦山一带以弧形推覆构造形式出露，倾角变缓至45°～70°。断裂带具压扭性（右行），早期形成的破碎带宽十余米至数十米，主要为胶结紧密的碎裂岩、糜棱岩和压碎角砾岩，晚期右行走滑形成的断层泥和炭化破碎带宽约2.5m。据深部物理场延拓资料反映，锦屏山断裂切割深度5～10km。第四纪以来，该断裂带除木里弧顶部位有中强震发生外，其余各段均无明显活动。

前波断层：位于雅砻江干流水库区北西侧，距坝址最近处约30km，前波断层是理塘

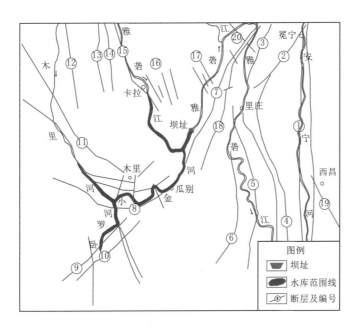

图 3.2-2　锦屏一级水库区断裂构造

①—安宁河断裂；②—南河断裂；③—马头山断裂；④—磨盘山断裂；⑤—金箐断裂；⑥—小高山断裂；
⑦—锦屏山断裂；⑧—小金河断裂；⑨—卧罗河断裂；⑩—麦架坪断裂；⑪—丁多断裂；
⑫—无量河断裂；⑬—航牟断裂；⑭—藏翁断裂；⑮—前波断裂；⑯—高牛场断裂束；
⑰—磨子沟断裂束；⑱—青纳断裂；⑲—则木河断裂；⑳—朵落乡断裂

断裂带中的一条主要断层；该断裂北起甘孜以北，往南东经理塘延伸至前波、卡拉乡，消失于长枪穹隆北端；区内断层北段（前波以北）断于二叠系和三叠系之间，南段（前波以南）断于二叠系内部；断层总体产状 N15°～30°W/SW∠50°～70°，破碎带宽 30～60m，由构造角砾岩、糜棱岩和断层泥组成，并有高炭化现象；该断裂活动历史悠久，据已有资料表明，该断层第四纪以来有明显活动性，沿断层有中强地震发生，为一现代活动断裂。

木里弧形断裂带：与小金河支库尾部接壤，为弧顶朝南的弧形断裂带，包括盐源弧形断裂带、辣子弧形断裂带及木里弧形断裂带，是川滇断块内部具有特殊形态的活动断裂带；该断裂带新构造形迹及地震活动主要表现在其西翼及弧顶部位，现今活动较明显；历史上的强震如 1980 年木里 5.8 级地震、1976 年盐源下甲米 6.7 级地震、1976 年盐源辣子乡 6.4 级地震等主要发生在弧形构造带西翼及弧顶部位。

4. 物理地质作用

自挽近地质时期以来，随着地壳的急剧抬升和河流的快速深切，雅砻江逐渐形成了高达数百米至千米以上的深切峡谷，致使滑坡、崩塌、岸坡变形、泥石流等物理地质现象发育。

（1）库岸变形破坏现象。经调查统计，水库蓄水前库区各类变形破坏中最主要的滑坡、崩塌、变形体共发育 55 个。雅砻江主库两岸共发育有滑坡 19 个、崩塌 5 个、变形体 1 个，其中体积 100 万～1000 万 m³ 的滑坡 2 处，大于 1000 万 m³ 的巨型滑坡 4 处，最大的库尾草坪子滑坡达1亿m³以上。小金河支库长约90km，发育有滑坡27个、崩塌1个、变形体2个，滑坡总体积约0.8亿m³，其中体积100万～1000万m³的大型滑坡18处，大于1000万m³的巨型滑坡有2处。卧罗河二级支库岸坡变形破坏轻微，未发育滑坡、变形体与规模较大的崩塌。

（2）泥石流。库区共调查泥石流沟24条，以中、小型泥石流为主，其中大—巨型泥石流8条，主要分布于支库小金河两岸。库区泥石流处于活跃期的泥石流16条，巨型、大型活跃期泥石流有6条，均位于小金河支库段，这些泥石流物源极丰富，有滑坡或丰富的崩、坡、残积物分布。发育于小金河支库的8条大—巨型泥石流沟距坝址均在40km以上，在近坝库段内无大型泥石流沟发育，泥石流活动除造成水库淤积外，不会对工程安全及运行造成危害。

5.水文地质条件

库区岸坡陡立，基岩裸露，区域水文地质特征很大程度上受岩性制约，即碎屑岩及其浅变质岩系，碳酸盐岩和变质玄武岩类。碎屑岩及其浅变质岩和变质玄武岩，分布范围广，透水性差、贫水，可视为相对隔水层。

地下水类型主要为浅循环的基岩裂隙水，出露的地下水多为基岩裂隙下降泉，泉流量多小于1L/s。在水库区范围内，仅在雅砻江库尾的木里卡拉乡的岗尖和麻撒一带沿前波断裂带出露温泉，水温15℃左右，流量分别为10L/s和14L/s，它们的出露高程分别为1910.00m和2300.00m，均高于水库正常蓄水位。

碳酸盐岩在水库区呈条块状分布于坝址区、支库小金河的关门山和光头山及卧罗河一带。坝前分布的大理岩，岩溶程度微弱。小金河的关门山和光头山一带出露的二叠系灰岩岩溶较发育，地下水以岩溶管道、暗河形式排泄为主，在小金河瓜别至下落府段出露有苏那暗河、瓜别暗河、下落府暗河及别土羊窝子暗河，出口流量都超过200L/s，出口高程多数在1920.00～2530.00m，唯在小金河的木里县列瓦乡盖地，于杂谷脑组变质砂岩、板岩中的石灰岩夹层中出露一个大岩溶泉，涌水量达600L/s，出口高程1860.00m，低于正常蓄水位；下落府暗河出口高程为1740.00m，低于正常蓄水位。但是，这些暗河都是由地表径流潜入地下补给岩溶地下水，地表径流下潜处高程均在2000.00m以上。库尾卧罗河白山组灰岩出露区岩溶化程度较强，岩溶主要发育在夷平面上下高程。

3.2.2 库岸工程地质分段

库岸工程地质分段是蓄水前库岸稳定性预测评价和蓄水后复核评价的基础，在查明库区基本地质条件的基础上，通过对库岸已有变形破坏现象的分析研究，可以判断对岸坡变形破坏起控制性的结构面主要有断层及层面裂隙、卸荷裂隙、拉裂缝等控制性结构面，因此，在不考虑土质岸坡的前提下，将岩质岸坡根据库岸地层岩性、岩体与坡体结构、岩层产状与河流流向的关系进行工程地质分段划分；再研究影响岸坡稳定的地质因素和非地质因素，完成库区岸坡稳定性分类分段的预测评价，并进一步分析评价主要不稳定岸坡尤其是规模巨大的滑坡、变形体对工程和环境的影响。

根据库区岸坡河谷地貌形态、地层岩性、地质构造、岸坡结构类型和已有变形破坏现象、类型等诸多影响因素，将库区划分12个库段（表3.2－1）。

表 3.2-1　　　　　　　　库 岸 工 程 地 质 分 段

编号		起止位置	距坝距离/km	岸坡结构	地质特征及稳定性
雅砻江主库	第一段	坝区—矮子沟	0.0~8.3	纵向斜向	坡度40°~50°，基岩裸露，变质砂岩、板岩和大理岩。在解放沟—三滩砂板岩岸坡段内发育倾倒变形和滑移拉裂变形体。岸坡总体稳定性较好
	第二段	矮子沟—小金河口	8.3~18.4	纵向	洼里一带发育Ⅰ~Ⅵ级阶地。地层陡立，极薄层板岩夹薄层、极薄层变质砂岩。蓄水前库段内雅砻江两岸发育5处滑坡及变形体，右岸支沟内发育两处大型滑坡，大于1000万m³滑坡发育有水文站滑坡、呷爬滑坡。该段岸坡倾倒变形强烈，岸坡稳定性差
	第三段	小金河口—毕基	18.4~28.4	横向斜向	坡度40°~50°，基岩裸露，由板岩、千枚岩、变质砂岩、板岩及大理岩组成。在金洞子附近有NNE向断裂横穿库区。蓄水前发育有小型滑坡，总体稳定性较好
	第四段	毕基—主库库尾	28.4~58.0	横向斜向	坡度40°~50°，局部为陡坡，出露硅质砂岩、板岩、千枚岩。前波断裂从库尾左岸高程约2300.00m通过。蓄水前左岸发育三家铺子等大型滑坡，滑坡整体稳定，库岸总体稳定性较好
小金河一级支库	第五段	小金河口—黄家屋基	18.4~28.3	横向斜向	坡度40°~50°，主要由三叠系变质砂岩、板岩组成，锦屏山断裂斜穿库区。库段内发育8处滑坡及变形体，其中大于100万m³滑坡4处，滑坡稳定性较差，该段库岸稳定性总体较差
	第六段	黄家屋基—纳地沟	28.3~38.8	斜向	坡度40°~50°，主要由三叠系变质砂岩、板岩组成，沿河发育一顺河断裂。该段岸坡主要以浅表岩体倾倒变形为主，发育苗儿村大型滑坡，其余库岸破坏方式为小规模塌滑和崩塌，该段总体稳定性较好
	第七段	纳地沟—岩脚	38.8~51.9	横向斜向	坡度50°~70°，由三叠系变质砂岩、板岩组成。在松坪子附近有顺河断裂通过。该库段岸坡浅表倾倒较发育，岩体较为破碎，并发育4处滑坡，其中大于100万m³滑坡3处，该段库岸稳定性较差
	第八段	岩脚—下落府	51.9~60.1	横向	河道弯曲，谷坡陡立，主要由三叠系大理岩及少量变质砂岩、板岩组成。岩体完整性好，岸坡无大的变形迹象，该段稳定性较好
	第九段	下落府—岩多	60.1~88.6	斜向	坡度40°~50°，由砂岩、板岩构成，局部库岸出露大理岩。库段内发育近EW向及近SN向断裂。库段内变形迹象较明显，蓄水前发育滑坡及变形体10余处，其中大于100万m³滑坡7处，大于1000万m³滑坡2处，该段库岸稳定性较差
	第十段	岩多—西秋	88.6~102.9	斜向	坡度30°~40°，由变质砂岩、板岩组成。NW向断裂在铜凹附近穿过库区。发育4处滑坡，其中大于100万m³滑坡2处。该段岸坡稳定性较好
	第十一段	西秋—小金河库尾	102.9~108.4	斜向	坡度30°~50°，由变质砂岩、板岩组成。NWW向、近SN向和NEE向断裂穿过库区。见大的变形破坏迹象，该段岸坡稳定性好
卧罗河二级支库	第十二段	卧罗河口—卧罗河库尾	83.4~104.3	斜向横向	坡度50°~80°，局部直立，主要由三叠系变质砂岩、板岩及大理岩组成，局部有浅表部变形迹象，并有小规模的塌滑；大理岩出露段岸坡变形不明显。该段库岸稳定性总体较好

3.2.3 库岸稳定性预测评价

在查明库区岸坡地形地貌、地质结构、岸坡结构并完成库岸工程地质分段的基础上，通过对库区变形破坏总体情况、滑坡及变形体发育特征与规律的分析，进一步对岸坡已有变形破坏现象及其影响、控制因素进行分析、总结，研究影响、控制岸坡稳定性的主要地质因素，完成对库岸稳定状况的分类与分段。最终的分类分段结果显示库区稳定、次稳定岸坡段约占两岸总长度的87%，不稳定岸坡段则约占13%。

1. 库岸变形破坏概况

作为典型的高山峡谷型深大水库，由于该区大多由岩性较软弱的砂板岩构成的斜向、纵向岸坡，断裂构造较发育，库区变形破坏发育且类型众多。经调查统计，蓄水前库区各类变形破坏中最主要的滑坡、崩塌、变形体共发育55个。

雅砻江主库两岸共发育有滑坡19个、崩塌5个、变形体1个，线密度约0.22个/km。小金河支库发育有滑坡27个、崩塌1个、变形体2个，线密度约0.17个/km。

2. 滑坡与变形体发育规律

库区两岸的滑坡、变形体、崩塌等岸坡变形破坏现象的发育分布受地形地貌、地层岩性、地质构造、岸坡结构等主要因素控制而极不均一，其发育规律如下：

（1）有70%的滑坡、变形体发生在层状、板状或片状变质碎屑岩类河段。变质碎屑岩由于岩性软弱或软硬相间，岩石风化剧烈，岸坡变形破坏发育多且以滑移-拉裂、滑移-弯曲和弯曲-拉裂即倾倒变形为主。

（2）沿断裂带或断裂交汇部位，尤其是活动断裂带，受其影响岸坡岩体普遍破碎—极破碎，次级小断层、挤压错动带与节理裂隙发育，滑坡、变形体、崩塌都较发育，其数量和规模均高于断裂不发育库段。

（3）滑坡、变形体、崩塌中分别有50.9%、36.4%发生在纵向谷、斜向谷，其中54.2%发生在河谷的顺向坡、斜顺向坡一侧，如小金河支库大多数库段，雅砻江主库小金河口至水文站、兰坝至解放沟的纵向谷河段。

3. 库岸稳定性分类与分段预测评价

根据库区岸坡岩（土）体工程地质性状及组合特征，影响岸坡稳定的地形地貌、构造、岸坡结构、岸坡现有变形、破坏发育分布状况、岸坡天然坡度、地震烈度、植被覆盖率、人类活动等因素，以多因子进行综合评价，将库岸划分为稳定岸坡、次稳定岸坡和不稳定岸坡3种类型。稳定、次稳定和不稳定岸坡分布示意见图3.2-3。与规程规范规定、其他工程水库岸坡稳定性评价对比，

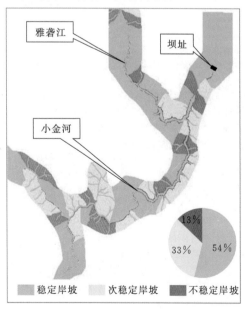

图 3.2-3 稳定、次稳定和不稳定岸坡分布示意图

次稳定岸坡相当于基本稳定—稳定性差状况。

（1）稳定岸坡以厚层块状大理岩纵、横向谷为主，变质砂岩夹板岩的横、斜向谷次之，大的断裂不发育，总体上变形破坏现象轻微，天然状态下岸坡稳定，蓄水后稳定性有所降低但仍能保持稳定。该类岸坡主要包括坝前岸坡、雅砻江主库库尾岸坡，小金河支库向家坪子—下落府左右岸岸坡、小金河支库库尾岸坡和卧罗河二级支库等，两岸总长约 247km，占库区两岸总长度的 54%。

（2）次稳定岸坡以砂板岩斜向谷为主、纵向谷次之，少见大理岩出露，有不同规模的断层发育，岩体风化卸荷、倾倒等变形破坏总体较轻微，天然状态下岸坡基本稳定，蓄水后可能会发生较多新的变形破坏现象，岸坡稳定性有所降低，但总体上仍能保持基本稳定，个别岸坡会发生失稳破坏。该类岸坡主要包括雅砻江主库呷爬—小金河口左右岸岸坡小金河支库吉尔坪—西秋乡左岸岸坡、垮纳—项脚左岸岸坡、茨茹地—卧罗河口左右岸岸坡，卧罗河二级支库河口—棉布哑口右岸岸坡等，两岸总长约 148.5km，占库区两岸总长度的 33%。

（3）不稳定岸坡主要是已有不稳定或稳定性差的大型滑坡体段岸坡。根据这些滑坡在天然状况下的变形破坏与滑动迹象，分析、推测其在蓄水后及在不利的条件下存在整体或局部滑动的可能，即存在整体复活或局部复活的可能。该类岸坡主要包括雅砻江主库的水文站、呷爬、草坪子等滑坡岸坡；小金河支库松坪子滑坡岸坡和上落府—哗口、铜凹等河段岸坡，两岸总长 58.9km，约占库区两岸总长度的 13%。

总体上，在锦屏一级库区全库段内，稳定岸坡和次稳定岸坡占全库两岸总长度的 87%，不稳定岸坡除近坝库段的水文站及呷爬段外，其余均在库尾，水库库岸稳定性较好，具备兴建大型水库的地质条件。

3.3　蓄水后库岸变形破坏特征与规律

锦屏一级水库最大壅水高度超过 250m，2012 年 11 月导流洞下闸开始蓄水，分为四个阶段，于 2014 年 8 月蓄至正常蓄水位 1880.00m。蓄水初期壅水高度较小时，库岸即开始出现变形破坏，随着库水位的上升，库岸变形破坏逐渐显现，至 2014 年 8 月首次蓄至 1880.00m，雅砻江主库、小金河支库均出现多处变形破坏，呈现出点多面广、类型多样、规模大小不等、成因机制复杂的特点。之后的运行期，受库水长期浸泡和每年一次的 80m 大消落影响，库岸变形破坏持续加剧。本章对蓄水后岸坡变形破坏现象进行了分类，划分为塌岸、变形库岸、滑坡复活和新滑坡 4 类，分析了不同的岸坡在蓄水后变形发展演化特征和规律。

3.3.1　蓄水后库岸变形破坏类型

根据岸坡变形破坏形式的不同，可划分为塌岸、变形库岸、滑坡复活和新滑坡 4 种类型，以前 3 种类型最为常见。截至 2020 年年底，发生了塌岸 143 点、变形库岸 53 点、滑坡复活 16 点、新增滑坡 5 点，共 217 点，其中塌岸占全部变形破坏的 65.9%。

1. 塌岸

塌岸是水库周边岸坡土体或岸坡浅表因强风化、强卸荷、强倾倒而普遍较破碎的岩体,在库水位长期的上升、消落过程中发生塌落、滑塌失稳的现象。塌岸为蓄水后最主要的库岸破坏类型,在水库蓄水最初,多出现于坡脚覆盖层岸坡,随库水位抬升,坡脚覆盖层逐步淹没,塌岸更多地表现为岸坡浅表强风化、强卸荷的基岩坍塌和古滑坡前缘局部滑塌。其中浅表强风化、强卸荷的基岩前缘由于蓄水后的变形加剧而发生坍塌或塌滑破坏而滑入江中,将其全部滑入江中的部分划为破碎基岩塌岸。

根据岸坡岩土体岩性、成因一般可划分为崩坡积层塌岸、滑坡前缘塌岸、破碎基岩塌岸,典型塌岸见图 3.3-1。截至 2020 年年底,全部 143 点塌岸中,崩坡积层塌岸有 81点、占 56.6%,基岩塌岸有 47 点、占 32.9%,滑坡前缘塌岸有 15 点、占 10.5%。塌岸多为渐进式塌岸,一次性塌岸规模有限,崩坡积层累计塌岸高度一般小于 100m(正常蓄水位起算),而破碎基岩塌岸一般比较高,塌高可达 150~200m,少量大于 200m。

(a)崩坡积层塌岸　　　　　　(b)上落府滑坡前缘塌岸　　　　(c)小金河口左岸破碎基岩塌岸

图 3.3-1　小金河支库区典型塌岸

2. 变形库岸

变形库岸是蓄水后出现的各种库岸变形的统称,主要是基岩库岸变形,规模比较大,也可以称为“变形体”。锦屏一级蓄水时执行的规程规范和《水电工程地质手册》中均没有这类变形破坏形式,鉴于其表现出与滑坡(包括新滑坡、老滑坡复活)、塌岸迥然不同的变形破坏特征,将其定名为变形库岸,是锦屏一级蓄水后比较普遍的一种变形破坏类型,截至 2020 年年底,共 53 点。变形库岸是锦屏一级工程首先明确提出的,在此之后,《水电工程水库影响区地质专题报告编制规程》(NB/T 10129—2019)在综合了近年来建成的锦屏一级、溪洛渡、瀑布沟、小湾等高坝大库蓄水后库岸变形破坏特征与规律后,接受并提出了变形库岸这种变形破坏形式,并在术语中做了明确定义。

基岩变形库岸是由于库岸较陡,强风化、强卸荷、倾倒变形岩体在库水长期浸泡、浮托、软化等作用下不能保持原有稳定,向临空变形,甚至逐级失稳破坏而形成,见图 3.3-2。总体而言,蓄水前的早期岸坡变形破坏类型与程度是基础,早期变形越强烈的岸坡,蓄水后更容易发生新的变形破坏并且其程度普遍都较严重。截至 2020 年年底,25 点基岩变形库岸的表现形式主要为坡体出现各种方向的拉裂缝、下座陡坎等,但未见整体滑移迹象。基岩变形库岸一般随库水位抬升和运行,变形破坏持续发展加剧。如呷爬下游变形体、小金河河口左岸变形体、小金河翁家瓦厂变形体、岩多变形体等。基岩变形库岸规模都较大,近 30 处变形体的后缘最高高程超过了正常蓄水位 200~300m,其中岩多变形体后缘最高高程达到 2530.00m,高出水库正常蓄水位约 650m。

早期查明的滑坡在蓄水后表现出 3 种情况:①维持基本稳定或稳定状况,蓄水后变形

2013 年 10 月
第三期蓄水后缘拉裂缝错落

2013 年 7 月
第二期蓄水后缘拉裂缝

2014 年 8 月
第四期蓄水近水面拉裂缝及塌岸

滑塌　　滑塌　　滑塌

图 3.3 - 2　小金河翁家瓦厂库岸变形

破坏总体轻微,如雅砻江主库的三家铺子滑坡;②整体稳定性有一定的降低,已发生一些明显的变形破坏现象为特征,但还未发生整体滑移或部分滑移而形成整体复活或部分复活,如水文站滑坡;③整体稳定性降低明显,发生整体复活或部分复活如水凼子滑坡、呷爬滑坡等。第三种情况将在下面小节介绍,本节重点介绍第二种情况。

水文站滑坡自水库蓄水开始,至 2016 年 10 月 1880.00m 水位后,整体均处于稳定状态,坡上未发现新变形裂缝,变形破坏以近水边局部小规模滑塌为主,之后,2017 年 6 月消落至 1800.00m 水位后,滑坡中下部新出现了 2 条横向拉张裂缝,裂缝长 80～100cm,张开 2～5cm,局部下错 2～3cm,2019 年 6 月消落至 1800.00m 水位后,裂缝有明显变宽,张开已达 5～8cm,局部下错约 10cm,之后,已有裂缝无明显变形加剧现象。自水库蓄水以来,滑坡后缘、上下游周边边界未发生新变形裂缝,且坡体中纵向裂缝也未见,可以判断,水文站滑坡从变形破坏程度、类型上还处于蠕变阶段,属蓄水后变形库岸,没有发生滑坡复活或部分复活。

除基岩变形库岸、已有滑坡的变形破坏之外,在蓄水过程中还有相当一部分深厚覆盖层岸坡长期受库水浸泡和水位涨落影响,土体强度降低,或土体中细粒物质被地下水淘蚀,由于没有连续的、地质性状较差的细粒土层分布,坡体以整体或局部的蠕变变形为主,坡表出现拉张裂缝,在后缘还形成了一定的下座陡坎,但没有明显的滑动变形,随水库运行,变形范围逐步扩大、变形破坏程度加剧。这种蓄水后的岸坡变形破坏现象也属于变形库岸,依据其发生于覆盖层内而将其称为覆盖层变形库岸,蓄水后共发现覆盖层变形库岸 17 点。这类变形库岸相对于基岩变形库岸一般规模有限,但也有个别规模较大,如呷咪坪变形库岸、茶地沟变形库岸等,其后缘破坏最高超过了高程 2000.00m,高于正常蓄水位 100m 以上,见图 3.3 - 3。

3. 滑坡复活

滑坡复活是水库蓄水后原稳定或基本稳定的老滑坡,在库水作用下发生新的蠕滑变形或滑动破坏,可以是整体复活或部分复活。蓄水后至 2020 年年底,滑坡整体复活和部分复活共发生 16 处。

图 3.3-3　小金河支库呷咪坪覆盖层库岸变形

水库开始蓄水后最早发生的整体复活是小金河支库水凼子滑坡，第一阶段蓄水至高程1700.00m后滑体后缘即出现拉裂缝和下座陡坎，滑坡开始复活，之后又先后有近坝呷爬滑坡、胡家梁子滑坡、岔罗沟滑坡和小金河支库拉姑滑坡、杉木坪滑坡、上落府滑坡等出现整体复活。这些滑坡复活后，在水库运行期随着库水位涨落持续滑移变形，但滑移速率很慢，大多呈整体缓慢下滑，滑坡后缘新的滑坡后壁逐步增高，如水凼子滑坡至 2018 年 10 月滑坡后壁高已超过 50m，同时滑坡体出现纵横向裂缝，呈逐步解体滑移形式，见图 3.3-4。

(a) 2014 年 3 月

(b) 2018 年 10 月

图 3.3-4　小金河水凼子滑坡整体复活

蓄水过程中，少数滑坡次级滑体出现滑移变形，形成滑坡部分复活。如小金河支库左岸的松坪子滑坡，蓄水后滑坡出现局部复活，当蓄水到高程 1880.00m 后，以及之后运行期在高程约 2000.00m 逐步出现了拉裂缝和下座陡坎，拉裂缝逐渐贯通，而下座陡坎逐渐发展成有一定高度的后壁陡坎，见图 3.3-5。

4. 新滑坡

新滑坡是水库蓄水后新发生的滑坡。截至 2020 年年底，共发现营盘滑坡、瓦屋滑坡等 5 处新滑坡，见图 3.3-6。水库蓄水后新滑坡有几个特点：①数量少；②5 处新滑坡均为水库运行初期（库水位首次及第二期蓄水至正常蓄水位期间）先出现变形，进一步发展而形成新滑坡；③都是覆盖层岸坡滑坡。

图 3.3 - 5　小金河松坪子滑坡局部复活　　图 3.3 - 6　水库蓄水后出现的覆盖层滑坡（营盘滑坡）

3.3.2　蓄水后库岸变形破坏规律

分析表明，蓄水后岸坡变形破坏发育的位置、类型、规模及破坏程度与岸坡地形地貌、地层岩性、地质构造、岸坡结构等密切相关，并且受水位升降等影响显著，总体上岸坡变形破坏在水位上升时相对较弱，但在水位下降时相对较强烈，符合这里的坡体结构、物质组成和排水条件等。

水库 2012 年 11 月底开始蓄水，2014 年 8 月首次蓄水至正常水位，至 2020 年年底，又经历了 6 次 80m 上升和消落循环。对变形库岸、滑坡复活、新增滑坡和影响高度超过 50m 的塌岸详细的调查、统计显示，库区 4 种类型的变形破坏共发生了 217 点，其中塌岸 143 点、变形库岸 53 点、滑坡复活 16 点、新增滑坡 5 点，可见蓄水后库岸变形破坏以塌岸最多、变形库岸次之，见图 3.3 - 7。

1. 主支库发育分布规律

蓄水后库岸变形破坏主要位于小金河支库，占全部的 68.2%，见图 3.3 - 8，这验证了主库库岸稳定性要好于小金河支库的预测。

2. 不同地形地貌发育规律

岸坡变形破坏与库周的地形地貌有着密切的关系。根据主支库交汇、支沟交汇以及岸坡微地形地貌特征，将沿河顺直岸坡、沿河凹凸起伏岸坡、孤立的突出山脊、河流与冲沟交汇部位的山梁或山脊、河流转弯的岸坡等，概化为顺直坡、凹凸坡、孤立山脊、河沟交汇山梁、转弯段岸

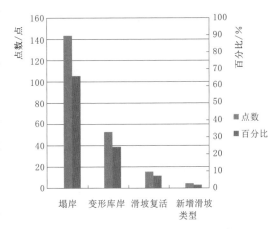

图 3.3 - 7　蓄水后岸坡变形破坏发育
总体情况统计

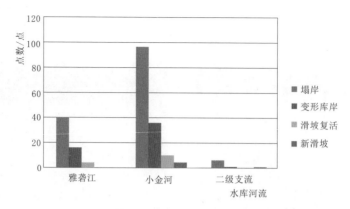

图 3.3-8 蓄水后 4 种岸坡变形破坏在主支库的发育分布统计

坡 5 种地形地貌类型,统计表明,若不分变形破坏类型,不论规模大小,单就破坏的点数统计,则凹凸坡发生变形破坏最多,占 69.1%;其次是顺直坡、河沟交汇山梁,各占13.4%、14.3%,见图 3.3-9。

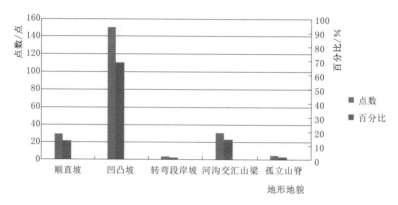

图 3.3-9 不同类型地形地貌中岸坡变形破坏总体发育分布统计

各类地形地貌岸坡在蓄水后的变形破坏有如下规律:

(1) 河道弯曲的凹凸坡和河沟交汇山梁部位岸坡是最容易出现变形破坏的部位,也是变形破坏规模大、变形程度极为强烈的地方,而河道较顺直岸坡相对较少。分析主要原因是沿河地形凹凸起伏坡中凸出段、河沟交汇山梁岸坡往往三面临空,岩体风化卸荷强烈,普遍松弛、破碎,自身稳定条件较差,水库蓄水后岩土体更易软化,力学性能大幅降低,从而更容易产生破坏。典型的凹凸坡有雅砻江主库呷爬滑坡下游变形体岸坡、小金河支库鲁巴地变形岸坡、呷咪坪岸坡;典型的河沟交汇山梁岸坡有雅砻江主库拖沟沟口左岸变形体和小金河黄家屋基变形岸坡、小金河大桥左岸变形岸坡等。

(2) 根据边坡工程地质分类,按坡度可分为缓坡 ($\alpha \leqslant 10°$)、斜坡 ($10° < \alpha \leqslant 30°$)、陡坡 ($30° < \alpha \leqslant 45°$)、峻坡 ($45° < \alpha \leqslant 65°$)、悬坡 ($65° < \alpha \leqslant 90°$)、倒坡 ($\alpha > 90°$)。统计结果显示 (图 3.3-10),岸坡的变形破坏主要发生在陡坡中,占 45.6%;其次发生在斜坡中,占 32.7%;部分发生在峻坡中,占 21.7%。库区基本无倒坡,缓坡及悬坡中未见变形破坏产生,其中悬坡未发生变形破坏的主要原因是其坡体组成为大理岩、厚层砂岩、硅质岩等硬岩，抗风化能力强，岩体相对较完整，软化系数高，受库水渗透浸泡影响小，库岸稳定性反而较好。

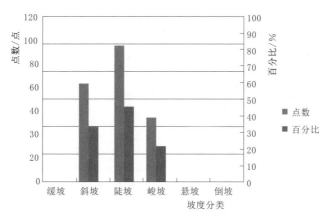

图 3.3-10　不同坡度地形中岸坡变形破坏总体发育分布统计

3. 不同岩性发育规律

不同岩性构成库岸在水库蓄水后变形破坏的数量及规模明显不同，覆盖层岸坡更易受库水作用发生破坏。

（1）岩质岸坡变形破坏。库区岩质库岸均为层状结构岸坡，基岩以变质岩为主，其岩性主要为变质砂岩、粉砂质板岩及千枚岩，分布于库区绝大部分主库和支库河段，前期勘察阶段查明的 100 万 m³以上 26 处大型—特大型滑坡和崩塌、倾倒变形岩体主要发育在该地层之中。水库蓄水后出现了较多的变形破坏。

岩质岸坡蓄水后发生的变形破坏主要发育于砂板岩段岸坡，与水库蓄水前大多数滑坡、变形体、崩塌发育于砂板岩段岸坡的结论一致。以塌岸为主、变形库岸次之。典型的规模较大的塌岸为呷爬下游变形体前缘塌滑，最高高程已在正常蓄水位以上约 100m。典型的变形库岸是小金河支库的小金河河口左岸变形体、黄家屋基变形体、岩多变形体等，规模普遍都较大，后缘变形最高高程高于正常蓄水位 1880.00m 为 300～500m 不等。

（2）覆盖层岸坡变形破坏。库区覆盖层主要有崩坡积堆积、坡残积堆积、滑坡堆积、冲洪积堆积及泥石流堆积等，蓄水后不同成因不同岩性的覆盖层岸坡表现出不同的变形破坏特征。

覆盖层中泥石流堆积层一般堆积于支冲沟沟口，蓄水后大都被淹没，加之土层密实，地形较缓，岸坡稳定条件较好，水库蓄水后没有发现变形破坏发生。冲洪积堆积以较密实的砂卵砾石为主，岸坡稳定条件较好，蓄水后稳定性较好。

土质岸坡蓄水后发生的变形破坏主要发生在崩坡积、坡残积堆积的岸坡，这些岸坡地形相对较陡，水库蓄水运行影响较大，蓄水后发生变形破坏的概率较高，其破坏形式多为临水前缘的塌岸，也有一定规模的蠕变、滑坡。

滑坡堆积层自身稳定性普遍较差，蓄水后涉及 23 处滑坡中有 16 处复活，如雅砻江主库呷爬滑坡、小金河支库水囡子滑坡等发生了整体复活，小金河支库松坪子滑坡、拉姑滑坡等发生了部分复活。另外，大多数滑坡堆积临水前缘部位在蓄水后都发生了局部塌滑。

4. 不同结构岸坡发育规律

库岸稳定性与岸坡结构有一定的关系，调查、统计显示，水库蓄水后岸坡变形破坏的概率，纵向谷略大于斜向谷，斜向谷略大于横向谷，见图3.3－11。

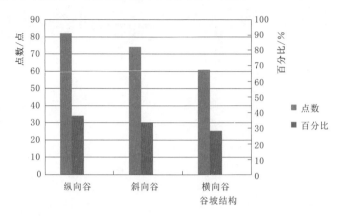

图3.3－11　蓄水后不同坡体结构库岸变形破坏统计直方图

（1）纵（斜纵）向谷岸坡变形破坏规律。水库纵（斜纵）向谷岸坡岩层多为陡倾角。该类岸坡岩层倾倒变形发育，岩体风化卸荷强烈，松弛、破碎，变形深度大，库岸稳定性较差。

纵（斜纵）向谷岸坡最发育的仍然是塌岸，其次是库岸变形，蓄水后新增较大规模的基岩变形库岸都主要发生在纵向谷岸坡中，如规模比较大的翁家瓦厂岸坡变形、黄家屋基岸坡变形等。这些岸坡变形破坏的主要原因都是受库水渗透浸泡，岩体抗剪性能降低，叠加上坡体受库水升降影响，造成坡体坐落变形，在后缘出现圆弧形拉裂缝及错台。

（2）横向谷岸坡变形破坏规律。水库该类岸坡岩层多为陡倾角，中缓倾角较少，但岸坡中发育一组与岩层近于垂直、与河流流向近于一致的中陡倾顺坡向卸荷裂隙，同时岸坡中可能还有一组中缓倾顺坡向裂隙。该类岸坡蓄水前的变形破坏以小规模的崩塌为主，岸坡整体稳定性较好，多属于稳定岸坡。

横向谷岸坡蓄水后一般都能继续保持较好的稳定性，蓄水后的变形破坏一般规模都有限，但当有构造影响时，变形也会发展较快，范围也较大，如小金河河口左岸岸坡变形，变形破坏高差达500m以上。

综上分析，3种岸坡结构中横向谷岸坡稳定性最好，纵向谷岸坡稳定性最差，蓄水后库岸变形破坏主要发育于纵向谷的顺向或斜顺向坡中，分析认为这与薄层砂板岩中层面裂隙是最主要的控制性弱面密切相关，尤其是顺向至斜顺向坡中中陡倾坡外的层面裂隙对岸坡稳定最为不利。

5. 同一岸坡在蓄水过程中的变形破坏规律

同一岸坡在不同的蓄水过程中变形破坏情况也会有较大的不同，尤其是库水位上升及消落过程中会呈现出不同的规律。当岸坡出现变形破坏后，在库水位上升过程中变形会持续发展，变形程度不断加剧、变形范围不断扩大，在坡体中上部会不断出现一些裂缝、错台；库水位下降消落过程中原有变形坡体会进一步解体塌滑、坍塌，坡体变形范围也进一步扩展，总体上变形破坏程度比库水位上升过程更强。如雅砻江主库近坝库段水文站滑坡、尤里坪变形体、小金河支库库尾二级支库卧罗河支库中的中村下坪子变形体等滑坡、变形库岸、塌岸都是这种规律。

3.4 库区典型岸坡稳定性分析

库岸受库水作用，出现了大量规模较大的滑坡复活、变形库岸等，如呷爬滑坡复活、小金河支库的西昌—木里公路小金大桥左岸桥台岸坡变形、小金河河口左岸库岸变形等。本书对这几个典型岸坡在蓄水后的变形破坏现象及其稳定性变化、发展趋势进行专门的分析，希望对读者有所帮助。

3.4.1 近坝陡倾纵向谷库岸古滑坡——呷爬滑坡复活

1. 滑坡概况

呷爬滑坡位于雅砻江右岸，距坝址 11.5km。滑坡在平面展布近似箕形，前缘最低高程 1655.00m，后缘高程 2120.00m，见图 3.4-1；滑坡纵长约 880m，宽约 260～300m，滑体最厚约 100m，平均厚度约 60m；滑坡体体积约 1300 万 m³。呷爬滑坡可见Ⅲ级平台，滑体内后期发育 2 条深切冲沟。滑坡发育于三叠系薄层灰～灰黑色钙质绢云母粉砂质板岩夹钙质长石石英砂岩中，岩层总体产状 N10°～30°E/SE∠85°～90°。总体上，呷爬滑坡所在雅砻江右岸为陡倾反向坡。滑带物质主要由灰黑色泥夹碎石，碎石成分为炭质板岩、变质细砂岩等，带内夹有大量石英颗粒，滑带厚 1～8m，滑带土干燥时极为坚硬，遇水后松软。

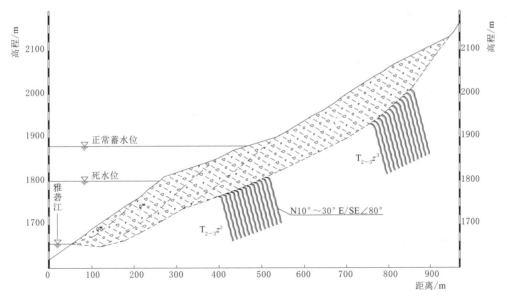

图 3.4-1 呷爬滑坡纵剖面示意图

2. 成因机制

呷爬滑坡所在雅砻江右岸为反向坡，地层近直立，岩性总体为较软弱的薄层、极薄层粉砂质板岩，在河流快速下切的背景下岩层发生倾倒变形即弯曲-倾倒-拉裂变形，随着河流持续下切，弯曲-拉裂作用进一步加剧，在岩体弯曲折断处拉裂缝、裂隙贯穿，形成统一的滑面（滑带），从而发生滑动。通过对滑带泥电子自旋共振测年（ESR）及结合滑坡舌堆积物与第四系冲积物呈交互状判断，呷爬滑坡发生于晚更新世晚期至全新世早期，形成年龄在 1.46 万～2.35 万年之间。

3. 蓄水前滑坡稳定性分析

综合滑坡地形地貌及后期改造情况、坡体结构、已有变形破坏迹象和采用一般条分法、毕肖普法、规范传递系数法的多种工况、多个剖面的整体与局部稳定性计算成果判断，滑坡在水库蓄水至正常蓄水位或叠加Ⅶ度地震时，滑体有滑动的可能即整体复活，其中主滑体稳定性要差于次滑体。由于呷爬滑坡地形坡度总体较缓，且受中部大沟切割已解体成上下游两部分，水库蓄水过程中、运行期的库水升降过程中，发生一次性的整体快速失稳可能性较小，最可能的失稳方式为局部的次级滑动或前缘的局部垮塌，仅造成水库的淤积，对运行期的影响不大。

4. 蓄水后滑坡稳定性复核

从水库下闸开始蓄水到 2014 年 8 月水库第一次蓄水至正常蓄水位 1880.00m 的蓄水期，呷爬滑坡则表现出先稳后动的变形破坏过程，直至滑坡于 2015 年汛后发生整体复活。2015 年汛前库水位首次自正常蓄水位 1880.00m 大幅消落至死水位 1800.00m 过程中，经过地面地质调查，滑坡体未见明显变形破坏迹象，仅前缘临水部位局部的滑塌较明显。滑坡监测位移历时曲线显示该时间段内各表面观测点变形呈舒缓波状的增大趋势，总体变形速率较慢，滑坡处于蠕变状态中，见图 3.4 - 2。

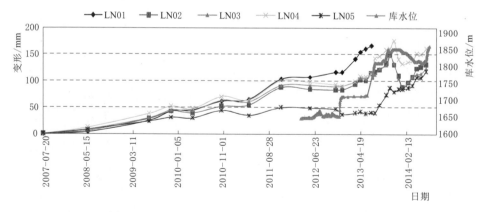

图 3.4 - 2 呷爬滑坡外部变形监测位移变形历时曲线

2015 年 9 月汛后（水库第二次蓄水至 1880.00m）地质调查发现呷爬滑坡后缘裂缝广布，在高程约 1990.00m、2050.00m 及后缘地带出现一系列贯通性拉裂缝。裂缝集中发育于后缘高程 2070.00～2100.00m 一带，走向多与边坡走向一致，基本贯穿滑坡体。下游侧裂缝向下延伸至高程 1950.00m 左右，呈羽列状连续贯通，并有 20～50cm 的错落，形成侧向圈闭裂缝，滑坡复活迹象明显，见图 3.4-3。随库水升降，裂缝持续发展，至 2020 年 6 月调查时，最后缘贯通裂缝（L1）延伸长近 200m，张开 50～60cm，最大下错高度超过 200cm；高程约 1990.00m 拉裂缝（L7）延伸长约 120m，张开 5～20cm。总体上滑坡变形缓慢，2017 年后新增裂缝不明显，老裂缝一直有宽度、下错增大的迹象，或被覆盖后重新拉开迹象，在每年的库水位下降期，变形相对较明显些。

基于表观监测成果（图 3.4-4）分析，截至 2020 年汛前，呷爬滑坡仍持续变形，总体变形缓慢，变形速率有逐年减缓趋势，监测较为完善的 G-GP-1 测点河床向变形速率 2016 年、2017 年、2018 年、2019 年分别为 1.80mm/d、1.53mm/d、1.01mm/d、0.92mm/d；G-GP-2 测点河床向年度平均变形速率 2016 年、2017 年、2018 年、2019 年分别为 1.57mm/d、1.37mm/d、0.89mm/d、0.82mm/d，但滑坡变形还未收敛，还需要持续监测；水位下降期滑坡变形速率相对较大，如 2019 年降水期河床向平均变形速率为

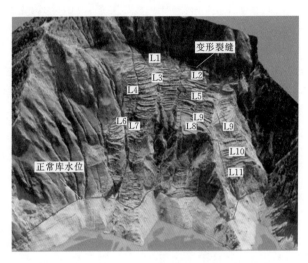

图 3.4-3 呷爬滑坡坡体各部位拉张裂缝分布
（无人机正射影像图）

1.21～1.58mm/d，蓄水期和高水位期平均为 0.21～0.51mm/d。

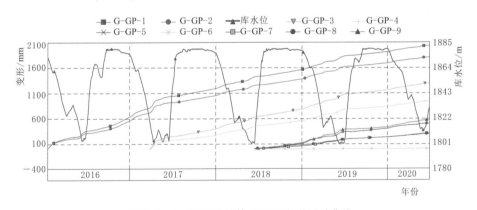

图 3.4-4 呷爬滑坡体 GNSS 变形历时曲线

为了确保水库运行安全，假定最不利工况滑坡整体失稳，进行了滑坡失稳涌浪计算，结果显示，正常蓄水位时，到大坝涌浪高度小于 1.0m，对大坝影响不大，但在滑坡对岸的涌浪爬高约 35m，对附近居民安全有较大威胁，已采取了必要的对策措施。

3.4.2 近坝中倾纵向河谷库岸——三滩左右岸变形体

三滩河段左右岸岸坡中发育 4 个变形体，在同一岸坡结构条件下由于地形地貌、岩层

走向与河流、岸坡走向的关系不同，蓄水后变形破坏特征与趋势也有所不同。

1. 地质概况

三滩河段距坝址约 3km，雅砻江总体流向为 N25°E，河道微向右岸凸出。河谷呈不对称 V 形谷，左岸地形坡度 45°～55°，发育有一系列横向浅沟；右岸坡度稍缓，为 35°～45°，发育有兰坝沟、肖厂沟、无名沟等横向深切冲沟。

河段出露地层主要为中上三叠统杂谷脑组第三段粉砂质板岩和变质砂岩，第二段大理岩则出露于谷坡上部及三滩沟。

左岸边坡为反向坡，高程 1750.00～1850.00m 以上为大理岩，以下为粉砂质板岩、砂岩组成。发育有 NNE 向的 f_7，NEE 向的 f_1、f_{10} 等规模较大的断层。

右岸边坡为顺向坡，由薄层粉砂质板岩、中～厚层砂岩组成。岩层总体倾向河床微偏上游。发育有 NEE 向的 f_5、f_6、f_3、f_4 等规模较大的断层。

2. 岸坡变形破坏现象与成因机制

三滩河段右岸顺向坡中滑移-弯曲变形明显，发育有Ⅰ号变形体（肖厂沟—兰坝沟）、Ⅱ号变形体（无名沟—肖厂沟）、Ⅲ号变形体（右岸无名沟下游侧）三个不同规模的变形体；左岸砂板岩反倾坡中浅表部岩体倾倒变形较强烈，发育有Ⅳ号倾倒变形体。

Ⅰ号变形体后缘高程约 1835.00m，前缘高程 1671.00m，体积约 200 万 m^3。蠕滑-拉裂变形特征明显，以层间挤压带及陡倾裂隙构成阶梯状滑移边界，顺层挤压带总体以 20°～30°倾角倾坡外，由褐黄、灰绿色的破碎板岩岩屑及泥粉质构成，厚度一般为 5～20cm，可见擦痕；层间挤压带上盘岩体强烈松弛拉裂，发育张开宽度数厘米至 50cm 不等的裂缝，间距 1～3m。Ⅰ号变形体为一顺层蠕滑体，沿层间挤压错动带形成陡缓相接的阶梯蠕滑-拉裂变形，致使外部岩体强烈松动。

Ⅱ号变形体后缘高程约 1980.00m，前缘高程约 1620.00m，体积约 900 万 m^3。同样表现为层间挤压带的滑移和上盘外部岩体强烈松弛拉裂，但与Ⅰ号变形体比较，又有一定的差异，表现出上部坡体沿层面或层间挤压带的滑移、下部坡体的弯曲-张裂变形特征。上部坡体沿层面或层间挤压带的滑移，对坡体变形起整体控制作用；沿层间挤压带的滑移形成了较多的蠕滑面、蠕滑带，尤其发育在砂、板岩的界面上，导致多个滑移面之间裂隙的张开，进而导致岩体松动；蠕滑带以松散的泥夹细小角砾及中部的角砾夹泥组成，局部呈软塑状的夹泥；发育最大水平深度可达 100～130m。下部坡体以岩层的弯曲-张裂变形为主，岩层表现出内缓外陡，成向外隆起状，并在岩层上部产生了向上开口的楔形张裂缝，其最大张开宽度一般为 2.0～4.0cm。Ⅱ号变形体的变形机制是受控于坡体软弱层间挤压错动带的"滑移-弯曲"型，如图 3.4-5 所示。

Ⅲ号变形体前缘高程 1650.00m，后缘高程 2020.00m，体积约 130 万 m^3。实际为蠕滑变形残留体，见图 3.4-6。总体变形特征与Ⅰ号、Ⅱ号变形体基本相同，主要是层间挤压带的滑移、上盘外部岩体的拉裂。在砂板岩与大理岩接触带发育多条层间挤压带，总体 30°～40°倾角倾坡外，多由宽 5～30cm 不等的泥化碎粉岩、碎粒岩、片状岩组成，有后期扰动迹象，可见厚度不等的泥化黄褐色碎石土，其间有黄色黏泥组成的蠕滑面，石英颗粒有扰动、压碎痕迹，经取样热释光测年最新活动年龄为 (8.2 ± 1.5) 万年，说明晚更新世有过滑移变形。层间挤压带上盘外部多为挤压、揉皱、折断而使层理紊乱的砂板岩，

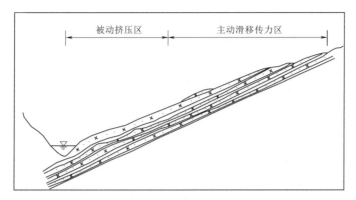

图 3.4-5　Ⅱ号变形体变形破坏机制概念模型

并有发育深度大于 5m 的楔形张裂缝。最外侧为块碎石土层。Ⅲ号变形体的变形机制同样为滑移-弯曲，即坡体上部沿层间挤压带蠕滑，下部发生弯曲、隆起，并且经历从早期的岩层轻微弯曲，到后来的强烈弯曲、隆起（架空）、翻转、局部压碎，再到接近碎裂（或散体）状（难于分清层理），甚至溃屈的变形过程，现在保留于基岩上部的解体变位砂板岩仅是原变形体的残留部分。

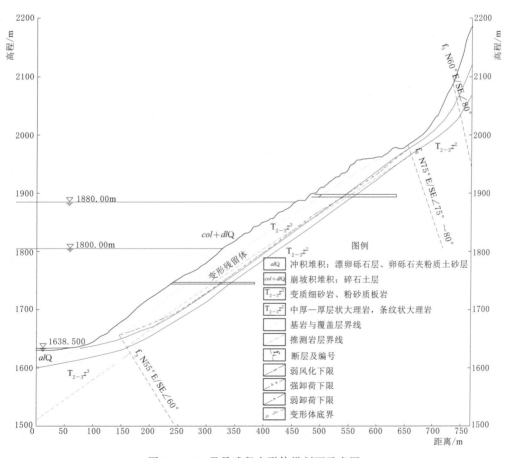

图 3.4-6　Ⅲ号残留变形体纵剖面示意图

左岸Ⅳ号倾倒变形体分布高程 1860.00～1680.00m 之间的砂板岩范围，变形破坏现象以岩层的弯曲倾倒及伴随的破裂为主，水平深度 40～60m 的倾倒范围内岩层倾角明显变缓，最缓仅 10°～15°，变缓了 30°～50°；同时楔形张裂十分发育，岩体强烈松动，水平深度 20～30m 范围内局部岩层弯曲甚至折断。高程 1860.00m 以上的大理岩未见倾倒变形。同解放沟左岸岸坡一样，岩体倾倒拉裂变形已发展到一定的深度，但还未在弯曲折断处贯通形成一完整的滑面。

3. 岸坡稳定性预测评价

综合地形地貌及后期改造情况、坡体结构、已有变形破坏迹象和采用一般条分法、毕肖普法、传递系数法的多种工况、多个剖面的整体与局部稳定性计算成果判断，4 个变形体稳定性如下：

Ⅰ号变形体在多种工况都整体稳定，在最不利的偶然工况即正常蓄水位 1880.00m ＋地震工况下，处于临界状态。由于水库蓄水后变形体均处于正常蓄水位以下，即使失稳滑动后也仅增加水库的淤积，对工程无大的影响。

Ⅱ号变形体在多种工况都整体稳定，在最不利的偶然工况即正常蓄水位 1880.00m ＋地震工况下，也处于基本稳定状态。结合该变形体所处的变形阶段分析，Ⅱ号变形体在施工期及水库蓄水后都整体稳定，不会对工程安全运行造成影响。

Ⅲ号变形体在天然状态下处于基本稳定，在正常蓄水位处于临界稳定，地震工况下整体失稳。蓄水至正常蓄水位后，由于其主体部分已位于正常蓄水位以下，处于临界稳定的Ⅲ号变形体即使变形、失稳均对工程无大的影响。

Ⅳ号倾倒变形体虽然岩体已发生倾倒变形、拉裂变形，且倾倒拉裂变形已发展到一定的深度，但还未在弯曲折断处贯通形成一完整的滑面，分析判断天然情况下处于稳定状态。当水库蓄水至 1880.00m 时，Ⅳ号变形体将完全处于水位以下，对工程施工和运行无大的影响。

2011 年开展了水库蓄水前的复核。复核发现：Ⅰ号、Ⅲ号、Ⅳ号变形体已有变形破坏现象没有明显的变化，也没有发现新的变形迹象，综合判断，稳定性评价维持可行性研究阶段结论；Ⅱ号变形体由于施工准备期临时营地的开挖和施工期三滩右岸大理岩细骨料料源的开挖，已将变形体约 1900m 以上部分全部挖除，其稳定条件改善，综合判断，Ⅱ号变形体在蓄水后整体稳定。

4. 蓄水后不同的变形破坏特征

对于Ⅰ号变形体，原认为是稳定的，在蓄水期变形体仍是稳定的，只是其表部及上方自然岸坡覆盖层发生了明显变形；对于Ⅲ号变形体，原认为稳定性差，却在蓄水初期迟迟不发生变形，地质工程师们担心原来的预测有误，直至 2013 年，正常蓄水位后Ⅲ号变形体第一次出现了明显的变形破坏，表明原来预测是正确的；Ⅱ号变形体则如蓄水前复核判断一样没有发现明显的变形现象；左岸Ⅳ号倾倒变形体同解放沟左岸岸坡一样也没有发现明显的变形破坏。

水库自 2012 年年底导流洞下闸蓄水开始后，Ⅲ号变形体上部 5 号公路（高程约 1896.00m）路面开始出现裂缝，并受库水位升降影响，裂缝持续发展。同期表观各测点均发生了不同程度的位移，至 2014 年第一次蓄水至正常蓄水位的整个蓄水期，各测点累计位移在 20～30mm，属于将动要动，与前期预测基本一致。自 2015 年 1 月首次自正常蓄水位 1880.00m 下降开始，变形体的变形增加明显，上部 5 号公路路面及边坡已有裂缝均有明显发展，开裂增大，外侧路基新增变形开裂且路基外侧局部出现明显下沉，以及垮塌破坏现象，同时各测点累计变形量已增大至 300～650mm，平均变形速率最大可达 3.45～5.43mm/d（图 3.4-7），表现出自下部开始逐步向上部牵引式发展的变形，且与水库蓄水关系密切，库水位升降期变形速率明显增大，特别是库水下降影响显著。2016 年配合工程区环水保复耕取土需要，对Ⅲ号变形体上部进行了一定的削坡减载，坡体变形有所缓解。截至 2020 年 12 月底，Ⅲ号变形体变形量微小，整体处于稳定状态。

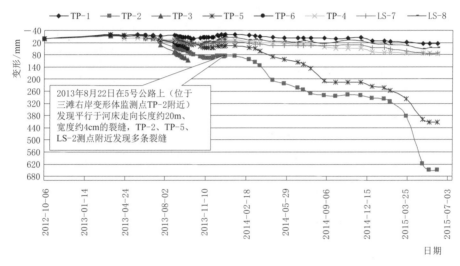

图 3.4-7　Ⅲ号变形体表观测点变形历时曲线图

　　水库蓄水期，Ⅰ号变形体表部发生垮塌，后缘高程 1900.00m 以上自然岸坡地表出现了裂缝、错台位移，后缘裂缝最高高程达 2250.00m 左右。随库水位抬升，坡体变形逐渐加剧，坡体上部高程约 2200.00m 附近表层覆盖层出现了一定程度的垮塌。运行初期，库水位首次自正常蓄水位大幅消落至死水位后，坡体变形明显加剧，自然边坡原有拉张裂缝变宽加深，最大张开宽度约 100cm，最大错台高度约 200cm；且受坡体变形影响，自然边坡坡体上部覆盖层局部垮塌后，在坡面上形成了大量的危石，单块危石最大块径约 10m。之后，随着水库运行期的每年水位涨落，自然边坡的破坏程度加剧，变形范围逐渐扩展，后缘裂缝高程已达约 2300.00m，最大张开宽度达 20～40cm，最大下错位移达 40～60cm。2017 年 10 月库水位上升至正常蓄水位 1880.00m 后，坡体变形范围才未见扩展，后缘裂缝也无明显变宽下错迹象，仅前缘临水部位仍时有小规模垮塌。

3.4.3　陡倾砂板岩横向结构库岸——小金河河口左岸变形体

　　小金河河口左岸变形体位于小金河与雅砻江交汇的小金河左岸，距离锦屏一级坝址约19km。在蓄水初期即发生变形，随着水位上升和运行期水位涨落，变形范围越来越大，第四阶段蓄水后变形体后缘高程约 2300.00m，已高于正常蓄水位之上约 400m，顺河长约 800m，前缘产生了多处规模不等的塌岸。

1. 地质概况

小金河河口左岸谷坡上缓下陡，上部约 20°，下部 40°～50°，呈沟梁相间的微地貌特征，地形完整性较差。陡坡部位基岩裸露，岩性以板岩为主，夹变质砂岩等，呈薄～中厚层状，岩层产状 N10°～20°E/SE∠80°～90°，岩层走向与岸坡大角度相交，属陡倾横向结构岸坡。岸坡上部坡表分布有薄层坡残积碎砾石土夹块石。锦屏山断裂西侧 NE 向花椒坪断层从变形体附近通过，受构造影响强烈，加之该部位岩体风化、卸荷松弛强烈，因此岩体普遍破碎。

2. 蓄水后库岸变形破坏特征及成因机制

变形体所在小金河河口左岸岸坡为三面临空的山脊，根据岩层产状，沿雅砻江右岸为顺—斜顺向坡，岩层陡倾山里；沿小金河左岸为斜—横向坡，岩层陡倾小金河上游。两侧岸坡蓄水后变形破坏特征迥异，小金河河口左岸斜—横向坡因断层通过，岩体破碎，变形破坏强于雅砻江右岸顺—斜顺向坡。

雅砻江右岸顺—斜顺向坡距花椒坪断层较远，蓄水后变形破坏轻微，除前缘临水部位少量局部的塌岸外，坡体中未见拉裂缝等变形破坏现象，岸坡稳定性较好。

小金河河口左岸斜—横向坡坡体受断层破碎影响，蓄水后变形破坏强烈，变形破坏现象主要有地表拉张裂缝、错台和前缘岩体土体塌滑，见图 3.4-9。水库一开始蓄水，岸坡地表即出现裂缝、错台，主要见于变形体上部；第二阶段蓄水期，坡体产生变形，在高程约 2050.00m 及以下出现张裂缝，前缘出现塌滑破坏，范围较大；第三阶段蓄水期，坡体变形显著发展和扩大，裂缝增多、变宽、错落，后缘裂缝发展到高程约 2120.00m，错落高差局部达约 3m，且前缘垮塌范围大幅扩大；第四阶段蓄水期，近水面仍时有滑塌，坡体变形进一步发展和扩大，前期约 2120.00m 的裂缝进一步拉张变宽、错落，最后缘边界裂缝发展到约 2300.00m，断续延伸超过 100m，最大宽度约 20cm，局部错落约 30cm，高程 2120.00～2300.00m 之间也出现了一些零星分布的横向拉张裂缝。至 2019 年底水库运行 5 年，高程约 2120.00m 以下，坡体的变形发展较为明显，先期出现的裂缝继续变宽并下错，同时也出现了一些新的裂缝；高程约 2120.00m 以上，坡体变形缓慢，后缘裂缝变化已不甚明显。

第四阶段蓄水后缘裂缝

第三阶段蓄水后缘裂缝

前缘塌岸区

图 3.4-8　小金河河口左岸变形体照片

分析认为，小金河河口左岸斜—横向坡蓄水后坡体变形主要原因为花椒坪断裂影响岩体破碎，在库水渗透浸泡及库水升降作用下，软弱松弛破碎的岩体受库水浸泡后软化，不足以支撑上部坡体自重荷载，压密挤出，造成前缘塌岸，上部坡体坐落产生变形。随着水库运行坡体浸水时间延长和库水位升降长期影响，形成了上述各阶段坡体变形发展和逐步扩大的结果，如图 3.4 - 9 所示。

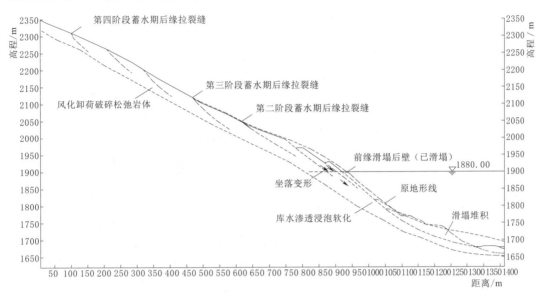

图 3.4 - 9 小金河河口左岸变形体典型地质横剖面示意图

综上分析，一个三面临空的岸坡两侧坡体蓄水后变形破坏差异较大的本质原因是小金河河口左岸斜—横向坡有断裂从该段岸坡上游侧通过而岩体普遍破碎，雅砻江右岸顺—斜顺向坡因距断裂较远，坡体岩体相对较完整。

3. 岸坡稳定性评价

水库蓄水后坡体在库水的作用下，已出现明显的变形破坏，前缘垮塌，坡表产生大量裂缝，根据坡体地层岩性、岸坡结构、已有变形及变形发展过程特征判断，左岸坡体整体稳定性较差，受库水渗透浸泡及库水位升降持续、长期影响，以逐级下座、局部滑塌方式，继续缓慢发展，直至稳定，期间发生一次性较大规模失稳的可能性不大。

3.4.4 小金河支库陡倾反向结构库岸——西木大桥左岸变形体

西木大桥是水库淹没复建工程，于 2012 年 6 月建成通车，位于小金河支库内，距锦屏一级坝址约 74km，是西昌—木里公路跨小金河的一座特大型桥梁。水库第三阶段蓄水期，大桥左岸岸坡发生变形，公路路面、坡表发现裂缝，前缘近水面局部滑塌，岸坡变形对大桥安全构成严重威胁。调查分析认为西木大桥左岸坡体变形属于倾倒岩体受水库蓄水影响而发生的新的变形，其发育特征和变形特征，在我国西南深山峡谷区具有一定的代表性。

1. 地质概况

小金河呈深切 V 形，大桥左岸桥台位于小金河与博瓦河口交汇的上游部位，地形上形成突出山脊，坡度 40°～50°，高差一般 200～500m，如图 3.4 - 10 所示。

岸坡由上三叠统图姆沟组变质岩（$T_3 t$）构成，岩性主要为粉砂质板岩、千枚岩、绿片岩，夹变质砂岩，以较软岩为主，呈层理发育的薄层状结构。岩层产状总体 N70°W/

图 3.4-10　水库蓄水前西木大桥左岸桥台地形地貌

NE∠70°～80°，岩层走向与小金河一侧岸坡走向近平行，倾向山里，属陡倾反向结构库岸。未见大的断层通过，但顺层层间挤压错动带发育。

2. 自然岸坡变形破坏特征

地质调查表明，左岸桥台区蓄水前自然岸坡变形破坏现象主要为岩层重力倾倒变形和岩体卸荷拉裂变形。

桥台区陡倾岩层向小金河临空倾倒变形强烈，倾角明显变缓，局部甚至反倾，在博瓦河右侧陡壁上可见岩层明显倾倒、折断现象，见图 3.4-11。推测岸坡倾倒变形水平深度大于 100m。由于岩层倾倒变形，向坡外变形，还造成岸坡岩层风化卸荷拉裂严重，在 8 号桥墩竖井内可见岩层拉裂形成张开 10～20cm 宽的空缝，局部空洞，岩体碎裂、松弛，见图 3.4-12。

图 3.4-11　左岸变形岸坡岩层倾倒现象

图 3.4-12　8 号桥墩竖井 10m 深度岩体拉裂现象

根据岸坡岩体倾倒变形和卸荷拉裂松弛破碎程度，自坡表向山里可大致划分为 3 个不同区域，如图 3.4-13 所示。

强变形区：推测下限水平深度 30～50m，岩层倾倒强烈，岩层倾角明显变缓，多小于 30°，甚至反倾；岩体松弛、破碎，呈散体结构，部分碎裂结构。

弱变形区：推测下限水平深度 90～110m，岩层倾倒程度较强变形区有所减弱，原岩层理清楚，岩体嵌合较松弛，以较破碎的碎裂结构为主，局部散体结构。

原岩区：岩层还维持正常产状，结构较紧密—紧密，以薄层状结构为主，局部碎裂结构。

岸坡岩体变形破坏属于西南高山峡谷区岩质较软的碎屑岩岸坡中，比较典型的薄层状、板状"岩层重力倾倒"，随小金河河谷深切，逐步形成高陡岸坡。这种倾倒在经历长时间后，岩层变形倾倒幅度大，导致岩体松弛破碎，局部可见岩层折断端。

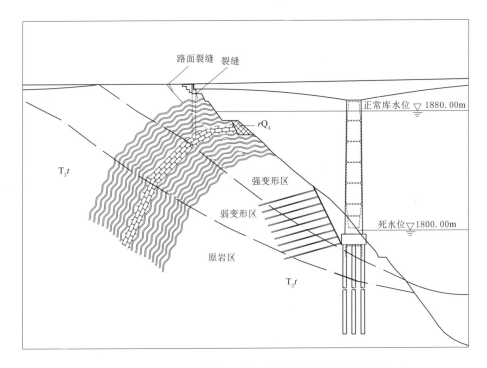

图 3.4-13　西木大桥左岸变形体变形程度分区示意图

3. 蓄水后库岸变形破坏特征

蓄水后岸坡变形破坏形式与绝大多数碎屑岩水库库岸一样，以坡表裂缝、局部滑塌或塌岸为主。

坡表裂缝出现于水库第三阶段蓄水期，主要分布于桥台下游侧坡面、公路路面及内侧坡喷层面。山脊下游坡面可见近垂直坡面断续错列延伸的拉张裂缝，裂缝均未见错动现象。从裂缝分布范围和走向上判断坡体变形方向为向小金河河床且偏下游方向。

岸坡变形破坏原因为：首先是桥台区地形上为凸出山脊，三面临空；其次是构成岸坡的岩层性软，倾倒变形和卸荷强烈，岩体破碎、松弛；再次是水库第二阶段蓄水后库岸开始受到库水作用，该部位原河水位约 1765.00m，第二阶段蓄水至 1800.00m 后，库水影响还较小，到第三阶段蓄水至 1840.00m 后，坡脚有高约 75m 淹没于水下，受库水浸泡，表部破碎、松弛岩体软化，强度降低，特别是第三阶段蓄水后还经历了一次库水位下降过程，对岸坡稳定影响较大，因此，第三阶段蓄水期坡体下部岩土体变形、滑塌，并牵引上部坡体变形，从而导致坡体蠕滑拉裂，在不同的高程产生了不同程度的拉张裂缝。

4. 库岸稳定性分析

西木大桥左岸变形体岸坡岩体倾倒变形强烈，岩体破碎，虽有折断端，但还未完全贯通，天然状态下岸坡整体基本稳定。水库蓄水后受库水影响，岸坡发生了变形，坡体中出现了裂缝，并且坡体的变形在持续发展，考虑到蓄水期库水位还要继续上升，运行期水位每年都有 80m 的涨落，在其长期影响下，岸坡稳定性将持续降低，并且可能由浅层岩体的逐级滑塌，引起较大规模失稳破坏，对桥台、桥桩、桥基承台及后坡产生不利的影响，危及大桥安全。

由于没有开展现场岩体试验，采用工程类比并结合反演计算，提出不同变形程度岩体的力学参数。根据变形范围，裂缝分布位置等建立反演模型。计算结果表明，水库蓄水至正常水位 1880.00m 时，弱变形区在天然工况、暴雨工况下稳定，地震工况、降水工况下处于基本稳定状态，而强变形区在各种工况下都不稳定，因此，对强变形区进行了工程处理。

5. 边坡处理与稳定性评价

考虑到大桥运行安全、现场施工条件和水库蓄水时间要求，采用了综合处置措施：①维持原有框格梁、锚索等加固措施不变；②削坡减载，清除 1840.00m 以上强变形区岩土体；③大桥左岸支撑体系向山里侧转移，在原大桥 8 号桥台山里侧，增设 "T" 构桥，替换原 8 号桥台基础。

2015 年完成大桥左岸变形岸坡工程处理，至 2020 年年底大桥运行多年未见变形迹象，岸坡稳定。

3.5　蓄水后库岸变形破坏的一点认识

（1）水库蓄水后库岸的变形破坏有以下几个特征：①新发生变形破坏多发生在前期预测评价为次稳定、不稳定岸坡；②变形破坏中以塌岸、变形库岸为主，约占全部变形破坏的 90.3%；③变形库岸规模普遍较大，变形范围后缘最高高程基本达到正常蓄水位以上 200~300m，个别可达 400~600m；④随着水位的抬升和时间的延续，已发生的变形破坏点其变形范围是逐渐扩展的、变形程度是持续增强的，一次变形破坏后变形范围、变形程度不再发展的比较少。

（2）岸坡变形对蓄水的响应快慢有差异，有的库岸在蓄水初期即发生变形，如小金河河口左岸变形体等，而有的库岸在库水浸泡一段时间后才出现变形，如小金河西木大桥左岸岸坡，有些甚至在库水升降几个循环后才发生变形，如小金河鲁巴地岸坡直到 2018 年库水第 4 次升至正常蓄水位后才出现明显变形破坏。分析库岸变形破坏对蓄水的响应差异原因，主要有：①岩体结构差异，小金河河口左岸属横向坡，但由于受花椒坪断裂影响岩体破碎，多呈碎裂结构，库水易入渗，造成岩体软化，而小金河大桥左岸和鲁巴地库岸，属于纵向坡，没有断裂构造影响，岩体主要是倾倒变形较强烈，虽表浅部岩体松弛、破碎，但较深部岩体完整程度相对较好；②岸坡结构差异，对于横向、斜向岸坡库水更易入渗，而纵向岸坡，由于砂板岩阻水，库水入渗相对较慢，因此，相同岩性和岩体结构的岸坡，纵向岸坡对库水响应就可能相对慢些，但纵向岸坡表浅部强烈倾倒、卸荷松弛的破碎岩体对蓄水的响应还是比较快的。

第 4 章

工程建设坝址的选择

锦屏一级水电站的勘察始于 20 世纪 60 年代中期，1989 年 1 月起开展了规划一期的工程地质勘察工作，进行了规划选点和坝址比较选择。雅砻江小金河口—景峰桥长约 21km 的河段内工程地质条件极为复杂，主要表现在：①河段处于印支期地槽向地台过渡的边缘地带，构造挤压强烈，初始地应力高；②该河段内地层岩性复杂，出露有变质砂岩、板岩、大理岩和变质玄武岩、绿片岩等，各类岩石物理力学性质差异较大；③河段主要为纵向谷，由于雅砻江快速下切，谷坡陡峻，外动力地质作用强烈，谷坡稳定性问题较突出。

由于河段工程地质条件极为复杂，存在一系列较复杂的工程地质问题，给坝址、坝型选择带来了极大的难度与挑战，过程漫长而艰难。规划阶段长约 21km 河段内，初选出水文站、三滩、解放沟、普斯罗沟四个比较坝址，预可行性研究阶段经比较与论证，选择三滩坝址和普斯罗沟坝址开展进一步的比选工作，直到可行性研究阶段才最终选定普斯罗沟坝址和混凝土拱坝坝型。

工程建设坝址选择研究重点关注两个工程地质问题：一是比选坝址拟定问题，也就是河段分段建坝条件及坝型适宜性问题；二是坝址与坝型比选问题。

针对第一个问题，需要在大河湾地区开展区域遥感解译和河段工程地质测绘，辅以适量的勘探与试验，初步查明建坝河段工程地质条件及其分段建坝条件，初步评价各种坝型的适宜性，完成比较坝址的初拟。

针对第二个问题，关键是要对各比较坝址主要工程地质问题开展专门的勘察与专题研究，进而分析评价各比较坝址工程地质条件、建坝地质条件和主要枢纽建筑物工程地质条件，对比分析各坝址及主要建筑物工程地质条件，完成代表性坝址推荐和坝址坝型选择研究。

4.1　河段基本地质条件

从 1989 年开始逐步开始了对建坝河段及初拟比较坝址的地质勘察工作，开展了工程地质测绘，洞探、钻探等勘探和各种室内、现场试验等工作。至 1999 年预可行性阶段全部地勘工作的完成，初步查明了整个 21km 河段和四个比较坝址的地质条件，完成了各河段建高坝的适宜性评价，最终拟定了四个比较坝址。

4.1.1　地形地貌

雅砻江自两河口至小金河河口总体上呈南东流向，与区域构造线方向一致；至小金河河口，流向向 NNE 方向急转，构成区内第一个大转弯，流向受区域 NNE 向构造线控制；至青纳北，雅砻江又突然急转南下，流向主要受 NNE 向青纳—民胜断裂和马头山—周家坪断裂控制。雅砻江在短距离内发生两次大的急转，围绕锦屏山形成著名的大河湾，并将锦屏山切割成 NNE 向延伸的"半岛"状河间地块。

雅砻江河谷为深切峡谷，形成谷中谷的形态特征，雅砻江在卡拉—巴折段，两岸山峰海拔多在 3000～4000m，河谷深切，高差一般为 1000～2000m。谷坡陡峭，河道狭窄，水流湍急，急滩跌水屡见不鲜。雅砻江汇小金河后总体流向北北东，至羊房沟口流向转为北东。

河段在矮子沟以上枯期江水位约 1657.00m，以下枯期江水位约 1635.00m，河流平均纵坡降 1.2‰。河段内有矮子沟、羊房沟、三滩沟、手爬沟等较大支沟注入，并在沟口处形成急滩。在高程 2000.00m 左右的第三级夷平面明显构成了两岸谷肩地形，在此高程以下雅砻江深切、河谷狭窄，呈典型的峡谷地貌，其中三滩以上河谷相对较宽，阶地分布主要集中在洼里一带（表 4.1-1），洼里以下河段在矮子沟、兰坝及三滩等地仅零星有阶地分布。

表 4.1-1　　　　　雅砻江小金河口—景峰桥河段洼里阶地特征表

阶地特征	VI 级	V 级	IV 级	III 级	II 级	I 级
阶面高程/m	1985.00	1860.00	1790.00	1740.00	1700.00	1680.00
拔河/m	325	200	130	80	40	20
类型	基座（或侵蚀）	基座	基座	基座	基座	基座（或堆积）
盖层组成	表部黏土夹砾石，厚 5m；下部砂板岩	上部砂砾、黏土，厚 25~30m；下部砂板岩	上部砾石厚 32~41m；下部砂板岩	上部砾石夹粗砂，厚 31~47m；下部砂板岩	上部砾石，厚 20~25m；下部砂板岩	上部粗砂、砾石，厚 10~15m；下部砂板岩
江水面高程/m	1660.00					

4.1.2 地层岩性

小金河口—景峰桥河段地层分区属松潘—甘孜地槽马尔康分区中的九龙小区。出露地层岩性主要为中上三叠统杂谷脑组（$T_{2-3}z$）的变质砂岩、板岩、大理岩、绿片岩、千枚岩等，根据岩性组合可以划分为四段。

$T_{2-3}z^1$：主要为一套基性火山岩变质形成的变质玄武岩、绿泥石片岩、石英片岩等，未见底，厚度大于 90m，为景峰桥背斜核部地层。主要分布于三滩坝址、解放沟坝址、普斯罗沟坝址左岸谷坡高程 2500.00m 以上，以及深埋于普斯罗沟坝址右岸水平深度 350m 以里、河床垂直深度 190m（高程 1450.00m）以下，下游的锦屏二级比选闸址之一的景峰桥闸址也有大量分布。

$T_{2-3}z^2$：主要为条纹状、角砾状大理岩夹千枚岩、绿片岩透镜体，厚度变化大，总厚度 375~675m。主要分布于三滩坝址右岸深部和左岸谷坡上部，解放沟坝址左岸低高程、河床及右岸，普斯罗沟坝址左岸高程约 1900.00m 以下、河床及右岸，在左岸高程 2200.00m 以上三滩向斜倒转翼，该段重复出现。

$T_{2-3}z^3$：主要为薄—中层状板岩、厚层状变质砂岩，厚度 215~550m，为三滩向斜核部地层。主要分布于三滩坝址右岸浅部、河床及左岸中低高程，解放沟坝址左岸中高高程，普斯罗沟坝址左岸高程 1900.00~2200.00m 之间。

$T_{2-3}z^4$：主要为变质砾岩、细砾岩、杂砂岩和板岩的不等厚韵律层，总厚度大于401m，在矮子沟口为三滩向斜核部地层。主要分布于矮子沟一带及水文站坝址左右岸。下游三滩坝址、解放沟坝址、普斯罗沟坝址没有出露。

上述基岩地层在河段分布的总规律是从下游的景峰桥（北）到上游的水文站（南）由$T_{2-3}z^1$（老）至$T_{2-3}z^4$（新）。

各种成因类型的第四系松散堆积物零星分布于沿江河谷岸坡地带及谷底，其中河床覆盖层厚度一般30~40m，大致可以分为三层，中部第2层常夹有粉质、砂质黏土层，上部第1层、下部第3层总体上都为含漂砂砾卵石层。

4.1.3　地质构造

小金河口—景峰桥河段东距锦屏山断裂一般为2~3km，处于NNE向展布猫猫滩—洼里向斜东翼的次级紧密褶皱三滩向斜部位上，褶皱形态为"西康式"同劈理直立褶皱（局部倒转），见图4.1-1。同时伴有NNE向逆冲断裂，兼有NNW—NW向左行走滑断裂和NE—NEE向右行走滑断裂及近东西向的张性断裂。

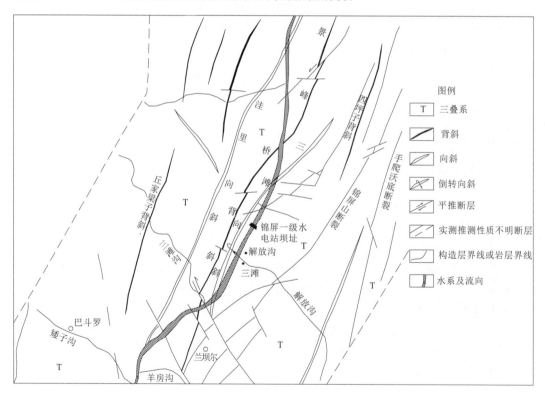

图 4.1-1　河段地质构造纲要图

1. 褶皱

河段由西向东依次展布轴向近于平行的猫猫滩—洼里向斜、景峰桥—兰坝背斜和三滩向斜。

（1）猫猫滩—洼里向斜：为控制河段地层展布格局的主要褶皱。南起洼里附近，向北经水文站坝址、印坝子、猫猫滩，过雅砻江东岸到松林坪附近转向北西封闭并翘起，走向 N20°~30°E，长约 20km。印坝子沟以南，向斜核部由杂谷脑组第四段的变质砾岩和砂岩组成，两侧翼部为第三段的条带状砂板岩组成。向斜轴面近于直立，倾角达 80°~85°。

（2）景峰桥—兰坝背斜：是位于猫猫滩向斜与三滩向斜之间的紧密直立背斜构造。北起松林坪南，向南经木落脚二坪子、景峰桥、三滩南到兰坝乡附近被羊房沟左行断层错移后在炉房沟上游倾伏，南东翼被锦屏山断层所切，长约 17km，轴向主要走向为 N30°~40°E。在普斯罗沟至三滩一带展布于雅砻江西岸，高程 2500.00m 以上的谷坡，背斜核部为杂谷脑组第一段变质玄武岩、绿片岩、凝灰质千枚岩夹薄层石灰岩等组成，两侧翼部为第二段的砾屑大理岩等，倾角 70°~80°，在三滩南为一组 NW 向左行断层错移 200~300m，北西翼地层在印坝子沟口附近为断层所切，出露不完整。

（3）三滩向斜：三滩向斜控制了三滩、解放沟、普斯罗沟三个坝址岩层产状及空间分布特征。三滩向斜为印支期紧闭同倾向斜，轴向总体 NNE 向，平面上呈舒缓 S 形展布，北起木落脚三坪子南之垭口，向南经棉纱沟口到三滩后折向南东为断层所切，长度约 15km，平均宽度约 2km；向斜核部为杂谷脑组第三段的变质砂岩及板岩，两侧翼部为杂谷脑组第二段的大理岩，同倾 NW，倾角 30°~50°，北西翼地层倒转；三滩向斜在普斯罗沟下游还叠加了 N30°~40°W 方向的小型褶曲。

2. 断层

除东侧的锦屏山断裂及其分支断层外，河段内断裂的发育及其展布具有以下特点：①区域性的北北东向主干断裂主要展布于水文站坝址上游洼里至小金河口一带，如锦屏山断裂的西支断层、小金河口附近的花椒坪断层等，这些断层规模较大，而河段其余地区主要发育两组与构造线有一定交角的共轭扭性断裂，其规模较小；②两组共轭扭性断层中，一组为 NE—NEE 向，一般为右扭兼逆冲压性；另一组为 NNW 向，一般为左扭兼具正断性质，并且主要分布于三滩坝址兰坝沟以上河段；③断裂的规模及其性状还与原岩岩性有关，同一断层通过大理岩段时规模较小，破碎带宽度一般小于 1m，且胶结良好，而通过砂板岩尤其是页片状泥质板岩处，断层破碎带宽度一般达数米，两盘影响带亦较宽，且碎粉岩易吸水软化、泥化，性状较差；④砂板岩内软硬接触处，易形成层间挤压错动带，或顺层发育，或与层面小角度相交，均显示上盘相对逆错的特征，这些挤压带的宽度一般 5~10cm，局部数十厘米，由碎粉岩片状岩等组成，在山体内部尚紧密，但在风化卸荷围压释放的条件下，劈理张开吸水，局部软化，成为软弱泥化夹层。

河段内规模较大的主要断层地质特征如下：

（1）手爬断层：即普斯罗沟坝址 F_1 断层，是一条有一定规模的 NNE 向断层；展布于木落脚四坪子、棉纱沟、手爬沟口、普斯罗沟坝址左岸一线，总体产状 N30°~50°E/SE∠70°；断层破碎带角砾岩带宽约 5m，其中断层泥一般厚 5~10cm，最厚 20cm；两侧断层影响带宽达 18m，断裂面有水平擦痕、倾向擦痕，擦面上可见有石墨化，呈现先张后扭的力学性质，显示右行走滑性质，右行错距达 50 余米。

（2）普斯罗—解放沟坝址 f_5 断层：展布于两坝址左岸谷坡中下部，延伸长度在 2km 以上，总体产状 N40°~50°E/SE∠70°~80°；断层破碎带在大理岩中宽 0.5~2.0m 不等，在砂板岩中宽达 5.0~10.0m 甚至更宽，主要由构造角砾岩、碎裂岩及片状岩、碎粉岩组成，局部可见炭化现象，断面平直光滑；右行逆冲性状，其中右行错距 70～90m，上盘大理岩逆冲至砂板岩之上。

（3）解放沟坝址 f_1 断层：北起普斯罗沟高程 2200.00m 陡壁处，往上游沿解放沟坝址右岸陡崖脚延伸，达解放沟口后过沟，再往上游三滩坝址延伸消失于砂板岩中，长度超过 1500m；总体产状 N45°～60°E/SE∠60°～80°，破碎带宽 0.3～2.0m，主要由断层角砾岩、碎裂岩及碎粒岩组成；断面平直有水平擦痕，显示右行走滑性质。

（4）三滩坝址 f_5 断层：北起解放沟坝址右岸陡壁，斜切三滩坝址右岸谷坡，沿中高高程大理岩陡壁脚部延伸，往上游延伸至肖厂沟后逐渐消失，长度大于 1km；总体产状为 N70°E/SE∠70°～80°，破碎带宽 0.3～4.0m，主要由碎裂岩、碎粒岩组成。

（5）三滩沟断层：展布于三滩坝址上游兰坝沟一带的雅砻江右岸，总体产状为 N36°W/NE∠75°，局部见断层下盘杂谷脑组第三段之砂板岩左行平移 300～500m。

（6）羊房沟断层：总体产状为 N45°W/NE∠70°，长约 8km；断于杂谷脑组地层中，从地层对比，为左行走滑断层，上盘砂板岩向北西方向平移约 1km；在羊房沟附近见杂谷脑组第二段大理岩形成尖峰和断崖，并与上盘的舍木笼＋博大组的砂板岩对接。

此外，除上述多条规模较大的断层外，在蚂蟥沟断层与羊房沟断层之间，还有包括炉房沟断层在内的几条近于平行的 NW 向左行走滑断层，断于杂谷脑组地层中，地层错断现象明显。

河段的构造形迹是在自北而南挤压和自西而东的挤压作用下，形成 NWW—SE 向应力场，产生了 NNE 向的斜列同倾褶皱和逆冲兼左行走滑断裂，与之配套的 NE 向右行和 NNW 向左行走滑断裂，它们常错断 NNE 向断裂。近 EW 向的横向断裂形成较晚，其形成时代为印支晚期—燕山期，到了喜山期，沿早期的断裂再次活动，原断裂带的石英脉被破碎错断，坝段内的 NNE 向断裂皆有两期活动。

4.1.4　物理地质现象

小金河口—景峰桥河段所在雅砻江大河湾地区第四纪以来，地壳急剧抬升，河流快速下切，谷坡陡峻，物理地质作用十分强烈。河段基本是纵向谷或地层走向与河流夹角甚小的斜纵向谷，其物理地质作用的主要表现形式是高陡谷坡的卸荷及风化导致岩体强烈变形、滑坡，以及支沟松散堆积物形成泥石流。

调查表明，河段不同的岩性组合、构造部位及岸坡结构，形成不同变形破坏形式：

（1）小金河口—矮子沟河段河谷宽阔，谷坡较缓，以纵向分布的泥质板岩、千枚岩为主，岩层陡立，靠近猫猫滩—洼里向斜核部，并有北西向的横断层发育，物理地质现象主要表现是两岸陡倾板状岩体的倾倒变形，部分地段进一步发育成规模巨大的滑坡，如胡家梁子滑坡、呷爬滑坡、水文站滑坡等。河段内支沟普遍有泥石流发育，主要分布于水文站坝址一带，如水文站坝址下游右岸的陆房沟、羊房沟，左岸的泥浆沟，上游洼里沟、田坪子沟等，但规模均较小。

（2）矮子沟—兰坝沟河段河谷狭窄，谷坡较陡，岩层组合复杂，自上游至下游依次出露砂板岩—大理岩—绿片岩—大理岩—砂板岩，横穿兰坝背斜。岩层陡立，为斜—横向谷，该河段物理地质现象总体发育较弱，以风化卸荷及局部崩塌为主。

（3）兰坝沟—解放沟河段河谷相对较宽，岸坡左陡右缓，出露板岩与变质砂岩互层，中等倾角，为斜—纵向谷，右岸为顺向坡，左岸为反向坡。位于三滩倒转向斜核部，发育 NE 向的三滩 f_5 断层和 NW 向三滩沟断层等。两岸谷坡变形的形式不同，右岸顺向坡的层板状砂板岩的层面倾角略陡于坡面，并且砂板岩软硬相间、有层间挤压破碎带发育，在自重作用下，沿着层间挤压破碎带向河谷临空方向产生蠕滑-弯曲变形，并沿陡倾结构面产生拉裂，自上游至下游依次发育Ⅰ号、Ⅱ号、Ⅲ号变形体，这类变形是该河段右岸顺向坡变形破坏的主要表现形式。左岸反向坡主要表现为弯曲-倾倒变形。

（4）解放沟—手爬沟河段河谷狭窄，谷坡高陡，河流最大切割深度达 1000m 以上，河流快速下切的作用在这里反映最为明显。左岸中下部及右岸均为大理岩，左岸中上部为砂板岩。岩层中等倾角，纵向谷，左岸为反向坡，右岸为顺向坡。位于三滩倒转向斜东南正常翼，主要有发育 NE 向的 F_1、f_5、f_8、f_{13}、f_{14}、f_{18} 断层，及顺层发育的 f_2 断层等。

除左右岸浅表部岩体风化卸荷外，物理地质现象主要还有左岸中下部大理岩体的深部卸荷-拉裂变形、中上部砂板岩的倾倒变形。左岸深部卸荷-拉裂即深卸荷是普斯罗沟坝址左岸特有的岸坡变形现象，是在河流快速下切过程中，岸坡地应力释放、调整，大理岩体沿着已有陡倾结构面产生卸荷松弛，从而在不同部位产生深部裂缝。主要发育有解放沟坝址左岸卸荷拉裂岩体，普斯罗沟坝址左岸坝头变形拉裂岩体、Ⅳ—Ⅵ线山梁变形拉裂岩体及中上部砂板岩倾倒变形岩体。普斯罗沟坝址右岸下游大理岩中发育猴子坡潜在不稳定岩体。

河段内发育的普斯罗沟，自然状态下多表现为山洪冲沟特点，但极端条件下可能爆发低频、轻度山坡—沟谷型泥石流。

（5）手爬沟—棉纱沟河段河谷狭窄，谷坡较陡，两岸基岩裸露，左岸出露板岩与变质砂岩互层，右岸手爬沟下游山梁出露大理岩，其余谷坡均由板岩与变质砂岩，斜顺向谷，左岸反向坡，右岸顺向坡，发育 F_1 断层。该河段物理地质现象总体以风化卸荷及局部崩塌为主，手爬沟和棉纱沟在自然状态下多表现为山洪冲沟特点，但极端条件下不排除爆发山坡—沟谷型泥石流的可能。

（6）棉纱沟—景峰桥河段河谷较顺直、狭窄，两岸基岩裸露，岩壁耸立，谷坡两岸出露大理岩和第一段绿片岩，位于景峰桥背斜核部。物理地质现象主要是岩体风化、卸荷和局部崩塌。

4.1.5　水文地质条件

小金河口—景峰桥河段水文地质条件在砂板岩、大理岩、绿片岩三种岩体中和不同性质的断层两侧表现出截然不同的特征。总体上，水文站坝址与三滩坝址为砂板岩水文地质区，普斯罗沟坝址为大理岩水文地质区，解放沟坝址两者兼有分布。

砂板岩含水类型为基岩裂隙水，其含水性取决于裂隙发育程度。勘探平洞中砂板岩洞段地下水出露稀少，局部以渗滴水为主，且多为局部裂隙残留水；地表砂板岩段也基本无泉水出露。

大理岩区含水类型为基岩裂隙水或岩溶裂隙水，含水性同样取决于裂隙的发育程度，尤其溶隙、溶孔发育情况，总体上含水性较强。大量地质勘察成果显示，河段大理岩岩溶发育程度总体较微弱，有极大的不均一性，基本上以小溶洞、溶孔、溶隙为主，普遍沿NW、NWW 方向的裂隙或小断层发育。在大理岩与绿片岩接触部位因地下水活动相对较强烈而呈现岩溶规模较大的特点，表现为一定规模的裂隙式溶洞，如解放沟坝址右岸高程1860.00m 处见一个宽 10m、高 5m、深 3m 的裂隙式溶洞，三滩坝址左岸高程 1800.00m SD10 平洞 136.8～139.4m 处揭示长 20m、宽 0.4～4.0m、高 0.5～8.0m 的裂隙式溶洞。解放沟坝址、普斯罗沟坝址河床部位岩体沿陡倾裂隙多见溶隙出现，并且多发育在 NE 向压性断层的一侧，或有绿片岩夹层的部位。大理岩中发育小溶洞、溶孔分布高程多在1860.00m、1800.00m 及 1650.00m 附近，这分别与河段内的Ⅴ级、Ⅳ级、Ⅰ级阶地相对应，说明了在这三个时期雅砻江河谷快速深切过程中有过相对短暂的停顿，为岩溶发育提供了时机。大理岩分布区岩溶泉水较少，规模比较大的有三滩坝址雅砻江左岸三滩沟下游江边 f_9 兰坝断层侧有一个流量为 5～15L/s 下降泉，普斯罗沟坝址右岸陡壁下部陡缓交界部位绿片岩夹层顶板层面溶隙中有泉水，枯期流量为 0.3～0.75L/s，汛期为 2.5L/s。根据几处泉水出露及钻孔地下水位长期观测，河段两岸地下水补给河水，近岸边一定深度地下水力坡降较平缓。

绿片岩和 NE 向压性断层具有一定的阻水作用，而 NW 向或 NWW 向张性或张扭性裂隙多为导水裂隙，在二者交汇处，往往发育较多的溶蚀现象。一般在阻水断层上下盘两侧岩体出现明显的地下水位差，如普斯罗沟坝址右岸 f_{13}、f_{14} 两条压扭性断层里外地下水位不连续，存在水位陡坎，大坝轴线 f_{14} 断层以外，水平深度约 170m，地下水平均水力坡度为 3%，f_{14} 与 f_{13} 断层之间平均水力坡度为 30%，f_{13} 断层以里平均水力坡度为 54%。绿片岩为隔水岩体，在普斯罗沟坝址河床和右岸防渗帷幕深度设计中都建议帷幕要进入绿片岩为最佳。

河段基岩裂隙水及岩溶裂隙水、泉水以及雅砻江江水、两岸冲支沟沟水的化学类型以低矿化度的 HCO_3—Ca—Mg 型为主，在砂板岩地段中的地下水含 SO_4^{2-} 离子。总体上河段内环境水对混凝土无明显侵蚀性。

4.2　坝址及坝型选择

自 1990 年开始，直至 2001 年才完成的坝址与坝型选择，历时 12 年。

4.2.1　建坝河段分段地质特征及坝型适宜性

小金河口—景峰桥河段根据地层岩性、岩体结构、岩层产状与河流流向关系及边坡稳定条件等地质特征，可以划分为小金河口—矮子沟陡倾砂板岩纵向谷段、矮子沟—兰坝沟陡倾砂板岩及大理岩斜横向谷段、兰坝沟—解放沟砂板岩纵向谷段、解放沟—手爬沟大理岩纵向谷段、手爬沟—棉纱沟砂板岩斜纵向谷段、棉纱沟—景峰桥大理岩横向谷段等 6段（图 4.2-1 和表 4.2-1）。

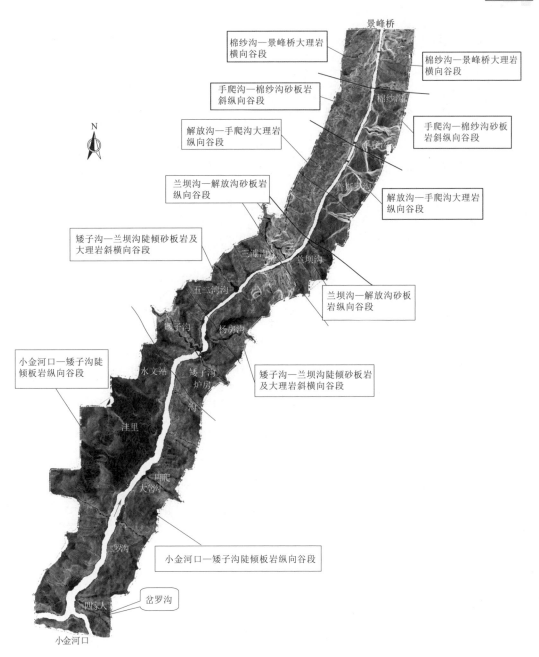

图 4.2-1　小金河口—景峰桥河段工程地质分段图

表 4.2-1　　　　小金河口—景峰桥河段分段及其工程地质特征简表

序号	起止位置	河段长/km	谷坡结构	库岸地层岩性	工程地质条件评价	建坝适宜性
1	小金河口—矮子沟	9.8	纵向谷	杂谷脑组薄层板岩夹变质砂岩	岩体倾倒变形强烈，发育呷爬、水文站滑坡。建基岩体质量、边坡稳定性较差	对当地材料坝有一定适宜性

序号	起止位置	河段长/km	谷坡结构	库岸地层岩性	工程地质条件评价	建坝适宜性
2	矮子沟—兰坝沟	4.2	斜横向谷	杂谷脑组砂板岩，三滩峡谷段出露大理岩	浅表部岩体倾倒变形轻微～强烈，岩体破碎，建基、边坡等建坝地质条件差	地形地质条件对当地材料坝有一定适宜性，不适宜高混凝土坝。三滩峡谷段两岸地形极不对称，且不完整，对高坝水工枢纽布置不利
3	兰坝沟—解放沟	2.0	纵向谷	杂谷脑组粉砂质板岩、变质砂岩	砂板岩互层岩性软硬相间，右岸顺向坡，层间挤压带十分发育，浅表部滑移-拉裂、滑移-弯曲现象明显，发育3个变形体，岩体松弛破碎。左岸反向坡，浅表部倾倒变形明显。建基岩体质量、边坡稳定性等建坝地质条件相对较差	地形地质条件对当地材料坝有适宜性，对混凝土坝适宜性差
4	解放沟—手爬沟	2.8	纵向谷	右岸、河床及左岸低高程为杂谷脑组大理岩，左岸中高高程杂谷脑组砂板岩	大理岩岩体呈厚层块状，完整性好。左岸浅表部岩体倾倒变形和卸荷拉裂强烈，尤以高程约2000.00m以上岩体倾倒变形强烈，岩体完整性差—破碎。左岸断层、层间挤压错动带发育。建基岩体质量较好，右岸边坡稳定条件较好，左岸边坡变形破坏类型、机制较复杂，稳定条件相对较差	对混凝土坝适宜性较好，其中解放沟—普斯罗沟段河谷相对较宽，对重力坝适宜性较好，而普斯罗沟—手爬沟段河谷狭窄，对拱坝适宜性较好；对当地材料坝也有一定的适宜性，但枢纽布置难度极大
5	手爬沟—棉纱沟	1.4	斜纵向谷	杂谷脑组第三段砂板岩	手爬断层（F₁断层）斜穿雅砻江，规模较大，性状差。两岸岩体风化卸荷强烈，完整性差。左岸反向坡岩层倾倒变形强烈，右岸砂板岩顺向坡稳定条件较差，建坝地质条件均较差	地形地质条件对建高坝的适宜性差
6	棉纱沟—景峰桥	1.2	横向谷	杂谷脑组第二段大理岩和第一段绿片岩	位于景峰桥背斜核部。岩性坚硬，岩体完整性好—较好，建坝地质条件均较好	峡谷段长度有限且地形不对称，高坝枢纽布置困难

4.2.2 比较坝址初拟

小金河口—景峰桥河段长约21km，地层岩性、地质构造、岸坡结构与岩体变形破坏都有所差异，总体地质条件好坏不同，比较坝址怎么拟定是一个比较困难的问题。

在初步查明小金河口—景峰桥河段各段地形条件、建坝地质条件的基础上，坝址位置初步拟定都会自然而然地考虑地形地质条件相对较好的横向谷河段，尤其是岩性坚硬、完整的大理岩横向谷河段。在以纵向谷为主、长21km的小金河口—景峰桥河段，横向谷河段有且仅有五二湾沟—兰坝沟陡倾大理岩横向谷段和景峰桥大理岩陡立横向谷段两段，并且受褶皱影响，这两个河段的长度都很有限，且两岸地形不对称，300m 量级高坝水工枢纽建筑物布置极困难，不论主体建筑物本身，还是进出口边坡，以及施工道路、大量临时建筑物都不可避免地要布置于岩性软硬相间、岩体变形破坏强烈的砂板岩纵向谷段。因此，坝址方案初拟中都没有选择这两个河段，而只能在纵向谷河段选择条件相对较好的地段来进行初拟坝址布置。

最终，在小金河口—矮子沟陡倾砂板岩相对宽缓的纵向谷段初拟了水文站坝址，在兰坝沟—手爬沟岸坡高陡、河谷狭窄的纵向谷河段拟定了三滩、解放沟、普斯罗沟三个坝址，总共四个比较坝址进一步开展预可行性研究阶段的地质勘察工作。

4.2.3　各比较坝址的工程地质条件

从 20 世纪 90 年代初开始，即先后开始了四个比较坝址的工程地质勘察工作，除了一般性的工程地质测绘外，各坝址还开展了工作量不等的勘探、试验等工作，并且还有针对各坝址主要工程地质的专题研究，到 2001 年上半年，可研阶段选坝工作结束，四个坝址选坝地质勘察工作全部完成，其坝址工程地质条件和主要枢纽建筑物工程地质条件基本查明，为坝址与坝型比较提供了翔实的基础地质资料。

4.2.3.1　水文站坝址

水文站坝址两岸岩层倾倒变形强烈，勘察重点是查明两岸倾倒变形岩体深度及其倾倒程度，初步评价其建坝条件、建高坝的适宜性和适宜坝型。由于坝址地质条件差，因此地质测绘和勘探试验工作量相对较少，工作时间短，到 1993 年上半年所有地勘工作全部完成。共完成钻孔 1431.85m/13 孔、平洞 565.80m/3 洞、现场岩体变形试验 4 点、岩体剪切试验 1 组。

1. 基本地质条件

雅砻江流经坝区由南向北转向近东向，河谷呈 V 形，两岸谷坡陡峻，右岸坡度 40°～50°，左岸坡度 35°～40°。

坝址靠近猫猫滩—洼里向斜的倾伏端，河床一带出露杂谷脑组第四段的变质砂岩，两岸为第三段的灰黑色板岩夹砂岩，岩层产状 N10°～20°E/NW（或 SE）∠60°～80°，岩层倾倒变形强烈。河床冲积层厚 12～33m，按其结构及物质组成由上而下可分为三层：厚 8～12m 的含砂砾卵石层，厚 6～12m 灰黑色或深灰色砂质粉土块碎石层，厚 0～10m 的含漂卵砾石层。

坝址内逆冲断层较发育，层间挤压破碎带主要分布在板岩之中，特别是砂岩与板岩接触处，一般宽度 10～20cm，最宽 50cm，往往形成风化夹层。砂板岩中裂隙一般短小，以陡倾的层面裂隙和 NNE 向垂直层面的缓倾裂隙最发育。

坝址岩体风化极为强烈，其风化程度主要受岩性、裂隙发育程度及岸坡卸荷控制，右岸弱风化、微风化相间出现；左岸较右岸强烈，全为强风化岩体。坝址谷坡岩体卸荷强烈，右岸强卸荷水平深度达 100m 左右，弱卸荷水平深度达 200m；左岸强卸荷水平深度达 150m，弱卸荷水平深度大于 220m。

坝址基岩均为变质砂岩及板岩，一般属裂隙含水岩体，其含水性与渗透性主要取决于岩体的风化卸荷程度和裂隙发育程度，完整岩体渗透性微弱。两岸钻孔压水试验成果显示，两岸岩体受岸坡风化卸荷和倾倒变形影响，透水性都极强，其中两岸砂板岩在高程 1610.00～1630.00m 以上的岩体均为中等—强透水。河床钻孔压水试验成果显示河床基岩透水性总的趋势是随深度增加而减弱，在基岩顶面以下 153.8m 深度处透水率 $q<2Lu$。

2. 存在的主要工程地质问题

由于砂板岩的软硬相间，以及左右岸深达 200m 以上的倾倒变形，加之断层和层间挤压错动带发育，倾倒变形岩体中大量的夹泥裂缝发育，给坝址带来了诸如岩体倾倒、滑坡、泥石流等工程地质问题。

（1）岸坡岩体倾倒变形。坝址段为陡倾纵向谷，在河流强烈的下切过程中，两岸陡倾薄层板状岩体在岩体自重产生的弯矩作用下，普遍发生了向河床临空方向的弯曲倾倒变形。左岸以极薄层—片状泥质板岩为主，岩层弯曲倾倒明显，水平深度达 220m。右岸为薄层状板岩中夹中厚层砂岩，倾倒变形的水平深度 190m，可见到空隙式的楔形拉裂缝。

在这些强烈倾倒变形的岩体中，含有较多缓倾坡外或陡倾角的泥夹碎石带与张裂缝，有可能形成规模较小的次级滑动面。尤其在水的作用下，强风化破碎岩体将进一步软化，大大降低其强度和抗渗性能，存在蠕变破坏的可能。

（2）左岸水文站滑坡。水文站滑坡位于坝址 I 勘探线下游约 300m 处的左岸，平面形态近似箕形，圈谷地形保存完好，前缘最低高程约 1660.00m，后缘高程达 2120.00m，滑体厚度 60～120m，平均约 80m，体积达 1500 万 m^3。在基岩顶面有一层厚 5.9～1.67m 的黄绿色灰黑色泥夹碎石带（即滑带土），结构紧密，并偶见有擦痕。结合滑坡体地表调查与勘探成果分析，滑坡为一发育历史比较悠久的推移式古滑坡，根据滑带土 ESR 测年成果，发生于晚更新世中期，前缘次级滑坡在全新世以来仍有活动。滑坡的形成机制为：随河流的强烈下切及江水的不断冲刷，在重力作用下岩层向河床临空方向发生强烈的弯曲-倾倒-拉裂变形，当弯曲-倾倒变形最强烈的折断端或者缓倾坡外的楔形张裂缝逐渐贯通后，形成连续的滑动面而产生滑坡。水文站滑坡在天然状态下失稳的可能性较小；水库蓄水以后，滑面稳定性系数普遍降低，但滑坡整体复活、失稳的可能性不大，存在局部失稳破坏的可能，其滑移方式属牵引式滑动。

（3）泥石流。坝址下游雅砻江右岸陆房沟是一个历史上曾多次活动、现今仍有活动，但暴发频率较低的泥石流沟，从沟内松散堆积物和沟口已有泥石流堆积分析，估计泥石流一次性冲出总量最大约 3 万 m^3。泥石流沟的存在将给右岸电站引水发电系统尾水及溢洪道等枢纽建筑物的布置带来了不利的影响。

3. 主要建筑物工程地质条件

水文站坝址工程地质条件差，对堆石坝有一定的适宜性，但建基岩体、泄洪消能、地下洞室等枢纽建筑物的工程地质条件总体较差。

（1）大坝工程地质条件。坝址两岸深厚的倾倒板岩，强烈倾倒段下限水平深度左岸达 220m、右岸达 190m，其中强风化碎裂岩体下限水平深度左岸达 149m、右岸达 103m，且强烈倾倒变形岩体内夹泥带和拉裂缝发育密度大。岩体工程地质性状极差，坝基难以利用：①倾倒泥质板岩全强风化，遇水后变形大，抗渗性能低，土石坝的心墙基础难以利用，应予挖除；②岩体强烈松弛、普遍风化破碎，在水的作用下将进一步软化，其中沿倾向坡外的夹泥带将可能构成蠕滑带，从而影响坝肩的稳定性。

（2）泄洪建筑物工程地质条件。坝址为纵向谷，砂板岩走向与堆石坝溢洪道的轴向不可避免地与砂板岩走向近平行，加之砂板岩岩性软弱破碎，层间挤压错动带发育，风化卸荷和倾倒变形强烈，溢洪道两侧高陡边坡及洞室进出口边坡的稳定性问题十分突出。坝址下游右岸陆房沟有泥石流活动，对右岸溢洪道泄槽下段及出口有不利影响。

（3）地下洞室工程地质条件。坝址处于纵向谷河段上，岩层走向与傍岸洞室轴线近于平行，砂板岩层薄、陡立且软弱，挤压破碎带发育，以Ⅳ～Ⅴ类围岩为主，稳定性差～极不稳定，大跨度洞室成洞条件差，开挖后加固支护量巨大。

（4）施工导流建筑物工程地质条件。坝址下游左岸水文站滑坡存在，影响整个坝址枢纽工程布置，尤其对左岸布置导流洞等施工导流建筑物影响大。

4.2.3.2　三滩坝址

三滩坝址地勘工作始于1990年，整个预可行性研究阶段、可行性研究选坝阶段地勘工作一直在进行。

预可行性研究阶段以常规的地质测绘工作和勘探、试验工作为主，结合少量专题研究，来初步查明坝址基本地质条件，重点是右岸3个变形体、左岸1个倾倒体的变形破坏特征、范围规模、成因机制及其稳定性，初步分析评价建坝条件、建300m量级高坝的适宜性。至1999年年底预可行性研究阶段工作结束，共完成钻探4051m/32孔、洞探3229m/18洞，坑槽探1000m³；平洞声波测试3200.9m/18洞、钻孔声波测试1767.99m/14孔；现场岩体变形试验10点、岩体剪切试验7组、空间地应力测试1组。

可行性研究选坝阶段则在补充适量勘探、试验进一步查明左右岸4个变形体地质条件的基础上，重点针对挡水、泄水与引水发电等枢纽建筑物工程地质条件开展地质勘察工作，分析评价土石坝心墙建基面的位置以及坝基岩体的变形稳定、渗透稳定及其防渗处理范围、处理措施，引水发电、泄水建筑物地下洞室群的工程地质条件，挡水、泄水与引水发电建筑物进出口边坡稳定性。至2001年上半年可行性研究选坝阶段工作结束，共完成钻探5818.98m/46孔、洞探4706.20m/26洞，坑槽探3000m³；平洞声波测试4200.90m/23洞、钻孔声波测试1767.99m/14孔；现场岩体变形试验14点、岩体剪切试验8组、空间地应力测试1组。

1. 基本地质条件

三滩坝址位于三滩沟与解放沟间1.8km长的河段上。雅砻江以N25°E方向流经坝址，河道微向东岸突出。坝址河谷为不对称的V形纵向谷。枯水期江水位为1638.70m，水面宽90～100m，水深3～7m。在正常蓄水位1880.00m处，谷宽约600m。左岸为反向坡，坡度45°～55°，基岩裸露。右岸为顺向坡，坡度稍缓，为35°～45°，多被第四系崩坡积覆盖。同时，右岸还有兰坝沟、肖厂沟、无名沟分布，左岸有三滩沟发育。

坝址出露地层主要为中上三叠统杂谷脑组第三段薄—中厚层状粉砂质板岩、厚层变质细砂岩，呈互层状，如图4.2-2所示，按岩性组合细分为六层，第1、3、5层为薄层状粉砂质板岩，第2、4、6层为厚—巨厚状变质砂岩。两岸谷坡上部还出露第二段大理岩，在谷坡下部，大理岩埋于右岸水平深200m以里，左岸埋于350m以里；按岩性特征可细分为八层，第1、2层以绿片岩为主，第3、4、5、7、8层以厚—巨厚状大理岩为主、局部夹绿片岩透镜体，第 6 层为薄—中厚层条纹条带状大理岩夹较大绿片岩。河床冲积层厚度一般为 20~30m，最厚 35.92m，根据其物质组成及其结构特征分三层：上部厚 0~24.52m 的漂卵砾石层，中部厚 0~26.46m 的块（卵）碎（砾）石夹粉质土砂或黏质土层，下部厚 0~12.81m 的含砂砾块（卵）石层。

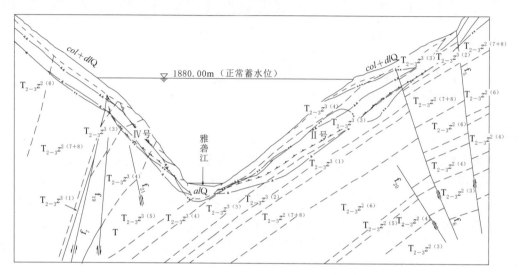

图 4.2-2 三滩坝址工程地质横剖面图

坝址位于三滩紧密同倾向斜之南西倾伏端，其轴向为 N25°~40°E。向斜核部为杂谷脑组第三段粉砂质板岩、变质砂岩，左岸北西翼地层倒转，右岸南东翼地层，正常岩层倾角一般为 35°~50°。坝址仅解放沟口 f_1 断层及三滩 f_5 断层规模较大，其余断层规模都较小。主要由构造角砾岩、碎粒岩及少量碎粉岩组成，破碎带宽度 0.1~1.0m 不等。

坝址大理岩风化微弱，砂板岩风化强。断层破碎带、层间挤压带、裂隙密集带、溶蚀裂隙密集带一般风化较强，往往形成夹层风化。砂板岩强、弱风化水平深度在右岸谷坡分别为 15~45m、25~135m，在左岸谷坡则分别为 30~50m、30~70m；河床基岩风化较浅，一般无强风化，弱风化下限高程一般为 1595.00~1604.00m。坝址两岸谷坡砂板岩体卸荷较为强烈，岩体卸荷的表现形式有所不同，卸荷深度亦有差异。右岸岩体卸荷深，左岸岩体卸荷相对较浅；两岸谷坡上部岩体卸荷深，下部则相对较浅。右岸强、弱卸荷带水平深一般分别为 50~80m、50~140m；左岸则分别为 25~50m、42~120m。

坝址右岸从上游兰坝沟至下游无名沟一带为顺向坡，砂板岩沿层间挤压破碎带普遍发生了程度不同的滑移-拉裂、滑移-弯曲变形，形成了一系列规模不等的蠕变岩体，其中兰坝沟—肖厂沟间蠕滑-拉裂变形体（Ⅰ号）体积约 200 万 m³，肖厂沟—无名沟间Ⅱ号变形体体积约 900 万 m³，无名沟下游Ⅲ号变形残留体体积 130 万 m³。坝址左岸形成了具有一定规模和范围的弯曲倾倒岩体（Ⅳ号变形体），体积约 320 万 m³。

坝址砂板岩渗透性取决于岩体的裂隙性及风化卸荷程度，且砂板岩体的渗透性主要受NE 向断层控制。砂岩裂隙较发育，透水性强；板岩裂隙不甚发育，透水性相对较弱。两岸大理岩体含水性相对较丰富，坝址 NE 向的断层及裂隙是张性特征，具有导水性。右岸地下水位埋藏较深，水力坡降较缓；坝址左岸地下水位埋深相对较浅，水力坡降较陡。坝址右岸岩体透水性较强，左岸岩体透水性相对较弱，河床岩体以弱透水性为主，且随深度增加，透水性减小的规律明显。

坝址在右岸高程 1657.00m SD1 平洞 225～237m 大理岩段进行了一组空间应力测试，最大主应力为 18.1MPa，最小主应力为 7.7MPa。岩体地应力实测成果和河谷应力场数值模拟成果表明，两岸谷坡一定深度范围内，坝址最大主应力方向 N36°W 发生了明显的偏转，形成应力分异带；此外，河谷左岸由于断裂构造的影响，局部主应力方向偏转较大。

2. 存在的主要工程地质问题

三滩坝址主要工程地质问题以边坡稳定问题为主，不论是左岸倾倒变形体，还是右岸三个滑移-弯曲变形体，它们的实质都是边坡稳定问题。坝址右岸为顺向坡，砂板岩中顺层层间挤压错动带普遍发生了程度不同的滑移-拉裂、滑移-弯曲变形，从而形成了兰坝沟至肖厂沟之间Ⅰ号蠕滑-拉裂变形体、肖厂沟至无名沟之间Ⅱ号滑移-弯曲-拉裂变形体、无名沟下游侧Ⅲ号变形残留体，左岸砂板岩反向坡则发育了Ⅳ号倾倒变形体。这四个变形体的稳定问题及其所带来的其他问题成为三滩坝址的主要工程地质问题。左岸三滩沟、右岸兰坝沟及肖厂沟为常年流水沟，沟内植被茂盛，沟底及两岸坡脚有松散覆盖层堆积，不排除极端条件下暴发泥石流的可能，但对工程影响较小。

3. 主要建筑物工程地质条件

三滩坝址砂板岩为主的纵向谷河段，河谷略为开阔，河床覆盖层不厚，尽管存在右岸Ⅰ号、Ⅱ号、Ⅲ号变形体以及左岸Ⅳ号倾倒变形体，但其地形地质条件对修建 300m 量级高土石坝的适宜性相对较好。包括土石坝在内的主要枢纽建筑物工程地质条件分述如下：

（1）坝基工程地质条件。河床覆盖层厚 10.98～35.92m，其漂卵砾石层局部架空，渗透性较强；含碎块石的粉质土或黏质土层强度低、压缩变形不均一，且存在局部砂土液化的可能。软基建高土石坝地基强度和变形不均一问题较突出。河床基岩透水性随深度增加而减弱，建议河床防渗帷幕应深入基岩 160m 以下。

左岸坝肩高程 1850.00m 以上的崩塌堆积体，结构较松散；高程 1650.00～1850.00m 间的倾倒变形岩体变形强烈、完整性极差，不宜作为心墙接头。心墙基础置于弱或强卸荷砂、板岩中，基本满足要求，但对断层及挤压错动带、风化夹层等，须作专门处理。边坡主要由弱风化、强卸荷Ⅳ类岩构成，无连续的倾向坡外的结构面，天然状态下是稳定的，但断层对坝肩边坡稳定性有一定控制作用，存在局部稳定问题。左坝肩岩体透水性较弱，地下水位较高，岸坡水平深度 30～65m 以外卸荷岩体属中等透水体，以内岩体完整性变好，属弱透水体。

右岸坝肩顺向坡砂板岩边坡岩体卸荷变形强烈，共发育三个变形体，岩体松弛拉裂，特别是水平深度 30～80m 以外岩体强烈拉裂松弛，不能作心墙地基。心墙基础置于强卸荷的Ⅳ类岩体上，基本满足要求，但对建基面内岩体中的断层及挤压错动带、卸荷拉张缝等，需作专门处理。右岸边坡稳定性主要受Ⅱ号变形体变形程度和岩体卸荷特征、结构面控制，开挖边坡稳定性差。右坝肩水文地质条件较复杂，岩体破碎、透水性强，存在绕坝渗漏及渗透变形问题，坝肩防渗处理工程量较大。

（2）泄洪消能建筑物工程地质条件。坝址右岸高程 1880.00m 以上为一台阶状缓坡，平均坡度约 25°，宽度约 200m，后缘陡坡出露厚层状大理岩，有布置溢洪道的地形条件，但Ⅱ号、Ⅲ号变形体和顺层软弱带将对溢洪道带来不利影响。

溢洪道前段（含引渠、闸门、泄槽上段）置于砂板岩之中。泄槽中下段置于大理岩之中，开挖后，闸门外侧基础、外侧边墙基础及内侧边坡中上部均位于变形岩体之上，存在基础不均匀变形和边坡稳定问题。溢洪道泄槽中上段通过Ⅲ号变形残留体，岩体严重松动破碎，且底界面有厚 10～30cm 的软化、泥化黄褐色碎石土，开挖后有失稳的可能，对溢洪道有不利影响。

1～3 号泄洪洞进口位于三滩沟口内 390～450m 范围内，直线布置。进口区为横向坡，出口区为反向坡，进出口边坡总体稳定性较好。进口段及洞身的大部分均穿过第二段第 6～8 层大理岩，洞线与岩层走向夹角为 35°～22°，大理岩以厚层块状为主，完整性较好，以Ⅱ、Ⅲ类围岩为主，进出口少部分洞段为Ⅳ类围岩，岩层走向与洞向交角较小，隧洞 f_{10}、f_9、f_7 和 f_2 等断层带通过段应采取有效处理措施。

（3）引水发电系统工程地质条件。电站进水口位于右岸肖厂沟内下游侧，进水口开挖平台高程 1777.00m，布置 6 条压力管道。

引水进口已避开Ⅱ号变形体，后边坡出露第二段第 7、8 层厚层块状大理岩，岩层倾角约 30°，倾向坡外，无贯穿性软弱结构面发育，边坡稳定性好。

压力管道沿线通过岩层为第二段第 3～8 层大理岩，岩体新鲜完整，以Ⅱ～Ⅲ类围岩为主。

地下厂房三大洞室围岩类别主要为Ⅱ～Ⅲ类，f_5 断层破碎带及影响带段属Ⅴ类围岩。大理岩内的断层破碎带及节理裂隙密集带多存在裂隙溶隙型承压水，对洞室围岩稳定不利，可能存在局部涌水问题。

尾水洞主要为Ⅱ类围岩，出口有少量Ⅲ类围岩，f_5、f_6、f_4 和 f_3 断层破碎带及影响带属Ⅴ类岩，对Ⅲ类围岩及隧洞断层带通过段应采取有效处理措施。

4.2.3.3 解放沟坝址

解放沟坝址存在左右岸地质条件不对称问题，左岸高程 1720.00m 以上为砂板岩，总体较差；左岸高程 1720.00m 以下及河床、右岸全为大理岩，总体较好。因此，前期地质测绘和勘察试验工作，左岸重点针对砂板岩的倾倒变形破坏现象，岩体中 f_5、f_{10} 断层以及长大张开卸荷裂缝，尤其是岸坡中下部中缓倾坡外贯通性软弱结构面发育特征，右岸则主要针对大理岩中发育层间挤压错动带、绿片岩夹层或透镜体。根据勘察成果，初步分析评价坝址建坝条件、建高坝的适宜性和适宜坝型。地勘工作从 1990 年开始，到 1993 年上半年所有地勘工作全部完成，共完成钻孔 1619.33m/10 孔、平洞 1383.80m/6 洞；现场岩体变形试验 14 点、岩体剪切试验 4 组。

1. 基本地质条件

坝址位于解放沟与普斯罗沟之间 1.5km 长的河段上，距上游三滩坝址 1.7km。河道顺直，流向 N25°～35°E。河谷呈 V 形。左岸坡度 40°～50°，右岸坡度 35°～45°。枯水期江水位 1635.80m，河水面宽 80～100m，水深 8～15m。正常蓄水位 1880.00m 处，谷宽约 540m。右岸解放沟和普斯罗沟均为深切冲沟，具常年性水流。

坝址位于三叠系中上统杂谷脑组第二段大理岩及第三段变质砂板岩组成的纵向谷河

段。左岸为反向坡；右岸为顺向坡。大理岩分布于右岸、河床及左岸谷坡下部高程约1720.00m以下，以厚层状大理岩、条纹条带角砾状大理岩及少量粗晶大理岩为主，按岩性组合可细分为八层：第1、2层以绿片岩为主，第3、4、5、7、8层以厚—巨厚状大理岩为主、局部夹绿片岩透镜体，第6层为薄—中厚层条纹条带状大理岩夹较多绿片岩。砂板岩分布在左岸谷坡高程1720.00m以上，以变质细、粉砂岩及泥砂质板岩互层为主，按岩性可细分五层：第1、3、5层为薄层状粉砂质板岩，第2、4层为厚—巨厚状变质砂岩。河床第四系覆盖层厚度一般30～47.2m，上部为含漂块卵砾石层，中部为含块卵砾石的中粗砂层或黏质土层，下部为含砂块卵砾石层。

坝址东距锦屏山断层约2km，位于三滩向斜东翼上。坝址断层及层间挤压带较发育，在砂板岩中尤为显著。规模较大的有 $f_1 \sim f_5$、f_{10}、g_1、g_2 等8条，延伸长度一般大于500m，破碎带宽度一般0.8～2.0m；其中左岸 f_5 和 f_{10} 断层在板岩中挤压破碎带宽度可达8m，延伸长度1400～1800m，分别与下游普斯罗沟坝址左岸 f_5、f_8 相接。砂板岩中各组裂隙均较发育；大理岩层面裂隙不太发育，但NEE向裂隙极发育，且延伸长；NWW向裂隙多起导水作用。

坝址右岸由厚层状大理岩组成的顺向坡，强、弱卸荷水平深度一般为10～30m、30～70m；边坡弱风化水平深度一般为26～41m，在岩性相对软弱且断裂密集的地段往往形成夹层状风化。坝址左岸为反向坡，中上部由砂板岩组成的互层状结构，下部由厚层大理岩组成；强、弱卸荷水平深度达30～45m、60～150m，谷坡高度达200余米；砂板岩的风化较强烈，表部往往呈强风化，而弱风化水平深度一般为30～57m。河床大理岩弱风化垂直深度一般为2～30m。

坝址大理岩岩溶微弱，沿NWW及NEE向两组陡倾裂隙发育溶隙及溶孔。大理岩地下水以岩溶裂隙水为主，两岸大理岩中地下水埋深较深，地下水位平缓。左岸砂板岩地带，板岩相对隔水，砂岩含脉状裂隙水。河床大理岩透水性微弱，以弱—中等透水为主。

2. 存在的主要工程地质问题

解放沟坝址为纵向谷岸坡，右岸为岩性坚硬的大理岩顺向坡，除了风化卸荷，仅有一些小规模的崩塌掉块和顺层滑塌，无大的工程地质问题。而左岸为反向坡，尤其是中高高程以上的砂板岩，岩性较软弱，工程地质性状差，强烈的构造切割、卸荷拉裂、重力倾倒使砂板岩体更加破碎、松动，由此给特高坝及其主要枢纽建筑物的布置带来极大难题，是解放沟坝址主要的工程地质问题。

（1）受构造切割破坏强烈。左岸砂板岩中小断层和顺层层间挤压错动带发育，按走向可分NNE向和NEE向两组，断层均中陡倾倾向坡外，破碎带宽度一般5～50cm，f_5、f_8 断层最宽可达数米。层间挤压错动带顺层中倾山内，破碎带宽数厘米至几十厘米。断层和层间挤压错动带发育段岩层普遍强烈揉皱、破碎，多以碎粒岩、碎粉岩、构造片岩为主，其黏粒含量高，遇水易软化泥化，工程地质性状差。

（2）岩体卸荷拉裂松弛严重。左岸砂板岩岩体不仅受构造切割强烈，而且受强烈的风化卸荷影响，岩体卸荷拉裂松弛现象也相当严重。另外，中高高程以上浅表部岩层在卸荷拉裂的基础上，进一步发生弯曲倾倒变形，岩体沿陡倾坡外的已有各种构造面卸荷拉裂强烈，并且随高程增加卸荷拉裂松弛深度逐步加大。总体上，从高程1680.00m到

1820.00m 再到 1920.00m, 拉裂松弛的水平深度分别达 60m、150m、200m。而且强、弱卸荷松弛岩体的声波纵波速值也由紧密、无卸荷砂板岩的 4700～5200m/s 降为仅 1800m/s、3700m/s。

（3）浅表岩体重力倾倒现象明显。左岸反向坡岸坡高陡，岩层中倾山里，岸坡岩体卸荷后，由于岩性较软弱，中高高程约 1750.00m 以上砂板岩岩层在自重应力作用下进一步发生了弯曲-拉裂的变形破坏即重力倾倒变形，水平深度一般可达 60～80m，越往高高程发育深度越大，最深可达 100～150m，往低高程则逐渐变浅，岸坡中下部大理岩未发生倾倒变形。形成了较大范围和规模的倾倒变形体，主要分布在高程 1750.00～2080.00m 范围内。

3. 主要建筑物工程地质条件

解放沟坝址河道顺直，河谷呈 V 形，右岸、河床及左岸低高程部位均为比较坚硬完整的大理岩。结合地形地质条件，研究了混凝土坝及堆石坝两种坝型。

（1）大坝工程地质条件。河床覆盖层厚度达 30～47.2m，结构松散，透水性较强，强度低，压缩性大，若考虑软基建堆石坝，则地基强度和变形不均一问题较为突出。且由于砂层厚度大，埋深较浅，砂土液化问题也不容忽视。河床基岩全由厚层块状大理岩组成，基岩顶板高程一般高于 1590.00m，岩体透水率 q 值随深度增加而逐渐降低趋势不明显，不论混凝土坝还是堆石坝，河床基岩相对隔水层埋深较大，坝基防渗难度较大。

左岸坝肩高程 1720.00m 以下为大理岩，以上为砂板岩组成反向坡。除强烈的风化卸荷外，坝肩岩体构造切割破坏强烈，如走向 NE、倾向坡外的 f_5、f_9、f_{10}、f_{11} 等断层，破碎带宽 0.5m 至数米，且受卸荷影响张开数十厘米，发现有宽大裂缝，混凝土坝左坝肩岩体承载力及其变形不均一问题较为突出，坝肩抗滑稳定条件也较差，存在顺坡断层、层间挤压错动带的不利组合。堆石坝左坝肩心墙开挖深度大于 60m，不但开挖方量大，且开挖高陡边坡的稳定问题也较突出。左岸地下水位低平，由坝肩边坡构造切割、卸荷拉裂、重力倾倒特征分析，坝肩地下水位埋藏的水平和垂直深度都很大，因此坝肩防渗处理难度大。

右岸坝肩为顺向坡，由厚层状大理岩组成，总体条件较好。发育有走向北东倾南东 35°～45°的 f_7、f_{17} 两条断层，与第 6 层层面或层间挤压带组合对坝肩抗滑稳定不利。右坝肩地下水位低平，埋深较大，防渗难度大。

（2）泄洪建筑物工程地质条件。坝址左岸砂板岩反向坡地形陡峻，岩体普遍倾倒变形、破碎，若布置溢洪道，则溢洪道基础变形稳定和内墙高陡边坡的稳定性问题较突出。

右岸大理岩坚硬完整，工程地质性状较好，但地形为高 300 多米的陡崖，若布置地面溢洪道，不仅削坡量大，而且顺坡向边坡坡脚开挖带来的高陡边坡稳定问题突出。

（3）地下洞室工程地质条件。坝址右岸全为大理岩夹绿片岩透镜体、夹层，第二段第 2、1 层的大理片岩、绿片岩和比较集中的第一段绿片岩深埋于岸坡水平深度 300m 以内。绿片岩岩性相对较软弱，层面裂隙发育，右岸布置地下厂房等大跨度洞室群，山内侧洞室将布置于大理片岩、绿片岩中，属于Ⅲ类、Ⅳ类围岩，洞室围岩稳定条件较差。

左岸砂板岩岩性较软且受构造切割强烈，工程地质性状较差，围岩成洞条件和稳定条件都较差，尤其是洞轴线与砂板岩交角、断层交角都较小，其成洞条件和稳定条件更差，不宜布置地下厂房等大跨度地下洞室群，也不宜布置泄洪洞、导流洞等洞室。可布置的洞室进口区都位于强烈倾倒变形、卸荷松弛拉裂的岩体中，高陡工程开挖边坡稳定问题突出。

4.2.3.4　普斯罗沟坝址

十多年的坝址与坝型比选地质勘察工作大致可以分为三个阶段：

第一个阶段是 1991 年年底前的预可行性研究阶段，与其他水电工程一样，与三滩坝址相同，以常规的地质测绘工作和勘探、物探、试验工作为主，结合少量专题研究，来初步查明坝址基本地质条件，初步分析评价建坝条件、建 300m 量级高坝的适宜性。

第二个阶段是 1992 年年初勘探揭示深部裂缝后的预可行性研究阶段，左岸主要针对深部裂缝开展大量的地质测绘工作和勘探、物探、试验工作，还开展了多项专题研究工作，来查明深部裂缝及低波速带在空间上的分布规律、地质特征、成因机制及对建坝条件的影响，研究合适的工程处理措施，取得了较多的研究成果（详见第 5 章）。右岸地质条件较好，勘察工作相对较简单，主要针对大理岩中顺层层间挤压错动带、绿片岩夹层或透镜体及 f_{13}、f_{14} 断层等不利软弱结构面的分布、性状及其力学参数，开展相应的地质测绘工作和勘探、物探、试验工作。

第三个阶段是可行性研究选坝阶段，进一步针对左岸 f_5、f_8 断层和煌斑岩脉、深部裂缝及低波速带 IV_2 级岩体，右岸 f_{13}、f_{14}、f_{18} 断层和煌斑岩脉、层间挤压错动带、绿片岩夹层或透镜体等地质缺陷对拱坝变形稳定、抗滑稳定、渗透稳定的不利影响，针对枢纽区自然边坡和各工程开挖边坡、泄洪雾化区边坡工程地质条件及稳定性，针对地下厂房洞室群及泄洪洞工程地质条件、围岩稳定性，开展相应的地质测绘工作和勘探、物探、试验工作。

坝址地质勘察工作始于 1990 年，至 2001 年上半年可行性研究选坝阶段地勘工作全部结束时，共完成 36 个钻孔 5890.24m、40 个平洞 7728.05m、坑槽探 3000m³；平洞声波 9528.05m、钻孔声波 1751.88m，平洞洞间层析成像 2250m/7 剖面；现场岩体变形试验 64 点、岩体剪切试验 19 组、空间地应力测试 4 组。

1. 基本地质条件

如图 4.2-3 所示，坝址区位于普斯罗沟与手爬沟之间长约 1.5km 的雅砻江峡谷河段，河道顺直而狭窄，流向约 N25°E。枯期江水位约 1635.00m，正常蓄水位 1880.00m 处谷宽约 410m。两岸山体雄厚、谷坡陡峻，基岩裸露。右岸为大理岩顺向坡，呈陡缓相间的台阶状，高程约 1810.00m 以下陡坡段坡度 70°～90°，以上缓坡段约 40°。左岸反向坡，高程 1820.00～1900.00m 以下大理岩段坡度 55°～70°，以上砂板岩段坡度 40°～50°，呈山梁与浅沟相间的微地貌特征。右岸深切普斯罗沟有常年水流，高程约 1900.00m 以上沟谷较开阔，以下为一线天式峡谷，沟壁近直立。

坝区第四系松散堆积层分布零星，主要有现代河床谷底的冲积物和两岸的崩坡积物。河床冲积层厚度 11.40～37.94m，具有粗—细—粗的三层结构，上、下部为含块碎石砂卵石层，中部为含卵砾石砂质粉土。

坝区基岩主要为杂谷脑组（$T_{2-3}z$），另外还可见少量后期侵入的煌斑岩脉（X）。杂谷

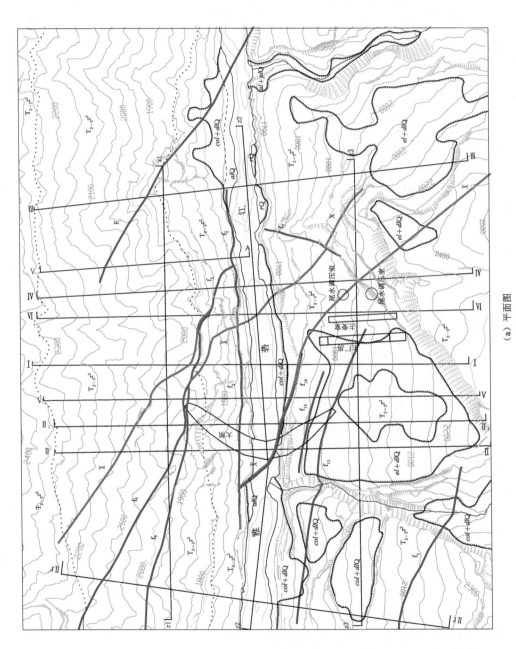

（a）平面图

图 4.2 - 3（一） 普斯罗沟坝址工程地质简图

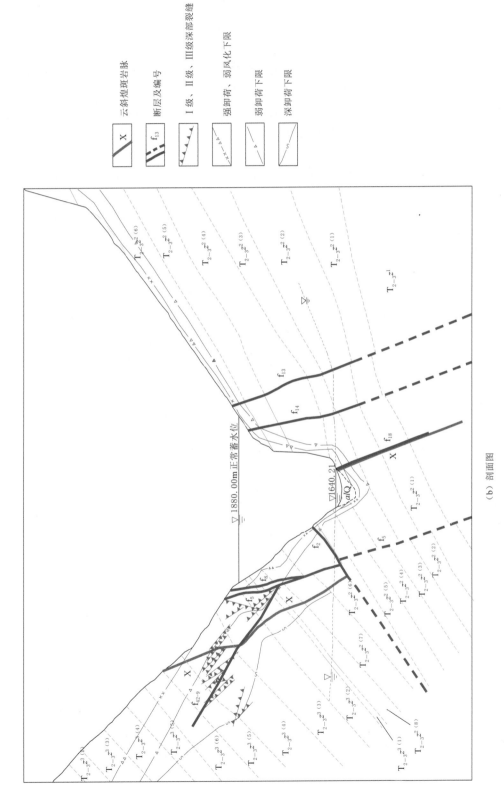

（b）剖面图

图 4.2-3（二） 普斯罗沟坝址工程地质简图

脑组变质岩按岩石建造特征可分为三段：第一段绿片岩，深埋于河床以下及右岸谷坡里；第二段大理岩，分布于右岸谷坡、河床及左岸谷坡高程 1820.00～1900.00m 及以下，按岩性特征及组合可细分为 8 层，第 1、2 层以绿片岩为主，第 3、4、5、7、8 层以厚—巨厚状大理岩为主、局部夹绿片岩透镜体，第 6 层为薄—中厚层条纹条带状大理岩夹较多绿片岩；第三段砂板岩，分布于左岸高程 1820.00～2300.00m 之间，按岩性特征及组合可细分为 6 层，第 1、3、5 层为薄层状粉砂质板岩，第 2、4、6 层为厚—巨厚状变质砂岩。坝址两岸还出露两条煌斑岩脉，贯穿分布于河床、右岸低高程坝基及两岸抗力体内，新鲜时岩质坚硬，但抗风化能力低，一般宽 2～3m，总体产状 N60°～80°E/SE∠70°～80°，延伸长多在 1000m 以上。坝区分布的基岩按岩石的结构、构造及其成分特征，可分为大理岩、绿片岩、变质砂岩、板岩和煌斑岩五种类型。

坝区位于紧闭同倾三滩向斜之南东正常翼，地层倾向左岸，产状变化较大，总体产状为 N30°E/NW∠35°左右。岩体中断层、层间挤压错动带、节理裂隙较发育，破碎带宽度 0.1～10.0m 不等、规模较大的 f_1、f_5、f_8、f_{13}、f_{14}、f_{18} 等断层可以划分为 NNE—NE 向、NEE—EW 向和 NW—NWW 向三组，其中以 NNE—NE 向组最为发育且断层规模相对较大。层间挤压错动带主要发育在第二段第 6 层大理岩和第三段砂板岩中，以左岸 f_2 断层为代表的层间挤压错动带随岩层的起伏而呈舒缓波状，破碎带宽度一般为 3～10cm，少量 20～30cm。发育 5 组优势裂隙：N15°～80°E/NW∠25°～45°（层面裂隙）、N50°～70°E/SE∠50°～80°、近 SN～N30°E/SE∠60°～80°、N60°W～EW/NE（SW）或 S（N）∠60°～80°和 N30°～50°W/NE∠60°～80°。

坝区岩体风化主要受岩性、构造及地下水活动影响，大理岩、变质砂岩岩石坚硬，抗风化能力较强，风化作用主要沿卸荷裂隙、裂隙密集带和各种破碎带、软弱岩带进行，呈现裂隙式和夹层式风化、囊状风化特征。两岸岩体一般无强风化，左岸弱风化岩体水平深度在砂板岩中一般为 50～90m，大理岩中为 20～40m，右岸大理岩弱风化水平深度一般小于 20m，河床部位大理岩弱风化铅直厚度 5～10m，相应底界高程 1580.00～1590.00m。坝址区岸坡高陡，地质结构较复杂，岩体卸荷回弹变形明显且强烈。坝区左岸反向坡上部为砂板岩、下部为大理岩，下部大理岩强、弱卸荷带水平深度一般为 10～20m、50～70m，上部砂板岩强、弱卸荷带水平深度可达 50～90m、100～160m，深卸荷带在大理岩中底界水平深度一般为 150～200m，在砂板岩中可达 200～300m。右岸大理岩顺向坡，岩体多呈厚层块状结构，卸荷深度小，卸荷裂隙不发育，强、弱卸荷带水平深度一般为 5～10m、20～40m。河床弱卸荷铅直深度一般为 20～40m，相应底界高程 1560.00～1580.00m。受岩体结构的控制，坝区边坡岩体的变形破坏方式在右岸主要为滑移拉裂，左岸主要为倾倒-拉裂、滑移-拉裂、滑移-压致拉裂等，因此，岸坡变形破坏类型以变形-拉裂岩体和潜在不稳定岩体为主。

坝区第一段绿片岩及第三段中的粉砂质板岩可视为相对隔水岩体；煌斑岩脉及 NE 向压扭性断层的破碎带，特别是 f_{13} 断层也可视为相对隔水岩体。第三段中的变质砂岩，节理裂隙发育，属裂隙含水岩体。第二段大理岩未见较大规模的岩溶形态，岩溶化程度微弱，属岩溶裂隙含水岩体。根据左、右岸水文地质条件差异，将其划分为左岸谷坡、右岸谷坡两个大的水文地质区，并进一步划出次一级水文地质区即地下水径流体系（表 4.2 - 2）。

表 4.2－2　　　　　　　　普斯罗沟坝区地下水径流体系的划分简表

水文地质区	地下水径流体系
左岸谷坡区 （三滩沟—印坝子沟谷坡水文地质区）	岸坡浅表水流体系
	倒转翼大理岩顺层南流体系
	倒转翼大理岩顺层北流体系
	倒转翼大理岩横切（斜切）向斜轴水流体系
右岸谷坡区 （普斯罗沟—手爬沟谷坡水文地质区）	北地下水水系
	南地下水水系

坝区左右岸总体上地下水补给江水。左岸岩体中局部存在强透水带，地下水位低平，与江水位基本一致。右岸地下水位在枯水期总体较江水位高，受 f_{13}、f_{14} 两条压扭性断层的阻水作用，断层里外地下水位不连续，存在水位陡坎。坝区左岸砂板岩裂隙水以矿化度、硫酸根、镁离子主偏硅酸较高为特点，水型多为 $SO_4—HCO_3—Mg$；左右岸大理岩岩溶裂隙水及右岸泉水以 $HCO_3—Ca$ 类型为主，少量 $HCO_3—Mg·Ca$ 类型；地表水多为 $HCO_3—Ca$ 类型；均对混凝土不具侵蚀性。

坝区现今构造应力场为 NW—NWW 向主压应力场，加之谷坡高陡，相对高差达 1500～2000m，自重应力量值高。两种应力叠加造成坝区天然状态下地应力高。谷坡卸荷带岩体拉裂松弛，地应力释放，地应力值较低；卸荷带以里深部无卸荷岩体则出现钻孔饼芯、洞壁片帮、岩层弯折、岩体劈裂等应力集中破坏现象。坝区左右岸 24 组空间地应力测试、5 孔水压致裂法平面地应力测试 σ_1 量值普遍在 20～30MPa 之间，最高达 40.4MPa（左岸）和 35.7MPa（右岸），天然状态下应力量级高，属高—极高应力区。

2. 存在的主要工程地质问题

左岸岸坡岩体中除了 f_5、f_8、f_{38-6}、f_{42-9} 等断层，砂板岩和岸坡下部第 6 层大理岩内层间挤压带及绿片岩夹层外，还有深卸荷形成的大量深部裂缝分布；右岸全为大理岩，发育有 f_{13}、f_{14}、f_{18} 等断层，第 6 层大理岩内层间挤压带，第 4 层大理岩内绿片岩透镜体和夹层；两岸还有两条性状较差、延伸长的煌斑岩脉发育。它们及其所带来的对特高拱坝枢纽建筑物布置的难题，就是普斯罗沟坝址的主要工程地质问题。

（1）坝址左岸深部裂缝。普斯罗沟坝址左岸岸坡一定水平深度内发育一系列规模不等的裂缝或裂隙松弛带即为深部裂缝。由于深部裂缝发育段岩体破碎、松弛，工程地质性状差，Ⅰ级、Ⅱ级裂缝延伸长、空缝张开宽度在 20cm 以上，对拱坝轴线、水工枢纽建筑物布置和工程边坡稳定都有较大的不利影响，是坝址乃至锦屏一级工程最重大的工程地质问题之一。

深部裂缝发育于坝址左岸从上游Ⅱ勘探线到下游 A 勘探线，高程 1690.00～1780.00m 距岸坡水平深在 50～200m 范围内，其中以高程 1750.00～1810.00m 范围最为发育，其裂缝发育段又可根据裂缝发育条数、线密度划分出集中发育带和零星发育带。深部裂缝发育段岩体破碎，在地震波、声波波速特征上大多表现为低波速异常，平均纵波波速值为 1800～3500m/s。深部裂缝的发育对混凝土坝的坝肩变形稳定和抗滑稳定不利，对水库库水作用下的左岸拱肩槽开挖边坡尤其是上游侧坡、泄洪雾化条件下的水垫塘及其左岸雾化区边坡稳定也有大的不利影响。

（2）坝址大理岩体中的软弱结构面。坝址软弱结构面有三类：f_5、f_8、f_{13} 断层；层间挤压带；绿片岩夹层。

左岸 f_5、f_8 断层平面上呈"入"字展布，在剖面上往深部 f_8 断层交于 f_5 断层上，断层破碎带及其影响带在大理岩中较窄，一般为 $0.3\sim1.0$m，而在砂板岩中则宽达 10 余米，由强风化的碎裂岩及泥化碎粉岩组成。右岸 f_{13} 断层位于高高程附近，往上游延伸进入解放沟坝址，断层破碎带宽为 $0.4\sim0.8$m，断层上盘影响带宽约 5m，下盘影响带宽 $10\sim15$m。这些断层破碎带性状差，变形模量低、压缩变形大，是影响坝肩稳定和建筑物布置的一个重要边界条件。坝址左岸层间挤压带较发育，尤其是分布在岸坡下部第 6 层大理岩中的层间挤压带，是影响左岸坝肩稳定的一个重要底部边界条件。坝址右岸第 4、6、8 层大理岩中，内含夹层状的灰黑色炭质大理岩，透镜体为主、夹层状较少的薄层状绿片岩，构成了右岸顺倾岸坡的相对软层。

（3）左岸深部裂缝发育，其中发育程度最强烈的区域就是左岸岸坡下游段以 SL_{24}(f)—f_9 断层为后缘边界的左岸 Ⅳ—Ⅵ 线山梁变形拉裂岩体。左岸岸坡上游段高程约 1800.00m 以上的砂板岩中，因岩体的蠕滑-拉裂、卸荷-拉裂等形成由 f_5 断层、SL_{44-1} 深拉裂带、f_{42-9} 断层、煌斑岩脉构成的左坝头变形拉裂岩体。而右岸下游段岸坡则形成了 f_7 断层、f_{28} 断层、煌斑岩脉构成的猴子坡潜在不稳定岩体。它们所在岸坡发育大量不同类型、不同程度的岩体变形破坏迹象，导致天然状态下总体稳定性较差，对枢纽建筑物布置有极大的不利影响。

3. 主要建筑物工程地质条件

普斯罗沟坝址河谷为典型的深切 Ⅴ 形峡谷，河谷顺直而狭窄，两岸谷坡陡峻，左岸地形上缓下陡，右岸高程约 1810.00m 以下为陡壁甚至局部倒坡，以上为 $35°\sim45°$ 坡。左岸谷坡中下部和右岸厚层块状大理岩裸露，根据坝区地形地质条件主要研究了混凝土拱坝方案，也对堆石坝方案开展了一些勘测设计，其中 1999 年年底预可行性研究报告审查后的可行性研究选坝阶段，主要针对混凝土拱坝方案开展了大量的勘测设计工作。

（1）大坝工程地质条件。混凝土坝建基面初拟定在高程 1580.00m，堆石坝心墙基础可置于基岩顶面。河床基岩透水性随深度增加明显减弱，基岩面 100m 以下岩体透水率 $q\leqslant$ 1Lu，总体上，河床坝基开挖量较小，防渗深度不大。左岸为反向坡，坝基范围内发育有 f_2、f_5、f_8 等断层、顺层挤压带及深部裂缝，对混凝土拱坝坝基变形稳定不利；堆石坝心墙基础直接置于基岩上。右岸为大理岩顺向坡，坝基范围内发育有 NE 向陡倾山里的 f_{13}、f_{14}、f_{18} 等断层及倾向山外偏下游中缓倾角的顺层绿片岩透镜体夹层，对混凝土拱坝坝基变形稳定不利；堆石坝心墙基础直接置于基岩上。

左坝肩有 f_2、f_5、f_8 等断层、顺层挤压带及深部裂缝分布，它们的相互组合对坝肩抗滑稳定不利，主要有 f_2、f_5 双滑面组合，第 6 层中 NE 向中陡倾角顺坡卸荷裂隙带、顺层挤压带双滑面组合，NNE 向深部裂缝、顺层挤压带双滑面组合，NE 向深部裂缝、顺层挤压带双滑面组合等四种不利组合。右岸坝肩发育有 NE 向陡倾山里的 f_{13}、f_{14} 等断层及倾向山外偏下游中缓倾角的顺层绿片岩透镜体夹层，它们的相互组合对坝肩抗滑稳定不利，主要有 f_{13}、f_{14} 等断层，倾向山外偏下游中缓倾角的顺层绿片岩夹层或层面裂隙的一陡一缓组合，或者两者与 NWW 横河向陡倾裂隙的二陡一缓组合。

右岸弱卸荷带以里以弱透水为主，微透水段多分布在深部；左岸弱卸荷带以里紧密岩带以弱透水为主，左岸深卸荷带局部岩体多为强透水带，再往里以微透水带为主；河床卸荷岩体多为中等透水，一般无强透水岩体，弱透水和微透水埋藏较深。对混凝土拱坝、堆石坝两种坝型，都应重视左岸帷幕可能沿深部裂缝引起的坝肩绕渗问题。

对混凝土拱坝、堆石坝两种坝型，由于左岸岸坡 NE 走向倾坡外结构面较发育，以及上部砂板岩的强卸荷带水平深度达 70m，加之工程规模巨大，左岸拱肩槽或心墙开挖量大，开挖后带来的两岸坝肩边坡稳定问题突出。左岸开挖后要注意缆机平台边坡中倾倒变形砂板岩，以及拱肩槽上游坡中左坝头变形拉裂岩体引起的边坡稳定问题。右岸开挖后要注意 f_{13} 断层及走向 NEE 陡倾 SE 的裂隙为后缘切割面，NWW 向裂隙为侧缘切割面，以层面为底滑面构成的不稳定块体引起的边坡稳定问题。

（2）右岸地下洞室群工程地质条件。混凝土拱坝和堆石坝两方案的初拟地下厂房洞室群均布置于坝后Ⅲ、Ⅳ勘探线之间，最小水平埋深 250～270m。洞室围岩主要为灰白色—浅灰色厚—巨厚层块状大理岩和杂色角砾状大理岩，局部夹绿片岩透镜体，岩质新鲜、坚硬，完整性好，岩体声波纵波速平均在 6.0km/s 左右，完整性系数 K_v 一般在 0.8～0.9 范围内，初步围岩分类为Ⅰ类、Ⅱ类，考虑深埋洞室高地应力影响，设计中应分别按Ⅱ类、Ⅲ类围岩设计。洞室群围岩稳定性较好，但在顶拱层面裂隙与走向 NE、倾 SE 的裂隙组合对顶拱围岩稳定不利，在断层破碎带与影响带段有局部不稳定问题。

引水隧洞靠外侧隧洞以第 3、4、5 层厚—巨厚层大理岩为主，属Ⅱ类围岩为主，局部属Ⅲ类围岩；靠内侧隧洞以第 2 层大理岩夹绿片岩为主，该层岩质软弱，层面裂隙和绿片岩片理发育，岩体完整性差，初步围岩分类属Ⅲ～Ⅳ类围岩，存在局部稳定问题。

混凝土拱坝方案：电站进水口位于右岸普斯罗沟口上游侧 300～500m 的解放沟坝址右岸，位于水库库内。开挖坡高约 200m，岩层以厚—巨厚层块状杂色角砾状大理岩、厚层大理岩为主，少量中厚层局部薄层条带状大理岩，夹有绿片岩透镜体或夹层，薄—中厚层条带状大理岩中顺层挤压带发育，岩层以 30°～40° 中缓倾角倾向坡外，存在高陡工程开挖边坡的稳定问题。

堆石坝方案：电站进水口则位于右岸普斯罗沟口下游侧，同样由大理岩组成，岩层以 30°～45° 倾角倾向坡外，开挖坡最大坡高达 190m。边坡上部顺层挤压错动带发育，下部大理岩中夹有绿片岩透镜体或夹层，它们与 NE 向、近 EW 向两组陡倾角裂隙的块体组合，对开挖高边坡稳定不利。

（3）泄洪洞工程地质条件。预可行性研究阶段泄洪洞布置在左岸，选坝阶段则布置右岸，型式为有压接无压洞。

右岸泄洪洞进口区位于普斯罗沟下游侧陡壁，岩体除卸荷裂隙较发育外，总体上断层、顺层软弱结构面不发育，没有对高边坡稳定不利的特定软弱结构面组合，边坡稳定性较好。

泄洪洞进口段岩体较松弛破碎，为Ⅲ₂类、Ⅳ类岩体，围岩稳定性较差。另外，f_{13} 断层破碎带及影响带总宽 15～20m，主要由重结晶的方解石和断层角砾岩、碎粉岩组成，Ⅳ～Ⅴ类岩体，成洞条件差，洞室围岩为不稳定—极不稳定。

泄洪洞洞身围岩大部分为厚—巨厚层大理岩，岩石坚硬，岩体嵌合紧密，完整性好，以Ⅱ类围岩为主，围岩成洞条件和稳定条件都较好，其中洞身后段为薄—中厚层大理岩，虽岩体微风化—新鲜、嵌合较紧密，但完整性较差，为Ⅲ$_1$类岩体，局部稳定性较差。出口段卸荷带大理岩岩体较松弛破碎，发育有总宽度约 3~5m 的 f$_{10}$、f$_{16}$、f$_{19}$三条断层破碎影响带，以Ⅲ$_2$类、Ⅳ类岩体为主，围岩为稳定性差—不稳定。

（4）堆石坝方案右岸溢洪道工程地质条件。坝址右岸高程 1850.00m 以上为自然坡度 40°左右的斜坡地形，为顺向坡，斜坡宽度大于 380m，堆石坝方案的地面溢洪道就布置于右岸斜坡。

溢洪道的引渠及闸门段置于大理岩之上，有绿片岩夹层及层间挤压带等弱面发育，倾坡外倾角 30°~40°，为顺向坡，且有 NE 向陡倾坡内 f$_{13}$断层切割。引渠及闸门内侧边坡开挖最大高度约 120m，存在高陡开挖边坡稳定问题。

溢洪道泄槽段位于含绿片岩大理岩顺向坡上，其中泄槽中段穿过产状为 N40°W/NE∠42°~50°的 f$_7$断层，岩层产状为 N30°~35°E/NW∠40°~45°，且大理岩中发育有层间挤压错动带等弱面，泄槽内侧边坡开挖坡最大坡高达 160m，为顺向坡，f$_7$断层和层间挤压错动带的组合对内侧边坡稳定不利，存在边坡稳定问题。

4.2.4 比较与选择

由于四个比较坝址工程地质条件的明显差异及各自的不同坝型适宜性，锦屏一级坝址与坝型的选择呈现出捆绑性、绑定性，表现出与已建成发电的二滩水电站，同期勘察的小湾、溪洛渡、拉西瓦等特高拱坝工程，以及其他水电工程坝址、坝型选择有明显的差异性、复杂性、艰巨性，这也正是锦屏一级地质条件复杂、工程设计难度高的最直接体现，也是本书作者想与国内外水电界同行们分享的认识与经验。

1. 各坝址工程地质条件比较

在查明各比较坝址工程地质条件并进行对比分析的基础上，对各坝址初拟坝型与枢纽布置方案主要建筑物工程地质条件开展了深入的分析、比较，最终形成了以下结论与认识：

（1）水文站坝址可利用河段弯道，对堆石坝方案及其水工枢纽建筑物布置有一定的适应性，但坝址工程地质条件复杂且差，包括：①两岸岸坡存在深厚的强风化倾倒变形碎裂岩体，河床松散堆积层厚度大，岩体中断层和层间挤压错动带发育，心墙建基岩体质量差，坝肩边坡稳定性差；②坝址以薄层状板岩为主，纵向谷两岸岸坡岩体倾倒变形深厚，岩体较破碎—破碎，堆石坝各建筑物高陡边坡与大跨度洞室群成洞条件和围岩稳定条件差；③坝址上游 2.7km 右岸发育有方量达 1300 万 m³的呷爬滑坡，天然状况下基本稳定，但水库蓄水后，存在失稳的可能，并且失稳后产生的涌浪对堆石坝体安全有极大的威胁；④坝址下游左岸有方量达 1500 万 m³的水文站滑坡，其下游侧马桑沟和右岸陆房沟都还有泥石流活动，对枢纽区水工建筑物布置有不利影响。

综合分析认为，水文站坝址地质条件复杂且差，建基岩体质量、高陡边坡稳定、地下洞室成洞条件等工程地质问题突出，不具备修建高土石坝条件。

（2）解放沟坝址地形较水文站狭窄，岸坡较陡，其工程地质条件对混凝土坝和堆石坝都有一定的适应性，但存在一系列较突出的工程地质问题，包括：①左岸砂板岩中发育有 f_5、f_8 等数条规模较大的顺河向断层和层间挤压破碎带，岩体沿断层及顺坡向中陡倾节理裂隙普遍卸荷松弛，最大拉裂水平深度达 $150\sim200m$，浅表部砂板岩叠加倾倒变形强烈，左岸存在地下洞室围岩成洞条件和稳定条件差问题，也存在坝肩开挖深度大、高陡边坡稳定性差问题，还存在混凝土坝坝基岩体抗变形稳定、坝肩抗滑稳定问题，以及堆石坝溢洪道地基和高边坡的稳定问题；②右岸为顺向坡，厚层状大理岩中所夹绿片岩透镜体或夹层、层面裂隙以中缓倾角倾向坡外，对混凝土坝右坝肩抗滑稳定和建筑物边坡稳定不利；③河床岩溶发育垂直深度下限较深，透水率 $q<1Lu$ 的相对隔水层埋藏深，不论是混凝土坝还是堆石坝，河床坝基防渗难度与工程量较大；④坝址两岸谷坡较陡，右岸高程约 $1900.00m$ 以上为大理岩陡壁，堆石坝右岸溢洪道的高陡边坡稳定问题十分突出。

综合分析认为，解放沟坝址无论修建堆石坝还是混凝土坝，其左岸岩体质量、边坡稳定性、洞室围岩稳定性、坝基防渗深度以及右岸高边坡稳定性等工程地质问题均较严重，对建高坝的适应性较差。

（3）三滩坝址河谷地形较开阔，两岸地形较缓，左岸砂板岩岩体虽浅表部有倾倒变形，但深度不大，以里未卸荷岩体相对紧密，完整性总体较好，心墙开挖工程量较小且边坡整体稳定，而且左岸地下水位高，岩体透水性总体都较小，坝基防渗工程量较小；河床砂板岩相对隔水层埋藏浅，心墙地基开挖工程量和防渗处理工程量均不大。坝址地形地质条件对堆石坝适宜性较好，存在的主要工程地质问题包括：右岸Ⅱ号变形体分布范围和深度大，心墙基础难以避开变形体，心墙基础开挖与处理工程量大且存在强变形、强卸荷岩体心墙临时边坡稳定问题，且右岸强卸荷深度大，强卸荷岩体透水性强，坝肩防渗处理难度与工程量都大。综合分析认为，三滩坝址地形地质条件对堆石坝虽有较好的适应性，但右岸Ⅱ号变形体的存在，增加了心墙基础的开挖与处理难度、工程量，也带来了高陡边坡的稳定问题。

三滩坝址溢洪道布置于右岸，泄槽主要位于Ⅱ号变形体上，存在地基岩体破碎的不均匀变形问题和高陡边坡稳定问题。左岸泄洪洞和放空洞围岩主要为大理岩、绿片岩、砂板岩，岩体总体较完整，以Ⅱ类围岩为主，Ⅲ类次之，Ⅳ类较少。泄洪洞、放空洞进口位于三滩沟左岸，绿片岩组成的天然边坡陡，虽属横向谷，但工程开挖边坡高；出口区砂板岩岩体较破碎，且浅表部普遍倾倒变形，泄洪冲刷和雾化雨对边坡稳定性有不利影响。

三滩坝址右岸地下厂房位于拟建堆石坝坝轴线下游，进水口及三大洞室均置于大理岩之中，岩体普遍新鲜、坚硬，完整性较好，以Ⅱ～Ⅲ类围岩为主，有少量为断层带Ⅴ类围岩，围岩稳定性总体较好，f_5、f_6、f_{20} 等断层发育段，对边坡稳定和洞室围岩局部稳定有不利影响。

（4）普斯罗沟坝址根据地形地质条件拟建混凝土双曲拱坝，预可行性研究阶段还研究了堆石坝方案，可行性研究选坝阶段主要以混凝土双曲拱坝为主。

坝址河谷狭窄、谷坡高陡，宽高比仅约1.7，且山体对称雄厚、基岩裸露，自然边坡整体稳定，非常适宜于混凝土双曲拱坝。坝基岩体以大理岩为主，岩质坚硬，完整均一，抗变形能力强；坝基岩体岩溶发育微弱，河床基岩相对隔水层埋藏较浅，防渗处理工程量较小；左岸抗力体范围内不存在缓倾坡外的软弱结构面等确定性底滑面。存在的主要工地质问题包括：左岸抗力体范围高程 1700.00m 以上岩体除发育 f_5、f_8 等断层和卸荷水平深度大外，还发育深部裂缝和低波速松弛岩体，坝基建基岩体和抗力岩体完整性差，岩体变形模量不均一且总体较差，深部裂缝和低波速松弛岩体多为强透水岩体，对拱坝抗变形稳定和渗透稳定不利，处理工程量及难度均较大；右岸抗力体范围内第 4 层大理岩中夹绿片岩透镜体，走向 NE 倾角中等倾山外偏下游，与顺坡向陡倾结构面组合后对右坝肩抗滑稳定不利；左岸岩体卸荷拉裂强烈，表浅部卸荷裂隙和深部裂缝发育，对左岸拱肩槽等开挖边坡稳定不利。综合分析认为，普斯罗沟坝址地形对称完整，河谷狭窄、谷坡高陡，大理岩坚硬较完整，适宜修建拱坝，但左岸坝基及抗力体范围内存在 f_5、f_8 断层与深部裂缝、低波速松弛带岩体等地质缺陷，处理工程量和难度较大。

普斯罗沟坝址右岸布置了一条泄洪洞，全部置于大理岩之中，以厚层块状大理岩为主，Ⅱ类围岩约占 84%，Ⅲ类、Ⅳ类围岩约占 16%，围岩稳定条件较好。泄洪消能建筑物存在的主要工程地质问题是泄洪消能产生的强雨雾对坝下游两岸雾化区边坡稳定的不利影响，特别是左岸Ⅳ～Ⅵ线山梁变形拉裂岩体边坡。

普斯罗沟坝址选坝阶段右岸地下厂房布置于坝前库内，全部置于大理岩夹绿片岩中，岩体新鲜、坚硬，完整性较好，三大洞室围岩以Ⅱ类围岩为主，Ⅲ类围岩次之，围岩稳定性较好。引水发电系统进口区自然边坡下缓上陡，工程边坡为高近 150m 的顺向坡，第 6 层大理岩中发育层间挤压错动带对高陡边坡稳定的不利影响较突出；地下洞室群深埋，地应力高，Ⅲ类围岩所占比例较大，局部稳定性差；地下厂房位于水库内，防渗工程量大。

2. 坝址与坝型选择意见

经对深入对比分析四个比选坝址的地形条件和工程地质条件，初拟坝型方案主要枢纽建筑物工程地质条件，对各坝址地质条件和初拟坝型适宜性、主要枢纽建筑物工程地质条件优劣、存在的主要工程地质问题，以及最终的坝址与坝型选择有以下认识与结论：

(1) 水文站坝址虽有河湾地形利于堆石坝枢纽布置，但两岸岸坡存在深厚的全强风化砂板岩倾倒变形的碎裂岩体，右岸上游发育呷爬滑坡、左岸下游发育水文站滑坡，下游左岸有马桑沟、右岸有陆房沟泥石流活动等重大工程地质问题，不具备建 300m 量级高堆石坝的地形地质条件。

(2) 解放沟坝址河谷狭窄、两岸岸坡陡峻，除不利于布置岸边溢洪道外，主要的工程地质问题还存在两岸工程地质条件差别很大，右岸和河床以厚层状大理岩为主，而左岸主要为砂板岩，不但受构造的强烈切割破坏，而且岩体卸荷拉裂松弛严重、发育水平深度大，浅层岩体还进一步叠加弯曲-倾倒变形破坏等不利因素，使砂板岩更加破碎、松动，由此带来的左坝肩变形稳定、抗滑稳定、渗透稳定问题，地下洞室成洞条件和围岩稳定条件问题，以及高边坡稳定问题等都非常突出，工程处理难度与处理工程量都大，对建高混凝土坝的适宜性差。

(3) 三滩坝址河谷地形相对开阔，表部为砂板岩，大理岩深埋于河床和右岸山里，两岸均有缓坡地形，尤以右岸相对较缓，具有修建堆石坝以及大型地下洞室群的地形地质条件，主要不利条件是右岸顺向坡砂板岩滑移-弯曲、卸荷拉裂变形强烈，发育Ⅰ号、Ⅱ号、Ⅲ号三个变形体，左岸砂板岩倾倒变形，发育Ⅳ号变形体，还存在高位崩塌堆积体等工程地质问题，两岸对岸边溢洪道布置均不利，开挖工程量和堆筑工程量都较大，引起的高陡边坡稳定问题突出，此外，近坝上游右岸呷爬滑坡规模巨大、稳定性差，蓄水后失稳产生的涌浪对堆石坝安全有极大的不利影响。

（4）普斯罗沟坝址河道顺直、河谷狭窄、岸坡陡峻，主要由新鲜、坚硬、完整性较好的厚层块状夹少量薄—中厚层的大理岩组成，地形地质条件适宜于修建混凝土双曲拱坝。存在的主要工程地质问题包括：右岸为顺向坡，绿片岩透镜体或夹层不利于右坝肩抗滑稳定；左岸存在以 f_5、f_8 断层为代表的多条顺坡向断层，以 f_2 断层为代表的顺层层间挤压错动带，以及顺坡、中陡倾坡外的深部裂缝，对左岸坝基岩体变形稳定、坝肩抗滑稳定不利；深部裂缝及其低波速松弛岩体可能会影响左岸坝基绕坝渗漏；拱肩槽开挖边坡、下游泄洪雾化区边坡等的稳定性问题。对上述工程地质问题，在设计、施工中采取技术经济可行、针对性强的工程处理措施后，建设 300m 级高拱坝的条件是具备的。

经过预可行性研究、可行性研究阶段选坝工作 11 年时间，首先在预可行性研究阶段否定了水文站与解放沟两个比较坝址，推荐三滩和普斯罗沟两个坝址在可行性研究阶段选坝工作开展进一步的勘察研究。通过多年勘探和论证，普斯罗沟坝址和三滩坝址的工程地质条件已基本查明，主要工程地质问题也较明朗，普斯罗沟坝址和三滩坝址工程地质条件均较复杂，并存在有明显的地质缺陷，其中普斯罗沟坝址主要为左岸深部裂缝等对拱坝建坝条件的不利影响，而三滩坝址主要为右岸Ⅱ号变形体对心墙地基防渗带来的影响，但只要对存在的工程地质问题采取有效的工程处理措施，均具备建高坝的条件。最终坝址的选择，应取决于工程处理的可靠性、工程投资和工期的综合分析比较。

综合地形地质条件及其主要工程地质问题、水工建筑物布置、施工组织设计、水库移民、环保水保和工程投资、施工工期等因素、条件，坝址与坝型最终选定普斯罗沟坝址与混凝土双曲拱坝。2001 年 7 月在四川成都召开的锦屏一级水电站选坝报告审查会，审查同意推荐普斯罗沟坝址及混凝土双曲拱坝坝型，并对选坝后的可行性研究阶段地质勘察工作提出了指导性的建议和意见。

第 5 章

左岸深部裂缝对建坝
条件的影响研究

在锦屏一级水电站已建成发电多年后的今天，回顾其工程地质勘察历程，最令人难忘、难度最大的是普斯罗沟坝址左岸深部裂缝的勘察和研究。

电站地处青藏高原向四川盆地过渡之斜坡地带的侵蚀山原区，区内河谷狭窄，谷坡陡峭，两岸岸坡相对高差达千余米，坡度 50°～90°。左岸为反向坡，边坡中上部由变质砂岩、板岩组成；下部为大理岩，最下部靠水边为岩质相对较软弱的薄—中厚层条带状大理岩，夹有较多的绿片岩夹层。特殊的地质背景使得左岸发育一个特有的地质现象——深部裂缝，它是在 20 世纪 90 年代初期坝址勘探过程中揭示的，表现在岸坡浅表卸荷带以里穿过一段相对紧密完整的岩体后，又陆续揭露出一系列规模不等的张开裂缝或裂隙松弛带。这些张开裂缝分布深度大，与已有工程经验中对岸坡卸荷改造规律性认识明显不一致，因此，根据其所发育位置较深提出了"深部裂缝"的概念。

深部裂缝一经勘探揭示，就成为整个工程坝址、坝型及坝轴线选择等建坝影响的一个重大工程地质问题，研究、解决了这个问题，就可以查明深部裂缝在坝区的分布范围、规模、地质性状及其成因机制，判断、评价其对建坝条件的影响，研究预测坝基及边坡开挖支护和水库蓄水、泄洪雾化等各类工程活动对深部裂缝的发展变化影响等。

经过 20 多年的地质勘察和多项专题研究，查明了坝区左岸深部裂缝分布，论证了左岸深部裂缝是在左岸特定的高边坡地形、地质构造、高地应力环境和岩性组合条件下，伴随河谷的快速下切过程，边坡高应力发生强烈释放、分异、重分布，而在原有构造结构面基础上卸荷张裂所形成的一套边坡深卸荷拉裂裂隙体系。

5.1 研究内容与技术路线

自 1992 年年初勘探发现坝区左岸深部裂缝后，有针对性地开展了大量的地质测绘和勘探试验工作，以常规的地质测绘和平洞、钻孔勘探为主，辅以岩土体力学特性测试，深部裂缝连通情况的勘探与试验，针对裂缝拉裂张开发展情况的平洞水泥砂浆条带、裂缝玻璃条等简易变形监测，在不同阶段根据国内外先进手段发展情况适时采用了地震层析成像（地震 CT）技术、三维数值模拟技术、底摩擦试验等新技术、新方法，获得了大量地质测绘和勘探试验成果。在此基础上，针对左岸边坡与深部裂缝地质特点，在没有类似经验借鉴、参考的条件下，成都勘测设计研究院（简称"成勘院"）联合国内外科研院校的众多知名专家、学者共同开展了有关深部裂缝工程地质性状、分布、发育特征与规律、形成机理、工程适宜性分析、边坡稳定性评价等方面的专题研究和科研工作。

左岸深部裂缝对建坝条件影响研究的主要内容可以细分为左岸边坡独特地质条件、深部裂缝发育特征与分布规律、裂缝典型宏观与微观现象、成因机制和裂缝对建坝条件影响五个方面。经过十多年地质勘察和专题研究的探索和总结，摸索形成了一套研究深部裂缝的技术路线：

（1）左岸边坡独特地质条件研究。开展地表地质测绘和勘探工作，查明岸坡宏观与微观地形地貌、地层岩性、地质构造等，分析研究岸坡在地形地貌、地质构造、坡体结构、卸荷特征、地应力等方面的普遍性和独特性。

（2）深部裂缝发育特征与分布规律研究。利用前期勘探平洞、钻孔和施工阶段的各种施工洞室开挖揭示地质条件，查明每一条深部裂缝的发育形态、延伸规模、产状等特征，进一步查明深部裂缝发育优势方位、在岸坡不同部位、不同高程、不同水平深度的展布特征，同时，深入分析深部裂缝发育与地形地貌、岩层岩性、地质构造和地应力的影响关系，揭示其发育展布的总体特征。

（3）深部裂缝典型宏观与微观现象研究。开展进一步的勘探、试验和地质调查工作，对其连通性、力学类型、物质组成、地应力场以及声波纵波速、地震波等宏观、微观现象进行分析、研究，为深部裂缝成因机制的研究打好基础。

（4）深部裂缝力学机制和成因机制研究。深入分析深部裂缝现象揭示的各种岩体变形迹象的力学机制，从宏观上分析深部裂缝现象的成因模式；基于已有经验宏观判断深部裂缝的成因，分析各种影响因素的作用规律；再从岸坡岩体不同的结构性质、力学性质与变形破坏特征等方面分析构造应力环境、水文地质环境、地质力学环境等综合作用下的深部裂缝成因机制。

（5）深部裂缝对建坝条件影响研究。一方面是准确评价深部裂缝对左岸山体稳定性的影响程度，客观评价和判断左岸山体的稳定性现状，预测其发展趋势；另一方面是根据深部裂缝在岸坡发育展布、延伸规律及其工程地质性状、力学参数，综合分析评价深部裂缝对工程岩体变形稳定、抗滑稳定、抗渗透变形稳定的影响，对左岸开挖边坡、泄洪雾化边坡稳定的影响。

水库蓄水以来的分析、研究表明，对深部裂缝形成机理的分析与论证是准确的，把握了左岸深部裂缝对大坝拱座或抗力岩体及边坡稳定的不利影响，大坝位置的选择基本避开了最为强烈深部裂缝发育区。工程实践表明，对左岸深部裂缝的认识客观、准确，研究所采用技术路线可行性、实施性较强，对今后类似工程地质问题的研究有一定的借鉴意义。

5.2 左岸边坡的地质背景

左岸地形地貌、地层岩性、地质构造、坡体结构、地应力场等，都与右岸边坡存在着明显的差异，总体上左岸边坡典型地质特点主要有以下几点：

（1）高差达 1500～2000m 的天然边坡。左岸岸坡山顶面形态较圆缓，高程一般多在 3000.00～3800.00m，雅砻江切割深达 2000m 左右，岸坡相对高差大，呈现出"两高一深"中的典型高边坡特点。边坡下部工程建筑物范围内，岸坡地形地貌上呈上缓下陡地形，高程约 1820.00m 以下总体坡度 50°～65°，以上坡度 30°～45°。深部裂缝发育范围与坡高达 1500～2000m 的天然边坡比较，仍然属于比较浅的部位。

（2）特殊的地质构造部位。坝址区为纵向谷河段，构造上处于三滩紧密同倾向斜核部，左岸为反向坡，上部为砂板岩，下部为大理岩，右岸为大理岩顺向坡，见图 5.2-1。上游段浅表部 f_5 断层贯穿岸坡、陡倾坡外，下游段坝区最大的 F_1 断层从 A 勘探线、Ⅲ 勘探线延伸至地表。f_5 断层和 F_1 断层之间与其同向的 NE 向、陡倾坡外的其他小断层、节理裂隙发育程度比右岸、左岸岸坡其他部位更高。

（3）独特的坡体结构。左岸为中倾角反向坡，总体呈上软下硬的坡体结构。高程约

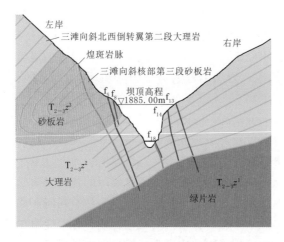

图 5.2-1 三滩紧密同倾向斜与左岸岸坡关系示意图

1820.00m 以上为变质砂岩和薄层板岩，总体性状相对较软弱；以下为大理岩、条纹状大理岩，总体性状相对坚硬；其中变质砂岩、大理岩还显示出硬、脆的力学特性。同时，岸坡浅表部与 f_5 断层同向的顺坡中陡倾坡外的节理裂隙发育，将岩体切割成板状、似层状，使得浅表部岸坡呈现出中陡倾顺向坡坡体结构。

（4）高—极高地应力场。实测地应力显示，左岸岸坡中低高程水平深度约 200m 以里应力增高明显，一般为 25～35MPa，最高达 40.4MPa，属典型的高—极高地应力区。岸坡水平深度 50～160m 范围的应力释放带，地应力的释放强烈，最大主应力 σ_1 的最低值仅 5.84MPa。

（5）中更新世晚期以来地壳急剧抬升。根据雅砻江河谷地形、地貌特征，大体上可将坝址区地形地貌演化分为准平原期、宽谷期、峡谷期三个大的发展时期。第三纪晚期的不均匀抬升和上新世地壳相对稳定期是准平原期，广泛发育残积，现今锦屏一级水电站所在大河湾地区保存的一级夷平面就是在准平原期被抬升解体而成的，上升幅度 2000～3000m。进入更新世，随着青藏高原的抬升和"川滇菱形断块"向东挤出，区域上出现断陷的内陆盆地，并在新第三世游荡性河流的基础上发育宽谷，谷底构成区内 2100～2200m 的二级剥夷面。宽谷期雅砻江下切速度慢（0.9mm/a），河流纵比降小，昔格达组以细砾、砂及黏土为主。中更新世晚期雅砻江河谷地貌演化开始进入峡谷期，地壳抬升（河谷下切）速率由 1.4mm/a 到 3.8mm/a 逐渐增大，形成典型的峡谷地貌。晚更新世晚期（距今 4 万年左右）以来为快速下切时期，其地壳抬升速率达 2～3mm/a。

5.3 深部裂缝发育特征与规律

从 1992 年年初勘探揭示出深部裂缝现象后，针对查明深部裂缝的优势方位、规模特征、延伸展布特征等地质特征，主要裂缝的基本特征，获取不同类型、不同规模深部裂缝的各种量化特征来开展勘探、试验工作。采取的方法以各种地质调查和勘探为主，必要的连通试验、岩土体测试为辅，最终全面查明了深部裂缝的地质特征，并进一步分析、总结了其发育规律。

深部裂缝在从坝址左岸上游Ⅱ勘探线到下游 A 勘探线长约 1km，距岸坡水平深 50～330m 范围内均有发育，裂缝主要发现于Ⅵ—A 勘探线高程 1720.00～1820.00m、Ⅱ—Ⅰ勘探线高程 1780.00m 附近平洞和高程 1900.00m 以上的砂板岩部位，共发育 74 条（带），占勘探揭露总数 89 条（带）的 83% 左右。裂缝发育段根据裂缝发育条数、线密度或发育间距又可划分出集中发育带和零星发育带；其中集中发育带裂缝平均间距为 3.33～6.31m，零星发育带裂缝平均间距为 9.7～40.1m。平切面上深部裂缝发育展布见图 5.3-1。

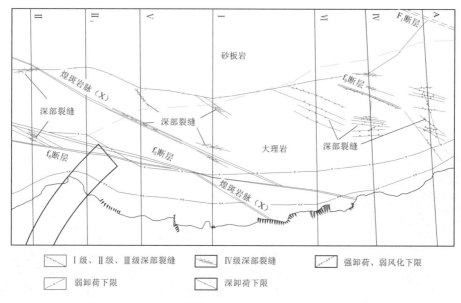

图 5.3-1 左岸深部裂缝发育分布（高程 1790.00m）示意图

5.3.1 深部裂缝优势方位及形态特征

综合勘测设计阶段和施工详图阶段揭示全部 132 条（带）深部裂缝产状的统计分析表明：深部裂缝发育的优势方向主要是 N30°～70°E/SE∠50°～75°，其次是 N0°～30°E/SE∠50°～65°，还零星可见 N70°～85°W/SW（NE）∠60°～85°方向。从深部裂缝的优势方位看，与整个坝区的断裂、节理裂隙优势方向基本一致。

单条裂缝走向与河流呈一定夹角，但作为裂缝发育带，其总体展布方向与河流小角度相交至近于平行，并显示成组成带、缩放相间，以拉张为主的形态特征。

5.3.2 深部裂缝规模

左岸深部裂缝松弛特征、松弛程度不同，其张开宽度从数厘米至数十厘米不等，因此，依据深部裂缝的单条或累计张开宽度、有无充填物及其特征等，将深部裂缝（带）划分为 4 个等级。

Ⅰ级：一般在勘探平洞中表现为一单条长大空缝，而在施工开挖洞室群中则表现为宽大裂缝、具有明显塌落或超挖的松弛破碎岩段；最大张开宽度 $D \geqslant 20\text{cm}$，无充填，或充填少量岩块、角砾；沿走向和倾向方向均呈缩放相间形态，多在早期构造小断层基础上追踪发育，见有数十厘米的下错位移；延伸长度一般在 100m 以上。典型形态见图 5.3-2。

图 5.3-2 Ⅰ级深部裂缝 PD14 平洞 144m SL₂₄(f) 下游壁典型形态

Ⅱ级：一般在勘探平洞中和施工开挖洞室群中均多表现为具一定宽度的松弛塌落带，单条最大张开宽度 $10cm \leqslant D < 20cm$，裂缝带较宽，裂缝面多新鲜，一般无充填，少量有数厘米至数十厘米的下错位移；延伸长度一般在数十米。典型形态见图 5.3-3。

Ⅲ级：一般为数条小裂缝平行发育组成的松弛岩带，累计张开宽度 $3cm \leqslant D < 10cm$；有未充填成空缝的，也有充填岩块、岩屑的；绝大多数无下错位移，极少数可见下错现象；延伸长度一般几米至几十米。典型形态见图 5.3-4。

图 5.3-3　Ⅱ级深部裂缝 PD14 平洞 100m SL_{20} 下游壁典型形态　　　　图 5.3-4　Ⅲ级深部裂缝 PD22 平洞 75m SL_{31} 上游壁典型形态

Ⅳ级：一般为裂隙松弛带，岩体松弛；表现为裂隙密集发育，但无典型空缝，累计局部张开宽度 $D < 3cm$；延伸长度较小，一般几米至十几米。典型形态见图 5.3-5。

全部 132 条（带）深部裂缝统计，Ⅰ级有 21 条，占全部 132 条的 15.9%；Ⅱ级有 18 条，占全部 132 条的 13.6%；Ⅲ级有 34 条，占全部 132 条的 25.8%；Ⅳ级有 59 条，占全部 132 条的 44.7%。

5.3.3　深部裂缝发育规律

深入分析表明，深部裂缝发育分布与地形地貌、地层岩性、地质构造有密切的关系，尤其是地质构造，深部裂缝发育分布总体格局不仅受手爬断层（F_1）、f_5 断层的影响，单条裂缝发育更是直接受地质构造的影响。

图 5.3-5　Ⅳ级深部裂缝 PD16 平洞 185m SL_{17}(f) 下游壁典型形态

1. 地貌形态的影响

研究表明，左岸深部裂缝延伸方向多与岸坡呈 30°左右中等角度相交，总体发育分布范围与岸坡近于平行，但不同部位发育情况差异与左岸岸坡微地形有密切的关系。

左岸岸坡总体呈微向右岸凸出的弧形，岸坡内发育有一系列规模不同的横向冲沟（或近横向冲沟）。其中，A 勘探线下游侧冲沟发育规模最大，垂向、侧向切割最深，其沟口已到江面附近；其次是Ⅰ勘探线下游冲沟，最低高程已至约 1720.00m。

将左岸岸坡以Ⅰ勘探线为界分为上游岸坡段、下游岸坡段，则深部裂缝发育与微地貌形态之间存在着一定的相关性（表5.3-1）。总体上具有山梁部位裂缝发育深度大、冲沟部位发育深度浅、山梁部位裂缝数量多、冲沟部位裂缝数量少的规律。

表5.3-1 坝区左岸深部裂缝发育与微地貌关系

项 目		上游岸坡段				下游岸坡段		
勘探线		Ⅱ线	Ⅱ₁线	Ⅴ线	Ⅰ线	Ⅵ线	Ⅳ线	A线
高程1780.00m平洞洞号		PD12	PD40	PD18	PD4	PD16	PD14	PD22
微地貌部位		②号山梁（下游侧）	②号、④号山梁间冲沟内	④号山梁	④号、⑥号山梁间冲沟内	⑥号山梁	⑧号山梁	⑧号山梁
山梁两侧冲沟侧向切割深度/m	高程1980.00m	90/80		70/60		100/100	80/120	
	高程1880.00m	70/60		60/30		50/60	40/110	
	高程1780.00m	40/50		50/<10		<10/40	<10/80	
	高程1720.00m	10~20/20		30/<10		<10/<10	<10/60	
深部裂缝发育情况	Ⅰ级					1	1	1
	Ⅱ级					1	2	5
	Ⅲ级	1	1				1	3
	Ⅳ级	4	2	3	3	4	5	4
	合计/条	5	3	3	3	6	9	13
深裂缝发育底界深度/m（高程1780.00m）		185.1	196	172.8	187	185	173	223

注 表中深部裂缝发育条数仅统计了勘测设计阶段高程1780.00m平洞勘探揭露的深部裂缝。

2. 岩性的影响

对深部裂缝的发育与岸坡主要岩层岩性的关系统计见表5.3-2。结果表明：①岩性坚硬的厚层状变质砂岩和厚层状条纹状大理岩中深部裂缝发育较多，共发育98条（带），占全部132条（带）的74.2%，其中39条（带）Ⅰ级、Ⅱ级深部裂缝中有25条（带）发育在这两种岩层岩性中；②一些深部裂缝直接发育于"两软（绿片岩夹薄层大理岩或板岩）夹一硬（厚层状大理岩或变质砂岩）"的岩性条件中，如PD28平洞的SL_{41}、SL_{42}，PD32平洞的SL_{43}等；③个别深部裂缝则发育于岩性相对软弱的煌斑岩脉内，如PD18平洞的SL_6。

3. 地质构造的影响

坝区位于紧闭同倾三滩向斜之南东翼（正常翼），受地质构造作用影响强烈，岩体内断层、层间挤压错动带、节理裂隙发育，呈现出独特的地质构造特点：首先，左岸规模较大的F_1断层与f_5断层之间，下游段小断层的发育数量明显多于上游段，这是导致上、下

表 5.3 - 2　　　　　　　　左岸岸坡深部裂缝发育条数规模与岩性的关系

深部裂缝分级	深部裂缝数量/条	第三段		第二段			煌斑岩脉
		第2、4层变质砂岩	第1、3层板岩	第8层大理岩	第7层大理岩	第6层大理岩夹绿片岩	
Ⅰ级	21	10	4	2	1	4	
Ⅱ级	18	1	3	4	7	3	
Ⅲ级	34	3	11	9	6	5	
Ⅳ级	59	8	6	23	21		1
小计	132	22	24	38	35	12	1

游岸坡段深部裂缝发育数量及规模出现差异的重要因素之一；其次，左岸岸坡 NNE—NE 向优势节理裂隙发育密度相对较右岸大，且中陡倾坡外，将左岸岸坡切割成板（似层）状的中陡倾顺向坡，有利于高地应力的卸荷释放。

　　研究表明，深部裂缝多是在原有构造的基础上继承发育的，所继承的构造类型分为断层、长大裂隙、裂隙密集带三种，对深部裂缝发育受构造的影响进行分析、研究，成果见表 5.3 - 3。统计表明，在长大裂隙、裂隙密集带基础上发育的深部裂缝最多，各有 52 条（带），各占全部 132 条（带）的 39.4%；而在小断层基础上发育的深部裂缝最少，有 28 条（带），占全部的 21.2%。

表 5.3 - 3　　　　　　　　左岸岸坡深部裂缝发育条数规模与构造的关系

深部裂缝分级	深部裂缝数量/条	构 造 类 型		
		断层	长大裂隙	裂隙密集带
Ⅰ级	21	5	3	13
Ⅱ级	18	—	7	11
Ⅲ级	34	8	16	10
Ⅳ级	59	15	26	18
小计	132	28	52	52

注　1. 断层：指深部裂缝在小断层基础上发育，裂缝带有一定宽度，常见角砾岩、碎块岩、碎粒岩等。

　　2. 长大裂隙：指单条节理裂隙，宽一般数厘米至数十厘米，延伸一般贯穿勘探平洞三壁，多无充填。

　　3. 裂隙密集带：指多条同向裂隙发育带，总宽度一般 1m 至 10 余米，延伸长，贯穿勘探平洞三壁。

5.3.4　深部裂缝空间分布特征

　　了解深部裂缝的空间分布特征不仅有助于分析研究深部裂缝的成因机制、发展演化趋势，还有助于分析评价其对山体稳定、边坡稳定等建坝条件的影响。

　　对深部裂缝延伸、空间展布的调查统计表明，左岸发育的深部裂缝和裂隙松弛带在空间分布上具有明显的差异，总体上具有从高程约 1680.00m 向谷坡上部深部裂缝发育水平深度逐渐加大、从上游向下游由弱变强的趋势。不考虑施工详图阶段左岸抗力体开挖揭示情况，仅依据勘测设计阶段地质调查和勘探揭示情况，对深部裂缝在空间上的分布特征进行了深入研究。

1. 空间分布的不均匀性和分带性

深部裂缝在空间上分布是不均匀的，在前期勘探工作量相近的情况下，勘探揭示不仅同一高程（岩性）上下游岸坡段深部裂缝发育存在差异，同一段岸坡不同高程（岩性）深部裂缝发育也存在差异，而且同一高程同一段岸坡，从坡面到坡体内不同水平深度深部裂缝发育也存在差异。

同前，将岸坡分为上下游两段，则同一高程（岩性）上游岸坡段和下游岸坡段深部裂缝的发育强度有明显的差异，下游岸坡段特别是 PD14、PD22 平洞所在岸坡段，深部裂缝最发育，不仅密度大，而且Ⅰ级、Ⅱ级裂缝的条数也多；而上游岸坡段则发育相对较弱。以高程 1720.00～1820.00m 段为例，中高程范围全部 31 条深部裂缝中、下游段岸坡发育 23 条，占 74.2%，上游段仅 8 条，占 25.8%；其中 10 条Ⅰ级、Ⅱ级裂缝中，下游段 9 条、占 90%，上游段仅 1 条、占 10%。

同一段岸坡从低高程到高高程，深部裂缝发育水平深度逐渐加大、规模普遍较大。以上游岸坡段为例，该段岸坡范围全部 47 条深部裂缝中，高程 1850.00m 以上发育 34 条、占 72.3%，以下 13 条、占 27.7%；其中 16 条Ⅰ级、Ⅱ级裂缝中，高程 1850.00m 以上发育 15 条、占 93.8%，以下仅 1 条、占 6.2%。

根据深部裂缝的发育条数、间距，在垂直岸坡方向上（从坡面到坡体内）深部裂缝发育段可划分出集中发育带和零星发育带。以高程 1780.00～1800.00m 为例，集中发育带裂缝平均间距为 3.33～6.31m，总平均间距为 4.89m；零星发育带裂缝平均间距为 9.7～40.1m，总平均间距为 20.22m。

2. 空间分布的分区

在查清深部裂缝的上述特征之后，需要对深部裂缝在空间上的发育程度和延伸展布进行分区，为坝址枢纽布置与选择提供基础地质资料，也为成因机制分析研究提供一些依据。根据前期勘探阶段揭示深部裂缝发育密度、规模、水平深度等，可分为 A、B、C 三个区（图 5.3-6）。大坝及左岸抗力体加固处理洞室主要位于深部裂缝发育较微弱的 A 区，坝顶以上及缆机平台边坡主要位于发育强烈的 B 区，泄洪雾化区边坡位于发育强烈的 B 区和 C 区。

A 区：为深部裂缝发育较微弱区，平面上位于岸坡Ⅵ勘探线以上的上游段、高程 1900.00m 以下大理岩区域，工程部位属于大坝坝基及抗力体部位。该区共见有深部裂缝 27 条（表 5.3-4），其中Ⅱ级、Ⅲ级、Ⅳ级裂缝各有 2 条、10 条、15 条，无Ⅰ级裂缝；分布一般为零星分布，无集中发育带；最大水平深度为 140m；单条裂缝形成的松弛岩体带宽度一般为 2～6m，最大 12m；裂缝缝壁普遍新鲜，多数无充填；以拉张裂缝为主，个别（如 PD12 平洞 SL_3）具压剪特征。

B 区：为深部裂缝发育强烈区，平面上大致在Ⅵ勘探线山梁上游侧至Ⅱ勘探线之间、高程 1900.00m 以上的砂板岩段，工程部位属于坝顶以上边坡，包括拱肩槽坝头边坡、缆机平台基础及边坡。该区共有深部裂缝 25 条（表 5.3-5），规模一般较大，单条裂缝形成的松弛岩带宽度 10～20m，其中Ⅰ级、Ⅱ级、Ⅲ级裂缝各有 12 条、3 条、10 条；深部裂缝主要发育在 f_5 断层以里，最大水平深度 330m 以外；主要发育在坚硬的变质砂岩中，板岩内少；以拉张裂缝为主，部分裂缝上盘可见 5～10cm 的下错位移，最大达 30cm 左右。

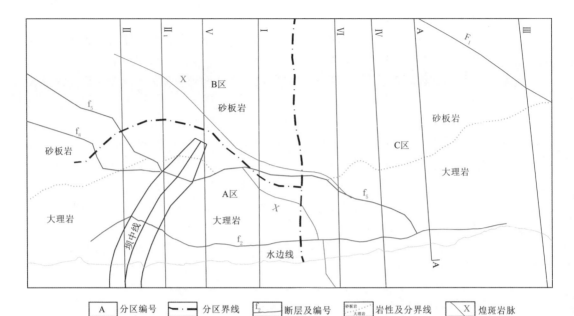

图 5.3-6　左岸深部裂缝发育特征分区示意图

表 5.3-4　　　　　　　　　　　　　A 区深部裂缝发育情况

位置	洞号	高程/m	洞深/m	深裂缝发育范围/m	深卸荷底界/m	条（带）数		规　模			
						大理岩	砂板岩	Ⅰ级	Ⅱ级	Ⅲ级	Ⅳ级
Ⅱ勘探线	PD12	1775.59	249.2	89.5～185.1	185.1	3	2			1	4
	PD30	1736.60	198.7		139						
	PD06	1692.62	199		185						
	PD56	1652.12	220.5		190	1			1		
Ⅱ—Ⅱ₁勘探线	PD58	1695.53	101.6	80～85		2				2	
Ⅱ₁勘探线	PD48	1880.62	361	65～338	301		7			2	5
	PD54	1824.70	246	50～100	212.5		3			3	
	PD40	1777.89	203.5		196						
	PD52	1716.98	200.6		159						
	PD50	1668.76	213.5		196						
Ⅴ勘探线	PD38	1869.51	150	130～140	>150		1			1	
	PD18	1781.98	200	136.4～172.8	172.8	2	1				3
	PD36	1734.86	204.6	165～175	175	1			1		
	PD24	1698.19	199.8	163	163	1				1	
Ⅰ勘探线	PD04	1783.68	250.6	101.4～187	187	3					3
	PD34	1721.59	204.5		201						
	PD02	1645.97	243								
合计						13	14		2	10	15

C区：为深部裂缝发育强烈区，平面范围大致在Ⅵ勘探线山梁至Ⅲ勘探线之间，高程1900.00m以上变质砂板岩和以下大理岩段，工程部位属于大坝下游左岸泄洪雾化区边坡、水垫塘及二道坝边坡、左岸导流洞出口边坡以及左岸高、中、低三线公路和边坡。该区共有深部裂缝37条（表5.3-6），规模一般都较大，其中Ⅰ级、Ⅱ级、Ⅲ级、Ⅳ级裂缝各有5条、9条、9条、14条；裂缝集中发育在水平深度50~150m范围内，且具有向下游发育范围明显变宽、水平埋深变浅的规律，其裂缝集中出现的水平深度由上游Ⅵ勘探线的132~156m，向下游Ⅳ勘探线、A勘探线逐渐变为83~141m、51~133m，集中带宽度由Ⅵ勘探线的24m，向下游Ⅳ勘探线、A勘探线逐渐变为58m、82m；部分裂缝见2~10cm的上盘下错位移；水平深度150m以里裂缝零星发育，且规模明显变小，无Ⅰ级、Ⅱ级裂缝；剖面上由高高程向低高程深部裂缝发育密度和张开宽度明显减弱，至高程1650.00m以下未见深部裂缝出现。

表5.3-5 B区深部裂缝发育情况

位置	洞号	高程/m	洞深/m	深裂缝发育范围/m	深卸荷底界/m	条（带）数		规模			
						大理岩	砂板岩	Ⅰ级	Ⅱ级	Ⅲ级	Ⅳ级
Ⅱ₁勘探线	PD44	1930.79	203.8	56.5~203.8	>203.8		9	9			
Ⅴ勘探线	PD42	1929.32	359	70~132.7	330		10	3	1	6	
	PD10	1915.67	145	71~145	>145		6		2	4	
合计							25	12	3	10	

表5.3-6 C区深部裂缝发育情况

位置	洞号	高程/m	洞深/m	深裂缝发育范围/m	深卸荷底界/m	条（带）数		规模			
						大理岩	砂板岩	Ⅰ级	Ⅱ级	Ⅲ级	Ⅳ级
Ⅵ勘探线	PD46	1816.59	250.3	132~215	215	5			1	3	1
	PD16	1768.52	299.5	134~185	185	6		1	1		4
	PD32	1725.08	203.3	95	195	1				1	
	PD26	1659.77	202.8								
Ⅳ勘探线	PD20	1918.93	199.3								
	PD14	1783.14	201	83.5~173	173	9		1	2	1	5
	PD28	1719.59	202.8	68~103	164	3		2		1	
A勘探线	PD22	1779.79	254.5	51.5~133.5	223	13		1	5	3	4
Ⅲ勘探线	PD08	1649.08	230.6								
合计						37		5	9	9	14

5.4 深部裂缝典型宏观与微观现象研究

在查明和研究清楚深部裂缝地质特征和发育规律后，为了进一步分析、研究其成因机制，针对深部裂缝连通性、成因类型、物质组成、地应力场特征等典型宏观与微观现象，开展了平洞追踪、充填物质测年、平洞声波与地震波测试、洞间地震层析成像和地质调查统计工作，为深部裂缝的成因机制研究打下了地质基础。

5.4.1 连通性研究

查明和研究深部裂缝的延伸特征及其不同方向连通性，一方面，有助于认识裂缝发育延伸规律和深部裂缝成因机制研究；另一方面，有助于加深裂缝作为坝肩抗滑稳定、边坡稳定的边界结构面时对其工程地质性状的认识、理解，完成深部裂缝参数选取，并进一步评价裂缝对坝肩抗滑稳定、边坡稳定的影响。深部裂缝连通性的研究在大量地质调查成果和平洞追踪勘探、地震层析成像物探成果的基础上，结合烟雾连通、渗滴水观测连通性试验成果来综合开展。

1. 深部裂缝延伸特征

在勘探揭示深部裂缝后，为查明主要深部裂缝在平面上沿走向的产状、张开宽度与闭合情况、充填物等的变化规律及趋势，选择 PD16 平洞 $SL_{15}(f)$、PD24 平洞 $SL_{24}(f)$，沿走向进行了上下游支洞的追踪勘探，PD12 平洞 SL_3 深部裂缝进行了下游支洞的追踪勘探。

从平洞追踪情况分析，$SL_{15}(f)$、$SL_{24}(f)$ 等Ⅰ级、Ⅱ级深部裂缝沿走向延伸长 $100\sim180m$，而 SL_3 等Ⅲ级、Ⅳ级裂缝平面延伸短，一般仅数米至十余米。洞间地震波层析成像成果表明，深部裂缝的倾向延伸长度与裂缝规模有关，剖面上深部裂缝由高程 1780.00m 向低高程延伸较短，一般不超过 50m，向上至砂板岩与大理岩界线尖灭，其中上游段发育的Ⅲ级、Ⅳ级裂缝向低高程均未延伸至高程 1740.00m（图 5.4 - 1）；下游段严重垮塌支撑的Ⅰ级、Ⅱ级裂缝部分向低高程延伸已达到了高程 1720.00m 以下，如 PD14 平洞在 $83\sim113m$ 洞段发育的 $SL_{18}\sim SL_{23}$ 裂缝，延伸至高程 1720.00m PD28 平洞相应部位为裂缝 $SL_{40}\sim SL_{42}$，只是强度已显著减弱。

2. 连通试验

平洞勘探揭示深部裂缝普遍都有张开，多呈无充填的空缝，以 $SL_{15}(f)$、$SL_{24}(f)$ 为代表的Ⅰ级深部裂缝张开宽度大于 20cm，在平面上、剖面上延伸均较长，往地表延伸是否贯通地表是大家一直关心和担心的问题，为此专门开展了平洞渗滴水观测和烟雾连通试验来查明、回答这个问题。

经过 1993—1995 年、2000—2003 年不同洞段渗滴水的观测，有以下结论：紧密岩体段均未见到渗、滴水现象；大理岩深部裂缝发育段基本都未见到渗、滴水现象，说明深部裂缝往高高程延伸未至地表；砂板岩深部裂缝发育段在靠近浅表部常规卸荷带的洞段可见渗、滴水现象，个别洞段张开宽度较大的裂缝可见连续线状滴水，说明这些裂缝与地表有一定的连通，这与这部分深部裂缝往高高程延伸逐渐与岸坡浅表常规卸荷重合的认识一致。

20 世纪 90 年代中期，采用影视专用彩色烟的烟雾连通试验表明，不论是 $SL_{15}(f)$、$SL_{24}(f)$ 为代表的Ⅰ级深部裂缝，还是其他张开宽度较小的Ⅲ级、Ⅳ级深部裂缝，向上、往地表的贯通性总体不好，顺走向张开的空缝也不是完全贯通的，而应该是与闭合段呈缩放相间、串珠状延伸。

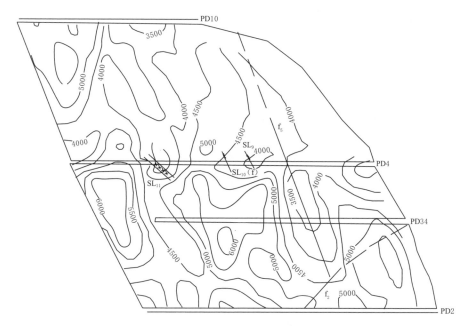

图 5.4-1　左岸边坡横Ⅰ—Ⅰ线洞间地震层析成像成果地质解译图（单位：m/s）

3. 主要裂缝连通率研究

根据勘探平洞、施工阶段 1915m 排水洞开挖揭示情况，对左岸主要的长大裂缝连通率进行了专门研究。

（1）深部裂缝 SL_{15}（f）与 SL_{24}（f）。对深部裂缝 SL_{15}（f）与 SL_{24}（f）的平洞追踪勘探揭示显示，裂缝 SL_{15}（f）与 SL_{24}（f）和 SL_{13}、SL_{18}、SL_{29} 等Ⅰ级深部裂缝发育带属特殊的拉裂结构面，这类结构面具有空缝段与相对完整闭合段相间分布、呈串珠状的特点，以 SL_{24}（f）、SL_{15}（f）为代表的深部裂缝，空缝段一般约占 40%，相对完整闭合段一般约占 60%。因此，综合确定这类结构面的空缝连通率为 40%，结构面连通率为 60%。

（2）深部拉裂带 SL_{44-1}。SL_{44-1} 深拉裂带为左岸边坡Ⅱ级结构面，在前期 PD44 平洞、PD42 平洞和施工期 1915m 排水洞揭露。发育在高程 1800.00～2000.00m 之间的砂板岩中，主要在坡体内延伸，未出露在开挖边坡坡面；总体产状近 SN～N20°W/E（NE）∠55°～60°，带宽 10～20m 不等，带内由同向多条均松弛、拉裂张开宽 5～20cm 不等的裂隙带组成。

SL_{44-1} 深部拉裂带发育延伸和连通率有以下结论：①拉裂带沿走向延续性较好，沿倾向方向连续性差；②在性脆的变质砂岩中发育、连通程度高，在板岩中发育程度低、连通性差，综合确定其连通率为 50%～70%，具体计算时在变质砂岩中取 100%，板岩中取 0%。

5.4.2　深部裂缝类型与典型现象研究

在深部裂缝发育特征与规律研究的基础上，进一步开展了大量针对性的洞探、物探、试验和地质调查、平洞编录工作，对深部裂缝类型与主要典型现象进行了深入的分析、研究，得到了一些认识与结论，为其成因机制的研究奠定了良好的基础。

1. 深部裂缝类型

左岸深部裂缝由于其发育特征的多样性和复杂性，且部分裂缝变形破坏迹象或并不典型、或暴露不充分，导致长期以来对其力学类型的认识一直存在分歧。根据深部裂缝大多是沿已有构造结构面追踪发展的，并表现出不同的地质特征，因此，总体上可以将深部裂缝按照力学成因类型划分为构造型、张裂型、剪裂型 3 种类型。

（1）构造型裂缝：该类型深部裂缝利用原有结构面形成剪胀缝，其沿结构面张开的空缝段与嵌合紧密（无松弛）的闭合段呈串珠状分布；有明显的剪胀下错位移，往往在闭合段凸点见有压碎岩屑，显然是伴随已有结构面的错动而形成的，结构面倾角多以 50°左右为主，以拉张兼右行剪切为主或倾向剪切下错为主；形成的时代相对较早；典型代表是 PD16 平洞的 $SL_{15}(f)$、$SL_{16}(f)$，PD14 平洞的 $SL_{24}(f)$、$SL_{26}(f)$，PD12 平洞的 $SL_4(f)$、$SL_5(f)$，PD18 平洞的 $SL_7(f)$，PD22 平洞的 $SL_{33}(f)$（图 5.4-2）。

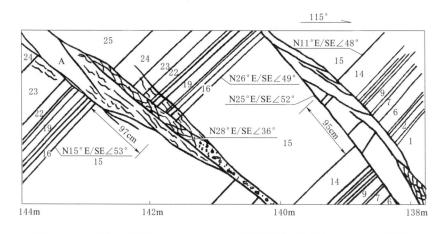

图 5.4-2　PD14 平洞 0+138~0+144 段下游壁深部裂缝 $SL_{24}(f)$ 素描图
（图中地层编号单号层为钙质绿片岩，双号层为条带、条纹状大理岩）
A—条纹状大理岩块体，有转动现象

（2）张裂型裂缝：该类型深部裂缝沿裂缝及两侧岩体均普遍发生开裂松弛，不存在嵌合紧密的闭合段；部分裂缝两侧岩体无相对错移，但部分可见明显大小不等的正断错移；主要沿与岸坡走向大体相平行的 NNE、NE 向已有中陡倾角的构造结构面而发育，在左岸边坡内发育数量最多；典型代表是 PD14 平洞的 SL_{20}、SL_{21}（图 5.4-3），PD18 平洞的 SL_6，PD22 平洞的 $SL_{39}(f)$，PD28 平洞的 SL_{40}，PD38 平洞的 $SL_{52}(f)$ 等。该类中有少数两壁表现为无相对错移的张裂，且张裂仅发育于硬层（如中厚层至块状大理岩、变质砂岩）中，两端被软层（绿片岩或薄层大理岩、板岩）所限制；典型代表是 PD28 平洞的 SL_{41}、SL_{42}，PD32 平洞的 SL_{43}。其中 PD28 平洞的深部裂缝 SL_{42}，是在裂隙密集带基础上发育的裂缝（图 5.4-4），有两个明显的特点：①张开裂缝限于块状大理岩内，两端为薄层大理岩夹绿片岩切截；②裂缝两侧岩体无明显相对错移。

（3）剪裂型裂缝：发育比较少，典型代表是 PD12 平洞的深部裂缝 SL_3，是一个典型的斜切大理岩层发育的张剪性破裂带，总体产状 N24°E/SE∠28°，见图 5.4-5；发育于

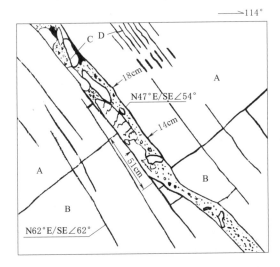
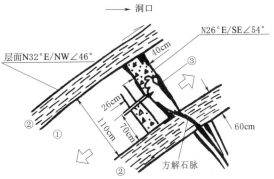

图 5.4-3　PD14 平洞 0+108 下游壁深部
裂缝 SL₂₁ 素描图
A—浅色大理岩；B—条纹状大理岩；C—大理岩碎块；
D—板裂状大理岩

图 5.4-4　PD28 平洞 0+098 下游壁深部
裂缝 SL₄₂ 素描图
①—厚层块状大理岩；②—薄层大理岩；
③—裂缝

第 8 层厚层状大理岩中，裂缝带宽 20～30cm，带内岩石被密集分布的与剪切带斜交，且锐角指向本盘运动方向的张裂隙切割成一系列菱形条块，且可见有菱形条块发生了明显转动的现象，显示上盘正断下错 3～5cm。对该裂缝的追踪勘探和调查表明，裂缝带向下游延伸了 3～5m 即尖灭，仅反映了局部的岩体变形破坏现象。

2. 下错位移与凸点压碎现象

对深部裂缝的追踪探洞和地质调查表明，以 SL₁₅(f)、SL₂₄(f) 为代表的深部裂缝是利用早期断层发育的，由于断层波状起伏，小断层两侧断层面时而紧密挤压在一起，形成厚约 2～5cm 的构造岩带，时而张开形成扁长的空缝，紧闭段和空缝段相间分布，平面和剖面上都呈缩放相间的串珠状形态。

这些深部裂缝普遍呈现出以下两个典型现象：①裂缝上下盘岩体可见明显的正断错移，如 PD12 平洞 SL₃ 的 3～5cm，PD16 平洞 SL₁₅(f) 的 68cm，PD14 平洞 SL₂₄(f) 的 88～100cm；②由于空缝段与紧密闭合段相间分布和断层面的波状起伏，致使紧密闭合段的一些凸点部位方解石、石英被压碎成粉末，包括 SL₁₅(f)、SL₂₄(f) 的多处，还有 PD12 平洞 SL₄(f) 石英被压碎（图 5.4-6）。

5.4.3　深部裂缝（带）内物质组成

深部裂缝主要是沿 NNE—NE 向顺坡向断层和长大裂隙、节理裂隙密集带松弛张开形成的，深部裂缝的张开段与闭合段在走向上呈串珠状，张开段部分为空缝，可见早期石英脉、方解石脉被拉断成岩块碎屑状，闭合段可见早期脉体被压碎现象，其中空缝中还见有数厘米新生的方解石晶体、钙华物质直接沉积在附有钙膜及近水平擦痕的断层面上，而且钙华物质均有明显的分层性，显然是由两壁向空缝中分层生长充填的；一些开度较小的

119

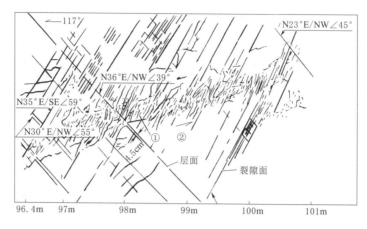

图 5.4-5 PD12 平洞 0+095～0+100 段上游壁深部裂缝 SL₃ 素描图

①—张剪性破裂带；②—大理岩

图 5.4-6 PD12 平洞 0+145 SL₄(f) 上游
壁凸点石英被压碎

空缝已被这样新生的钙华物质全部填充满，而开度大的空缝则仍保留有较大的未遭填充的空间。这些都显示空缝形成后地下水中钙质沉淀充填是逐渐发展的。

通过对早期构造充填物质和深部裂缝新生钙华沉淀物质的详细研究，将充填物质主要按早期构造岩、石英脉、新生方解石晶体、钙华及钙华胶结块碎石、岩块岩屑及无充填或面附少量钙膜 6 种进行分类统计，成果见表 5.4-1。

为了解深部裂缝形成时间，采用热释光、电子自旋共振及 U 系测龄等方法对早期构造碎裂岩、完整石英脉和深部裂缝充填的［距岸坡水平深度 145m 处 SL₄、150～160m 处 SL₁₅(f)］方解石晶体、钙华物及错碎石英粉进行了测年研究。表 5.4-2 显示，沿 NE

表 5.4-1　　　　　　　左岸深部裂缝（带）内主要充填物质成分统计表

主要物质成分	裂缝条数 /条	深部裂缝分级			
		Ⅰ级	Ⅱ级	Ⅲ级	Ⅳ级
构造岩	24	4		9	11
石英脉	4	1	1	1	1
方解石晶体	9		2	1	6
钙华及钙华胶结块碎石	9	2	1	4	2
岩块岩屑	32		5	9	18
无充填或面附少量钙膜	54	14	10	9	21
合　计	132	21	19	33	59

向小断层发育的深部裂缝壁面早期构造岩、擦痕面形成时间为早于 10 万~15 万年前的早中更新世；对壁生长的微层状肉红色及白色钙华形成时间在 4 万~8 万年之间，且显微结构分析，未见变形迹象；凸点部位压碎的钙华粉、石英粉年龄为 2.7 万~3.1 万年；完整方解石晶体为 1.7 万年，相当于 Q_3 晚期，表明深部裂缝形成时间为距今 1 万~10 万年的晚更新世。

表 5.4-2 左岸深部裂缝内充填物质测年数据表 单位：万年

样 品 号	采样位置	测试成分	电子自旋共振	热释光
PD12 平洞 145m	深部裂缝 SL_4	完整石英脉	66.6	65.8±1.3
		错碎石英粉	4.01	2.7±0.3
PD16SZ 平洞 56m	深部裂缝 $SL_{15}(f)$	碎裂岩（小断层）	34.8	17.8±.5
		钙华，具近水平擦痕	16.7 3.43	14.2±1.6 13.3±2
		肉红色钙华（微层状）	2.58	4.01±1.0
PD16SZ 平洞 47.5m		白色钙华（微层状）	32.5	8.0±1.0
		粉末状钙华（压碎）	3.07	3.1±0.4
		方解石晶体（完整）	3.65	1.7±0.2

5.4.4 深部裂缝区地应力场研究

现今岸坡的应力场特征有助于了解和认识深部裂缝的形成。

1. 左岸地应力场特征

左岸 7 组空间地应力实测成果显示左岸地应力场有以下特点：①水平深度 200m 以外最大主应力值波动较大（图 5.4-7），如 σ_1 量值仅为 5.84MPa，其 σ_{14-1} 测点位于Ⅳ勘探线高程 1780.00m 水平深度 120m 处，Ⅱ勘探线高程 1670.00m 水平埋深仅 28m 的 σ_{50-3} 测点，σ_1 量值高达 20.72MPa，而水平深度 200m 附近应力集中明显，最大主应力 σ_1 量值达 21.49~40.04MPa；②随岸坡高程增加，岩体应力逐渐降低，如高程 1649.00m PD2 平洞 $\sigma_1=40.4$MPa，高程 1680.00m PD50 平洞 $\sigma_1=34.14$MPa，高程 1783.00m PD14 平洞 $\sigma_1=27.23$MPa，高程 1830.00m PD54 平洞 $\sigma_1=21.49$MPa。

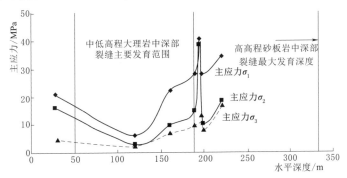

图 5.4-7 左岸边坡岩体地应力分带水平深度与深部裂缝发育关系示意图

2. 深部裂缝发育区地应力场

从地应力与水平埋深关系图可以分析，水平埋深100～150m段各主应力都为最低区，最大主应力σ_1量值最小仅5.84MPa，而该段就是初始高地应力释放深部裂缝发育最多的深度段，如PD16平洞的134～156m段、PD14平洞的80～113m段等，都是深部裂缝集中发育带。

在深部裂缝发育底界以里的正常岩体段，岩体应力有一个明显的集中增高带，从地应力与水平埋深关系图可以分析，在不考虑因构造断层影响的个别测点低值外，这个应力集中增高带最大主应力σ_1值都在25MPa以上，属高应力区，最大达40.4MPa属极高应力区。

5.4.5 深部裂缝声波与地震波

深部裂缝发育带岩体一般较松弛和破碎，局部张开1～20cm不等，尤其是张开宽度大且普遍为空缝的Ⅰ级、Ⅱ级裂缝，更加破碎、更加松弛。深部裂缝岩体平洞声波测试中一般会有两种情况无法取得声波值：①在声波孔造孔过程中由于岩体太破碎，无法完成造孔，或者成孔后又孔内掉块造成孔堵、卡孔，无法测试而无法取得声波值；②声波测试过程中风钻孔因为漏水，无法完成测试而无法取得声波值。深部裂缝岩体声波统计时，一般不考虑这些无法取得声波值的深部裂缝岩体段声波，会导致最终的深部裂缝岩体声波有所偏高。

在克服上述两种情况的困难后，深部裂缝岩体也取得了一定的声波纵波速测试成果，但一般都表现为低波速带，并且符合越松弛、越破碎则声波越低的规律。表5.4-3为发育于不同岩层岩性中深部裂缝岩体平洞对穿声波统计成果。

表5.4-3　　　左岸不同岩层岩性内深部裂缝岩体平洞对穿声波统计成果

深部裂缝岩层岩性	全 部 统 计				80%保证率			
	平均波速/(m/s)	大值平均/(m/s)	小值平均/(m/s)	段长/m	平均波速/(m/s)	大值平均/(m/s)	小值平均/(m/s)	段长/m
大理岩	2854	4027	2009	103.6	2766	3686	2154	83.9
砂板岩	3452	4478	2374	111.8	3480	4248	2650	90.5
煌斑岩	2968	4026	2175	9.1	2958	3847	2338	7.3

针对平洞声波测试过程中由于无法成孔或堵孔、卡孔等原因，大量深部裂缝岩体没有取得声波波速值的情况，在左岸个别平洞开展了地震波测试，取得了深部裂缝岩体的地震波纵波速度。表5.4-4为Ⅱ₁勘探线左岸不同岩层岩性中深部裂缝岩体平洞地震波纵波速统计成果。

表5.4-4　　Ⅱ₁勘探线左岸不同岩层岩性中深部裂缝岩体平洞地震波纵波速统计成果

深部裂缝岩体岩性	波速/(m/s)				统计点数/个
	平均	最大值	最小值	变幅值	
大理岩	3013	5814	915	1175	103
砂板岩	2849	5348	695	1021	213

5.5　深部裂缝成因机理研究

深部裂缝的成因及其性质，关系着对坝址区自然高边坡的演化及现今左岸山体整体稳定性状态的认识，也就首先影响着普斯罗沟河段宏观上的建坝适宜性。

自20世纪90年代初，深部裂缝被勘探揭露以来，在不同的勘测设计阶段，成勘院先后联合国内多家知名高校和科研单位（清华大学、四川大学、成都理工大学、中国科学院地质与地球物理研究所等），围绕深部裂缝的成因机制开展了一系列的科学研究。应该说，在早期曾提出过多种不同的观点或假说，反映人们对深裂缝成因的认识还存在着较大的分歧，后来随着勘察的不断揭露和研究的深入，人们对深部裂缝成因的认识渐渐趋于统一。

5.5.1　深部裂缝的力学性质及其组合特征

左岸深部裂缝表观发育特征具有多样性和复杂性。综合研究发现，虽然左岸这些深部裂缝大多是在已有构造结构面基础上发展起来的，但有着不同的成因类型。按裂缝的力学性质可分为以下三种基本类型：

（1）构造型深部裂缝。其空缝段（开裂段）沿原有结构面呈串珠状分布或空缝段（开裂段）局部见于三壁，均存在着嵌合紧密（无松弛）的闭合段，且裂缝两壁均有明显的错动位移，显然是伴随已有结构面（一般50°左右的中陡倾角）的错动而形成的。生成的时代相对较早，属构造剪胀型深裂缝（简称构造型）。其中一些裂缝以往研究已证实，主要是伴随已有结构面的右行剪切兼正断错动而产生［典型如PD16平洞156m处SL_{15}（f）等］；另一些裂缝主要是伴随已有结构面的倾向错动（正断或逆断）而产生，这些裂缝不仅包括以往研究证实的NWW向深裂缝，还包括少部分NNE、NE向深裂缝。这类深裂缝生成时代较早，发育数量相对较少。据统计，在全部132条深部裂缝中，这类深部裂缝有26条，约占19.7%。

（2）张裂型深部裂缝。这类深部裂缝主要沿NNE—NE向、NEE向既有陡倾角构造结构面发育（断层、长大裂隙、裂隙密集带），其突出特征表现为不同程度的张裂松弛，在洞壁上裂缝开度一般没有出现随高度变化的特征。其中一些规模较大、张裂严重的深裂缝（带）发育洞段，出现明显的洞顶坍塌现象（例如PD16平洞135.5～141m段、PD14平洞83.5～91m段、PD22平洞117～121.5m段等）。这类深部裂缝中，有少部分（10条）表现出两盘岩体有明显的倾向下错，但并不存在嵌合紧密的闭合段。经综合研究发现，这种错动一部分是早期构造错动贡献的，另一部分是在岸坡形成过程中伴随着岩体张裂松弛所产生的下错现象，因此尽管其表观错移较大，仍属于张性（或张剪性）破裂。其余深部裂缝（90条）则未见明显的倾向错动现象，属于纯张裂性质。据统计，在全部132条深部裂缝中该类有100条，约占75.8%。

（3）剪裂型深部裂缝。大部分表现为沿既有中缓倾结构面的剪切，在有陡倾结构面参与的情况下，则表现为缓裂错移-陡裂张开的现象（例如PD22平洞71.2m处的SL_{30}）；少部分剪裂发育于中陡倾裂隙密集带，并未继承已有结构面，而是为中陡倾裂隙所切割的

123

岩板剪断形成的、相对新鲜的剪裂（例如 PD12 平洞 99.4m 处的 SL₃）。总体上这类深部裂缝仅局部发育、规模较小、数量较少，仅 6 条，在全部 132 条深部裂缝中占 4.5%。

在左岸下游段岸坡（图 5.5-1），深部裂缝（带）主要发育于岸坡的相对坚硬岩层（如第三段第 2、4 层砂岩，第二段第 7、8 层大理岩）中，以第二类张裂型为主，呈间隔式分布，彼此近于平行，在局部张裂严重地段，分布剪裂型的深裂缝。在左岸上游段岸坡（图 5.5-2），在上述组合形式的基础上，叠加了以下变形破裂形式：一是 f_5、f_8 断层之间，出现缓倾角的剪裂；二是在 f_5 断层以里，出现 f_{42-9} 断层控制的滑移-张裂变形，即沿 f_{42-9} 断层朝河谷方向滑移，沿陡倾角结构面张开。

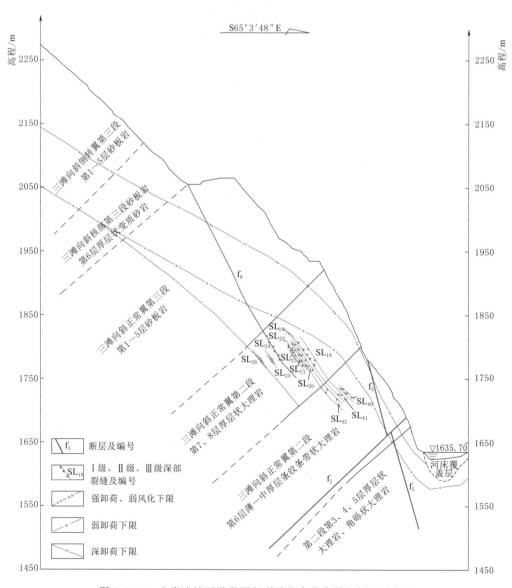

图 5.5-1 左岸边坡下游段深部裂缝发育分布特征剖面示意图

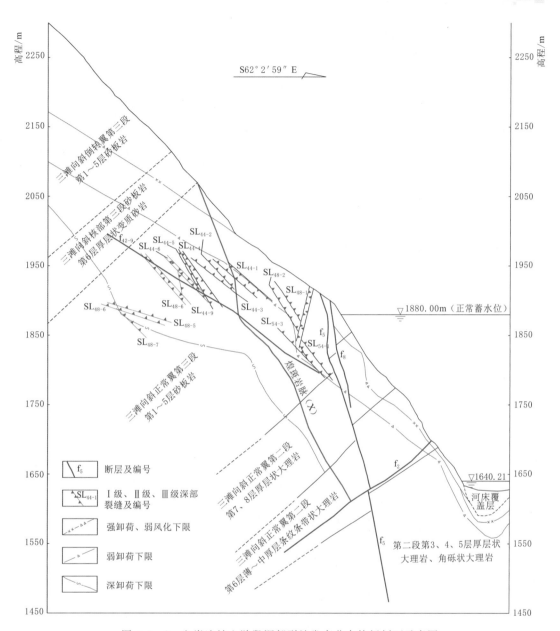

图 5.5-2　左岸边坡上游段深部裂缝发育分布特征剖面示意图

5.5.2　深部裂缝形成的地质—岩体力学背景

坝址区深部裂缝显然是在一定的地质—岩体力学环境条件下形成的，归纳起来如下：

（1）岸坡岩层岩性特征。左岸坡体结构为反向坡，由第三段变质砂岩、板岩及第二段第8、7、6层大理岩组成，总体呈以砂板岩相对较软、中下部大理岩相对较坚硬的岩性组合特征。需要特别补充说明的是，新鲜的第6层大理岩与第7+8层大理岩在性状差异并不显著，按岩体质量分级，前者属于Ⅱ～Ⅲ₁级岩体，后者为Ⅱ级岩体。第6层在工程中

125

更具有意义的特征是内部沿绿片岩夹层发育的层间挤压错动带（以 f_2 断层为代表）。

（2）岸坡岩体结构特征。左岸坡体内软弱结构面主要发育陡倾的煌斑岩脉（X）和 f_5、f_8 断层，以及顺层发育的 f_2 断层。此外，主要发育 NNE—NE、NEE 向与岸坡近于平行倾向坡外的陡倾、中陡倾结构面，中陡倾结构面不发育，仅左岸坝头部位 f_5 断层以里发育以 f_{42-9} 断层为代表的、近 EW 向中缓倾角倾向上游的结构面。值得注意的是，这些中陡倾坡外的结构面在自然状态下大部分均未能切穿出坡面。

（3）岸坡河谷演化及形态特征。雅砻江河谷演化历史研究表明，早更新世雅砻江开始形成并进入宽谷期；中更新世末期或晚更新世早期（Q_2 末或 Q_3 早）进入峡谷期，河流快速下切，并形成现今的谷坡形貌特征，基本为纵向谷，从河床至两岸高程 3000.00m 左右的剥夷面，自然岸坡高度接近 1500m，其中高程 1900.00m 以上岸坡坡度为 40°～45°，以下为 60°～70°（右岸为近直立）。大体上，从高程 1825.00m（相当于锦屏大河湾地区雅砻江Ⅳ级阶地）开始，雅砻江河谷的平均下切速率达到 3mm/a，最高达 3.75mm/a。

（4）坝址区构造应力场演化。研究表明，坝址所在区域地质构造演化经历了四个时期：①三叠纪末—古近纪中期，NWW 向挤压应力场，形成 NNE 向三滩紧闭向斜；②古近纪中期—第四纪早更新世，NNE 向挤压应力场，形成横跨于三滩紧闭向斜之上的 NNW 向宽缓褶皱；③第四纪中更新世，NNW 向挤压应力场，使得 NEE 向结构面逆错，NNE 向结构面左行正断；④中更新世末，NWW 向挤压应力场，使得 NWW 向结构面张裂，NEE 向结构面右行正断。NWW 向张裂形成了区域性的导水裂隙（例如坝区两岸以及锦屏二级水电站引水洞中所见 NWW 向导水裂隙）。测年表明，最近一期构造应力场在距今约 15 万年前中更新世末有过一次构造活动。

（5）坝址区现今地应力特征。坝址区现今应力场方向正是继承了上述始于中更新世末的第四期构造应力场。坝址区地应力实测表明，总体方向为 N60°W。两岸地应力分布上呈现出明显的差异。左岸地应力释放区的范围较大，大体上为从坡面至 150m 的水平深度范围，地应力 σ_1 量值都很低（一般仅数兆帕），水平深度 215～236m，地应力量值 σ_1 高达 34.14～40.4MPa。右岸表层地应力释放区的范围较小，大体上为从坡面至数十米的水平深度范围，以里至 390m 为应力增高区，最大 σ_1 为 35.7MPa。值得注意的是，这是岸坡的重分布应力，在左岸深部裂缝形成前或过程中，岸坡的应力水平会更高。

5.5.3 深部裂缝形成机制的概念性分析

在深部裂缝的勘察研究过程中，对其成因机制认识分歧较大的主要集中在两个方面：一是深部裂缝是否是地震成因的？二是深部裂缝是否是岸坡时效变形的产物？下面先对此进行讨论，再对深部裂缝形成机制进行概念性分析。

1. 深部裂缝是否是地震成因

认为深部裂缝是地震成因的主要依据有两点：一是坝区靠近川西地区的主要地震活动带——安宁河断裂地震带；二是根据 $SL_{15}(f)$ 深部裂缝测年结果中，有部分年龄数据小于 10 万年。

（1）坝址区域构造稳定性问题是工程十分关心的，在前期勘测设计阶段对此进行过专题研究，"5·12"汶川地震后又进行过深入复核。研究表明，从区域地震地质构造背景看，工程区为地震相对稳定区，无发生强震的构造标志，未见明显 $M \geqslant 7.0$ 级强震发生的深部构造条件，且距坝址最近约 2km 的锦屏山断层为早更新世—中更新世断裂，不是晚更新世—全新世活动断裂，更不是发震断裂。

（2）坝区小断层构造岩或断层泥的测龄数据显示，最近一次活动绝大多数在 15 万年以上，当时雅砻江刚进入峡谷区，河流还处于较高部位，随着之后地壳急剧抬升，河流强烈下切，高地应力释放，深部裂缝形成，裂缝形成后经历不同时期的地下水淋滤充填，故有不同的充填物年龄（测年结果代表的是充填物的形成时间）。显然，这些小断层属晚更新世以来无新活动的断层，不是活动断层，更不具备发生 7.0 级以上地震的地质条件。

（3）坝址区深部裂缝都出现在左岸边坡的局部地段，而不是发育在锦屏山断层所在的雅砻江右岸边坡，这是地震成因难以解释的。

综上，可以明确认为左岸深部裂缝不是地震成因。

2. 深部裂缝是否是岸坡时效变形的产物

岸坡的演化一般经历三个阶段：表生改造→时效变形→失稳破坏。这里的表生改造是以卸荷—应力释放为特征的，通常意义的岸坡卸荷裂隙、风化裂隙，都是表生改造的产物。这里的时效变形是指岸坡一定范围的岩体，进入到重力作用主导下的变形演化阶段，一般有明确的变形边界。那么，左岸深部裂缝是否是时效变形的产物，或者说岸坡变形是否进入到重力主导下的变形阶段？下面对此进行分析。

（1）左岸深部裂缝中除去构造剪胀型深部裂缝外，其余绝大部分为张裂型裂缝，这些张裂指示坡体发生的是向临空方向的、近水平的松弛变形；结合左岸坡体内不存在倾向坡外、在坡面出露的中缓倾结构面，可以判断，上述张裂不是缓裂滑移-陡裂张开所致。

（2）从左岸岸坡岩性组合上，虽然坡脚部位出露相对软弱的第 6 层大理岩夹绿片岩，但与第 7、8 层块状大理岩的性状差异并不显著，整个岸坡也不是典型的上硬下软结构。此外，对左岸大理岩段层面倾角的调查显示，从山里向坡外并没有明显的倾角变缓趋势。也就是说，左岸大理岩段坡体，没有显示下部压缩—上部倾倒的变形迹象。

（3）为了解左岸深部裂缝是否仍在变形，从 1996 年开始沿深部裂缝布设了一系列砂浆条带，截至 2009 年，共观测了 14 年。观测显示这些砂浆条带没有出现开裂变形，说明深部裂缝现今没有变形迹象。

综上，可以认为，左岸深部裂缝整体上没有进入时效变形阶段，还处在表生改造阶段，在自然状态下是一套相对稳定的破裂体系。当然，由于深裂缝段岩体的侧向松弛扩容，在垂直层面的方向，必然产生一定的压缩变形，进而为上方的砂板岩段弯曲-倾倒提供了一定的变形空间。现场调查显示，在坝址区下游河段，砂板岩段弯曲-倾倒总体较为轻微；在坝址区上游尤其是拱坝左岸坝头部位，因 f_5 断层的侧向松弛，f_5 断层以里出现滑移—张裂变形（近 EW 向中陡倾小断层 f_{42-9} 朝河谷方向滑移、上盘陡倾结构面张开），上方砂板岩坡段的弯曲-倾倒总体较为强烈。

3. 深部裂缝形成机制的概念模型分析

既然左岸深部裂缝不是地震成因，也不是重力作用下时效变形的产物，它的成因究竟如何？这里先进行概念模型分析。

（1）从宏观上力学机制分析。坝区左岸表生型（张裂）裂缝大体是与岸坡坡面平行的，即与岸坡最大主应力 σ_1 方向是大体垂直的，并且是发育于左岸这种软硬相间的反向坡内（砂板岩段的板岩、大理岩段下部的顺层发育 f_2 断层，都是相对的软弱岩带）。深裂缝发育的水平深度相对于正常卸荷深度较大，但相对于高达 1500m 的自然岸坡而言，只是"表层"。高达 1500m 的岸坡，在其下部（坡脚）的"表层"，产生平行于坡面的、最大主应力 σ_1，并使得顺层的软层发生压缩—塑流，沿软硬界面发生剪切滑移，这样，相对硬岩层沿既有顺坡结构面张开，从宏观上讲是具备条件的。这种表生型破裂类似于单轴抗压试验中，试件端部无约束下的张裂破坏。

（2）从岸坡应力集中分析。坝址区河谷岸坡应力集中，或者说 1500m 的岸坡高度对岸坡下部"表层"中最大主应力 σ_1 集中程度的贡献有多大，是认识深部裂缝形成及其差异性发育特征（深裂缝仅发育于左岸，并主要发育于左岸的下游河段）的关键。已有研究表明，岩石强度、弹性模量决定着岩体应力（集中）量值的上限，在岸坡岩性组合（岩石强度、弹性模量）一定的情况下，岸坡"表层"的应力集中程度很大程度上主要取决于岸坡结构。

左岸为反向坡，岩层面与坡面近于正交（即岩层面与 σ_1 方向近于正交），有利于应变能储存而发生较高程度的应力集中；右岸为顺向坡，岩层面倾角缓于坡角，即岩层面与 σ_1 方向斜交，不利于应变能储存，不容易产生较高程度的应力集中。这可能是右岸深部裂缝不发育的主要原因。

在左岸下游段，陡倾的煌斑岩脉（X）和 f_5、f_8 断层出露于坡面附近，规模较大 F_1 断层又位于深部裂缝以里较深的部位，这就是说，岸坡中规模较大的断层对上方山体应力的屏蔽作用相对较弱，上方高达千余米山体在左岸现今深裂缝分布区域是可能引起较高的应力集中的；而在左岸上游段，煌斑岩脉（X）、f_5 断层刚好从深部裂缝分布区域附近通过，其对上方山体应力的屏蔽作用较强，上方山体在左岸现今深裂缝分布区域不容易引起较高的应力集中。这可能就是深部裂缝为何在下游河段相对发育的原因。

（3）从深裂缝形成的力学过程分析。左岸深部裂缝的形成不是一蹴而就的，或者说不是在现今河谷岸坡演化阶段形成的，而是在雅砻江进入峡谷期以来，伴随河谷快速下切，斜坡岩体不断地出现应力高度集中—深部破裂形成—应力强烈释放的产物。大体形成演化过程如下：

1）宽谷时期，因谷坡宽缓，分布于谷底及两岸坡脚的应力包，集中程度较低。

2）进入峡谷期，在谷底及两岸坡脚，会出现一个范围较大的、集中程度较高的高应力包。在坡脚高程的浅表部因正常卸荷破裂而应力释放，在深部出现以应力增高为特征的"驼峰"应力，两者之间为应力过渡带。这一阶段，由于谷底、两岸坡脚的约束作用，坡脚深部应力增高区不会出现破裂，但已经出现了应力高度集中的条件。如果河谷就此停止下切，其最终的卸荷格局就是大部分河谷岸坡仅出现正常卸荷破裂的情况。

3）谷底下切至下一个高程，一方面，对应于上一个谷底高程的高应力包区，因谷底约束作用解除，其应力过渡带、应力增高区的最小主应力 σ_3 会发生不同程度的减小甚至出现张应力，其结果是应力过渡带的主应力差 $(\sigma_1-\sigma_3)$ 变化不大，难以使斜坡岩体发生破裂，而应力增高区的主应力差 $(\sigma_1-\sigma_3)$ 则显著增大，容易发生深部破裂，并伴随着应力释放，这可能是深部破裂与正常卸荷破裂之间分布不连续的主要原因。

　　另一方面，在已形成深部裂缝的下方，又会形成一个相应于当前谷底高程的、位置较低的高应力包，这个低位的高应力包随着河谷的进一步下切，又会重复上述过程，即在低位的高应力包的深部产生新的深部破裂。于是，随着河谷下切、谷底高程不断降低，坡脚深部不断出现上述力学过程：深部应力高度集中→谷底下切深部 σ_3 减小→深部破裂形成应力强烈释放。

　　4）在上述过程中，如果岸坡坡脚深部的高应力包区域存在沿层面发育的软层，则深部破裂会呈现贯通的张裂，反之，深部破裂则可能呈现张剪性的特征。由于岸坡内存在大量的顺坡结构面，这种张性破裂或张剪性破裂多是继承性的，即主要是沿既有结构面发生的。在局部应力状态下，既有结构面的端部可能产生张性或拉剪性破裂扩展（图 5.5-3）。

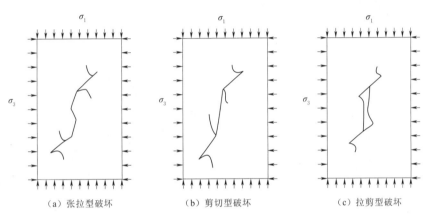

（a）张拉型破坏　　　　　（b）剪切型破坏　　　　　（c）拉剪型破坏

图 5.5-3　裂隙岩石岩桥的破坏贯通示意图

5.5.4　深部裂缝形成过程的数值模拟

　　为了验证上述对表生型深部裂缝形成机制的概念性分析，采用数值模拟软件（弹塑性有限元、FLAC、UDEC、3DEC 等）开展了深部裂缝形成过程的数值模拟研究。

　　采用有限单元法对河谷下切过程以及伴随这一过程边坡的力学响应进行了理性、直观的二维和三维模拟，以期再现边坡卸荷应力释放以及深部裂缝的形成过程。模拟中，在计算模型的建立上都尽可能地接近了地质原型，既包括地质结构原型，也包括对河谷发育历史的地质认识；在模拟方法上，也尽可能地考虑到河谷下切过程中，坡体本身特性的动态变化，如卸荷带的形成等，从而确保模拟工作取得令人满意的成果。

5.5.4.1　二维模拟

　　考虑到坝段范围的地形地貌特征及区域的夷平面、阶地特征，确定以深部裂缝发育比较强烈的Ⅳ—Ⅳ剖面为代表，模型高程范围为 860.00～2900.00m，宽度 3075m，其中模型的顶界高程相当于该区域的二级夷平面高程。模型精确地反映了勘探及前期研究成果，包括不同岩性层、风化卸荷带、主要断层、岩脉、深部裂缝带及其附近的低波速带等，建立了河谷形成前的地质概化模型，见图 5.5-4；模型单元剖分采用四节点四边形等参单元和三节点单元，单元数 6252 个，节点数 5720 个，见图 5.5-5。采用分步开挖来模拟河谷下切过程，模拟步骤划分及高程见表 5.5-1，最后一步完成后，对风化卸荷带岩体力学参数进行修正、调整，使之符合当前岩体实际质量状态与参数。

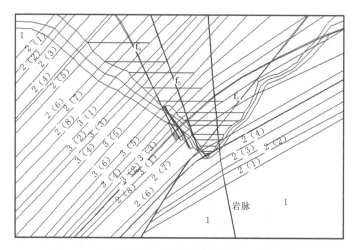

图 5.5 - 4 坝区Ⅳ—Ⅳ横剖面的概化二维地质模型

表 5.5 - 1 二维模型河谷下切模拟步骤划分

下切步骤	下切高程/m	备 注	下切步骤	下切高程/m	备 注
1	初始应力模拟		9	1890.00	
2	2635.00		10	1806.00	
3	2465.00		11	1756.00	比左岸中便道高程1780.00m 低 20m
4	2366.00		12	1700.00	
5	2226.00		13	1650.00	约左岸低便道高程
6	2106.00		14	1631.00	
7	2006.00		15	1596.00	约现今河床基岩顶板高程
8	1930.00	约左岸高便道高程	16	修正参数	

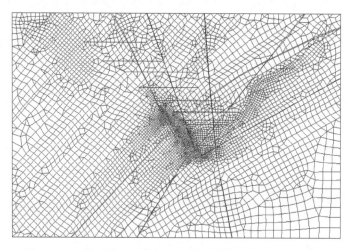

图 5.5 - 5 坝区Ⅳ—Ⅳ横剖面二维地质模型单元网格剖分图

1. 各阶段应力演化特征

二维有限单元法数值模拟获得伴随河谷下切过程，各阶段的河谷及边坡应力场特征，各阶段应力演化特征可概括如下：

(1) 随着河谷的下切，河谷边坡一定范围内应力场调整，首先是主应力的方向发生偏转，最大主应力越近坡面，越近于与坡面平行，而最小主应力则越近于与坡面垂直，并且量级越小，甚至转化为拉应力。河谷边坡附近应力场调整的程度和范围，随河谷边坡的高度增加而加强和扩大。

(2) 河谷边坡的应力重分布规律在较大程度上受边坡岩体结构条件控制。左岸边坡为中等倾角反倾边坡，岩层具有软硬相间的分布特征，最小主应力等值线呈锯齿状大体平行坡面，在较硬岩层内应力调整的范围小于较软岩层；最大主应力的调整似乎主要受控于下切深度和坡形。右岸边坡内主应力分异特征与左岸相反，最小主应力的分异主要受控于下切深度和坡形，最大主应力的分异明显受到岩体结构特征的制约，硬质岩层承担较大的应力。这一点在河谷下切较浅，右岸边坡为典型的软硬相间岩层时最为明显，如图 5.5-6 和图 5.5-7 所示。两岸边坡内主应力分异的上述特点，决定了两岸边坡内剪应力集中的差异，左岸边坡内剪应力集中的程度和范围明显大于右岸，见图 5.5-8。

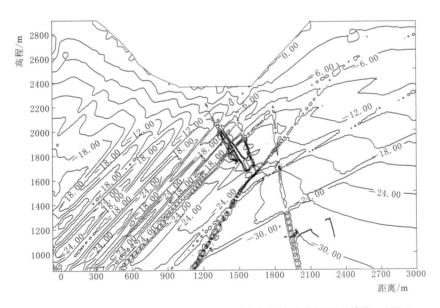

图 5.5-6 第 4 步下切Ⅳ—Ⅳ剖面开挖最小主应力等值线图（单位：MPa）

(3) 断层、岩脉、低波速带岩体及其他软弱岩层明显影响河谷边坡应力场分布，是河谷边坡中的低应力分布区。在应力分异区内，当软弱岩体的总体延伸方向（产状）为顺倾向时，利于上覆岩体内最大主应力的释放，见图 5.5-9，反之，当软弱岩体的总体延伸方向（产状）为反倾向时，利于下伏近坡面一定范围内岩体中的应力释放，造成应力强烈分异区的局部扩大。

(4) 随着河谷的不断下切，谷坡应力场逐渐分异。在谷底部位，地应力的集中逐渐显现，大约第 10 步下切到高程 1800.00m，谷底的高应力包（$\sigma_1 > 30$MPa 的应力范围）开

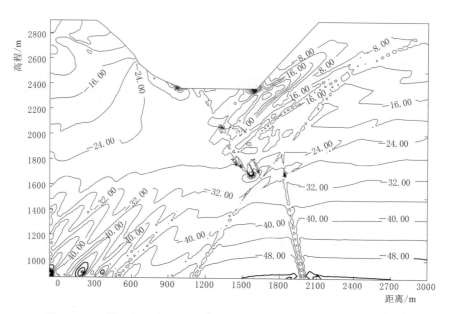

图 5.5-7 第 4 步下切 Ⅳ—Ⅳ 剖面最大主应力等值线图（单位：MPa）

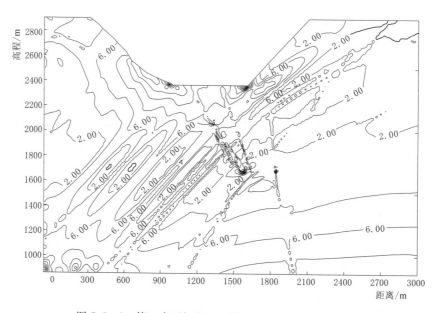

图 5.5-8 第 4 步下切 Ⅳ—Ⅳ 剖面最大剪应力等值线图

始出现雏形，但强烈偏向左岸。而在下切到高程 2100.00m 以下后，左岸边坡的拉应力范围开始迅速扩大，尤其在原有的构造结构面部位，开始出现拉应力集中，即"深部"的拉应力区。

（5）当河床第 16 步下切现今河床高程时，河谷边坡已经产生了很强烈的应力分异，总体上，左岸应力分异区范围大于右岸，左岸谷坡上约相当于坡高的 1/3～1/2。在应力分异区以内，边坡具有典型的由卸荷引起的拉应力分布和集中区，并且左岸明显大于右

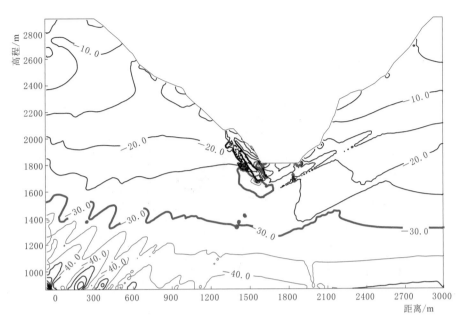

图 5.5 - 9　第 10 步下切Ⅳ—Ⅳ剖面最大主应力等值线图

岸，左岸主要集中在高程 1750.00～2000.00m 范围，并且表现出在坡体内部一定深度更强而向坡面减弱的特征，见图 5.5 - 10。河谷底部表现为最大主应力的集中，在谷底以下 200m 深度范围内形成一个明显的"高地应力包"，其应力量级在 30MPa 以上，最大可达 40～50MPa；并且受岩层分布的影响，这个高地应力包的发育更偏向河谷的左岸，见图 5.5 - 11。高地应力包的范围与谷底岩芯饼裂的范围大致相当。

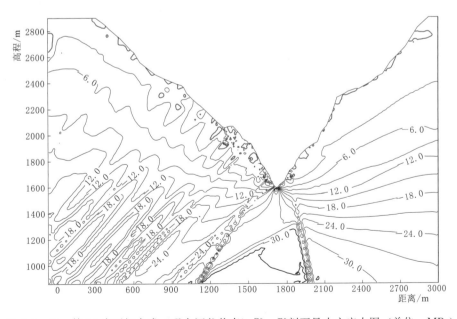

图 5.5 - 10　第 16 步下切完成（现今河谷状态）Ⅳ—Ⅳ剖面最小主应力图（单位：MPa）

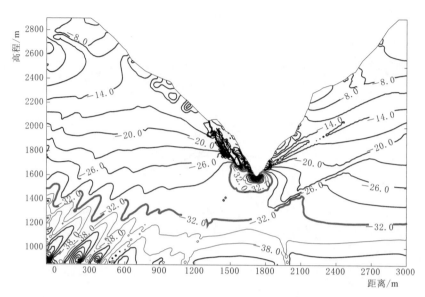

图 5.5-11 第16步下切完成（现今河谷状态）Ⅳ—Ⅳ剖面最大主应力图（单位：MPa）

2. 河谷边坡卸荷形成过程及特征

数值模拟分析中将拉破坏单元和有拉应力参与的剪切破坏单元（以下将这两类单元统称为拉破坏单元）对应于河谷边坡形成过程中的卸荷带，因此，通过追踪"拉破坏单元"的产生过程及其分布特征，就可以直观得到河谷边坡内卸荷带的形成过程、大体范围及特征。由此，通过数值模拟分析得到的河谷边坡卸荷带形成过程及特征如下：

（1）随着河谷的不断下切，边坡的卸荷过程主要有两个方向：

1）边坡正常卸荷带开始在坡体表面逐渐发育，当下切深度不大，河谷处于宽谷期时，

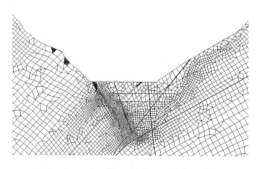

图 5.5-12 第6步Ⅳ—Ⅳ剖面开挖完成后的拉破坏单元区分布示意图

由于应力集中程度和分异程度不高，河谷边坡的卸荷带不是很发育，拉单元仅仅分布在坡底和谷底的局部地方，如图 5.5-12 所示。随着河谷的进一步加深以及河谷宽高比的减小，边坡内的应力分异进一步加剧，浅表层正常卸荷带逐渐形成，构成整体边坡表层的卸荷松弛"外壳"，总体上，正常卸荷带发育深度不大，一般在 30~40m 之间。

2）沿边坡内部原有的"深部结构面"形成卸荷拉裂。这个过程从高程 2100.00m 就开始，向下随河谷下切一直发育到高程 1700.00~1750.00m，直至边坡"卸荷基准线"位置。从图 5.5-13 和图 5.5-14 可见，坡体内形成一个受原有构造结构面控制的深部拉裂区，其最大水平深度Ⅳ—Ⅳ剖面在高程 1768.00m 处（PD16 平洞）约 125m，高程 1820.00m 处（PD46 平洞）约 147m；它与边坡浅表部的正常卸荷带一起，夹持了一块相对完整的岩体，构成普斯罗沟左岸高陡边坡

"外硬内软"的岩体卸荷拉裂与不同质量状况。这些与实际勘探揭露的情况是极为吻合的,从另一方面证明了边坡左岸深部裂缝的形成机理。

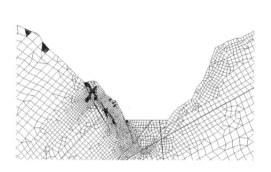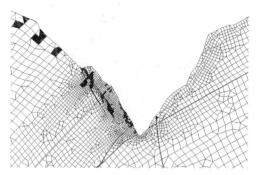

图 5.5-13 第 10 步 Ⅳ—Ⅳ 剖面开挖完成后的拉剪破坏区分布示意图   图 5.5-14 第 16 步 Ⅳ—Ⅳ 剖面开挖完成后的拉剪破坏区分布示意图

(2) 在河谷演化过程中,与河谷边坡应力场的调整、分异相适应,边坡岩体向临空方向位移具有以下特征:①边坡岩体位移的大小主要决定于应力调整的强度和坡体的临空条件,其中应力调整的强度在坡面附近最大;②边坡岩体向临空方向的变形受坡面附近断层的影响比较明显,其中岩层软硬相间时,软弱岩层对边坡的变形控制不明显,总体上,左岸边坡位移大于右岸,说明岩层软硬相间反倾边坡对坡体向临空方向位移更有利;③边坡的垂向位移大于水平位移。

5.5.4.2 三维模拟

三维模型模拟范围在顺河方向(Z 轴方向)宽度为 1300m,包括了整个普斯罗沟坝段,垂直河谷方向(X 轴方向)宽度为 3600m,模型最大高度(Y 轴方向)为 1800m,即海拔 3000m,相当于宽谷期海拔 3000m 的一级剥夷面(图 5.5-15)。

在构建模型时,根据边坡地质结构和岩土体物理力学特性,将基本地层结构、构造进行了必要的概化,对一些岩性与相邻层差异较大的岩性层未作归并,当作单独的岩性层处理。概化后模型岩组包括第一段绿片岩、第二段大理岩 8 个小层、第三段砂板岩 6 个小层;另外有 F_1、f_2、f_5、f_8、

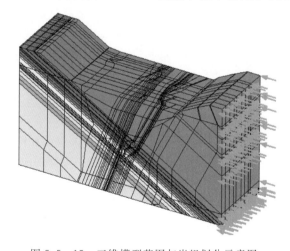

图 5.5-15 三维模型范围与岩组划分示意图

f_{13}、f_{14} 等断层,多条深部裂缝,绿片岩夹层,煌斑岩脉,见图 5.5-16。最终构建三维模型单元数为 23465 个,节点数为 98809 个。

依据区域宽谷期 2100m 的二级剥夷面和峡谷期 Ⅵ 级、Ⅴ 级和 Ⅲ 级阶地形地貌、地层岩性及其拔河高度,将河谷下切分为六步模拟,初始谷底高程为 2680.00m(模型高度为

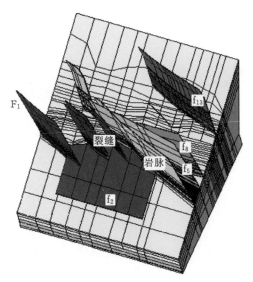

图 5.5 - 16 三维模型范围主要断层与
深部裂缝展布示意图

1480.00m)，谷坡坡顶高程为 3000.00m（与第一级夷平面对应，模型高 1800m），六步下切谷底对应实际高程为 2450.00m、2070.00m、1920.00m、1830.00m、1700.00m 和 1600.00m。模拟揭示河谷演化过程中有以下规律：

（1）随着河谷的下切，河谷边坡一定范围内应力场发生调整。最大主应力越近坡面，越趋于与坡面平行，而最小主应力则越趋于与坡面垂直，并且量级变得很低，甚至转化为拉应力。沿断层带如 f_5、裂缝和煌斑岩脉出现明显的应力低值带。

（2）河谷下切过程中，边坡的应力重分布规律受边坡岩体结构条件控制。左岸边坡为中等倾角反倾边坡，岩层软硬相间，控制最小主应力分布，最大主应力的调整受影响相对较小；右岸边坡为中等倾角顺倾边坡，岩层亦软硬相间，控制最大主应力的分异，最小主应力的分异所受影响较小；两岸边坡内主应力分异的上述特点，决定了两岸边坡内剪应力集中的差异。

（3）断层、岩脉、深部裂缝低波速带岩体及其他软弱岩层在河谷下切过程中始终影响河谷边坡应力场分布，是河谷边坡中的低应力分布区。

（4）随着河谷的持续下切，谷坡应力场逐渐分异。谷底部位，地应力的集中逐渐显现，大约下切到高程 1830.00m，谷底高应力包开始出现雏形且偏向左岸；下切到 1800m 以下，左岸边坡的拉应力范围迅速扩大，在原有构造结构面部位，开始出现拉应力集中带，即"深部"拉应力区；这种拉应力区在剖面上基本上是断续的、呈串珠状并大致平行于坡面分布，在距谷底 60~80m 高度终止。谷坡微地貌对拉应力分布形态影响较为明显，沟谷部位拉应力集中明显低于山梁部位。在两面临空的部位如左岸 A 勘探线拉应力分布区范围最大。

（5）河床下切现今高程时，河谷边坡已经产生了很强烈的应力分异。总体上，左岸应力分异区范围大于右岸，具有典型的由卸荷引起的拉应力分布和集中区。左岸主要集中在高程 1750.00~2000.00m 范围，并且表现出在坡体内部一定深度拉应力集中特别明显，而向坡面或坡里逐渐减弱的特征。河谷底部表现为最大主应力的集中，在谷底以下 200m 深度范围内形成一个明显的"高地应力包"，范围与谷底岩芯饼裂的范围大致相当，其应力量级在 50MPa 以上，最大可达 80MPa；受岩层分布的影响，这个高地应力包的分布更偏向河谷的左岸。

5.5.5 深部裂缝形成机理的综合论证

综合研究表明，左岸深部裂缝是在坝区特定的地质—岩体力学环境条件下，形成的一套深部破裂体系，具有复杂的成因。首先，构造型深部裂缝是在中更新世晚期、距今约

15 万年前的一次区域构造活动中形成的，当时雅砻江河谷演化由宽谷期进入峡谷期的初期、现今深部裂缝区域正处于当时谷底下的深部。其次，以张裂为主要特征的表生型深部裂缝，则是在雅砻江河谷进入快速下切时期以来，在高陡岸坡的下部，应力高度集中，河谷下切使应力强烈分异，形成了现今这套以张裂或张剪破裂为主要特征的深部裂缝体系，伴随着发生强烈的应力释放，使左岸出现较大范围的应力释放区。无论是构造型深部裂缝，还是表生型深部裂缝，从变形过程的角度看，均是减速型的，即随着应力释放持续，破裂的发展逐渐趋于稳定。也就是说，在现今河谷及不远的未来，如果自然环境条件没有明显的改变，它们是一套稳定的破裂结构。从深部破裂成因及性质上分析，左岸山体整体是稳定的，这是最终确定普斯罗沟坝址成立的一个重要科学依据。

左岸表生型深部裂缝，与岸坡正常的卸荷破裂相比，从成因及发育特征上有着明显的差异，但它们具有一定相似性，即都是在河谷下切过程中，岸坡卸荷—应力调整释放的产物，如果没有明显的外部条件变化，都是相对稳定的结构。所以，从这个意义上，可将左岸表生型深部裂缝，称之为"深部卸荷"。从锦屏左岸深部裂缝研究中提出的"深部卸荷"概念，已逐渐得到水电工程界和工程地质界的广泛认同，并被纳入国家标准《水力发电工程地质勘察规范》（GB 50287）中。

综合十多年的研究，深部裂缝被认为是在左岸特定的高边坡地形、地质构造、高地应力环境和岩性组合条件下，伴随河谷的快速下切过程，边坡高应力发生强烈释放、分异、重分布，而在原有构造结构面基础上卸荷张裂所形成的一套边坡深卸荷拉裂裂隙体系。

1. 左岸边坡独特的地质背景

已有勘察成果和研究成果表明，与右岸相比，左岸有着独特的地质背景。浅小冲沟和山梁相间的微地形地貌，中等倾角的反向坡，但中陡倾角顺倾坡外的节理裂隙发育，岩性为上软下硬，发育 f_5、F_1 等规模较大的断层，以及贯通性的煌斑岩脉，高—极高地应力等是深部裂缝发育的地质背景。

（1）左岸为复杂反倾向岩质高边坡。普斯罗沟坝址河段基本为纵向谷，至两岸高程 3000.00m 左右的剥夷面，谷坡坡高近 1500m，其中左岸为反向坡，坡体下部由坚硬的大理岩组成，自身结构稳定性较好，有利于各种构造和物理地质现象的保存；而右岸为顺向坡，岩层以 30°～40°倾角倾向河床，不利于各种构造和物理地质现象的保存。其中高高程坡面沿层面发育表明部分坡体已沿大理岩第 6 层中的顺层挤压错动带滑走。

（2）左岸顺坡向构造结构面发育。从地质构造上分析，三滩向斜核部第三段砂板岩从左岸高高程穿过坝区，因而，左岸距离向斜核部较右岸更近，在褶皱及构造演化过程中受到的构造作用相对更强烈，其构造断层、节理裂隙发育程度较右岸强，F_1、f_5、f_8 断层等规模较大的断层从左岸坡体内通过，夹持于这几条断层之间的岩体在多期构造活动中受区域应力场和局部应力场的作用影响强烈，岩体完整性较右岸差，其中左岸砂板岩部位又较大理岩部位差。据调查统计资料，小断层在左岸高高程砂板岩中最发育，左岸中低高程大理岩中次之，右岸大理岩中发育较少；NE 向节理裂隙在深部裂缝发育段密集发育，间距一般为 5～20cm。左岸 NNE—NE 向倾 SE 顺坡向裂隙、小断层较发育，这些结构面与谷坡应力场条件下的最大主应力（σ_1）近平行，在应力释放和卸荷过程中有利于松弛拉裂。

（3）左岸为相对的下硬上软的坡体结构。从岩性来看，左岸边坡下部是相对较完整、坚硬的大理岩，上部是相对较破碎、软弱的砂板岩构成的非均质坡体；而右岸边坡全是大理岩，宏观上可以看成是均质坡体。

2. 河谷强烈下切和边坡的卸荷强烈

伴随地壳急剧抬升河谷强烈下切的谷坡形成过程中，岸坡高应力的释放、分异、重分布及重力卸荷作用是十分强烈的。河谷发育历史分析表明，从高程 1825.00m（相当于Ⅳ级阶地）开始，雅砻江的河谷的发育经历了一个快速下切过程，平均下切速率达到 3mm/a，最高达 3.9～4.4mm/a。河谷的快速下切必然导致边坡应力的强烈释放。

高应力的释放和重力卸荷的影响表现为两个方面：首先是向临空方向的卸荷张开，在早期应力释放拉裂张开、后期的重力卸荷叠加综合作用下，形成了现今的深部裂缝张开现状；其次是重力下错，近平行于岸坡或与岸坡小角度相交的、中陡倾角的深部裂缝，其上盘岩体经卸荷回弹后又在长期的重力作用下，发生轻微的下错或转动，将裂缝凸点部位充填的石英脉、钙华轻微压碎，如 PD12 平洞 145m 处 SL_4(f)、PD16 平洞 156m 处上下支洞内 SL_{15}(f) 深部裂缝内局部凸点部位可见石英脉、钙华轻微压碎现象，PD12 平洞 100m 处 SL_3 裂缝带内薄片状岩片向临空方向的转动，最大转角达 20°～30°等；这种压碎、转动均带有上盘岩体的少量正错位移，由于凸点部位石英脉、钙华的压碎现象多属局部现象，而裂缝中大量充填的钙华经显微结构分析，并未发现晶格错位等变形迹象，说明重力下错作用比较轻微。

勘探和研究表明，锦屏一级水电站左岸中低高程大理岩段深卸荷带宏观上仍属于边坡浅生改造范围，与岸坡表部常规卸荷带之间间隔了一段一般宽 30～50m、最宽达 73m 的相对较紧密完整岩带，还未进入重力主导的时效变形阶段，对岸坡（山体）稳定影响较小。往高高程延伸，在砂板岩段深卸荷带逐渐与属于表生改造的表部常规卸荷带叠加，已进入表生改造阶段，对岸坡（山体）稳定影响较大。

5.6 深部裂缝对建坝条件的影响

深部裂缝发育特征、规律及其成因机制逐一研究清楚后，就要研究、回答深部裂缝对锦屏一级建高坝条件的影响，找到应对的措施、方案。这些影响中，首先需要回答的是有深部裂缝发育的左岸边坡山体的稳定性怎么样，在普斯罗沟坝址是否还能建设 300m 量级拱坝，深部裂缝的发育对大坝稳定性有何影响。这些对建坝地质条件的影响，在各个设计阶段中始终都是普斯罗沟坝址的最主要工程地质问题之一，始终受到高度重视。

通过对坝址地形地貌和地质条件的分析、研究，从左岸边坡山体地形地质条件出发，用地质宏观判断、刚体极限平衡法及三维、二维离散元法对左岸边坡稳定性进行了系统的研究，得到了一些结论和认识。

5.6.1 对山体稳定性的影响

由于左岸坡体内发育有深部裂缝，天然状态下谷坡稳定如何，这一直是人们非常担心的问题，也是该坝址是否具备建坝地质条件的首要问题。对于这一问题的认识，可认为它与深部裂缝的形成机理有关，与左岸岸坡演化现今所处的发展阶段有关。从前述坝址左岸深部裂缝的形成机理中可知，左岸深部裂缝是在原有构造结构面的基础上，高应力条件下，雅砻江快速下切，谷坡应力释放，卸荷回弹拉张所形成的。深部裂缝形成后，由于裂缝倾角中陡（50°～60°），在自重应力作用下，部分裂缝出现过上盘微量下错，凸点接触处岩体被压碎的现象，这种凸点压碎、微量下错，是伴随着坡体侧向扩容，坡体内部的局部地段所发生的，它不是坡体沿着特定中缓倾坡外结构面控制的滑移-拉裂所产生。大量现场勘探、地质调查和十余年来对深部裂缝的简易观测资料均表明，深部裂缝无新的变形迹象。此外，左岸岸坡坡面完整，不具备山体整体变形的地质边界条件和侧向切割条件。综合上述分析，可以认为普斯罗沟坝址左岸岸坡山体现今整体是稳定的，该坝址具备建坝的山体稳定条件。

1. 上游岸坡段可能失稳模式及稳定性

左岸上游岸坡段（包括Ⅱ、Ⅱ₁、Ⅴ、Ⅰ勘探线）深部裂缝发育较弱。在深部裂缝外侧还发育有 f_5、f_8 断层和煌斑岩脉等软弱结构面，倾角陡，水平埋深小于深部裂缝水平埋深。除上述陡倾角软弱结构面发育外，中缓倾河床的结构面不发育，未见不利组合，岸坡整体稳定条件较好。可能变形失稳模式为 f_5、f_8 断层，煌斑岩脉为后缘切割面，下部剪断岩体，见图 5.6-1。

2. 下游岸坡段可能失稳模式及稳定性

由于左岸岸坡下游段存在Ⅳ—Ⅵ线山梁变形拉裂岩体，坡体内深部裂缝发育，因此深部裂缝对山体稳定性的影响就直接体现在对Ⅳ—Ⅵ线山梁变形拉裂岩体稳定的影响上。

从Ⅳ—Ⅵ线山梁地质结构分析，f_9 断层（SL_{24}）、SL_{13}、SL_{18}、SL_{29} 深部裂缝发育带总体走向与边坡斜交或平行、中倾—陡倾坡外，空间连通性较好，控制了边坡深层稳定，对坡体稳定不利，深层变形失稳破坏模式有两种：一是 f_9 断层 $[SL_{24}(f)]$ 作为后缘切割面，底滑面剪断坡脚岩体；二是与岸坡近平行的 SL_{13}、SL_{18}、SL_{29} 深部裂缝发育带作为后缘切割面，底滑面剪断坡脚岩体。这两种破坏模式的各种边界组合见图 5.6-2。

总体上，Ⅳ—Ⅵ线山梁变形拉裂岩体中上部高程的后缘发育有 f_9 断层（SL_{24}）、SL_{13}、SL_{18}、SL_{29} 深部裂缝等切割边界，但是由于坡脚岩体相对完整，且岩体中缓倾坡外的结构面不发育，无特定的底滑面，另外上游侧边界亦不完备，因此在天然状态下要产生深层滑动破坏，需剪断后缘切割面以外 50～100m 宽的各类岩体。因此，地质宏观分析判断，天然状态下Ⅳ—Ⅵ线山梁变形拉裂岩体整体稳定。

岸坡内发育的 f_5、f_2 断层和坡脚第 6 层大理岩中的层间挤压错动带属软弱结构面，这类结构面延伸长度大，在边坡稳定性计算时直接按结构面类型参数取用（各类结构面建议参数见表 5.6-1）。SL_{13}、SL_{18}、SL_{29} 深部裂缝发育带、f_9 断层 $[SL_{24}(f)]$ 属特殊的拉裂结构面，这类结构面具有空缝段与相对完整段相间分布的特点，其空缝段约占 40%，相对完整段约占 60%。因此，在稳定性计算时，对这类结构面的力学参数按 40% 为空缝、无值，60% 取 B_2 类指标。一般节理裂隙属刚性结构面，其连通情况与表生改造程度密切相关，在力学参数选取时都要根据其所处的位置、卸荷拉裂程度具体分析确定。左岸山体中主要结构面连通率及抗剪（断）强度参数值原则见表 5.6-2。

左岸边坡山体深部变形施工期和运行期的监测主要布置在Ⅳ—Ⅵ线山梁，针对山梁变

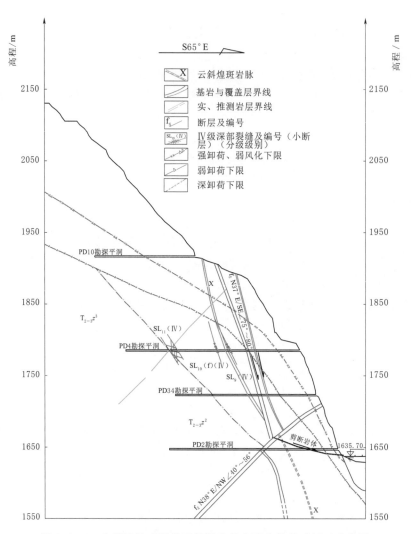

图 5.6 - 1　左岸边坡上游段可能的整体变形失稳模式剖面示意图

形拉裂岩体进行。开始监测以来，各项监测累计变形量较小，月变形速率也较小，说明山体整体是稳定的。

3. 左岸山体稳定性综合评价

综合边坡宏观坡体结构、细观岩体结构和已有变形破坏现象、结构面发育展布特征及其组合、可能失稳模式以及监测成果，对左岸山体稳定性的分析、判断如下：上游段无贯通性的缓倾坡外的软弱结构面发育，山体边坡在天然状态下整体稳定，天然状态下稳定系数都在 1.15 以上；下游段山体稳定性直接受Ⅳ—Ⅵ线山梁变形拉裂岩体稳定控制，综合判断其整体基本稳定，但安全裕度较低，天然加地震工况下稳定系数仅 1.04。

综上，坝区左岸边坡山体不存在稳定问题，目前边坡已出现的深部裂缝等现象的变形破裂阶段主要还是在表生改造阶段，即尚处在卸荷拉裂阶段，尚未进入时效变形阶段，因此在天然情况下高边坡山体是稳定的，具备修建 300m 量级拱坝的地形地质条件。

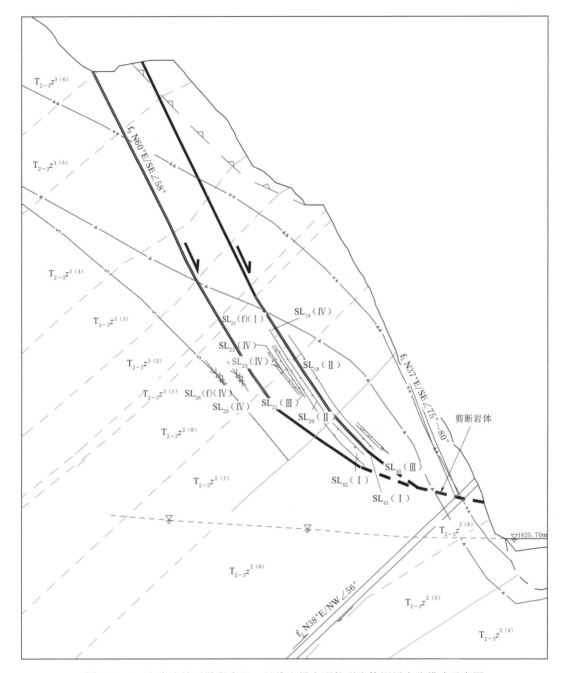

图 5.6-2　左岸边坡下游段在Ⅳ—Ⅵ线山梁变形拉裂岩体深层失稳模式示意图

5.6.2　对大坝稳定性的影响

　　左岸深部裂缝一经勘探揭示，它对工程的影响尤其是对大坝稳定性的影响，是所有工程技术人员最关注的问题。深部裂缝由于普遍张开成空缝，走向上空缝呈串珠状，长大裂缝及其两侧岩体松弛明显，工程地质性状差，不但对工程岩体变形稳定、拱坝坝肩抗滑稳

141

表 5.6 - 1 坝区结构面按性状分类及建议参数

大类	亚类代号	地质类型	风化卸荷	结构面特征	代表性结构面	建议值			
						f'	C' /MPa	f	C /MPa
刚性结构面	A_1	新鲜硬接触节理裂隙	微—新	面平直粗糙，微风化—新鲜，结合紧密，有一定胶结，强度较高	(1) 大理岩内的层面裂隙、隐裂面和钙质绿片岩与大理岩接触界面（裂隙）；(2) 微—新大理岩、砂板岩岩体内的硬质新鲜节理裂隙面	0.70	0.20	0.58	0
	A_2	无充填硬接触节理裂隙	弱卸荷	面平直粗糙，微—弱风化，无胶结，强度中等	弱卸荷带岩体中倾坡外的硬质结构面	0.60	0.10	0.49	0
软弱结构面	B_1	局部夹泥裂隙面	弱卸荷	面平直粗糙，显松弛，局部附泥膜，无胶结	弱卸荷带内的层面裂隙及其他结构面	0.51	0.15	0.43	0
	B_2	松弛裂隙面		面平直粗糙，显松弛，局部附泥膜或充填次生泥，无胶结	(1) 大理岩中近 EW 向长大松弛溶蚀裂隙；(2) 左岸山体深部成带出现的Ⅲ级、Ⅳ级拉裂面	0.45	0.10	0.35	0
	B_3	绿泥石片岩片理面		较软弱绿片岩片理面，含绿泥石膜，面波状较光滑	各层大理岩中的绿片岩间界面	0.42	0.07	0.34	0
	B_4	断层主错带（面）		面平直光滑，局部夹泥，破碎带物质以岩屑及细、中角砾为主，岩屑含量 15%～25%，角砾含量 60%～80%	(1) 左岸 f_5、f_2、f_8 及右岸 f_{14}、f_{13} 等断层破碎带内；(2) 左岸砂板岩中断层破碎带内	0.30	0.02	0.25	0
		层间挤压错动带（面）		面平直光滑，含绿片岩软化面及局部碳化面，带内物质以岩屑及粉粒为主，岩屑含量 25%～40%，粉粒含量 35%～60%，另含少量细角砾	大理岩中层间挤压错动带内				
拉裂结构面	C	拉张裂缝		面起伏粗糙，张开成空缝状，少充填，延伸长大	(1) 左岸山体深部松弛带内的Ⅰ级、Ⅱ级深裂缝；(2) 卸荷带内宽大张开裂隙	其强度参数根据具体部位拉张裂缝的性状及连通率等研究确定			

表 5.6－2　　　　　左岸山体主要结构面连通率及抗剪（断）强度参数取值表

编号		产状	简要工程地质性状	连通率/%	考虑连通率建议抗剪（断）强度参数取值原则
f₉（SL₂₄）		N60°～70°E/NW∠70°～80°	长约 300m，破碎带宽约 1.5m，由褐黄色和灰黑色两种构造岩组成	100	砂板岩内取 B₄ 类指标；大理岩中 40% 为空缝，无值，60% 取 B₂ 类指标
SL₁₃、SL₁₈、SL₂₉ 深部裂缝发育带		N25°～35°E/SE∠50°～60°	深部裂缝，无充填	100	大理岩中 40% 为空缝，无值，60% 取 B₂ 类指标
					砂板岩内分强、弱卸荷带按卸荷裂隙取值
f₅		N37°E/SE∠75°～85°	延伸长，宽 0.3～5.0m，岩屑夹泥型，B₄ 类	100	全部取 B₄ 类指标
f₂		N30°～40°E/NW∠40°～56°	基本顺层展布，产状破碎带宽 0.2～0.8m，岩屑夹泥型，B₄ 类	100	全部取 B₄ 类指标
近 SN—NNW 向裂隙		近 SN—NNW/SE∠60°～85°	—	20	20% 取 B₁ 类指标，80% 取潜在切割面通过处各类岩体指标的综合加权值
强卸荷	第③组 NNE 向顺坡裂隙	N20°～35°E/SE∠70°～85°	浅表部卸荷裂隙多微张—张开，充填岩块、岩屑、少量次生泥；局部夹泥型，B₁ 类	70	70% 取 B₁ 类指标，30% 取潜在滑移面通过处各类岩体指标的综合加权值
	第②组 NE 向裂隙	N50°～70°E/SE∠60°～80°			
弱卸荷	第③组 NNE 向顺坡裂隙	N20°～35°E/SE∠70°～85°	浅表部卸荷裂隙，多微张—张开，充填岩块、岩屑、少量次生泥；局部夹泥型，B₁ 类	50	50% 取 B₁ 类指标，50% 取潜在滑移面通过处各类岩体指标的综合加权值
	第②组 NE 向裂隙	N50°～70°E/SE∠60°～80°			

定、坝基抗渗透变形稳定有较大的影响，而且对左岸拱肩槽开挖边坡、泄洪雾化边坡稳定也有大的影响，要准确评价这些影响，提出工程应对以及处理措施的地质建议，并进一步评价处理效果。

1. 对左坝肩抗滑稳定的影响

深部裂缝对左坝肩抗滑稳定的影响，一般来讲主要是构成抗滑稳定的侧向边界。

由于左坝肩及抗力体范围内发育有 f₅、f₈ 等断层和煌斑岩脉，这些断层带内物质和岩脉性状都较差，且延伸稳定，是构成抗滑稳定的确定性侧裂面。而相对这些断层和岩脉来说，深部裂缝多分布在 f₅、f₈ 断层以里，空间延伸长度有限，且裂隙松弛带内无软弱物质，一般仅构成抗滑稳定的次要边界条件。通过深入的坝线选择，左坝肩及抗力体范围内深部裂缝以规模较小的Ⅲ级、Ⅳ级为主，且分布随机，Ⅰ级、Ⅱ级裂缝较少。可能与 f₂ 断层、第 6 层大理岩中顺层挤压错动带组合，构成影响左坝肩局部抗滑稳定的深部裂缝主要为Ⅰ勘探线高程 1780.00m 附近发育的 SL₉、SL₁₀，总体产状 N35°～42°E/SE∠65°～70°，在抗力体范围内延伸长 30～55m。

总体而言，深部裂缝对左坝肩抗滑稳定的影响较小。

2. 对拱坝变形稳定的影响

深部裂缝对拱坝变形稳定的影响主要表现在左坝肩及抗力体范围内发育有一定数量的深部裂缝，影响了左坝肩及抗力体岩体的完整性和均一性。

左岸抗力体加固处理洞室群及泄洪雾化区发育分布深部裂缝共 43 条，它们以规模较小的 Ⅲ 级、Ⅳ 级深部裂缝为主，裂缝多沿长大软弱结构面（如 f_5 断层、煌斑岩脉）两侧分布，形成裂隙发育的松弛岩带，部分裂隙张开 1～3cm，部分充填角砾、岩屑及次生泥，部分为空缝，多沿裂面弱—微风化，少量强风化。深部裂缝段岩体普遍较松弛、较破碎，岩体质量差，坝基（含抗力体）岩体质量分级中属 $Ⅳ_2$ 级岩体，其岩体变模值低，构成左岸抗力体范围内的主要地质缺陷，对拱坝变形稳定不利，是左岸抗力体加固处理的重点对象，需要采取适宜的加固处理措施来改善其工程地质性状，以满足拱坝对变形稳定的要求。

而右坝肩岩体完整性较好，变模值高，在拱坝荷载作用下两岸坝肩岩体将产生不均一变形，对拱坝变形稳定不利。

3. 对左坝肩防渗的影响

深部裂缝发育段岩体中裂隙普遍松弛微张—张开数厘米，岩体嵌合松弛—极松弛，多为中等—强透水岩体。

因深部裂缝的存在，使左岸坝肩岩体的水文地质条件变得较为复杂。左岸坝基岩体受深部裂缝及 f_5、f_8、f_2 等断层影响，呈现微透水带埋深较大、地下水位低平及在弱透水带中分布较多的中等—强透水性透镜体。整个左岸坝基从建基面至以里水平深度 70～220m 范围内岩体透水性较强，属透水率 q 在 10～100Lu 范围的中等透水岩体，此中等透水带展布延伸方向与深部裂缝 $Ⅳ_2$ 级岩体延伸方向基本一致。

针对左岸坝基及防渗帷幕部位分布的深部裂缝，可行性研究/招标阶段关于左岸防渗帷幕的建议为：在高程 1885.00m 向山里延伸约 600m，穿过三滩向斜核部第三段第 6 层变质砂岩，接到三滩向斜倒转翼的第三段第 5 层板岩，且帷幕通过第 2、4、6 层砂岩时适当加深以截断砂岩中强透水带，同时应做好抗力体内排水设施，以减少绕坝渗漏和渗透变形对坝肩岩体和边坡稳定性的影响。

施工详图阶段左岸抗力体加固处理 1885.00m、1829.00m、1785.00m、1730.00m、1670.00m 五个高程洞室群开挖揭示工程地质条件显示：防渗帷幕部位深部裂缝发育最大水平深度达 150～200m，与前期预测深度一致；以规模较小的 Ⅲ 级、Ⅳ 级深部裂缝为主，深部裂缝段岩体普遍较松弛和破碎，岩体完整性差，与前期预测一致为中等—强透水岩体，构成防渗帷幕部位最主要的可能渗透通道，对此进行了针对性的加强处理。

4. 对深部裂缝的工程应对

对左岸深部裂缝，在设计采取了"先避让、后处理"的原则进行拱坝布置和设计。

最终实施拱坝做到了：①坝肩抗力体避开 Ⅰ 级、Ⅱ 级的深部裂缝发育部位；大坝远离了深部裂缝发育带；②坝肩抗力体避开了 f_5 和 f_8 断层的交会处；③拱坝布置在河谷相对狭窄部位。拱坝距深部裂缝、松弛密集带等不良地质相对较远，基础变形相对较小，抗滑稳定安全储备略大，坝体混凝土及基础开挖工程量较小。

同时，针对左岸抗力体深部裂缝，采取了强加固处理，措施主要包括：左岸混凝土垫座置换、左岸抗力体固结灌浆、f_5(f_8) 断层混凝土网格置换、煌斑岩脉混凝土网格置换、抗剪传力洞。处理对象重点是左岸坝基建基面上或建基面以里存在断层、煌斑岩脉、深部裂缝、波速较低的IV₂级岩体。

针对左岸坝基防渗帷幕部位深部裂缝发育最大水平深度达 150～200m，以规模较小的III级、IV级深部裂缝为主，大坝帷幕分别在高程 1601.00m、1670.00m、1730.00m、1785.00m、1829.00m 和 1885.00m 设置六层灌浆平洞，水平长度分别约为 666.00m、696.00m、613.00m、533.00m、520.00m 和 437.00m，其中高程 1885.00m、1829.00m 两个灌浆平洞进入了三滩向斜倒转翼大理岩，高程 1785.00m、1730.00m 灌浆平洞进入了向斜核部第三段砂板岩第 5 层板岩，满足防渗要求。

左岸所有针对深部裂缝的加固处理均完成，工程运行期大坝、坝基、帷幕、抗力体等部位的各项监测显示，大坝运行正常。

5.7　深部裂缝地质勘察的一点体会

本书对 20 多年深部裂缝（深卸荷）的研究过程、思路、方法、内容、成果进行了系统而全面的总结、归纳，同时对深部裂缝的勘察、认知、研究有一点体会，可供中国西部雅鲁藏布江下游、怒江上游、澜沧江上游、金沙江上游、雅砻江中上游等山高谷深坡陡的地区，正在勘测设计、施工建设的水电工程类似问题的勘察研究借鉴和参考。

从深部裂缝一经勘探揭示，随着勘探的逐步深入，对其地质特征、空间展布及发育规律逐渐查明，对其成因机制等的认识逐步统一。总体上，对深部裂缝的认知有一个渐进发展的过程，有一个认识、再认识的过程，符合人类对一个未知事物的"认知—实践—再认知""表面现象—本质规律"的过程。这个过程，大体上可以划分为不包含成因认识的"深部裂缝"概念阶段和包含卸荷成因的"深卸荷"概念阶段。这一对客观事物发现—认知—再认知的实践过程，对水电水利工程面临的每一个全新的疑难问题的分析、研究都有借鉴意义。

1. 深部裂缝概念

1992 年年初，坝区左岸在 PD14 平洞的勘探中，发现在浅表部弱卸荷带以里一定深度内发育一系列张开裂隙，之后在同高程的 PD16、PD22 平洞中也发现了类似的张开裂隙；同时对上游 PD4、PD12、PD18 平洞揭示的张开裂隙的梳理表明，它们与 PD14、PD16、PD22 平洞中的张开裂隙在形态、成因上有相似性。对这些张开裂隙的特征、分布规律、工程地质性状进行的初步研究表明，它们与一般的岸坡浅表部卸荷裂隙不一样，根据其发育部位较深，在谷坡正常卸荷带、紧密岩带以里深部产生的岩体松弛拉裂现象，而在预可行性研究报告中提出了"深部裂缝"的概念。

从"深部裂缝"的字面可以看出，这个概念在当初刚刚提出来时没有成因的意思，而仅仅表现出其产出部位和形状两层意思：一是其位置是发育在岸坡深部，而不是浅表部；二是其工程地质性状一般呈现有明显张开宽度的裂缝或空缝。

2. 深卸荷带概念

锦屏一级水电站坝区左岸岸坡在 20 世纪 90 年代初期揭示的深部裂缝现象和卸荷带分浅表部、深部两部分的特征，表现出与当时国内已建、在建及正在勘测设计的水电站坝区两岸岸坡卸荷特征不一样的现象，卸荷作用不仅是坝区谷坡浅表岩体中结构面松弛张开，而且在浅表卸荷带底界以里一定深度范围内顺坡向结构面仍出现了不同规模的松弛张开现象，低高程发育深部裂缝位于谷坡地应力集中增高带以里，表现出有高地应力参与的深卸荷的特征。

通过对深部裂缝发育规律及其成因机制的深入研究，认为深部裂缝是一套边坡深卸荷拉裂裂隙体系，最终为表征这一特有地质现象，2003 年 9 月完成的《雅砻江锦屏一级水电站可行性研究报告》工程地质篇章经过广泛的深入研究，在全国水电工程界中第一个提出"深卸荷带"的概念。

锦屏一级水电站坝区岸坡岩体卸荷最终划分为了浅表部强、弱卸荷带和深卸荷带，各卸荷带主要工程地质特征见表 5.7 - 1。

表 5.7 - 1 锦屏一级水电站坝区岩体卸荷带分带特征

卸荷带类型	卸 荷 带 特 征
强卸荷带	（1）平行岸坡裂隙张开，表现为以集中松弛张开为主，充填岩块、岩屑或无充填；卸荷裂隙张开一般宽 3~7cm，个别达 20cm，卸荷裂隙间距一般为 2~5m； （2）卸荷裂隙两侧岩体结构松散，洞形不规则，平洞所经之处常塌顶掉块，最大塌顶高 4m，雨季多见滴水或流水； （3）平洞岩体声波测试图形呈锯齿状，高低相间出现，平均纵波速小于 3800m/s； （4）岩体结构极不均一，卸荷张开裂隙与完整岩体相间分布； （5）卸荷裂隙面多数风化锈染
弱卸荷带	（1）平行岸坡裂隙张开，表现为集中松弛张开，充填岩块、岩屑或无充填；卸荷裂隙张开宽 1~5cm，个别达 10cm，卸荷裂隙间距一般为 10m； （2）岩体显松弛，但基本上不会塌顶； （3）岩体声波纵波波速变化大，一般纵波为 3800~4800m/s； （4）岩体结构均一性差
深卸荷带	（1）深部裂缝松弛段与相对完整段相间出现，以相对完整段为主； （2）大理岩中普遍微风化—新鲜；砂板岩中深部裂缝发育段裂面多锈染； （3）深部裂缝一般无充填，少量充填钙华、方解石膜； （4）相对完整段岩体纵波速大于 4800m/s，Ⅲ级、Ⅳ级深部裂缝发育段纵波速小于 3500m/s，Ⅰ级、Ⅱ级深部裂缝发育段多无法实测纵波速

深卸荷带是锦屏一级水电站坝址左岸特有的地质现象。它主要表现为在岸坡浅表部强、弱卸荷带以里经过一段相对紧密完整的岩体后，又出现的深部裂缝、节理裂隙松弛带等地质现象。在大理岩中深卸荷底界水平深度一般为 150~200m，总体上，随高程降低深卸荷水平深度、带内张开裂隙密度、宽度变小，至高程 1650.00m 附近深卸荷现象消失。在砂板岩中深卸荷底界水平深度可达 200~300m，且在岸坡高高程深卸荷与浅表弱卸荷重叠。深卸荷带内岩体松弛段与紧密段相间分布，松弛段岩体声波纵波速 $V_p <$ 3500m/s，紧密段岩体声波纵波速则在 4800m/s 以上。

锦屏一级水电站预可行性研究报告第一次提出"深部裂缝"、可行性研究报告第一次提出"深卸荷带"的概念后，随着西部水电工程开发的逐渐加快，在大渡河、雅砻江、金沙江等一批大中型水电站的地质勘察中也逐渐揭露出一系列与锦屏一级坝区左岸边坡深卸荷（深部裂缝）或卸荷深类似的现象。如大渡河双江口水电站右岸边坡发育的深卸荷现象，金沙江叶巴滩水电站两岸岸坡发育的深卸荷现象。在对这些水电站卸荷特点进行了深入的对比分析、研究后，"深卸荷带"的概念才被引入国家标准《水力发电工程地质勘察规范》（GB 50287），在"岩体卸荷带划分"附录中对"深卸荷"的概念和划分标准进行了规定，并明确规定，"深卸荷"与卸荷深的一个明显标志性区别是，"深卸荷"与浅表部常规卸荷之间一定有一个宽窄不等的紧密岩带。

第 6 章

坝区岩体工程地质分类及参数选取研究

锦屏一级水电站坝区地质条件极其复杂：一是坝区岩石层组多，岩性组合较复杂，既有坚硬的大理岩、变质砂岩，又有相对软弱的板岩和绿片岩；二是岩体内各种原生、构造及次生结构面发育，主要表现为层面、层间挤压错动带、断层及节理裂隙和卸荷裂隙等；三是岩体赋存环境地应力高—极高，左右岸实测岩体初始最大主应力达 35～40MPa，大理岩新鲜岩石单轴饱和抗压强度一般为 60～75MPa，岩石强度应力比多为 1.5～4；四是岸坡岩体卸荷作用强烈，特别是在高地应力卸荷条件下左岸形成的深部裂缝等四大特点构成了影响坝区岩体质量的基本地质因素。因此，在进行坝区岩体质量分级时，首先是围绕上述主要地质因素开展岩体质量单因素分级；再以水电工程坝区岩体工程地质分类标准为基础，综合考虑岩体地层层位和岩性组合特征、岩体结构特征及风化卸荷（深卸荷）作用发育程度的多因素影响，进行工程地质单元划分和岩体质量分级，在我国水电工程界首次建立了考虑深卸荷影响的坝区岩体质量分级体系，包括坝区结构面规模分级与性状分类、坝区岩体质量分级、地下洞室围岩分类。在分级（类）的基础上开展了大量的岩石（体）与结构面物理力学性质试验研究和物理力学参数选取研究。这些研究思路、方法、过程与成果富有鲜明的锦屏一级特色。

6.1　主要研究内容

为了完成坝区岩体工程地质特性及参数选取研究，在 20 世纪 80 年代末期已完成可行性研究地质勘察工作的雅砻江二滩水电站相关研究方法、思路的成功经验基础上，与同期勘察的金沙江溪洛渡、澜沧江小湾、黄河拉西瓦等一批 250～300m 以上超高拱坝类似，从预可行性研究阶段开始，开展了大量的勘探、物探、试验和工程地质测绘工作，除大量常规的平洞、钻孔勘探，平洞声波、钻孔声波及其钻孔全景图像、地震层析成像等物探，岩土体室内常规、岩体现场承压板变形模量、岩体与结构面现场抗剪断等试验外，还针对锦屏一级水电站地质特点，开展了大量的专门性试验和工程地质专项调查、专题研究，如针对岩石流变力学特性开展了岩石室内中剪流变试验、室内三轴试验；针对软弱结构面在长期高水头下的渗透破坏特性开展了现场非常规渗透变形试验；针对坝区主要优势结构面延伸与连通情况，在专门的勘探平洞内开展了大量的节理连通率调查统计工作，基本查明了坝区主要优势结构面的连通率情况；针对高地应力对深部岩体完整性指标 K_v 的影响，开展了岩体质量指标 RQD 来表征岩体完整性的分析研究；等等。其中最关键的是深部裂缝规模分级、性状分类与坝区结构面规模分级、性状分类的关系研究，深部裂缝发育状况对岩体质量的影响研究等。

根据坝区岩体工程地质分类及参数选取研究，其具体内容可以划分为坝区结构面研究、坝区岩体质量工程地质分类研究、坝区岩体与结构面参数选取研究和地下洞室群围岩工程地质分类与参数选取研究四个方面。

（1）坝区结构面研究主要是研究深部裂缝分级、分类与坝区结构面规模分级、性状分类的归级、归类，并对典型的优势结构面开展连通率勘探和调查统计。

（2）坝区岩体质量工程地质分类研究。在前期勘察阶段大量勘探试验成果和地质调查统计成果的基础上，首先是对经受了多期多方位的强烈构造作用和区域变质作用的三叠系杂谷脑组大理岩与砂板岩进行岩性分层及相应的工程地质岩组划分；其次是硬脆岩体结构特征研究，重点是左岸深部裂缝、两岸部分岩体中溶蚀裂隙（KL）的集中发育岩体结构及对岩体质量影响；最后完成岩体质量工程地质分类。开挖后根据开挖揭示地质条件，开展必要的物探检测和补充试验，对坝区岩体质量分级进行复核研究。

（3）坝区岩体与结构面参数取值研究。根据坝区岩体质量分级、结构面分类开展室内与现场试验工作；按照规程规范有关规定，对试验成果归类、统计、分析；按照岩体质量分级、结构面分类完成参数选取，重点是左岸不同规模级别深部裂缝及其松弛带岩体、部分岩体中溶蚀裂隙（KL）岩体的力学参数选取研究，并完成岩体各种动—静关系相关性的分析研究。开挖后根据开挖揭示地质条件，开展必要的物探检测和补充试验，对坝区岩体参数选取进行复核研究。

（4）地下洞室群围岩工程地质分类研究。开展勘探、试验和工程地质调查、测绘工作，查明地下洞室群围岩地质条件，深入分析影响围岩工程地质分类的岩性岩组与岩石强度、岩体完整性、结构面与地下水状况、地应力状况等因素，完成地下洞室围岩工程地质分类研究，进一步完成围岩分类参数选取研究。开挖后根据地下洞室开挖揭示实际地质条件，开展适当的物探检测、试验测试，完成地下洞室群围岩分类复核研究。

坝区岩体工程地质特性与参数选取研究中，针对一些锦屏一级独特的地质特点、工程特点，开展了一些与其他拱坝工程不尽相同的专题研究和专项研究，也取得了一些差异性、创新性的研究成果，其研究过程中的思路和技术路线、采用的一些方法与手段、最终的成果都对后续拱坝工程、其他混凝土坝工程的岩体工程地质特性与参数选取研究具有一定的参考意义。

6.2 坝区结构面

锦屏一级与大多数水电工程基本一致，在坝区结构面工程地质分类中，首先对坝区不同规模、不同性质断层进行研究；其次对坝区节理的几何特征、空间形态、组合关系进行研究；最后完成结构面的规模分级和性状分类。其中深部裂缝的规模分级与性状分类在结构面规模分级与性状分类中的归属是最困难的。由于类似的工程经验少，且由于地质条件差异大，可以借鉴的东西不多，最终，在结构面规模分级、性状分类的研究中有较多的锦屏一级首创、突破与亮点成果。

6.2.1 坝区结构面发育特征

坝区受区域地层沉积、变质与地质构造运动影响，层理、层面等原生结构面和断层、层间挤压错动带、节理裂隙等构造结构面发育。另外，坝区位于中国西部雅砻江下游的高山峡谷区，岸坡高陡，风化卸荷等物理地质作用强烈，卸荷裂隙、溶蚀裂隙等次生结构面也很发育，尤其是坝区左岸深卸荷成因的深部裂缝是坝区主要次生结构面。

1. 原生结构面

原生结构面在坝区以大理岩、砂板岩层面为主，一般延展性很强，其产状随岩层变化而变化，其特性随岩石性质、岩层厚度、水文地质条件以及风化条件而有所不同。坝区各种层面普遍经变质作用，一般均有一定的胶结，嵌合较紧密—紧密，在新鲜岩体内发育较少、延伸较短，在风化卸荷带内发育较多、延伸较长。总体上厚—巨厚层状的大理岩、角砾状大理岩、条纹状大理岩和变质砂岩层面不发育，而薄层、薄—中厚层状大理岩、条带状大理岩和薄层状板岩中，层面较发育。

坝区还有一种原生结构面是绿片岩片理面，一般多短小，嵌合较紧密。总体上绿泥石片岩中发育较多，大理片岩、钙质绿片岩中发育较少。

2. 构造结构面

坝址区地质构造格局上位于锦屏山断裂西侧 2km 处，处于印支期紧闭倒转三滩向斜之南东翼（正常翼）。

坝区为纵向谷，右岸为顺向坡，左岸为反向坡，地层倾向左岸。岩体受构造影响强烈，断层、层间挤压错动带、节理裂隙等构造结构面发育。坝区左岸发育有 F_1、f_2、f_5、f_8、f_9、f_{42-9} 等断层，右岸发育有 f_{13}、f_{14}、f_{18} 等断层，左岸高高程砂板岩和两岸大理岩第 6 层中发育有较多层间挤压错动带。岩体中还有规模、延伸长度不等、产状不同的节理裂隙发育。两岸还有延伸长、连续性好的煌斑岩脉出露。

3. 次生结构面

坝区地处高山峡谷区，雅砻江下切快、下切深度大，两岸谷坡在地壳急剧抬升过程中逐步形成。在此过程中岸坡高地应力的释放、分异、重分布和重力卸荷作用均十分强烈，形成了一系列不同成因的次生结构面。

第一类是浅生改造结构面。高陡谷坡抬升过程中高地应力向临空方向的释放（应力卸荷），先沿早期构造结构面拉开，后期再受重力卸荷叠加、改造作用下，形成了浅生成因的深部裂缝。

第二类是表生改造结构面。河谷下切岸坡形成的过程中，表部岩体在重力作用下发生卸荷回弹，同样沿早期构造结构面拉开或岩体拉裂，在两岸岸坡浅表部发育形成了表部卸荷裂隙。这些卸荷裂隙一般呈上宽下窄的 V 形开缝，一般延伸数米至几十米，与地表连通性较好，雨季可见渗滴水。

第三类是溶蚀裂隙。坝区大理岩为岩溶较微弱的可溶岩，但受地下水影响，沿断层、绿片岩与大理岩界面、NWW 向导水的构造张裂隙仍有一些岩溶发育，形成了岩体溶蚀裂隙。

6.2.2 考虑深部裂缝的结构面规模分级

鉴于区域性断层手爬断层出露于坝区下游，与工程关系不大，不参与结构面的规模分级。

1. 深部裂缝分级

坝区结构面规模分级前须先对深部裂缝进行分级，然后再考虑不同级别深部裂缝在结构面分级中的归属。

坝区左岸发育的深部裂缝普遍以中倾—中陡倾为主，延伸长数十米至近 200m，张开 1~10cm，最大累计张开度可达 50~100cm，平面上呈串珠状，相互之间及与地表连通性差。第5章依据深部裂缝的张开宽度、充填物特征等，将深部裂缝（带）划为4个等级（表6.2-1）。

表6.2-1 坝区左岸深部裂缝（带）分级表

级别	主 要 地 质 特 征	累计张开宽度/cm	延伸长度/m	裂缝数/条
I	一般表现为单条长大空缝，最大张开宽度不小于20cm，无充填，或充填少量岩块、角砾。沿走向和倾向方向均呈缩放相间形态，一般在原有小断层基础上发育，多有数十厘米的下错位移。延伸长度较大，通常在百米以上	≥20	>100	21
II	一般表现为具有一定宽度的松弛塌落带，单条最大张开宽度介于10（含）～20cm之间，但较密集，带较宽，裂缝多无充填，较新鲜，有数厘米至数十厘米的下错位移。延伸长度较大，通常为数十米	10～20	10～100	18
III	一般为数条小裂缝平行发育组成的松弛岩带，累积张开宽度介于3（含）～10cm之间，部分充填岩块、岩屑，部分未充填，成空缝，一般无下错位移，个别裂缝可见上盘下错位移。延伸长度几米至几十米	3～10	数米至数十米	34
IV	为裂隙松弛带，裂隙密集发育，岩体松弛，无典型空缝，累积局部张开宽度小于3cm。延伸长度较小，一般几米至十几米	<3	<10	59

2. 结构面规模分级

按照结构面的规模及其对工程岩体稳定性和岩体力学性质的影响程度，将坝区结构面分为5级（表6.2-2）。其中I级、II级深部裂缝延伸长数十米至百余米，其规模与坝区右岸f_1、f_7、f_{18}等断层及左岸f_9断层差不多，在规模分级中将其划为同样的II级结构面；III级、IV级深部裂缝延伸长数米至数十米，其规模与坝区左右岸平洞勘探揭示的宽度小于20cm的断层相似，在规模分级中将其划为同样的III级结构面。

表6.2-2 坝区岩体结构面规模分级表

级别	分级规模	工程意义	主要地质特征	代 表 类 型
I	延伸长度大于300m的断层，破碎带宽度多大于1m	特定的软弱结构面，为独立的工程地质单元，构成控制坝肩稳定的主要边界	断层主要由碎块岩、碎粒岩组成，断层面附近有不连续的碎粉岩	f_2、f_8、f_5、f_{13}、f_{14}断层
II	延伸长数十米至百余米的断层、层间挤压错动带及左岸深卸荷带I级、II级深部裂缝。断层、层间挤压错动带宽度一般大于20cm，小于1.0m	软弱结构面，破坏岩体完整性，构成两岸坝肩岩体稳定性的控制边界	断层、层间挤压错动带主要由碎块、碎粒岩及碎粉岩组成；I级、II级深部裂缝呈空缝	除上述5条断层以外的其他规模较大如f_1、f_7、f_9、f_{18}等断层，g_1～g_4层间挤压错动带；左岸深卸荷带中SL_{15}、SL_{24}；左右岸强卸荷带内张开卸荷裂隙

级别	分级规模	工程意义	主要地质特征	代表类型
Ⅲ	延伸长数米至数十米的小断层、层间挤压错动带和NWW—EW向张节理发育带,左岸延伸长度多在10m以上的深卸荷带Ⅲ级、Ⅳ级深部裂缝。小断层、层间挤压错动带宽度一般小于20cm	多属软弱结构面,岩体结构类型划分的主要地质依据,影响岩体力学性质及结构效应	小断层、层间挤压错动带主要由碎粒岩、少量碎粉岩组成;Ⅲ级、Ⅳ级深部裂缝一般无软弱物质充填	左右岸带平洞编号的小断层和第二段第6层大理岩、第三段砂板岩中的层间挤压错动带;左右岸弱卸荷带内卸荷裂隙;左右岸第二段大理岩中的KL;左岸深卸荷带Ⅲ级、Ⅳ级深部裂缝
Ⅳ	延伸长度一般小于5m的节理裂隙	硬质结构面,坝区优势裂隙,控制岩体的完整性,是岩体结构类型划分的主控因素	岩体内普遍分布	层面裂隙及构造节理
Ⅴ	一般延伸长数厘米至数十厘米	坝区随机裂隙,影响岩块的力学性质	随机分布的裂隙	厚层块状大理岩中的细小裂隙

经过充分研究并在类比有关工程结构面分级情况的基础上,根据坝区地质条件实际情况研究确定了坝区结构面的规模分级:Ⅰ级结构面为控制坝基稳定的主要结构面,宽度多大于1m,长度大于300m,以f_2、f_8、f_5、f_{13}、f_{14}断层为代表;Ⅱ级结构面为控制坝基局部稳定的控制性结构面,宽度一般为0.2~1.0m,长度数十米至百余米,以f_1、f_7、f_9、f_{18}断层和SL_{15}(f)、SL_{24}(f)等深部裂缝为代表;Ⅲ级结构面为宽度小于0.2m的小断层和层间挤压错动带,以大理岩、砂板岩中的顺层层间挤压错动带为代表;Ⅳ级结构面为普遍分布的优势节理裂隙、Ⅴ级结构面为随机分布的节理裂隙。其中Ⅱ级与Ⅲ级结构面的分级宽度是20cm,而不是后来规范规定的10cm,这也是在统计了锦屏一级绝大多数平洞揭示断层破碎带、层间挤压错动带的宽度后确定的。

上述划分与现行有关规范略有不同,充分反映了锦屏一级坝区地质结构面尤其是深卸荷裂隙发育的特色和工程意义。

6.2.3 考虑深部裂缝的结构面性状分类

结构面性状分类是进行岩体与结构面参数选取时必须先完成的基础性工作之一。锦屏一级为完成这个工作,首先理顺分查明了不同规模、性状深部裂缝呈现出的地质特征,它的分类与结构面分类的关系、对应性,尤其是张开宽度10cm以上的Ⅰ级、Ⅱ级裂缝的性状分类。经综合分析,坝区结构面分为刚性结构面(无充填或硬质充填)、软弱结构面(有软弱物质组成或充填)和拉裂结构面(无充填)3大类7个亚类,其中Ⅰ级、Ⅱ级深部裂缝属于第三大类拉裂结构面,Ⅲ级、Ⅳ级深部裂缝属于第二大类软弱结构面中的B_2类松弛裂隙面。

1. 深部裂缝分类

深部裂缝普遍以中倾—中陡倾为主,呈现出一些凸点部位充填的钙华、方解石轻微压碎的特点，普遍有张开，一般张开 1～10cm，最大累计张开度可达 50～100cm，平面上呈串珠状，相互之间及与地表连通性差。

依据深部裂缝的张开与否及其张开宽度、充填物特征等性状，将深部裂缝（带）划为两种类型：一是明显拉张空缝型，具有明显的张开特点，在性状上既不同于无充填的硬质刚性结构面，也有别于有物质充填的软弱结构面，有必要将其单独列出；二是松弛且少量钙华、方解石或岩屑充填，呈现出与大理岩中 NWW—近 EW 向长大溶蚀裂隙相似的特点，可以归类为一种松弛裂隙型的结构面。

2. 结构面性状分类

按性状对结构面进行的类别划分，一方面可理顺坝区结构面的主次；另一方面可以深入研究结构面性状对结构面参数的影响。宏观上，坝区结构面分类从性状上按有无软弱物质充填分成两大类型：硬质刚性结构面（无充填）和软弱结构面（有物质充填）。另外，考虑可能构成大坝抗力体边界的结构面，一是底滑面（以中缓倾结构面为特征），二是侧裂面（以陡倾结构面为特征）。因此，对上述的硬质刚性结构面、软弱结构面按照各自物质组成再进行细分；同时鉴于陡倾的断层主错带（面）和中缓倾的层间挤压错动带（面）在力学性质上的相似性，在强度参数取值时，将两者合并一起考虑。最终，将坝区结构面分成 3 大类 7 个亚类（表 6.2 - 3）。

表 6.2 - 3　　　　　　　　　　　　坝区结构面性状分类

大类	亚类代号	地质类型	风化卸荷	结构面特征	含泥特征	代表性结构面
刚性结构面	A₁	新鲜硬接触节理裂隙	微—新	面平直粗糙，微—新，结合紧密，有一定胶结，强度较高	—	大理岩内的层面裂隙、隐裂面和钙质绿片岩与大理岩接触界面（裂隙）；微—新大理岩、砂板岩岩体中的硬质新鲜节理裂隙面
	A₂	无充填硬接触节理裂隙	弱卸荷	面平直粗糙，微—弱风化，无胶结，强度中等	—	弱卸荷带岩体中倾坡外的硬质结构面
软弱结构面	B₁	局部夹泥裂隙面	弱卸荷	面平直粗糙，显松弛，局部附泥膜，无胶结	层面裂隙或卸荷裂隙充填物质以岩块岩屑为主，呈现无泥或局部极少量次生泥特征	卸荷带内的层面裂隙及松弛张开的其他结构面
	B₂	松弛裂隙面	无卸荷深卸荷	面平直粗糙，显松弛，局部附泥膜或充填次生泥，无胶结	长大松弛溶蚀裂隙呈现出岩屑夹泥型特征；Ⅲ级、Ⅳ级深部裂缝呈现空缝或少量岩块岩屑特征，无泥	大理岩中近 EW 向长大松弛溶蚀裂隙；左岸山体深部成带出现的Ⅲ级、Ⅳ级拉裂面
	B₃	绿泥石片岩片理面	—	较软弱绿片岩片理面，含绿泥石膜，面波状较光滑	绿片岩夹层层面普遍含绿泥石膜，呈现出泥夹岩屑型特征	各层大理岩中的绿片岩夹层层面

续表

大类	亚类代号	地质类型	风化卸荷	结构面特征	含泥特征	代表性结构面
软弱结构面	B₄	断层主错带（面）	—	面平直光滑，局部夹泥，破碎带物质以岩屑及细、中角砾为主，岩屑含量15%～25%，角砾含量60%～80%	断层、层间挤压错动带以细粒易软化、泥化的碎粒岩、碎块岩为主，总体呈现出泥夹岩屑型、泥型结构面特征	左岸 f_5、f_8 及右岸 f_{14}、f_{13} 等断层破碎带；左岸砂板岩中断层破碎带
		层间挤压错动带（面）	—	面平直光滑，含绿片岩软化面及局部碳化面，带内物质以岩屑及粉粒为主，岩屑含量25%～40%，粉粒含量35%～60%，另含少量细角砾		大理岩中层间挤压错动带
拉裂结构面	C	拉张裂缝	深卸荷	面起伏粗糙，张开成空缝状，少充填，延伸长大	空缝为主，无泥	左岸山体深部张开宽度大于等于10cm的Ⅰ级、Ⅱ级深裂缝；强卸荷带内宽大的单条张开卸荷裂隙

　　结构面性状分类结果与当时同类工程和后来同类工程的结构面性状分类比较，也有两个突出的特点：

　　（1）坝区左岸中高高程岸坡150～300m深部范围内发育的Ⅰ级、Ⅱ级深部裂缝和左右岸均有发育的强卸荷带内宽大张开卸荷裂隙，一般多张开成空缝，一般张开宽度达20～30cm，个别大于30cm，少充填，呈现出独特的、与刚性结构面、软弱结构面性状和性质完全不同的地质特点，因此经过多年的专门研究，在当时规程规范的刚性结构面和软弱结构面两大类基础上增加了一个拉裂结构面类型。

　　（2）坝区软弱结构面中，弱卸荷带内的层面裂隙或卸荷裂隙，充填物质以岩块岩屑为主，局部夹有极少量次生泥，呈现出岩块岩屑型结构面特征；大理岩中近EW向长大松弛溶蚀裂隙和左岸岸坡中的Ⅲ级、Ⅳ级深部裂缝，前者充填物质以岩屑、碎块夹次生泥为主，呈现出岩屑夹泥型结构面特征，后者以张开宽度数厘米的空缝为主，少量充填岩屑，两者均显松弛，呈现出松弛裂隙面性状；大理岩中的绿片岩夹层界面普遍含绿泥石膜，局部夹有少量岩屑，呈现出泥夹岩屑型特征；断层、层间挤压错动带以细粒的碎粒岩、碎块岩为主，总体呈现出泥夹岩屑型、泥型结构面特征。为了便于地质勘察工作者野外现场、施工开挖工作面对软弱结构面性状及参数的把握，按成因将坝区软弱结构面分为了弱卸荷岩体局部夹泥裂隙面（B₁）、无卸荷或深卸荷岩体松弛裂隙面（B₂）、绿泥石片岩片理面（B₃）和断层主错带（面）及层间挤压错动带（面）（B₄）4类，与有关标准对软弱结构面性状分类类型略有不同。

　　总之，该结构面性状分类充分反映了锦屏一级水电站工程结构面性状的特点，部分研究成果已纳入有关标准。

6.2.4　基于多手段的结构面连通率研究

结构面的连通率是反映结构面延伸程度和连通状况的一个重要参数，对评价坝基、坝肩岩体的稳定性起着关键的控制作用。它是拱坝工程地质勘察的重要内容之一。结构面的连通率可分为线连通率和面连通率。结构面线连通率可通过实际投影法、统计窗口法以及基于结构面网络模拟等方法确定。结构面面连通率一般难以直接测定，可根据在结构面的走向和倾向上分别测得其线连通率相乘之积确定；也可在横河向平洞中和顺河向平洞中根据同组结构面线连通率统计相乘之积确定；还可以用线连通率的平方来确定。

从预可行性研究开始，锦屏一级水电站就对控制拱坝坝肩抗滑稳定、边坡稳定的诸如右岸近 SN 向裂隙、右岸大理岩中绿片岩夹层与层面裂隙、左岸缓倾河床裂隙、左岸 SL_{44-1} 等主要控制性结构面开展了大量的连通率地质勘察和统计方法、理论计算方法、成果统计等研究。

1. 研究方法选择

20 世纪 90 年代末期和 21 世纪初，结构面连通率研究的理论方法主要包括迹长估算窗口法（H-H 连通率法）、广义 H-H 连通率法计算方法、蒙特卡洛连通率法等。其中广义 H-H 连通率法计算方法复杂，三维面连通率法涉及计算机三维网络模拟，实际工程中仅作验证比对研究。使用比较多的是迹长估算窗口法。

迹长估算窗口法是采用大量的基体结构面测窗和某一方向组结构面调查资料，统计窗面积宜取 $10m^2$，用迹长估算窗口法估算该方向组结构面的连通率。可按下式计算：

$$K = \frac{n_1 + 2n_0}{2N + n_2} \qquad (6.2-1)$$

式中：K 为结构面连通率，%；n_0 为统计窗两端不可见的不连续面数；n_1 为一端可见的不连续面数；n_2 为两端可见的不连续面数；N 为不连续面的总数。

当结构面走向上有勘探平洞揭露时，最常见及常用的方法是全迹长实际投影法。该方法是通过确定一定宽度的测带，将这一带上所有的同组结构面都向测量基线上投影，求出基线上所有投影线段长度总和，其与测量长度的比值即为结构面连通率。结构面连通率可按下式计算：

$$K = \frac{\sum\limits_{i=1,n}^{n} L_i \cos\theta_i}{L} \qquad (6.2-2)$$

式中：K 为结构面连通率，%；L 为测带长度，m；n 为实测的裂隙条数；L_i 为第 i 条裂隙长度，m；θ_i 为第 i 条裂隙走向与基线的夹角，(°)。

采用全迹长实际投影法调查统计结构面连通率时，宜在 $2m \times 2m$ 的平洞内，向平洞洞壁中心线或洞顶中心线投影，且陡倾角、中陡倾角结构面走向与投影方向交角不宜大于 $30°$。一般情况下，有如图 6.2-1 所示 4 种统计计算方法。

2. 结构面连通率勘察

结合整个坝区勘探，结构面连通率的调查以平洞为主，地面露头次之，钻孔为辅。

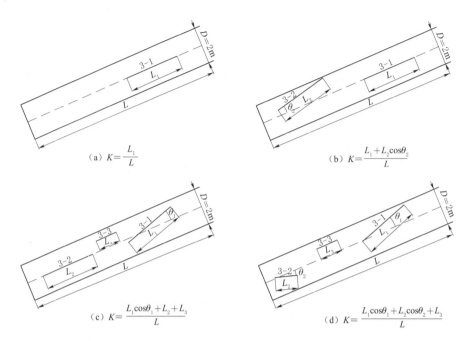

图 6.2-1　右岸近 SN 向裂隙连通率统计计算的 4 种情况示意图

　　采用实际投影法调查统计时，平洞勘探以垂河向和顺河向平洞为主，再根据需要开展适量沿结构面走向的追踪平洞。采用统计窗口法调查统计时，每一窗口面积不宜小于 $10 m^2$。平洞可以直观地揭示结构面的单条或带的发育展布、延伸特征，长度与发育间距，以及结构面的性状。

　　地面露头调查统计时，每一统计点的统计面积不宜小于 $10 m^2$。

　　钻孔岩芯或钻孔全景图像统计主要通过对结构面揭示情况，间接推测结构面延伸、展布特征，其准确度取决于钻孔岩芯取芯质量、芯样完整性及全景图像清晰度等。

　　3. 结构面连通率成果

　　为了确定结构面连通率参数，开展了多种手段的结构面连通率调查统计研究。

　　对右岸坝肩及抗力体范围内近 SN 向陡倾角裂隙的调查成果表明，该组裂隙在右岸为非优势裂隙，不发育，地表零星发育间距一般大于 30m，平洞平均水平间距 6.16m，线密度为 0.16 条/m，总体上是一组随机裂隙，不构成右岸坝肩抗滑稳定计算中的确定性侧裂面。对右岸与近 SN 向陡倾裂隙走向近于平行或小角度相交的顺河向勘探平洞，采用全迹长实际投影法调查统计、计算，近 SN 向陡倾角裂隙的走向线连通率平均为 15%～20%。施工期右岸坝基及拱肩槽边坡、泄洪雾化区边坡、抗力体各高程洞室群和过坝交通洞开挖后，对其特征及连通率进行了复核。综合两阶段成果，近 SN 向裂隙走向连通率的调查统计成果见表 6.2-4，最终采用线连通率为 15%～20%。

　　类似地，对其他结构面的连通率进行了调查统计，成果如下：

　　坝区发育层面裂隙和 N50°～90°W/NE（SW）∠80°～90°、N50°～70°E/SE∠60°～85°、N20°～40°E/SE∠60°～85°四组裂隙的连通率调查统计成果见表 6.2-5 和表 6.2-6。

表 6.2－4　　　　　　　　坝区右岸近 SN 向裂隙走向连通率统计表

岩层代号	统计带数（2m 带宽）	SN 向裂隙走向线连通率/%		
		最　小	最　大	算术平均
2（6）	15	3.0	45.8	16.1
2（5）	4	3.6	21.8	11.2
2（4）	18	4.1	44.3	15.6
2（3）	5	12.6	23.5	14.8
2（2）	1	12.8	12.8	12.8
不分岩层	43	3.0	45.8	14.1

表 6.2－5　　　　　　　　左右岸各岩层层面裂隙连通率统计表

岩层代号	岩层岩性	层面裂隙发育状况	走向连通率/%
3（3）	粉砂质板岩夹少量砂岩	延伸长，发育	100
3（2）	厚层变质砂岩夹少量粉砂质板岩	延伸长，较发育	60～80
2（8）	厚层大理岩、条纹状大理岩，底部为绿片岩夹层	延伸短小，发育较少	30～40
2（7）	厚层大理岩、条纹状大理岩	延伸短小，发育较少	10～30
2（6）	薄—中厚层状条纹条带状大理岩夹绿片岩	延伸长，较发育	60～80
2（5）	厚层大理岩、条纹状大理岩	延伸短小，发育较少	10～30
2（4）	杂色厚层角砾状大理岩夹绿片岩透镜体	延伸短小，发育较少	35（绿片岩连通率）
2（3）	厚层大理岩、条纹状大理岩	延伸短小，发育较少	30～40

表 6.2－6　　　　　　　　左右岸三组优势裂隙连通率统计表

连通率	N20°～40°E/SE∠60°～85°	N50°～70°E/SE∠60°～85°	N50°～90°W/NE（SW）∠80°～90°
	最小～最大（平均）/%	最小～最大（平均）/%	最小～最大（平均）/%
左岸	—	15.7～31.6（23.1）	16.3～47.1（26.4）
右岸	（20.0）	8.6～48.1（23.5）	12.4～79.8（32.9）
建议采用	20～25	20～25	25～35

　　对右岸第 4 层大理岩中顺层绿片岩的调查统计表明，绿片岩中性状较好、与大理岩接触紧密的钙质绿片岩及大理片岩占 62.6%，性状较差、与大理岩多为裂隙接触的绿泥石片岩、炭质千枚岩占 37.4%；不分走向、倾向的线连通率为 35%～40%，其中钙质绿片岩、石英片岩占 22%，绿泥石片岩占 13%。如何区分三类绿片岩，主要依靠两种方法来区分：一是看颜色，绿泥石片岩偏绿，炭质千枚岩偏黑，钙质绿片岩、石英片岩偏灰色、灰白色；二是靠地质锤敲击，绿泥石片岩、炭质千枚岩敲击一般是哑声、闷声，而钙质绿片岩、石英片岩是清脆声、梆梆响。

对结构面连通率的调查统计过程和结果各有差异，但层面裂隙、右岸第 4 层大理岩中绿片岩和三组优势裂隙总体发育分布较多，比较好调查、统计；左岸缓倾河床节理裂隙、右岸近 SN 向陡倾侧裂面发育少且多短小，在平洞调查中，很难找到，一个 200m 的平洞仅仅几条至十几条，往往要花费较多的人力、较长的时间去寻找、观测、统计。

6.3　考虑深卸荷因素的坝区岩体质量工程地质分类

坝区岩体质量分级主要针对坝址区拟建混凝土特高拱坝对地基岩体的要求，以控制岩体物理力学特性的主要地质因素作为分级的基本要素，对主要地质因素采用定性与定量指标相结合，最后按不同工程地质因素组合时岩体的力学参数作为分级归类的标准。

坝区地质条件表现为不同岩质的岩石类型多，既有坚硬的大理岩、变质砂岩，较坚硬的大理片岩、钙质绿片岩，又有相对软弱的板岩和绿片岩，还有新鲜时较坚硬、风化后普遍较软弱的煌斑岩脉，岩石岩性组合较复杂；岩体内原生层面，层间挤压错动带、断层及节理裂隙等构造结构面发育；坝区地应力环境属高—极高地应力区；此外，坝区两岸浅表部岩体受风化卸荷作用的影响强烈，特别是锦屏一级工程独有的左岸深部裂缝和两岸局部发育的 NWW 向长大溶蚀裂隙集中发育带等特殊地质现象，这些都是影响坝区岩体质量的重要地质要素。综合分析、研究认为，影响坝区岩体质量的主要地质因素包括地层岩性及工程地质岩组、岩体结构、岩体紧密程度、深部裂缝发育状况四个方面。这四个地质因素中，深部裂缝的工程地质性状的认识、岩体类型和岩体质量划分最难于把握，也是锦屏一级坝区岩体质量工程地质分类研究中必须首先解决的工程地质问题。

勘测设计阶段开展了大量的地质调查和勘探、试验工作以分析研究这四个方面对岩体质量的影响情况。在大量的勘察与研究工作中，对地层岩性和岩石类型、风化、卸荷（浅表常规卸荷）的研究比较常规，与同期勘察的溪洛渡、小湾、拉西瓦及之后勘察的大岗山、孟底沟等特高拱坝工程没有大的区别，而在工程岩组划分与工程地质特性、层状硬脆岩体的结构特征与类型、岩体紧密程度、深部裂缝发育状况对岩体质量的影响等方面的研究则具有一定的独特性和创新性，显示出与前述特高拱坝工程同样研究的差异和不同的亮点。这些研究及其成果，都具有锦屏一级工程鲜明的特点，其研究思路、实现技术路线、成果应用等均有重要借鉴指导意义，如叶巴滩水电站拱坝坝区岩体质量分类亦考虑了深卸荷发育这一重要因素。

6.3.1　复杂岩性条件下的工程岩组划分

坝区分布地层岩性总体上可以划分为大理岩、砂板岩、绿片岩和煌斑岩四大类，各类中的岩石类型多，形成的岩层岩性多而复杂，从相对软弱的板岩和绿片岩，到较坚硬的大理片岩、钙质绿片岩，再到坚硬的大理岩、变质砂岩，还有新鲜时较坚硬、风化后普遍较软弱的煌斑岩脉，它们的岩石物理力学参数见表 6.3 - 1。这些岩层岩性类型中，既有单一岩石组成的岩层，如煌斑岩脉；又有不同岩石类型组合形成的岩层，如第二段大理岩、第三段砂板岩中的各岩层。这些不同岩层可以按照主要岩性或岩石类型进一步归并、划分成工程地质岩组。

表6.3-1　锦屏一级坝区新鲜岩块物理力学参数汇总表

岩性	组数	加载方向	烘干密度 /(g/cm³)	比重	吸水率 /%		声波波速 Vp/(m/s)	弹性模量 E/GPa	抗压强度 /MPa		抗拉强度 /MPa		软化系数	泊松比
					普通	饱和			干	湿	干	湿		
条纹条带晶质大理岩	42	不分	2.68~2.83 (2.72)	2.71~2.85 (2.74)	0.08~0.26 (0.15)	0.13~0.31 (0.22)	3300~6160 (4421)	20~41 (29)	70~129 (97)	50.5~100 (75)	2.6~7.7 (5.1)	2.0~6.9 (4.1)	0.63~0.89 (0.77)	0.12~0.27 (0.24)
杂色角砾状大理岩	20	不分	2.63~2.80 (2.74)	2.69~2.82 (2.76)	0.08~0.26 (0.17)	0.10~0.29 (0.21)	3440~5620 (4940)	20~45 (31)	65.9~115 (87.4)	50~95 (66)	2.0~7.4 (5.0)	1.2~6.5 (3.7)	0.64~0.87 (0.74)	0.21~0.28 (0.24)
粗晶大理岩	4	不分		2.76~2.80 (2.78)	0.12~0.18 (0.15)			15~25 (20)	50~53 (52)	45~50 (48)		0.4~1.3 (0.9)	0.86~0.99 (0.93)	0.23~0.23 (0.23)
绿泥石英片岩	5	∥	2.79~2.89 (2.83)	2.84~2.86 (2.85)	0.27~0.45 (0.32)	0.30~0.48 (0.37)	4060~4950 (4656)	20~38 (30)	53.5~102 (75.8)	39.7~56.1 (47)	3.8~6.8 (4.8)	2.7~6.2 (3.9)	0.59~0.67 (0.63)	0.23~0.23 (0.23)
绿泥石英片岩	7	⊥	2.71~2.78 (2.75)	2.73~2.80 (2.77)	0.15~0.30 (0.22)	0.22~0.38 (0.30)	3440~4770 (4109)	17~30 (22)	54.5~120 (89)	39~94 (64)	3.4~8.9 (6.6)	1.6~7.0 (4.8)	0.71~0.74 (0.72)	0.25~0.26 (0.25)
方解石绿泥石片岩	4	∥	2.82~2.89 (2.86)	2.87~2.92 (2.90)	0.24~0.56 (0.40)	0.27~0.90 (0.56)	3980~4970 (4427)	19~30 (25.3)	43.3~62 (52.3)	22.9~44.1 (33.1)	4.0~5.9 (4.7)	1.4~4.8 (3.5)	0.60~0.71 (0.66)	0.23~0.25 (0.24)
方解石绿泥石片岩	4	⊥	2.82~2.90 (2.86)	2.87~2.94 (2.91)	0.23~0.59 (0.31)	0.24~0.65 (0.42)	3470~3800 (3598)	12~36 (18)	46.4~77.3 (63.5)	33.6~49.5 (42.9)	5.4~7.4 (6.2)	3.5~6.2 (4.7)	0.36~0.70 (0.55)	0.14~0.26 (0.22)
粉砂质板岩	11	∥	2.70~2.78 (2.75)	2.73~2.79 (2.77)	0.11~0.35 (0.20)	0.13~0.35 (0.25)	4750~6240 (5469)	20~45.5 (35)	49.1~89.5 (68.6)	31~65.5 (47.6)	4.2~9.4 (5.8)	2.8~6.0 (4.5)	0.69~0.75 (0.72)	0.21~0.24 (0.23)
粉砂质板岩	8	⊥	2.71~2.78 (2.75)	2.73~2.80 (2.78)	0.15~0.30 (0.22)	0.17~0.38 (0.28)	3400~4900 (4159)	17~32 (23)	60.9~109 (87.6)	39~86 (62)	3.4~8.9 (6.5)	2.8~7.0 (4.9)	0.71~0.73 (0.72)	0.26~0.26 (0.26)
变质砂岩	22	不分	2.70~2.75 (2.72)	2.72~2.76 (2.74)	0.13~0.34 (0.18)	0.14~0.40 (0.22)	3860~5960 (4944)	36~62 (50)	100~241 (176.5)	86.8~201 (143)	5.7~15.5 (10.5)	2.0~12.5 (8.1)	0.70~0.83 (0.78)	0.18~0.23 (0.20)
煌斑岩脉	4	不分	2.57~2.65 (2.62)	2.75~2.78 (2.77)	0.99~2.33 (1.83)	1.12~2.85 (1.95)	3600~4060 (3776)	16~33 (25)	59.5~100 (84.6)	43.3~75 (61.7)	3.5~7.8 (5.6)	1.8~5.5 (3.4)	0.52~0.63 (0.57)	0.23~0.26 (0.25)

注　1. 表中数值为最小值~最大值（平均值）（除去试验异常值）。
　　2. 加载方向 "∥" "⊥" 分别表示平行和垂直千层面。

对坝区分布第一、二、三段各岩层，按照岩性、岩石强度、岩体宏观结构及整体力学特性等将其和坝区煌斑岩脉、断层构造岩岩体划分为九大工程地质岩组，各岩组所包含的地层层位及其工程地质特征见表6.3-2。九大工程地质岩组的划分与确定，为进一步研究坝区岩体质量划分打下了良好的基础。

表6.3-2　　　　　　　　　　　坝区工程地质岩组划分与类型

工程岩组	地层层位	工程地质特征	湿抗压强度 R/MPa
厚层—块状大理岩组	$T_{2\text{-}3}z^{2(3,5,7)}$	岩性为条纹条带状大理岩，岩石坚硬、致密。层面因变质作用胶结愈合较好，宏观构造裂隙不发育，但隐微裂隙发育，该组岩体岩性均一，抗变形和抗剪性能好	60～75
厚层—块状角砾状大理岩组	$T_{2\text{-}3}z^{2(4,8)}$、$T_{2\text{-}3}z^{2(6)}$ 下部及部分 $T_{2\text{-}3}z^{2(2)}$	岩性为杂色角砾状大理岩，角砾成分以大理岩为主，绿片岩呈团块及透镜状散布其间，胶结物为钙质，层面及宏观构造裂隙不发育，岩体抗变形能力强，抗剪强度则受其间的绿片岩连通率控制	60～75
中厚—薄层大理岩组	$T_{2\text{-}3}z^{2(6)}$ 上部及部分 $T_{2\text{-}3}z^{2(2)}$	岩性以大理岩为主，岩石坚硬，层厚20～50cm；层面及层间挤压错动带发育，且胶结差延伸长，抗剪切变形和强度差	60～75
互层状大理岩组	$T_{2\text{-}3}z^{2(1)}$ 及部分 $T_{2\text{-}3}z^{2(2)}$	岩性为大理岩与绿片岩，不等厚互层状，层面发育，绿片岩性质较软，片理面发育	25～50
厚层变质砂岩组	$T_{2\text{-}3}z^{3(2,4,6)}$	岩性为变质细砂岩，单层厚1～2m，岩石坚硬、致密；其间夹少量薄层砂质板岩	100
板岩岩组	$T_{2\text{-}3}z^{3(1,3,5)}$	岩性为薄—极薄层粉砂质板岩，新鲜时板理面结合紧密，岩石抗压缩变形能力较强；卸荷后板理松弛张开明显	40～60
绿片岩岩组	$T_{2\text{-}3}z^{1}$ 及部分 $T_{2\text{-}3}z^{2(1,2)}$	岩性以方解石绿泥石片岩为主，片理面发育，岩质较软，各向异性明显	25～50
煌斑岩组	煌斑岩脉	岩石新鲜时坚硬、致密，但遇水易风化分解，在不同埋深性状变化较大	60
断层岩组	f_5、f_8、f_{13}、f_{14} 等断层破碎带	由断层角砾岩、碎粒岩及碎粉岩组成，在不同岩性不同部位胶结紧密程度变化较大	

从工程地质岩组对岩体质量的影响分析，可将上述九大岩组宏观上按其质量优劣概括为四类，不同的岩组可以划分为不同的岩体质量级别：第一类，包括厚层—块状大理岩和角砾状大理岩组以及厚层变质砂岩组，岩性均一，岩石坚硬，抗变形能力强，处于卸荷带以里时属Ⅱ级岩体；第二类，包括中厚—薄层大理岩和粉砂质板岩岩组，层面及层间挤压错动带较发育，岩体各向异性较明显，抗变形能力较强，处于卸荷带以里时属Ⅲ级偏好岩体；第三类，包括互层状大理岩和绿片岩岩组，岩石强度较低，层面及片理面发育，岩体各向异性明显，抗变形能力较差，处于卸荷带以里时属Ⅲ级偏差岩体；第四类，为构造岩

组，主要由各种松散的构造岩组成，一般划为Ⅴ级岩体。

6.3.2 层状硬脆岩体的结构特征与类型

一般来说岩体是岩石与结构面的共同体，结构面相互交叉、组合将岩体切割成大小不等、形态各异的岩块，而岩体结构就是结构面和岩块的排列组合形式或类型。因此，岩体结构是影响岩体质量的重要地质因素，不同岩体结构的岩体力学特征差异大，尤其是对坚硬岩质的节理岩体更是如此。锦屏一级工程岩体结构的划分首先考虑了块状岩与层状岩的不同，除了考虑裂隙发育程度与岩块块度大小、后期卸荷改造等地质因素外，还应考虑到大理岩、变质砂岩都具有明显的硬、脆特性，都属于层状变质岩，需要进一步考虑岩性组合及岩组划分、层厚等地质因素，来划分具有锦屏一级工程地质特点的岩体结构类型。

对锦屏一级工程而言，岩体结构的划分首先要考虑块状岩与层状岩的不同。如二滩的正长岩、玄武岩，溪洛渡的玄武岩，大岗山的花岗岩等都属块状岩，岩体结构的划分主要考虑裂隙发育程度与岩块块度大小、后期风化卸荷改造等因素，而锦屏一级工程的大理岩、砂板岩，小湾的片麻岩都属于层状变质岩，除了考虑块状岩应考虑的因素外，还需要考虑岩性组合及岩组划分、层厚等问题，而且锦屏一级大理岩、变质砂岩层厚变化比小湾片麻岩大且分布不均。

与类似拱坝工程相比，锦屏一级在大理岩、变质砂岩这两种层状硬脆岩体的结构特征与类型研究方面，有以下几个方面的独特性。

1. 岩层层厚

地质调查和勘探揭示，不论是坝区分布最广的在左岸高程1800.00m以下、河床、右岸均有分布的第二段大理岩，还是仅仅在左岸中高高程以上分布的第三段砂板岩，其岩石岩性变化大、单层层厚变化也大。

以左岸岸坡中下部出露的单层层厚变化最大的第二段大理岩第6层为例，对其单层厚度分布进行了详细的统计分析。统计中为便于与常用岩体结构块度大小对应，而分别按照大于100cm的巨厚层、50～100cm的厚层、30～50cm的中厚层、10～30cm的薄层和小于10cm的极薄层进行，对坝区左岸揭示第6层做了实测统计（表6.3-3和图6.3-1），表明第6层厚度以薄层、中厚层和厚层三者为主，是一种典型的薄—中厚层结构。

表6.3-3   坝区左岸第6层大理岩岩层厚度统计及岩体分级初步建议

洞号	统计总厚/m	巨厚层（>100cm）		厚层（50～100cm）		中厚层（30～50cm）		薄层（10～30cm）		极薄层（<10cm）	
		统计层厚/cm	所占百分比/%	统计层厚/cm	所占百分比/%	统计层厚/cm	所占百分比/%	统计层厚/cm	所占百分比/%	统计层厚/cm	所占百分比/%
Ⅱ勘探线PD36	5186	129	2.5	1314	25.4	1126	21.7	2361	45.5	256	4.9
Ⅱ₁勘探线PD50	6226	648	10.4	1960	31.5	1905	30.6	1594	25.6	119	1.9

续表

洞号	统计总厚/m	巨厚层（>100cm）		厚层（50~100cm）		中厚层（30~50cm）		薄层（10~30cm）		极薄层（<10cm）	
		统计层厚/cm	所占百分比/%	统计层厚/cm	所占百分比/%	统计层厚/cm	所占百分比/%	统计层厚/cm	所占百分比/%	统计层厚/cm	所占百分比/%
II₁勘探线PD52	6223	419	6.7	1453	23.3	1660	26.7	2454	39.5	237	3.8
初步建议岩级		I 或 II		II		III₁		III₂		IV	

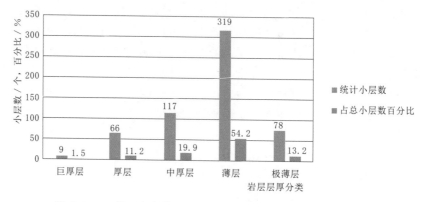

图 6.3-1 坝区左岸第 6 层勘探平洞揭示岩层厚度统计直方图

类似岩层厚度统计分析表明：第二段大理岩第 1、2 层以薄层结构为主，少量中厚层结构，第 3、4、5、7 层以厚层—巨厚层结构为主，第 8 层中上部以厚—巨厚层结构为主，下部为薄层—中厚层结构；第三段砂板岩中第 1、3、5 层板岩以薄层状结构为主，第 2、4、6 层砂岩以厚层状结构为主。

2. 卸荷（含深卸荷）程度的影响

坝区两岸浅表部常规卸荷与左岸深卸荷都表现出集中卸荷的特点而不是整体松弛的特点。坡体从外至里，可以比较清晰地划分出表浅部常规卸荷带、深卸荷以外紧密岩带、深卸荷带，以及深卸荷以里无卸荷岩体，各个带岩体呈现出不同的地质特点，从而使得锦屏一级岩体呈现出比较独特的岩体结构特征：

（1）浅表卸荷带分为强、弱卸荷带。强卸荷带多在明显张开的卸荷裂隙及两侧一定范围内岩体松弛、完整性较差，但卸荷裂隙之间岩体块度一般较大，块度大小都在 30~50cm，只是嵌合较松弛；这些长大的卸荷裂隙将浅表部岩体切割成顺坡向中陡倾坡外卸荷张开裂隙分隔的板状—厚板状（似层状）。弱卸荷表现为平行岸坡裂隙集中松弛张开，卸荷裂隙间距一般大于 10m，张开宽度小于强卸荷带卸荷裂隙，岩体较松弛。

（2）浅表卸荷带至深卸荷带之间紧密岩带岩体嵌合较紧密—紧密，块度大小一般在 30~100cm 不等，完整性较好。

（3）深卸荷带内单条或成带的张开—微张深部裂缝呈不等间距发育，长大张开裂缝及两侧一定宽度范围内岩体、成带的深部裂缝密集带岩体完整性都普遍差—破碎，裂缝之间相对较完整岩体被顺坡向中陡倾坡外张开深部裂缝切割成板状—厚板状（似层状）结构。

（4）深卸荷带以里无卸荷岩体埋藏深，处于高—极高地应力环境，岩体新鲜完整且普遍嵌合紧密，完整性普遍较好。

3. 岩体结构类型

根据大量地质调查测绘资料和平洞钻孔地质资料，经过十多年的深入分析、研究，综合岩体原岩建造特征和构造、浅表生改造结果，将坝区岩体结构分为厚层—块状结构、中厚层—次块状结构、互层状结构、薄层状结构、次块—镶嵌结构、块裂—碎裂结构、板裂—碎裂结构和散体结构 8 种类型（表 6.3-4）。

表 6.3-4　　　　　　　　　　　坝区岩体结构类型划分成果表

岩体结构类型	岩体基本地质特征	岩体质量初步分级
厚层—块状结构	岩体坚硬，一般 1～2 组裂隙，间距大于 50cm，延伸一般小于 3m，部分小于 10m；节理一般无软弱物质充填，岩块嵌合紧密，常处于较高围压状态，总体较完整	II
中厚层—次块状结构	岩体单层厚 20～50cm，除层面、层间挤压带外，还发育 2～3 组构造裂隙，间距一般为 30～50cm，延伸长 1～3m。部分裂隙中充填方解石膜，岩体嵌合较紧密	III$_1$～II
互层状结构	坚硬的大理岩和相对软弱的绿片岩呈互层状出现，岩体内结构面以层面和片理面为主，一般嵌合较紧密	III$_1$
薄层状结构	板岩岩组特有的结构类型，结构面以板理面为主，间距一般 5cm 左右，构造结构面不发育，新鲜深埋时，板理面嵌合较紧密，岩体抗变形能力较强	III$_2$～III$_1$
次块—镶嵌结构	弱卸荷带岩体，完整性较差，卸荷张开裂隙较发育，卸荷裂隙之间的岩体嵌合较紧密	III$_2$～III$_1$
块裂—碎裂结构	强卸荷带岩体，完整性差。大理岩卸荷张开裂隙发育，呈块裂结构；砂板岩中多呈碎裂结构	IV$_1$
板裂—碎裂结构	深部裂缝发育部位岩体，结构面松弛张开明显，但裂面多新鲜无次生充填，岩体完整性差	IV$_2$
散体结构	断层破碎带物质，以岩屑和角砾为主，带内物质呈松散状	V

受变质岩岩性、岸坡卸荷和深卸荷的影响，坝区岩体结构类型表现出与小湾、溪洛渡、大岗山、拉西瓦等其他特高拱坝工程不同的特点，在当时执行规程规范规定的基础上有所突破、有所创新：

（1）"块裂结构"是锦屏一级坝区两岸大理岩强卸荷带中岩体的一种常见结构，岩体块度一般为 10～30cm，卸荷裂隙张开，无充填或充填少量岩屑、次生泥，岩体嵌合较松弛—松弛，1999 年预可行性研究报告、2003 年可行性研究报告提出了这种岩体结构类型时，当时执行的《水利水电工程地质勘察规范》（GB 50287—1999）还没有此类岩体结构，《水力发电工程地质勘察规范》（GB 50287—2006）中才增加了此类结构类型。

（2）"板裂结构"为左岸深部裂缝发育区重要的一种岩体结构，在深部裂缝发育部位的岩体中，一般主要发育一组裂隙（其他裂隙不发育或发育较少），将岩体切割成板状，这组裂隙受深卸荷拉裂影响松弛张开明显，一般无充填，岩体嵌合松弛；这种岩体结构类型在常规强卸荷带内也较为常见。为了给出这个结构类型的名称，当时参与地质勘察的20 多位地质工程师各自提名，集思广益，比如"板状结构""似层状结构"等，只描述了发育一组裂隙、切割成板状，但没有表达出开裂的状态；经过多次充分讨论认为"板裂结构"这个名称能比较确切地反映该类岩体结构的特征。

6.3.3 基于平洞对穿声波纵波速的岩体紧密程度

岩体紧密程度是一项表征岩体质量的综合指标，受多种因素制约，如岩体完整性、岩石强度、风化卸荷、地下水状况以及围压状态下的紧密程度等。锦屏一级为高—极高地应力区，深部岩体在高围压状态下，结构面多挤压紧密，岩体紧密程度高；而浅表风化卸荷岩体和深卸荷岩体则由于应力释放沿结构面松弛张开明显，岩体紧密程度普遍较低。

岩体紧密程度的研究与已有工程经验、规程规范规定基本相同，都以结构面张开度为基础，综合岩体的岩性、风化、卸荷程度来定性确定，并用声波纵波速 V_p 来定量化划分。锦屏一级工程用岩体声波纵波速 V_p 来定量划分岩体紧密程度有着不同于同期其他拱坝工程的特点，对规程规范也有所突破。

坝区岩体进行的大量室内和现场洞壁单孔及对穿声波测试、钻孔声波测试及洞间地震纵横波速测试工作，其成果显示，坝区新鲜大理岩岩块室内声波纵波速（V_{pr}）普遍小于现场微新、无卸荷岩体声波纵波速（V_{pm}）值，岩块室内声波纵波速（V_{pr}）一般为 4000～5000m/s，现场微新、无卸荷岩体声波纵波速（V_{pm}）一般都大于 5500m/s，说明受硬脆大理岩岩性和处于高地应力环境影响，岩体普遍较紧密。锦屏一级工程是 20 世纪 90 年代中国水电工程地质勘察中第一个发现现场岩体声波值（V_{pm}）大于室内岩块声波值（V_{pr}）的工程，后来有关研究和类似工程的勘察中，把这种现象作为高地应力的判别标志之一。

利用坝区岩体对穿声波纵波速值来定量划分岩体紧密程度，波速越高，岩体紧密程度越高，反之，波速越低则紧密程度越低。不同岩体声波纵波速、不同的紧密程度可以对应不同的岩体质量级别（表 6.3-5）。

表 6.3-5　　　　　　坝区岩体紧密程度的对穿声波纵波速（V_p）分级表

岩体紧密程度	纵波波速 V_p/(m/s)	卸 荷 状 况	建议岩体质量级别
紧密	＞5500	无卸荷	II
较紧密	4500～5500	弱卸荷与深卸荷之间以及深卸荷带内相对完整的岩体	III₁
较松弛	3800～4800	弱卸荷	III₂
松弛	＜3800	强卸荷	IV₁
松弛	＜3500	深卸荷带内III级、IV级裂缝发育段	IV₂

岩体紧密程度	纵波波速 $V_p/(m/s)$	卸荷状况	建议岩体质量级别
松弛—紧密	<3000	破碎的断层带物质	V_1
极松弛	<2500	Ⅰ级、Ⅱ级宽大深部裂缝发育段	V_2

从岩体紧密程度与声波波速及初步岩体质量分级的分析中，可以发现锦屏一级与其他水电工程不同的两个特点：

（1）由于锦屏一级坝区为高—极高地应力区，岩体围压效应明显，未受卸荷影响的岩体嵌合紧密，现场平洞、钻孔所测新鲜无卸荷完整岩体声波普遍高于室内岩块声波，导致按规范规定的方法，计算的岩体完整性系数大于1。为真实反映岩体完整性，在岩体完整性系数计算时，以现场微新、无卸荷岩体声波纵波速的大值平均值代表"岩块声波"。在锦屏一级工程之后，其他水电工程在遇到类似情况时都参照这种方法来确定"岩块声波"。

（2）与其他水电工程比较，由于硬脆岩性和高地应力条件导致坝区Ⅱ级岩体 $V_p >$ 5500m/s，普遍高于其他类似工程。

6.3.4 深部裂缝发育状况对岩体质量的影响

坝区左岸由于深部裂缝的存在，导致岩体结构极不均一，不同深部裂缝发育状况、裂缝规模级别不同，岩体的不均一程度也不同。因此，深部裂缝发育状况构成了控制坝区岩体质量特有的重要地质因素。作为已建和当时正在勘察的水电工程中第一个揭示深部裂缝现象的工程，深部裂缝对岩体质量的影响研究既没有规程规范规定，也没有类似经验可以借鉴。锦屏一级的地质工程师们白手起家，一切从头开始，仔细调查、统计、分析、归纳；从现象出发，透过现象分析其背后的规律、本质。逐步摸清、掌握了深部裂缝影响岩体质量的不同方面、不同本质原因，最终划分、确定了不同深部裂缝发育状况下的岩体质量级别。锦屏一级在深部裂缝（深卸荷）发育状况下的岩体质量分析评价的思路、方法、标准在水电工程界是一次完全的创新，可以供水电水利界的地质工程师和其他人员参考。

从工程地质性状分析，左岸深卸荷带岩体在不考虑深卸荷（深部裂缝）影响，该段岩体与以里无卸荷岩体在岩性及岩石强度、岩体结构、岩体完整性、紧密程度等方面基本一致，呈现出微新、紧密、完整性状，岩体质量分级一般为Ⅱ级。但由于深部裂缝的发育导致这部分岩体质量变差，使原本正常岩体质量出现异常，不同级别的深部裂缝对岩体质量的劣化各异：

（1）Ⅰ级、Ⅱ级深部裂缝均表现为明显张开、串珠状的空缝，一般无充填，平洞不能完成声波测试，本身性状极差，可以认为其差于一般断层破碎带；且其两侧岩体性状普遍差。因此，综合判断Ⅰ级、Ⅱ级深部裂缝属于深部裂缝发育强状况，岩体质量初步分级可以定为Ⅴ级偏差（V_2级）。

（2）Ⅲ级、Ⅳ级深部裂缝一般张开数毫米到10cm，呈现出张开宽度时宽、时窄、时闭合的特点，同样一般无充填。裂缝之间岩体中与深部裂缝同向裂隙较发育，间距较小，岩块块度普遍较小，RBI 一般为 8～10，性状更差者仅 3～4。裂缝之间岩体一般显松弛但裂隙没有明显张开，有一定嵌合度，岩体 RQD 普遍偏高，一般为 40%～50%，差的则只有 10%～25%，平洞对穿声波在 3000m/s 左右。综合判断Ⅲ级、Ⅳ级深部裂缝属于深部裂缝发育弱～较强状况，岩体质量初步分级应属于Ⅳ级岩体中偏差的（$Ⅳ_2$ 级）。

（3）深卸荷带与浅表常规卸荷带之间岩体，属于深部裂缝发育轻微状况，岩体宏观上新鲜、紧密完整，仅声波波速较深卸荷带以里的无卸荷岩体有所降低，但一般仍可达到 4500m/s 以上，显示宏观上仍受到了深卸荷的影响，岩体有一定的松弛。综合判断，深部裂缝发育状况轻微的紧密完整岩体，岩体质量初步分级应属于Ⅲ级岩体中偏好的（$Ⅲ_1$ 级）。

综合分析，按深部裂缝即平洞所揭示的深部裂缝规模（延伸长度）、间距和张开度等发育状况，将深部裂缝发育状况划分为微、弱、较强和强四级，相应的岩体质量初步分级时将深部裂缝发育段岩体划分为三个级别，其中深卸荷带与浅表卸荷带之间紧密完整岩体，考虑到仍受到一定程度应力松弛的影响，由Ⅱ级降为 $Ⅲ_1$ 级（表 6.3-6）。

表 6.3-6　　　　　　　　　　深部裂缝发育状况与岩体质量初步分级表

深部裂缝发育状况	深部裂缝地质特征	岩体质量初步分级	备　注
微	延伸长小于 20m、间距 20～5m、微张开	$Ⅲ_1$	紧密岩带岩体
弱—较强	延伸长 20～60m、间距 1～5m、张开小于 0.1m	$Ⅳ_2$	Ⅲ级、Ⅳ级裂缝及其影响带
强	延伸长大于 60m、间距小于 1m、张开大于 0.1m	$Ⅴ_2$	Ⅰ级、Ⅱ级裂缝

值得说明的是为什么深部裂缝发育较强状况的岩体划分为 $Ⅳ_2$ 级，主要原因有两个：一是深部裂缝发育弱—较强状况的，应属于Ⅳ级岩体中偏差的；二是为了特别表示并与浅表强卸荷带的 $Ⅳ_1$ 级岩体区分。因此，只要在图上或报告中看到 $Ⅳ_2$ 级岩体，就会明白两件事：它一定只出现在左岸，右岸没有；它与Ⅲ级、Ⅳ级深部裂缝有关，不是Ⅰ级、Ⅱ级深部裂缝。

6.3.5　坝区岩体质量分级体系

经过十多年的深入研究，在完成上述研究后，锦屏一级工程在中国水电工程地质界第一次建立了考虑深卸荷（深部裂缝）影响、富有锦屏一级特色的特高拱坝坝区岩体质量分级体系（表 6.3-7）。从表中可以看出：坝区岩体划分 4 个大级 7 个亚级，无Ⅰ级岩体；但锦屏一级岩体质量分级有别于其他工程最特殊的地方在于从 $Ⅲ_1$ 级岩体以下的各级岩体，均不同程度地体现出深拉裂缝的影响，尤其是 $Ⅳ_2$ 级和 $Ⅴ_2$ 级岩体，就是基于锦屏一级水电站左岸独特分布的深部裂缝而专门单独列出的。2007 年 7 月大坝坝基开始开挖，至 2009 年 10 月坝基开挖完成后，根据开挖揭示地质条件对坝基岩体质量分级体系、标准进行了复核，没有变化。

表6.3-7　坝区岩体质量分级成果汇总表

岩级	亚级	工程地质岩组 岩组及岩性	岩石湿抗压/MPa	岩体结构特征 岩体结构类型	RQD/%	J_v/(条/m³)	风化卸荷	岩体紧密程度 V_p/(m/s)	K_v	深部裂缝发育状况	岩体基本特征及评价
II		2(3、5、7)层大理岩		厚层—块状	>85	<8	微—新 无卸荷	>5500	>0.72	无	岩体较完整，一般有1~2组裂隙，间距大于50cm，延伸一般小于3m，部分无软弱物质充填，岩体嵌合紧密，常处于较高围压状态，属处于良好地基，可直接利用，但应注意开挖松弛地应力问题
		2(4、8)层大理岩夹绿片岩透镜体、2(6-1)层角砾状大理岩	60~75								
		3(2、4、6)层变质砂岩	>100								
III	III₁	2(2、6-2)层大理岩夹绿片岩	60~75	中厚层状	65~85 (局部40~50)	8 ~ 15	微—新 无卸荷	4500 ~ 5500	0.48 ~ 0.72	无	岩体较完整，发育2~3组裂隙，间距一般30~50cm，一般延伸小于10m。部分裂隙中充填方解石膜，岩体嵌合较紧密。第2、6层大理岩夹绿片岩中层面裂隙发育，延伸长大，总体上强度较高。但对影响挤压错动带或稳定的层间变形带，随机分布的松弛裂隙带和小型构造破碎带等应作专门处理后可利用
		2(7、8)层大理岩夹绿片岩透镜体	>100	次块状			微—新 深卸荷			微	
		3(2、4、6)层变质砂岩	40~60				微—新 无卸荷			无	
		3(1、3、5)层粉砂质板岩		薄层状							
		2(3)层大理岩	60~75	次块状			微风化 弱卸荷				

续表

岩级	亚级	工程地质岩组		岩体结构特征				岩体紧密程度		深部裂缝发育状况	岩体基本特征及评价
		岩组及岩性	岩石湿抗压/MPa	岩体结构类型	RQD/%	J_v/(条/m³)	风化卸荷	V_p/(m/s)	K_v		
III	III₂	2（1、2）大理岩片岩与绿片岩互层 1层绿片岩	25~50	中、厚互层次块状	45~65	15~20	微一新 无卸荷	3800~4800	0.34~0.55	无	岩体完整性较差。发育3组以上裂隙，间距一般10~30cm。岩体较松池或强度较低，偶见裂隙充填泥膜、碎屑及方解石膜。一般不宜作为高坝地基。上部坝段若需利用，应作专门处理
		2（3）层大理岩	60~75	次块状—镶嵌			弱风化 弱卸荷				
		2段大理岩夹绿片岩透镜体	>100				微一弱风化 弱卸荷				
		3（2、4、6）层变质砂岩	40~60	薄层状							
		3（1、3、5）层粉砂质板岩	40~60	镶嵌—次块							
		煌斑岩脉（X）及胶结的断层带	—								
IV	IV₁	2段大理岩夹绿片岩透镜体	—	块裂—碎裂	25~45（局部45~70）	>20	弱风化 强卸荷	<3800	<0.34	无	岩体完整性差，3组以上裂隙，延伸大于10m。岩体松池，裂隙普遍充填泥膜、碎屑及方解石膜，常见贯穿性弱面。不宜作为大坝地基，需开挖清除
		3（2、4、6）层变质砂岩	—								
		3（1、3、5）层粉砂质板岩	—								

续表

岩级	亚级	工程地质岩组 岩组及岩性	工程地质岩组 岩石湿抗压/MPa	岩体结构特征 岩体结构类型	岩体结构特征 RQD/%	岩体结构特征 J_v/(条/m³)	岩体紧密程度 风化卸荷	岩体紧密程度 V_p/(m/s)	岩体紧密程度 K_v	深部裂缝发育状况	岩基本特征及评价
IV	IV₂	2段大理岩夹绿片岩，板岩 3段变质砂岩、板岩松池拉裂松池岩体	—	板裂—碎裂	25~45 (局部45~70)	>20	微—新 深卸荷	<3500	<0.29	弱—较强	岩体完整性差，拉裂松池；溶蚀裂隙带普遍延伸大于10m，且裂面软弱；煌斑岩脉强度低。不宜直接作为高坝地基。须做专门处理
		大理岩中松池溶蚀裂隙集中带	—	碎裂			弱风化				
		煌斑岩脉（X）	—	碎裂			弱—强风化				
		绿片岩	—				弱风化				
V	V₁	断层破碎带（无胶结，松散）	—	碎裂—散体			强—弱风化				岩体破碎，以岩屑和细角砾为主。呈松散状，带内物质不能直接作为坝基。须做专门处理
		层间挤压错动带	—								
		绿片岩	—				强风化				
	V₂	2段大理岩夹绿片岩，板岩 3段变质砂岩及板岩松池拉裂松池岩体	—	碎裂			深卸荷				岩体破碎，松池拉裂密集带，一般张开10~20cm。不能直接作为高坝地基，须做专门处理

171

6.4 坝区岩体与结构面参数选取

从 1990 年预可行性研究阶段开始，在执行的地质勘察规范相关规定的基础上，参照 20 世纪末建成发电的当时全国最大装机容量 3300MW、双曲拱坝最大坝高 240m 的二滩水电站坝区岩体与结构面参数选取的经验，即岩体抗剪强度的优定斜率取值方法等，同时横向类比同期正在进行勘察的金沙江溪洛渡、澜沧江小湾拱坝的相关研究成果，根据锦屏一级工程地质条件和拱坝的受力特点在大量岩体和结构面力学试验的基础上，开展了其试验成果整理、参数选取的原则和方法研究，最终采用以岩类或结构面类型归类整理、优定斜率法取值的方法。其中，各级岩体变形模量取值在高地应力影响下，无卸荷岩体普遍嵌合紧密，导致岩体变形模量值普遍偏高，如 Ⅱ 级岩体的下限值 21GPa 已超过规范规定的 Ⅱ 级岩体上限经验值，这一特点与其他水电工程有所差异；而岩体与结构面抗剪（断）强度特征点取值与其他水电工程基本相同。

6.4.1 岩体变形试验与参数

结合锦屏一级坝区工程地质特点，根据岩体质量分级，选取代表性部位，有针对性布置了 97 个现场变形试点，试验采用全国水电水利工程界最常用的直径 50.5cm 的刚性承压板法，试验加载时硬岩岩体法向最大荷载为 10MPa，断层、层间挤压错动带等软弱破碎带法向最大荷载为 5.6MPa。同时，针对坝区层状岩体层状结构或单组优势结构面发育形成的似层状特点，试验加载方向按照垂直和平行层面或结构面的两个方向进行，最终，平行、垂直层面或结构面方向的变形点分别有 60 个、37 个。从试点代表岩体质量等级分析，除 Ⅳ₁ 级岩体因强卸荷影响导致岩体结构极不均一，难于选择布点而未能开展试验外，其余各级岩体均有试验点控制，其中 Ⅱ 级、Ⅲ₁ 级、Ⅲ₂ 级、Ⅳ₂ 级、Ⅴ₁ 级岩体分别有 23 点、22 点、35 点、10 点、7 点。岩体变形试验点的布置总体上反映了锦屏一级坝区所有岩级岩体的各种岩性及不同结构类型特点。

1. 岩体变形试验特征曲线

对坝区各级岩体（含断层、层间挤压错动带等软弱破碎带）可行性研究阶段 97 点、施工详图阶段 19 点现场岩体变形试验曲线的分析，与同期大多数水电工程试验成果一致，大致可分为直线型、弹—塑型、塑—弹型三种类型，见图 6.4-1。对各级岩体试验变形曲线的分析，大理岩符合直线型和弹—塑型特点；砂板岩在平行优势裂隙加载时符合直线型和弹—塑型特点，垂直优势裂隙加载时符合塑—弹型特点。

2. 变形模量试验标准值

变形模量通常可采用切线模量 E_0、割线模量 E_s、最大荷载模量 E_l 来表述。经过对比分析，采用割线模量取值，更能较好地反映岩体的本构关系。因此，锦屏一级变形模量标准值采用割线模量，分水平向和垂直向模量分别归类，进行整理、分析、取值。

岩体变形参数的整理严格按照岩体质量分级进行，首先，对照地质素描及试点的实际情况，对全部 97 个试点逐点核实其代表性、可靠性、合理性，对不具代表性、成果缺乏完整性及边界条件和加工质量达不到要求的试点予以剔除；其次，将剔除了异常

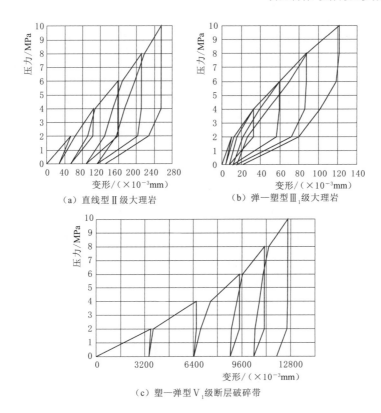

（a）直线型Ⅱ级大理岩　　　　（b）弹—塑型Ⅲ₁级大理岩

（c）塑—弹型Ⅴ₁级断层破碎带

图 6.4-1　坝区各级岩体变形试验压力—变形曲线类型

值后的同一岩级各试点成果绘制散点图（图 6.4-2）。考虑到岩体结构条件的复杂性、试点本身的局限性和加工条件的限制，这时的试验成果仍可能具有一定的离散度；再次，对离散度大的成果异常点进行第二次复核和剔除；最后，根据点群集中段求出各岩级变形模量的小值平均值、平均值，取小值平均值～平均值的范围值为试验标准值，整理成果汇总见表 6.4-1。

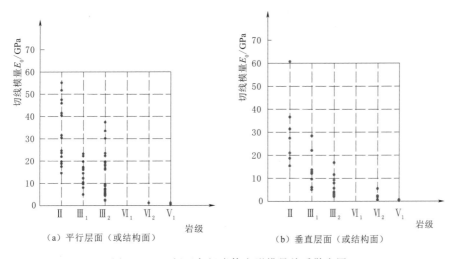

（a）平行层面（或结构面）　　　　（b）垂直层面（或结构面）

图 6.4-2　坝区各级岩体变形模量关系散点图

表 6.4-1　　　　　　　　坝区不同岩级岩体变形模量试验标准值汇总表

| 岩级 | 试验标准值整理成果/GPa | | | | | |
| | E_0（平行层面） | | | E_0（垂直层面） | | |
	总体平均	大值平均	小值平均	总体平均	大值平均	小值平均
Ⅱ	31.53	44.87	21.17	30.17	42.90	20.63
Ⅲ₁	14.12	18.57	9.66	13.72	25.25	9.87
Ⅲ₂	10.30	19.26	6.08	6.59	11.38	3.39
Ⅳ₂	1.20	—	—	1.94	2.98	1.11
Ⅴ₁	0.63	0.95	0.31	0.44	0.56	0.20

3. 岩体变形模量地质建议值

以试验标准值为基础，分平行与垂直层面（优势结构面），综合考虑岩体结构、岩体地应力和实测的岩体动、静弹性模量相关关系，提出各级岩体变形模量的地质建议值（表 6.4-2）。

表 6.4-2　　　　　　　坝区岩体变形模量试验标准值和地质建议值表

| 岩 级 | 变形模量试验标准值/GPa | | 变形模量地质建议值/GPa | |
	E_0（平行层面）	E_0（垂直层面）	E_0（平行层面）	E_0（垂直层面）
Ⅱ	21.2~31.5	20.6~30.2	21~32	21~30
Ⅲ₁	9.7~14.1	9.9~13.7	10~14	9~13
Ⅲ₂	6.1~10.3	3.4~6.6	6~10	3~7
Ⅳ₁	—	—	3~4	2~3
Ⅳ₂	1.2	1.1~1.9	2~3	1~2
Ⅴ₁	0.31~0.63	0.20~0.44	0.3~0.6	0.2~0.4
Ⅴ₂	—	—	<0.3	<0.2

施工详图阶段，利用灌排洞在大理岩段又进行了 12 点变模试验，利用前期勘探平洞和边坡排水洞在砂板岩段进行了 7 点变模试验。按前述整理与取值原则和方法对这部分变形试验成果进行整理、分析，各级岩体的试验整理成果（试验标准值）均处于地质建议值范围内。

4. 岩体变形模量取值特点

深入分析锦屏一级坝区岩体变形模量的整理、取值过程和最终的地质建议值，可以发现一些与同期小湾、溪洛渡、拉西瓦等其他特高拱坝水电工程有所不同的特点，其中最主要、最明显的特点有如下两个：

（1）高围压岩体偏高的变形模量。由于锦屏一级坝区为高—极高地应力区，左右岸平洞勘探过程中，在垂河向平洞下游壁、顺河向平洞外侧壁微新岩体均发生了较强烈的片帮、劈裂现象，尤其是右岸地下厂房洞室群区域；左右岸低高程、河床钻孔岩芯出现了大量的饼状岩芯；实测最大主应力左岸达 40.4MPa、右岸达 35.7MPa。

坝区Ⅱ级、Ⅲ₁级岩体变形模量值普遍偏高，如Ⅱ级岩体 E_0=21~32GPa，其下限值已超过规范规定的Ⅱ级岩体上限经验值，也高于同期小湾（16～22GPa）、溪洛渡（17～26GPa）、拉西瓦（15～25GPa）等拱坝工程；Ⅲ$_1$级岩体E_0＝9～14GPa，其下限值9GPa接近规范规定的Ⅲ级岩体上限经验值10GPa，而上限值14GPa已超过规范规定的上限经验值10GPa达40%，与小湾（8～16GPa）、溪洛渡（9～16GPa）、拉西瓦（10～15GPa）等拱坝工程类似。锦屏一级坝区地应力高，岩体嵌合普遍紧密，可能是导致未受卸荷影响或影响轻微的各级岩体变形模量值普遍偏高的原因之一。

与此同时，受高地应力影响的围压效应，还显示出岩体声波纵波速高，其中尤以隐微裂隙不发育、完整性好的Ⅱ级大理岩更明显。

（2）受深卸荷影响低围压岩体偏低的变形模量。受深卸荷影响，坝区左岸深部裂缝发育段结构面多松弛张开，岩体呈板裂～碎裂结构，变形模量值普遍偏低，岩体抗变形能力差；局部呈空缝段，张开宽度最大可达20～30cm，其岩体变形模量值趋于0，基本没有抗变形能力。

5. 岩体各种动—静关系相关性分析

为了研究岩体动—静关系，为坝基开挖后岩体质量检测、卸荷松弛的快速检测与评价，以及坝基加固处理效果的快速检测与评价提供地质依据，前期勘察阶段和施工阶段，开展了大量的岩体单孔声波、对穿声波以及钻孔变模测试，以及多个规格的承压板变形模量测试，获得了大量的数据，开展了不同指标的岩体动—静关系研究，取得了大量成果。其研究思路、过程与结果对同类型的拱坝工程、水电水利工程以及其他工程都具有一定的参考意义。

坝区前期勘测阶段完成的97点ϕ50cm承压板变形模量试验及配套声波测试中，取得84个岩体变形模量E_{050}和对穿声波V_{cp}的有效数据对，将其成果绘制成散点图（图6.4-3）。

$$E_{050}=0.009V_{cp}^{4.586} \quad (R=0.91) \tag{6.4-1}$$

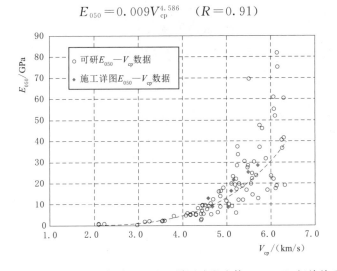

图6.4-3　坝区可行性研究阶段和施工详图阶段岩体E_{050}—V_{cp}相关关系曲线

在施工详图阶段为进一步复核可行性研究/招标设计阶段坝基岩体变形模量E_{050}建议值、变形模量E_{050}与对穿声波V_{cp}的关系，在两岸坝基灌排洞内，针对不同岩级补充布置了12点的ϕ50cm承压板变形试验，同时配套完成了单孔声波及对穿声波波速测试。将这

12 点岩体变形模量 E_{050} 和对穿声波 V_{cp} 的有效数据对，与可行性研究阶段的 84 个数据对绘制在一起，得到复核的 E_{050}—V_{cp} 散点图（见图 6.4-3 中红色点）。从图中可以看出，施工详图阶段补充完成的 $\phi50cm$ 承压板变模—声波试验成果，均落于可行性研究数据点所形成的带状区域，表明可行性研究分析得到的 E_{050}—V_{cp} 关系式的合理性、准确性。

表 6.4-3 列出了近年来成勘院承担勘测设计的、已建成发电的国内一些大型水电工程在岩体动—静关系研究方面取得的一些有实用价值的成果，可与锦屏一级建立的关系式对比，供广大读者与同行们参考。

表 6.4-3 成勘院勘测设计的部分大型工程 E_0—V_p 相关关系成果汇总表

工程名称	岩性	相 关 关 系 式	
二滩水电站	正长岩	E_0（平均值）$=0.05+0.01234V_p{}^{4.567}$	（$R=0.912$）
	玄武岩	E_0（小值平均值）$=0.05+0.01234V_p{}^{4.567}$	（$R=0.940$）
	玄武岩	E_0（小值平均值）$=0.05+5.562\times10^3V_p{}^{4.596}$	（$R=0.9385$）
溪洛渡水电站	玄武岩	E_0（平均值）$=0.06+0.029V_p{}^{4.1087}$	（$R=0.981$）
		E_0（小值平均值）$=0.06+0.0205V_p{}^{4.1853}$	（$R=0.981$）
大岗山水电站	花岗岩	$E_0=0.2868e^{0.8572V_p}$	（$R=0.8945$）

类似地，根据前期成果和施工详图阶段成果，按相同的测试方法和数据整理方法对不同的变形模量和声波成果进行整理分析，先建立了对穿声波 V_{cp} 与单孔声波 V_p 关系见下式：

$$V_p=0.8568V_{cp}+955.81 \quad (R=0.708) \tag{6.4-2}$$

将此 V_{cp}—V_p 关系式代入经施工详图阶段复核确定的 E_0—V_{cp} 关系式，再计算简化得到岩体 $\phi50cm$ 变形模量 E_{050} 与单孔声波 V_p 的关系式：

$$E_{050}=0.00084V_p{}^{5.84406} \tag{6.4-3}$$

建立了坝面承载板变形模量 E_{040} 与对穿声波 V_{cp} 的关系式［式（6.4-4）］，式中，$a=0.0048$，$b=4.7808$，相关系数 $R=0.79$。

$$E_{040}=aV_{cp}{}^b \tag{6.4-4}$$

建立了坝基钻孔变形模量 E_{0k} 与单孔声波 V_p 的关系，见图 6.6-4。

对坝基岩体 E_{050}、坝面 E_{040} 的关系进行了对比分析（表 6.4-4），总体上 $E_{050}/E_{040}=1.25\sim1.40$。

表 6.4-4 坝基岩体 E_{050}—E_{040} 关系对比表

V_{cp}/(km/s)	3.5	4.0	4.5	5.0	5.5	6.0
E_{050}/GPa	2.66	4.90	8.42	13.64	21.12	31.48
E_{040}/GPa	1.92	3.63	6.37	10.54	16.63	25.20
E_{050}/E_{040}	1.39	1.35	1.32	1.29	1.27	1.25

6.4.2 岩体与结构面抗剪（断）试验与参数

坝区岩体与结构面抗剪（断）强度试验分别完成了 32 组、21 组。试验方法采用的是

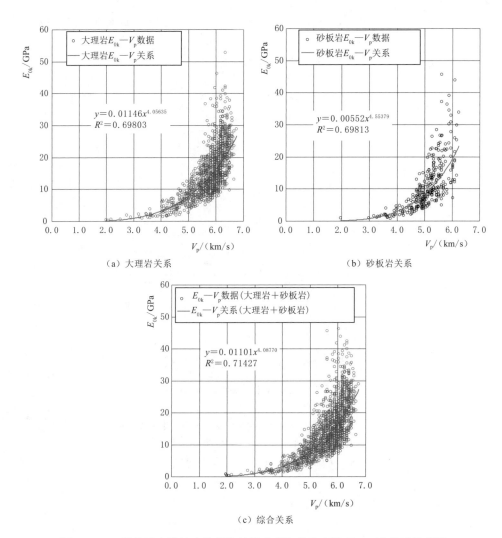

（a）大理岩关系　　　　　　　　（b）砂板岩关系

（c）综合关系

图 6.4-4　坝基及左岸抗力体岩体钻孔变模与单孔声波 E_{0k}—V_p 关系散点图

最通用的直剪多点平推法，每组试验一般 5～6 个试块，分别施加大小不同的正应力 σ 和剪应力 τ 进行剪切试验。加载方式采用分级施加剪切荷载，用变形控制或时间控制方法来控制其剪切荷载施加速率，国内大都采用变形控制法。

根据应力—应变关系曲线所显示的变形破坏类型，分别取相应的特征点，按岩体岩级和结构面类型归类整理绘制 τ—σ 散点图，采用优定斜率法求取抗剪（断）强度参数 $f(f')$、$c(c')$ 值。

试验点总体上基本覆盖了坝区各级岩体和结构面，其中Ⅱ级、Ⅲ$_1$级、Ⅲ$_2$级、Ⅳ$_1$级、Ⅳ$_2$级岩体各有 7 组、8 组、12 组、3 组、2 组，新鲜硬接触节理裂隙（A$_1$）、无充填硬接触节理裂隙（A$_2$）和局部夹泥裂隙面（B$_1$）、松弛裂隙面（B$_2$）、绿泥石片岩片理面（B$_3$）、断层主错带和层间挤压错动带（B$_4$）各有 6 组、3 组和 2 组、2 组、2 组、6 组。

1. 岩体与结构面抗剪（断）强度特性

坝址区 32 组岩体原位抗剪试验的应力—变形曲线显示，岩体剪切破坏特性可归为脆性破坏型、塑性破坏型、复合破坏型三类，见图6.4-5。岩体二次剪的破坏类型为塑性破坏形式。

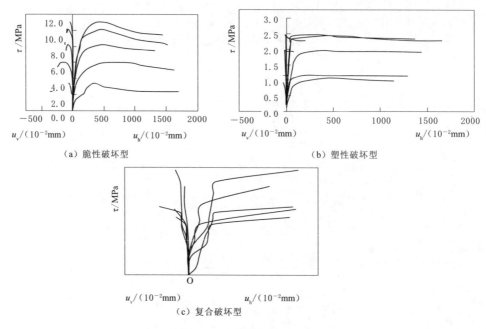

（a）脆性破坏型　　　　　　　　　　（b）塑性破坏型

（c）复合破坏型

图6.4-5　坝区岩体抗剪断破坏类型分类

坝址区21组共105点结构面原位抗剪试验的应力—变形曲线显示，结构面抗剪破坏特性可归为塑性破坏型和脆性破坏与塑性破坏两种曲线的复合破坏型两类，见图6.4-6。与岩体试验相比，结构面试验中没有脆性破坏型。结构面二次剪的破坏类型同样为塑性破坏形式。

2. 抗剪（断）试验强度特征点的确定

锦屏一级工程勘测设计早期，由于规程规范的规定，在岩体与结构面抗剪断试验强度

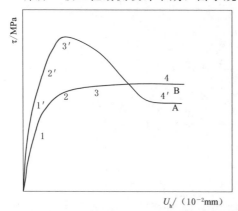

图6.4-6　岩体与结构面抗剪断强度
特征点示意图
A—抗剪断过程线；B—二次剪过程线

各特征点的确定及其相互关系方面进行了较多的分析研究，也取得了较多的成果，为岩体与结构面抗剪断强度参数的选取打下了良好的基础。

对坝区岩体与结构面应力—应变关系曲线分析后，可看出不论哪种破坏形式，其破坏过程都要经历三个阶段：首先是可逆的弹性变形阶段，接着是不可逆的屈服变形阶段，最后进入破坏阶段，见图6.4-6。因此根据不同变形阶段可得出四个强度特征点，即：比例强度（1、1'点）、屈服强度（2、2'点）、峰值强度（3、3'点）、残余强度（4、4'点）。

通过对坝区岩体与结构面抗剪断强度试验

成果的统计分析，得到岩体与结构面各强度特征点的相关性如下：①岩体，比例强度/峰值强度为 0.70～0.84（平均 0.77），屈服强度/峰值强度为 0.77～0.89（平均 0.84）；②刚性结构面，屈服强度/峰值强度为 0.73～0.88（平均 0.81）；③软弱结构面，屈服强度/峰值强度为 0.76～0.89（平均 0.86）。

3. 岩体强度参数试验标准值

可行性研究期间，国内水电水利工程界岩体与结构面强度参数的整理尚无一套完全统一的方法，常用方法有算术平均值法、点群中心法、最小二乘法、优定斜率法。

锦屏一级水电站岩体和结构面强度单点的取值，一次剪是取峰值强度，二次剪也是取峰值强度；单组的值是根据 5 个点的值采用图解法求出。

岩体和结构面强度分类参数的整理方法采用的是优定斜率法。整理时将同一岩级、同一类结构面的多组试验成果点绘在 τ—σ 关系图上，根据试验成果的总体趋势，首先优定出各级岩体的斜率，再根据成果点的散布趋势，用优定的斜率绘出 τ—σ 散点的上、下限值，图中优定的斜率即为摩擦系数 $f'(f)$ 的试验标准值，截距的上下限值为凝聚力 $c'(c)$ 试验标准值的范围值。典型岩体、结构面强度参数优定斜率法整理见图 6.4-7 和图 6.4-8。

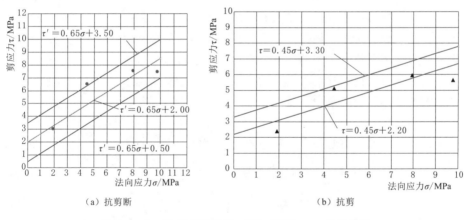

图 6.4-7　IV_2 级岩体抗剪（断）强度 τ—σ 关系曲线

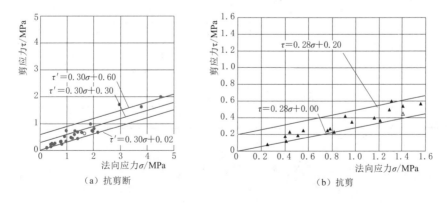

图 6.4-8　断层与层间挤压错动带（B_4）抗剪（断）强度 τ—σ 关系曲线

各级岩体、各类结构面抗剪断强度试验标准值汇总见表 6.4-5。

表 6.4-5　　　　　　　坝区岩体与结构面抗剪断强度试验标准值汇总表

质量分级	岩体				结构面				
	抗剪断强度		抗剪强度		类型	抗剪断强度		抗剪强度	
	f'	c'/MPa	f	c/MPa		f'	c'/MPa	f	c/MPa
II	1.35	2.00~4.40	1.03	0.70~3.30	A_1	0.70	0.20~1.40	0.58	0.35~1.50
III$_1$	1.07	1.50~3.30	0.85	0.50~2.50	A_2	0.60	0.10~0.80	0.49	0.10~0.85
III$_2$	1.02	0.90~2.90	0.68	0.70~3.30	B_1	0.51	0.15~0.90	0.43	0.25~0.75
IV$_1$	0.80	0.80~2.20	0.58	1.20~2.20	B_2	0.45	0.10~0.40	0.35	0.10~0.50
IV$_2$	0.65	0.50~2.00	0.45	2.20~3.30	B_3	0.42	0.07~0.35	0.34	0.10~0.50
V$_1$	0.30	0.02~0.30	0.25	0~0.20	B_4	0.30	0.02~0.30	0.25	0~0.20

4. 岩体与结构面强度参数地质建议值

与规程规范规定和同期同类拱坝工程相同，考虑到试验点难于全面、真实地反映岩体与结构面的结构特征等实际状况，为了将岩体与结构面的抗剪（断）强度水平限制在组成岩体或结构面的大多数基本单元所能承受的范围内，以避免因某些薄弱单元的累进性破坏而危及岩体和结构面的整体安全，以试验标准值为基础，根据有关规范的基本规定，结合各代表类型的工程地质条件，根据岩体裂隙发育与充填情况、试验时剪切变形量和岩体地应力等因素进行适当调整，结构面根据其粗糙度、起伏差、张开度、结构面壁强度等因素以及剪后剪断面情况进行调整，提出地质建议值，其中摩擦系数 f'(f) 的地质建议值以试验标准值为准进行适当调整，凝聚力 c'(c) 的地质建议值取试验标准值下限值进行适当调整。

坝区岩体、结构面抗剪断强度参数地质建议值见表 6.4-6。

表 6.4-6　　　　　　坝区岩体与结构面抗剪断强度参数地质建议值汇总表

质量分级	岩体				结构面				
	抗剪断强度		抗剪强度		类型	抗剪断强度		抗剪强度	
	f'	c'/MPa	f	c/MPa		f'	c'/MPa	f	c/MPa
II	1.35	2.00	1.03	0	A_1	0.70	0.20	0.58	0
III$_1$	1.07	1.50	0.85	0	A_2	0.60	0.10	0.49	0
III$_2$	1.02	0.90	0.68	0	B_1	0.51	0.15	0.43	0
IV$_1$	0.80	0.80	0.58	0	B_2	0.45	0.10	0.35	0
IV$_2$	0.65	0.50	0.45	0	B_3	0.42	0.07	0.34	0
V$_1$	0.30	0.02	0.25	0	B_4	0.30	0.02	0.25	0

6.5　地下洞室围岩工程地质分类与参数选取

与同期勘测设计的同类型大型地下洞室群工程比较，锦屏一级水电站地下厂房洞室区具有岩体强度差异大、结构面较发育、地应力高、地下水较活跃的特点。可行性研究阶段在充分研究了地下厂房区地质条件和地下洞室群布置情况的基础上，按照《水力发电工程地质勘察规范》（GB 50287）规定的地下洞室围岩工程地质分类方法，根据岩石饱和单轴抗压强度、岩体完整性和结构面间距、结构面性状等基本因素完成了地下洞室围岩工程地质分类，建立了地下洞室围岩工程地质分类体系；再根据具体洞室、具体洞段地下水状态和结构面产状进行校正，最后根据地应力状况调整，完成洞室围岩的分段分类评价。分类中考虑了岩石强度、岩体完整性、结构面的性状、地下水情况、结构面方位以及地应力 6 个指标，其中地应力为限定判据。

6.5.1　分类指标选取

由于整个引水发电系统和泄洪洞都布置于右岸，无深部裂缝的影响。按照规程规范的有关规定，结合锦屏一级工程地质特点，选取岩石强度、岩体完整性、结构面状态和地下水状态、主要结构面产状 5 个因素来进行地下洞室群围岩工程地质分类，并充分考虑地下厂区高一极高地应力的影响，将围岩强度应力比作为限定判据。地下洞室围岩参数是在岩体试验的基础上，结合坝基岩体参数，调整后得到各类围岩物理力学参数建议值。

1. 岩石强度

水电分类需要考虑岩石的饱和单轴抗压强度。根据岩石试验成果，锦屏一级工程采用的各类岩石饱和单轴抗压强度取值见表 6.5 - 1。

表 6.5 - 1　　　　　　　　　地下洞室群岩石饱和单轴抗压强度取值表

岩石类型	微新微晶大理岩、微新条纹状大理岩、微新条带状大理岩	微新角砾状大理岩	微新绿片岩	弱风化大理岩	微新煌斑岩
R_b/MPa	60～75	60～75	25～50	40～60	60

2. 高地应力条件下的岩体完整性

岩体完整性系数 K_v 是表征岩体完整性程度的定量指标，在水电系统详细围岩分类评价中占 40 分，因此准确描述岩体完整性对围岩分类具有重要意义。

锦屏一级地下厂区地应力高，岩体不论是块状结构，还是碎裂结构，受高地应力影响普遍嵌合紧密，完整程度各异的各类岩体声波纵波速级差不明显，用声波计算的 K_v 值不能准确地反映各类岩体的完整性真实情况。如坝区新鲜完整的大理岩室内岩块声波波速测试平均值为 4500～5000m/s，现场岩体测试平均值为 5800m/s，计算的岩体完整性系数大于 1，异常。

右岸卸荷带以里微新、完整岩体声波波速可达 6000～6500m/s，计算完整性系数 K_v 时，微新、完整岩块声波取 6500m/s，其完整性系数 K_v 可达 0.85～1.0；PD13 平洞深 103～109m 洞段的 f_{13} 断层上盘影响带，为强风化的角砾岩、碎块岩夹碎粉岩，破碎但挤压紧密，平洞声波平均波速可达 5447m/s，完整性系数 K_v 也可达 0.70 左右。上述成果表明，K_v 在一定程度上不完全表征岩体完整性，而更能反映岩体的紧密程度。

通过分析研究，为便于施工期对开挖后岩体完整性进行统计复核，认为可以采用岩体质量指标 RQD 来表征相应围岩岩体完整程度。这里的岩体质量指标 RQD 值不是钻孔岩芯统计的 RQD 值，而是通过洞壁测线法统计获取的一种岩体质量指标 RQD 类似经验值，它基本能够反映岩体的完整程度。

通过对地下洞室群区勘探平洞洞壁测线法统计获取各类岩体的 RQD 值，再根据表 6.5-2 中岩体 RQD 值与完整性系数 K_v 的对应关系，即可推算出岩体完整性系数 K_v。对深部的断层带、裂隙密集带采用 RQD 值推算的 K_v 值需根据地质条件进行再次的校正。

表 6.5-2　　　　　　　　岩体 RQD 值与完整性系数 K_v 对应关系表

岩体完整程度	完整	较完整	完整性差	较破碎	破碎
岩体完整性系数 K_v	0.8～1.0	0.6～0.8	0.4～0.6	0.2～0.4	0～0.2
岩体质量指标 RQD/%	90～100	75～90	50～75	25～50	0～25

3. 结构面性状

对结构面的张开度、充填物、起伏、粗糙状况等进行详细观察评价。

4. 结构面产状及地下水状态校正

两者均按现场平洞中实测的资料进行统计分析，并具体应用到洞室围岩各工程地质分类分段中。按照地下厂房区发育优势裂隙方向与组数，以第一组和第二组优势裂隙的方位为主，确定与洞轴线的关系，取相应的修正值。

5. 地应力限定判据

前期平洞勘探过程中微新岩体普遍出现了中等—强烈的脆性变形破坏现象，包括片帮、劈裂剥落及弯折内鼓等，并且右岸 17 组岩体地应力测试最大主应力 σ_1 达 20～35.7MPa，分析判断地下洞室群区主要岩石强度应力比（R_b/σ_{max}）多为 1.5～4，可以判定为高—极高地应力区。相应的围岩强度应力比 S（$S = R_b K_v/\sigma_{max}$）为 $1.5 < S < 3$，最终围岩类别进行了降级处理。

6.5.2　地下洞室围岩工程地质分类成果

综合前期勘察成果和施工详图阶段复核成果，锦屏一级地下洞室区围岩划分为四个大类，其中由于深埋洞室与浅埋洞室围岩的紧密状态、地应力量级存在较大差异，第二段第 2 层在厂区岩体结构表现为厚层—块状结构，部分地段层面裂隙发育，以中厚层状结构为主，因此将Ⅲ类围岩又细分为Ⅲ$_1$、Ⅲ$_2$。各类围岩工程地质分类特征见表 6.5-3，其物理力学参数建议值见表 6.5-4。

表 6.5-3　　　　　　　　　地下洞室围岩工程地质分类表

围岩类别	岩石强度		岩体完整性			结构面状态			地下水	围岩强度应力比 S	围岩基本特征与稳定性评价
	层位与岩性	岩石湿抗压 R_b/MPa	结构类型	RQD/%	纵波波速/(m/s)	张开度	充填物	起伏粗糙状况			
Ⅱ	2（3～5）层大理岩、角砾状大理岩	60～75	厚层～块状	100～85	>5500	闭合		起伏粗糙	干燥	>4	岩石坚硬，完整，嵌合紧密，一般偶见 1～2 组裂隙，间距大于50cm，延伸一般小于 3m，部分小于10m，最大主应力 $\sigma_1 = 10～20MPa$；围岩基本稳定

续表

围岩类别	岩石强度		岩体完整性			结构面状态			地下水	围岩强度应力比 S	围岩基本特征与稳定性评价
	层位与岩性	岩石湿抗压 R_b /MPa	结构类型	RQD /%	纵波波速 /(m/s)	张开度	充填物	起伏粗糙状况			
Ⅲ₁	2（6）层大理岩，条带状、角砾状大理岩	60～75	中厚层状	85～65	4500～5500	闭合		起伏光滑或平直粗糙	局部渗滴水	>2	岩石坚硬，较完整，微风化—新鲜，沿结构面或绿片岩透镜体发育风化夹层，嵌合紧密，发育2～3组裂隙，延伸一般小于10m，在2（6）层层间挤压错动带发育，长度大于10m，最大主地应力 σ_1=10～20MPa；局部围岩稳定性差
	2（2～5）层大理岩、角砾状大理岩	60～75	厚层—块状	100～85	>5500	闭合		起伏粗糙	干燥	2<S<4	岩石坚硬，完整，嵌合紧密，一般偶见1～2组裂隙，间距大于50cm，延伸一般小于3m，部分小于10m；最大主应力 σ_1=20～35MPa，开挖易导致洞周应力集中，围岩可能产生较强的脆性变形破坏，变形破坏形式以洞壁及顶拱的劈裂剥落为主；局部围岩稳定性差
Ⅲ₂	2（2、6）层大理岩、条带状、角砾状大理岩	60～75	薄—中厚层状	85～65	4500～5500	闭合		起伏光滑或平直粗糙	局部渗滴水	1<S<3	岩石坚硬，较完整，微风化—新鲜，沿结构面或绿片岩透镜体发育风化夹层，嵌合紧密，发育1～2组裂隙，延伸一般小于10m，最大主应力 σ_1=20～35MPa；开挖易导致洞周应力集中，围岩可能产生较强的脆性变形破坏，变形破坏形式顶拱以弯折内鼓为主；边墙以劈裂剥落为主；围岩稳定性差
	煌斑岩脉	60	次块—镶嵌			闭合		起伏粗糙			岩石坚硬，较完整，微风化—新鲜，裂隙发育，施工开挖后围岩可能产生较强的脆性变形破坏，围岩稳定性差
	2（3～5）层大理岩、角砾状大理岩	60～75				微张—张开	无	起伏粗糙		>2	分布于弱卸荷带内的岩体，裂隙发育，嵌合较松弛，围岩稳定性差

续表

围岩类别	岩石强度		岩体完整性			结构面状态			地下水	围岩强度应力比 S	围岩基本特征与稳定性评价
	层位与岩性	岩石湿抗压 R_b /MPa	结构类型	RQD /%	纵波波速 /(m/s)	张开度	充填物	起伏粗糙状况			
Ⅳ	2（2～6）层大理岩、角砾状大理岩中的裂隙密集带	60～75	板裂—碎裂	65～45	4500～5500	微张	无	平直粗糙	涌水	<2	岩石坚硬，完整性较差，以板裂—碎裂结构为主，1～2组裂隙密集发育，局部溶蚀松弛张开，涌水。最大主地应力 $\sigma_1=15\sim20$MPa。施工开挖易导致洞周应力集中，围岩可能产生较强的脆性变形破坏，变形破坏形式边墙以弯折内鼓为主；围岩不稳定
	2（1）层大理岩、绿片岩互层	25～45	中厚层—互层状	45～65	3500～4500	闭合		平直光滑	局部渗滴水		岩质较软，以中厚层状结构为主，嵌合紧密，最大主地应力 $\sigma_1=20\sim30$MPa，$\sigma_2=10\sim20$MPa，施工开挖易导致洞周应力集中，围岩可能产生较强的脆性变形，变形破坏形式顶拱以弯折内鼓为主，边墙以剪切滑移、碎裂松动为主；围岩不稳定
	煌斑岩脉	60	碎裂—镶嵌			微张	—				岩石坚硬，较完整—较破碎，以弱风化为主，裂隙发育，施工开挖后围岩可能产生较强的脆性变形破坏；围岩不稳定
Ⅴ	f_{13}、f_{14} 等断层带		碎裂—散体						渗滴水		岩体破碎，嵌合较紧密—松弛，呈碎裂—散体结构；围岩极不稳定

表 6.5－4　　　　　　　　　地下洞室围岩物理力学参数建议值表

围岩类别		变形模量 E_0/GPa		弹性模量 E_0/GPa		泊松比 μ	抗剪断强度		抗剪强度		弹性抗力系数 K_0 /(MPa/cm)	坚固系数 f_k
		平行结构面	垂直结构面	平行结构面	垂直结构面		f'	c' /MPa	f	c /MPa		
Ⅱ		22～30	19～28	29～42	25～42	0.25	1.35	2.00	0.95	0	45～55	5～6
Ⅲ	Ⅲ₁	9～15	8～13	16～22	13～22	0.25	1.07	1.50	0.85	0	35～45	4～5
	Ⅲ₂	6～10	4～7	9～17	5～11	0.30	1.02	0.90	0.68	0	25～35	3～4
Ⅳ₁		3～4	2～3	3～4	2～3	0.35	0.7	0.60	0.58	0	15～20	2～3
Ⅴ		0.4～0.8	0.2～0.6	1～2	0.6～0.9	0.35	0.3	0.02	0.25	0	<10	<1

第 7 章

特高拱坝坝基岩体
稳定性研究

拱坝是将坝体所受荷载的大部分经拱的作用传递到两岸岩体，利用两岸拱座和抗力体岩体的稳定来保证大坝的稳定，仅小部分经梁向作用传递到坝基，一般情况下坚硬岩石地基的承载能力均能满足要求，而对两岸坝肩（含拱座）岩体的抗变形稳定和抗滑稳定要求高，随着拱坝建设高度由二滩工程的 240m 到拉西瓦工程的 250m、溪洛渡工程的 285.5m、小湾工程的 294.5m，再到锦屏一级工程 305m 的不断加高，对两岸拱座和抗力岩体质量的要求越来越高，并且渗透形成的扬压力对坝基岩体的抗渗稳定性要求也越来越高，因此，对拱坝坝基岩体的抗变形稳定性、抗滑稳定性和抗渗稳定性的勘察和评价越来越成为拱坝工程地质勘察的重大问题和关键技术。

锦屏一级水电站拱坝作为世界第一高坝（2016 年被吉尼斯中国总部授牌），坝基存在两岸地形、地质条件及左岸上下部岩性不对称、不均一的特点，对建基面选择和坝基岩体变形稳定、抗滑稳定、抗渗稳定研究带来了极大的难度。尤其是右岸发育 f_{13}、f_{14}、f_{18} 断层及一条煌斑岩脉，左岸发育 f_2、f_5、f_8 断层及另一条煌斑岩脉，特别是左岸深卸荷拉裂松弛岩带等，都位于坝基及附近，对拱坝变形稳定、抗滑稳定、抗透稳定等影响大，是特高拱坝坝基岩体稳定性研究中需要重点查明与研究的对象。对其研究的最终目的是解决特高拱坝建基岩体选择、坝基岩体变形稳定、抗滑稳定和抗渗稳定四个主要工程地质问题。

施工详图阶段坝基开挖揭示，前期预测的建基面及建基面以里岩体质量，及其地质缺陷展布、工程地质性状的准确评价，科学地指导了拱坝基础常规加固处理、地质缺陷专门处理，以及坝基防渗排水的系统处理。蓄水后的各项监测成果显示，拱坝坝体工作性态正常，坝基及边坡稳定，坝基防渗效果良好，充分证明了对坝基的工程处理是有效的。

7.1　主要研究内容

在对特高拱坝坝基稳定性问题近 20 年的地质勘察中，既采用了传统的工程地质测绘和施工地质编录、勘探与物探、常规试验、微观测试等方法、手段，还广泛采用了一系列提高勘察质量和工效的新技术、新方法，例如针对复杂地层的 SM 植物胶冲洗液配合 SD 钻具的先进钻进技术、峡谷区陆地摄影平面地质测绘技术、三维激光扫描技术、地震 CT 技术、岩体结构精细测量技术、高清晰数码摄像地质编录技术等，较好地查明了与这四个方面问题相关的工程地质条件。同时，开展了大量针对性的专题研究，如前期勘察阶段的大坝河床坝基建基面选择工程地质专题研究、枢纽区边坡稳定性分析及加固措施专题研究等，还开展了专门的拱坝坝基软弱岩体固结灌浆试验研究；施工阶段的坝基岩体卸荷松弛评价及加固措施专题研究、坝厂区导水裂隙网络及防排措施专题研究、软弱岩带化学灌浆试验评价等多项专题研究，全面查明了有关工程的地质条件，论证评价了存在的主要工程地质问题，提出了加固处理的地质建议。

特高拱坝坝基岩体稳定性研究的主要内容可以细化为特高拱坝建基岩体选择、坝基岩体变形稳定、坝肩岩体抗滑稳定、坝基抗渗透变形稳定四个方面。

（1）特高拱坝建基岩体选择研究。从拱坝建基岩体要求和受力特性出发，分析、研究影响建基岩体选择的地质因素，深入研究河床坝基大理岩风化卸荷状况和深部绿片岩工程地质特性，充分分析、认识河床高地应力集中对建基面选择的影响，以及左岸高程1670.00m以上一定水平深度范围内Ⅳ₂级岩体的影响，根据规程规范的相关规定，参考同类工程经验，拟定锦屏一级建基岩体选择原则和标准，研究河床建基高程、左右岸建基面的位置，确定拱坝嵌深及坝基开挖深度，评价选定建基面工程地质条件，为坝基开挖设计提供地质依据。

（2）坝基岩体变形稳定研究。查明坝基及其影响范围内的地层岩性，地质构造的规模、空间分布及性状，岩体结构的发育规律、性状及岩体的完整程度，开展坝基岩体分级分区评价，合理地确定各岩级岩体承载强度和抗变形参数，评价、预测可能导致变形稳定不满足要求的部位和对象，尤其要注意坝基及抗力岩体范围内局部软弱岩带等地质缺陷抗变形能力的弱化，对拱坝坝基岩体均一性的影响。坝基开挖后对工程地质条件进行复核评价，划分地质缺陷类型，提出对坝基及地质缺陷处理的地质建议，并评价处理效果。

（3）坝肩岩体抗滑稳定研究。查明两岸抗力体工程地质条件，重点查明对抗滑稳定有影响的各种结构面发育展布及其工程地质性状，分析可能存在的滑移块体的组合模式，确定控制滑移面、切割面及临空面等边界条件，分析、判明滑移块体的形态、规模、可能滑动的方向，合理地确定滑移面、切割面及滑块岩体的物理力学参数建议值。

（4）坝基抗渗透变形稳定研究。查明坝基岩体的透水性、坝基可能产生集中渗流的各种软弱岩带的空间分布位置、厚度、抗渗的各向异性等特征，通过各种现场或者室内的试验、测试手段，获得渗流岩体的渗控参数，主要是岩体的透水率，软弱岩带的临界坡降（J_{cr}）、破坏坡降（J_p）、渗透系数（K）等；确定软弱岩带允许坡降，分析判断未来坝基可能出现的渗透变形形式，以及判断是否可能出现渗透变形破坏，提出防渗范围的地质建议，并针对坝基可能会出现的渗透变形破坏提出相应工程处理措施的地质建议，并评价处理效果。

7.2　特高拱坝建基岩体选择

拱坝建基岩体研究的重要目的之一就是确定合理、适宜的建基面，包括河床建基高程和两岸嵌深。影响建基面确定的因素很多，既有坝基岩体工程地质条件的因素，又有拱坝结构的因素；既有技术因素，又有经济因素；涉及面十分广泛。而建基面的确定是否合理，又关系到工程建设的可靠性、安全性和经济性，因此，建基面确定和优化就是拱坝勘察设计中一项重要而又困难的课题。同时，鉴于拱坝建筑物的重要性，要求坝基岩体应具有足够的强度、刚度和抗渗性，不仅能安全承受拱坝传递过来的荷载，而且还要求坝体和坝基的应力、变位、渗透流速等都在设计允许范围内。近年来工程实践表明，一般拱坝坝基开挖都较大，但绝不意味着必须深挖才能满足要求，相反，过量的开挖会带来诸如高地应力释放导致坝基开裂、拱推力增大和高边坡开挖等一系列的工程问题，不仅会增大投资、延长工期，还会给工程带来质量安全问题。已有工程实践表明，建基面的确定和优化必须从地基客观地质条件和不同工程的实际需要出发，因地制宜的区别对待。

7.2.1 高拱坝建基岩体选择基本原则

锦屏一级可行性研究阶段建基岩体选择与确定研究时，有关的规范规定拱坝建基岩体应开挖至微新的Ⅱ级岩体。在二滩水电站拱坝国家"七五"重点科技攻关项目专题"高坝坝基岩体稳定及可利用岩体质量标准研究"的经验和成果的基础上，对锦屏一级300m量级超高拱坝建基岩体可利用研究的重点和难点进行了深入的分析，重点研究了河床高应力带的分布、河床坝基微新弱卸荷Ⅲ₁级岩体可利用性、河床坝基下伏第2层绿片岩Ⅲ₂级岩体性状、左岸高程1670.00m以上Ⅳ₂级岩体性状四个影响坝基岩体选择的因素。

经深入研究，确定锦屏一级特高拱坝建基岩体选择的基本原则是：①河床建基岩体应尽量利用第3层大理岩中较完整的微新、无卸荷的Ⅱ级和微新、弱卸荷的Ⅲ₁级岩体，而较破碎的弱风化、弱卸荷的Ⅲ₂级岩体不宜作为坝基建基面岩体；②河床建基面应尽量远离河床谷底应力集中带，减小高应力对河床坝基开挖松弛的影响；③两岸建基面可利用岩体的选择应充分考虑拱坝受力状况，拱坝坝基中下部应全部置于Ⅱ级或Ⅲ₁级岩体之中，中上部应尽可能置于Ⅲ₁级岩体之中，若无法避开Ⅲ₂级岩体或Ⅳ₂级岩体时，应切实做好坝基加固处理，以确保坝基岩体稳定和大坝安全。

随着锦屏一级、小湾、溪洛渡、拉西瓦、大岗山、构皮滩等坝高超200m特高拱坝工程的勘察设计与建设实践，在拱坝建基岩体选择与确定上取得了丰富的经验，经逐渐总结、归纳而形成了一套行之有效的原则，并逐步反映到《水力发电工程地质勘察规范》（GB 50287）、《水电工程坝址工程地质勘察规程》（NB/T 10339）等的相关条款中，其中最核心的就是高拱坝河床及两岸低高程建基岩体可以适当利用无卸荷、弱风化下部岩体或微新、弱卸荷岩体。

7.2.2 建基岩体选择中的关键因素

不同工程、不同坝型建基岩体选择考虑的影响因素不尽相同、各有侧重。对锦屏一级300m级特高拱坝，在针对有影响的众多地质因素中，重点研究了河床坝基微新、弱卸荷岩体可利用性及河床高应力带、河床坝基下伏第2层绿片岩Ⅲ₂级岩体、左岸高程1670.00m以上Ⅳ₂级岩体的影响等四个内容。

1. 河床坝基微新、弱卸荷岩体可利用性研究

河床坝基分布有弱卸荷的第二段第3层厚—巨厚层状大理岩、角砾状大理岩，在建基面以下垂直深度约20m，其下为微新、无卸荷的第3层厚—巨厚层状大理岩、角砾状大理岩，岩层面经变质作用后嵌合较紧密，层面裂隙不发育，岩体一般为厚层块状—次块状结构，岩性较坚硬，微新、无卸荷岩体属Ⅱ级岩体。若按照规程规范规定开挖至微新的Ⅱ级岩体，河床坝基不仅开挖工程量大，最大垂直挖深将达50m左右，而且还会碰到河床基岩面以下60~100m深度范围的第一个应力集中带。这样，一方面会带来坝高的增加，加大拱坝设计难度；另一方面，坝基开挖之后，可能面临高—极高应力释放带来的坝基岩体开裂松弛，加大坝基岩体损伤程度，增加坝基处理难度与工程量。因此，必须开展河床坝基浅表部微新、弱卸荷大理岩的可利用性研究，主要是研究不同风化卸荷程度岩体的工程地质特性与岩体质量划分，这是地质工程师们在河床坝基选择过程中一直关注的问题，直

接关系到河床建基高程乃至拱坝最终坝高。

弱风化、弱卸荷岩体：岩体有轻微风化变色、有一定程度的松弛张开和少量的次生泥充填；一般下限高程为 1582.00～1585.00m，最低 1581.57m；岩体钻孔声波波速一般 4500～4800m/s，岩体 RQD 值一般为 40%～60%，岩体完整性系数 K_v 为 0.45～0.55；在坝基岩体质量分级的Ⅲ级岩体中属偏差的岩体，划分为Ⅲ$_2$ 级。

微风化—新鲜、弱卸荷岩体：风化较微弱，因卸荷影响有轻微松弛，岩体透水率一般都大于 10Lu；岩体钻孔声波波速一般为 4800～5200m/s，岩体 RQD 值一般为 55%～70%，岩体完整性系数 K_v 为 0.55～0.65；在坝基岩体质量分级的Ⅲ级岩体中属较好的岩体，划分为Ⅲ$_1$ 级；主要埋于Ⅲ$_2$ 级岩体之下，在河床坝基部位连续分布。

通过对河床坝基部位弱卸荷岩体工程地质性状的深入研究，微新、弱卸荷岩体的风化作用较微，虽因弱卸荷的影响岩体有一定程度的松弛，但岩体块度较大，且松弛微张—局部张开的卸荷裂隙多无次生泥或泥膜充填，岩体质量分级属Ⅲ$_1$ 级，岩体变形模量较高，为 9～14GPa，工程地质性状比坝基表部的弱风化、弱卸荷Ⅲ$_2$ 级岩体好，可以作为 300m 量级超高拱坝河床建基岩体。

锦屏一级水电站河床建基高程最终确定在 1580.00m，约 40% 为微新、无卸荷的Ⅱ级岩体，约 60% 为微新、弱卸荷的Ⅲ$_1$ 级岩体，是中国水电水利工程坝高 200m 以上超高、特高拱坝中河床坝基第一批充分利用了微新、弱卸荷Ⅲ$_1$ 级岩体的工程之一，其成功经验被后续勘测设计和建设的大岗山、叶巴滩、孟底沟等拱坝工程采用，并纳入了有关规程规范。

2. 河床高应力带的影响

锦屏一级水电站坝址河谷地形高陡，地质构造复杂，宏观判断属高地应力区，河床部位的应力集中程度要高于两岸。十多年的勘探试验和分析也验证了这个判断。

首先是勘探。大量河床钻孔见有钻孔岩芯饼化，各钻孔第一块饼芯开始出现的深度不一，具有较大的随机性，而且第一块饼芯以下岩芯仍然有一定程度的风化、卸荷特征。总体上，在垂直方向上饼芯分布具有分带性，一般有2～3个集中带，其中第一个集中带大多出现在基岩面以下深度为 35～70m，相应高程为 1560.00～1535.00m。

其次是两岸平洞和河床钻孔地应力测试成果。河床坝基范围钻孔水压致裂法地应力测试成果也表明浅表部岩体有卸荷，地应力有不同程度的释放；在基岩面以下 60～100m 范围内，出现了明显的应力集中，最大水平主应力值达 36.0MPa 左右；在谷底基岩面以下 100m 以下，应力值逐渐趋于正常，最大水平主应力值达 20.0MPa 以上。见图 7.2-1。

因此，河床建基高程的选择必须面对高地应力的影响，尤其是个别拱坝工程河床坝基开挖后出现了大量的高地应力破坏现象后，更是引起了水电水利工程界的关注。怎样避开高地应力带的影响，不出现或尽量减小高地应力对河床坝基开挖的影响，

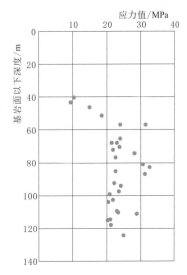

图 7.2-1　河床坝基岩体水压致裂法
应力值与基岩面下深度关系图

以及由此带来的浅表部岩体质量的损伤，这是河床建基高程选择研究中需要重点解决的问题。

在地质勘察论证上，选择一个合适的建基高程，尽量减少高应力引起的开挖卸荷松弛；在设计施工方面，选择一个适合的开挖支护方案，尽量减小开挖扰动。从地质角度出发，要解决高地应力区建基高程确定原则问题，需要从多挖、保证建基岩体的新鲜完整和少挖、远离应力集中带两方面寻找平衡点。

微新、弱卸荷岩体虽已有一定的卸荷松弛，但卸荷裂隙规模较小，且少有泥质充填，仍保持了一定完整程度的特点，尽量利用该层，减少开挖，远离河床第一应力集中带。综合河床坝基微新、弱卸荷岩体工程地质特性的研究成果，最终确定河床坝基建基高程为1580.00m，利用了浅部微新、弱卸荷的III$_1$级岩体，挖深一般为15～22m，既保证了建基岩体的质量要求，又距河床应力集中带在20m以上，有足够的安全厚度，很好地解决这个基本矛盾，寻找到其中的平衡点。

实际开挖后，两岸低高程和河床坝基开挖过程中出现了一定的应力松弛，但开挖过程中的建基面地质编录成果、物探检测成果显示河床和两岸低高程坝基开挖后高地应力集中造成的岩体松弛和破坏总体轻微，对岩体的损伤小，验证了建基岩体选择的正确，避开了河床高应力带，有效地降低了河床高应力的影响。经固结灌浆处理后河床坝基完全满足300m级高坝要求。

3. 河床坝基下伏第 2 层绿片岩III$_2$级岩体的影响

河床建基面以下10～40m下伏第二段第 2 层灰绿色绿泥石片岩、钙质绿片岩（图7.2-2），岩质中等坚硬，片理较发育，薄层状—镶嵌结构，完整性总体较差，坝基岩体质量分级属III$_2$级，工程地质性状较差。从河床往右岸埋藏深度逐渐变浅，对河床及右岸低高程坝基变形稳定不利。

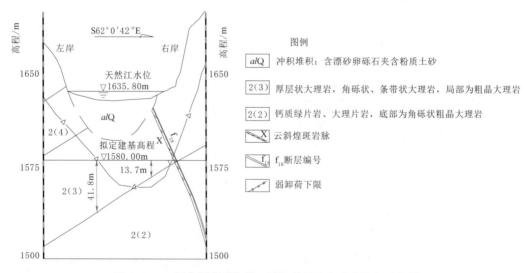

图 7.2 - 2　河床坝基下伏第 2 层钙质绿片岩垂直深度示意图

研究表明，坝区岩体变形模量与声波纵波速的动-静关系呈现出高围压、高波速、高变模的特点，结合第 2 层灰绿色绿泥石片岩、钙质绿片岩深埋于河床和右岸低高程山里，属于无卸荷的高围压状态。因此，综合判断有以下两个基本认识：

（1）第 2 层绿泥石片岩、钙质绿片岩，虽然岩性较软弱，但在河床深部和右岸低高程深部受高围压影响，岩体挤压紧密，裂隙多闭合，会表现为高围压下的高变形模量。

（2）根据坝区岩体声波纵波速 V_{cp} 与变形模量 E_0 的动-静关系预测，当微新、无卸荷的第 2 层绿泥石片岩、钙质绿片岩声波纵波速取值 4500～5000m/s 时，其变形模量 E_0 值在 8.42～13.6GPa 之间。

综合分析认为，拱坝体形设计中河床与右岸低高程综合变模取值时，可以取 $Ⅲ_2$ 级岩体变形模量区间值 6～10GPa 的高限值即 8～10GPa。

大坝建成以来对坝体、地基的各项监测成果显示，拱坝坝体、地基工作正常，说明了第 2 层灰绿色绿泥石片岩、钙质绿片岩对拱坝的影响处于设计可控范围，对其工程地质性状的分析评价是合适的，满足规程规范要求。

4. 左岸高程 1670.00m 以上 $Ⅳ_2$ 级岩体的影响

左岸高程 1670.00～1820.00m 大理岩段，高程 1820.00m 以上砂板岩段，f_2、f_5、f_8 断层在不同高程发育分布，破碎带组成物质性状软弱，碎裂—散体结构，V_1 级岩体，不能作为建基面岩体。f_5、f_8 断层之间影响带的 $Ⅳ_2$ 级岩体，以碎裂结构为主，完整性差—较破碎，不能满足大坝承载和变形稳定要求，不能作为建基面岩体。这两种岩体，不论分布在建基面什么位置，作为地质缺陷都需要挖除或专门处理，总体上对左岸建基面的选择影响不大。

在 f_5 断层下盘以里，受深卸荷作用影响，大理岩、砂板岩中有不同规模的深部裂缝发育分布，其中砂板岩中发育强度明显大于大理岩。深部裂缝发育段岩体普遍有松弛拉裂现象，以板裂—碎裂结构为主，岩体波速较低，一般仅 3500m/s 左右，岩体完整性系数 K_v 值一般为 0.10～0.30，完整性差—极差，为 $Ⅳ_2$ 级岩体，不能满足大坝承载和变形稳定要求，不能作为建基面岩体，对建基面选择影响大。

当拟选建基面出露有较多的 $Ⅳ_2$ 级岩体时，不仅应当选择合适的扩大基础方案来减少基础应力，并需要对基础以里一定范围内（即抗力体范围）还有分布的 $Ⅳ_2$ 级岩体也要进行可靠、有效的工程处理，以保证拱坝的安全。

7.2.3 特高拱坝建基岩体选择

在深入分析研究了拟定坝基范围内岩体质量分级，重点是岩体完整性、弱卸荷中等透水带、深部裂缝、地应力条件后，针对河床坝基和两岸坝基地质条件、拱坝受力特点，依据前述拟定的特高拱坝建基岩体选择基本原则，开展了河床与两岸坝基可利用岩体与建基面比较选择。

1. 河床建基岩体选择

河床建基高程的选择，首先根据河床坝基地质特点，从影响岩体质量的地质因素中选择对河床建基高程确定影响较大的主要地质因素进行深入研究；然后再对拟定建基高程的主要因素地质条件进行逐一的比较；最后完成建基高程的确定。

根据选定的拱坝坝轴线位置，河床坝基位于 Ⅱ 勘探线上下游大约 80m 范围内。预可行性研究、可行性研究阶段此范围内布置了 12 个河床钻孔及配套物探、试验，查明了其地质条件，基岩顶板、微新岩体顶板高程。

对拟定的河床 1590.00m、1585.00m、1580.00m、1575.00m、1570.00m 五个高程开展了河床建基面的比较选择研究。通过对岩性、地质构造、岩体完整性、岩体透水率、岩体风化卸荷与地应力、岩体质量等方面深入比较分析，选定河床建基面高程为 1580.00m，该高程以下已不存在弱风化弱卸荷的 III_2 级岩体；河床建基岩体以微新、弱卸荷不夹泥的 III_1 级岩体为主，部分微新 II 级岩体，建基岩体质量良好；建基面距河谷下部应力集中带尚有 20m 的距离，保证了河床坝基开挖不会产生高地应力释放岩体破损的问题。

作为世界最高的坝高 305m 的特高拱坝，河床建基面利用了约 60％的 III_1 级岩体、约 40％的 II 级岩体，其建基岩体确定与建基面选择的原则、坝基岩体工程地质条件比较的思路与方法对类似高坝工程的勘察设计具有重要的参考借鉴意义。

2. 两岸建基岩体选择

（1）左岸建基面。左岸 II—V 勘探线之间地面高程约 1810.00m 以上为砂板岩，强卸荷带的 IV_1 级岩体，碎裂—板裂结构，卸荷裂隙发育，松弛张开显著，部分充填泥质物、碎屑，岩体较破碎，不能作为大坝地基；微—弱风化弱卸荷带的 III_2 级岩体以块裂—镶嵌结构为主，卸荷裂隙较发育，岩体集中松弛张开明显，一般不宜作为高坝坝基岩体。约 1810m 以下为大理岩，强卸荷带的 IV_1 级岩体，不能作为大坝地基；微—弱风化弱卸荷带的 III_2 级岩体，以次块—镶嵌结构为主，岩体较松弛，一般不宜作为高坝坝基岩体，若需利用应做专门处理。弱卸荷带以里高程 1680.00m 以上，以微新的紧密岩带的 III_1 级岩体为主，以中厚—厚层状、次块状结构为主，岩体完整性较好，经加固处理后可作为坝基岩体利用；高程 1680.00m 以下，一般为微新、紧密的 II 级岩体，以厚层—块状结构为主，是良好地基。坝基范围 f_2 断层、f_8 断层、f_5 断层宽度大，其破碎带及影响带主要由片状岩、碎粒岩、碎粉岩组成，吸水易软化泥化，岩体极破碎，以散体结构为主，V_1 级岩体，不能作为坝基岩体，应进行专门处理。

研究认为，左岸高程约 1800.00m 以下大理岩段应挖除弱卸荷岩体，以里建基岩体以 III 级为主，满足建基要求，但需对其中随机分布的层间挤压错动带、松弛裂隙带及 f_2 断层破碎带等地质缺陷作专门的加固处理，左岸坝基开挖平均水平深度约 55m。在高程 1800.00m 以上砂板岩段，出露 f_8、f_5、f_{38-2}、f_{38-6} 等规模较大的断层外，还发育分布较多的规模较小的断层和层间挤压错动带，加之砂板岩卸荷拉裂强烈，岩体松弛，以块裂—碎裂结构为主，坝基岩体质量分级属 IV_2 级、V_1 级岩体，不能满足建基要求，须进行专门工程处理，鉴于该 IV_2 级、V_1 级岩体分部范围大，专门设置了从高程 1730.00m 以上至坝顶高度达 155m 混凝土垫座，其开挖平均水平深度约 105m。

（2）右岸建基面。右岸全为大理岩，浅表部强卸荷带的 IV_1 级岩体不能作为大坝地基。微—弱风化弱卸荷带的 III_2 级岩体以次块—镶嵌结构为主，一般不宜作为高坝地基岩体，若需利用应作专门处理。弱卸荷带以里高程 1850.00m 以下岩体新鲜、完整，以 II 级岩体为主，是良好地基，但局部沿 f_{14} 断层破碎带及 NW—NWW 向溶蚀裂隙松弛带为 IV_1 级岩体，须作专门处理；高程 1850.00m 以上第 6 层薄—中厚层大理岩、条带状大理岩完整性较好，以 III_1 级岩体为主，可作为坝基岩体利用，但对 V_1 级的层间挤压错动带须作专门处理。右岸坝基开挖平均水平深度约 50m，坝基岩体以 Ⅱ～Ⅲ₁ 级为主，在对局部 Ⅲ₂ 级岩体和 f₁₃、f₁₄、f₁₈ 断层及溶蚀裂隙松弛带发育部位的 V₁ 级和 Ⅳ₁ 级岩体，采取专门处理措施后满足建基要求。

7.3　坝基岩体变形稳定

在前期勘测设计阶段，坝基岩体变形稳定性研究主要是对坝基拱座及抗力岩体质量进行分级分区评价，查明可能导致坝基不均匀变形的地质缺陷发育特征等，提出处理地质建议。在施工详图阶段，根据坝基开挖揭示的实际地质条件，结合物探、试验等检测成果，对前期预测的建基岩体分级分区，地质缺陷的类型、性状进行复核评价；对新揭示的地质缺陷的类型、性状等进行评价，提出针对性处理的地质建议，对处理后效果进行评价。同时，在坝基开挖过程中对坝基岩体开展了大量钻孔声波、钻孔变模、钻孔图像测试，以及坝面与灌排洞浅部承压板变形试验，还开展了钻孔声波长期观测测试，完成了对坝基岩体质量的复核评价和对爆破松弛、卸荷松弛程度及其深度的划分，为坝基系统固结灌浆和局部加强固结灌浆处理提供了可靠的地质依据。

鉴于左岸坝基及抗力体工程地质条件复杂，不仅需要对 f₅、f₈ 断层和 f₂ 断层及其上下盘层间挤压错动带、煌斑岩脉进行专门处理，还需对大量因深卸荷形成的 Ⅳ₂ 级拉裂松弛岩体进行较大范围的系统处理，为此，工程单独设立了左岸抗力体加固处理标（CV 标），本书将在第 8 章"左岸抗力体工程研究"中详细论述，因此，本章只对左岸建基面及拱座岩体质量、地质缺陷及处理效果进行评价，不涉及左岸抗力岩体评价。

7.3.1　坝基岩体质量评价

前期勘察阶段在已查明两岸及河床坝基范围内的地层岩性、地质构造、岩体结构及岩体完整程度、地应力状况的基础上，依据建立好的坝基岩体质量分级体系与标准，对开挖前坝基岩体质量进行了分级分区评价，预测了可能导致变形稳定不满足要求的低变形模量部位，提出了加固处理的地质建议。施工阶段，对开挖后坝基工程地质条件进行了复核，开展了必要的检测测试，完成了坝基岩体质量分级分区的评价，划分确定了地质缺陷类型，提出了处理的地质建议，并根据检查结果评价了坝基加固处理效果。

1. 可行性研究坝基岩体质量预测评价

锦屏一级拱坝最终拱坝坝线选定在 Ⅱ 线时，大坝坝基位于 Ⅱ—V 勘探线之间，呈月亮形向两岸展布，高程 1580.00m 河床坝基底宽 60m，高程 1885.00m 两岸坝顶坝基底宽 16m，坝顶弧长 568.82m。

河床建基面高程为 1580.00m 时，偏右岸侧主要为微风化—新鲜、弱卸荷的第 3 层大理岩，属 Ⅲ₁ 级岩体；偏左岸侧为新鲜无卸荷的第 3 层大理岩，岩体结构紧密，声波纵波速 V_p 值普遍大于 5500m/s，为 Ⅱ 级岩体。

左岸高程 1580.00～1800.00m 段为大理岩，其中高程 1580.00～1660.00m 段，坝基岩体为厚层—块状大理岩及角砾状大理岩，声波 V_p 值一般大于 5500m/s，完整性较好，以 Ⅱ 级岩体为主，抗变形能力强。高程 1660.00～1735.00m 段，坝基岩体为薄—中厚层状大理岩，岩体中层间挤压错动带较发育，平均声波 V_p 值为 5470m/s 左右，以Ⅲ$_1$级岩体为主，抗变形能力较强，需对出露在建基面上规模较大的层间挤压错动带进行专门加固处理。高程 1735.00～1820.00m 段，坝基岩体为厚层—块状大理岩夹少量绿片岩透镜体，f_5、f_8 断层出露于建基面上，以Ⅲ$_1$级、Ⅲ$_2$级岩体为主，少量Ⅳ$_2$级、Ⅴ$_1$级岩体；f_5、f_8 断层破碎带及其之间的岩体以碎裂结构为主，不能满足大坝承载和变形稳定的要求，需要采取可靠的坝基加固处理措施，并需对出露在建基面上规模较大的层间挤压错动带进行专门加固处理。高程 1820.00～1885.00m 段，坝基岩体为砂板岩，岩体完整性差—破碎，以Ⅳ$_2$级、Ⅴ$_1$级岩体为主，不能作为建基面岩体，需进行专门处理。最终，采用了挖除高程 1730.00m 以上至坝顶高程 1885.00m 岸坡的Ⅴ$_1$级和Ⅳ$_2$级岩体，以高 155m、沿大坝纵剖面水平厚度约 40m 的混凝土垫座扩大基础方案来降低该段大坝基础应力。同时，对垫座基础以里分布的Ⅳ$_2$级岩体也进行了必要的加固处理。

右岸坝基高程 1580.00～1870.00m 段，坝基岩体为厚层—块状大理岩、角砾状大理岩，岩体总体上较均一，完整性较好，以微新的Ⅱ级岩体为主，为良好地基，浅表部岩体经固结灌浆处理后能够满足大坝承载和变形稳定的要求，但需对局部存在的Ⅲ$_2$级弱卸荷岩体和 f_{14}、f_{18} 等断层破碎带进行重点加固。高程 1870.00～1885.00m 段，坝基岩体为薄—中厚层状大理岩夹绿片岩透镜体，岩体均一性较差，Ⅲ$_1$级占 56%、Ⅲ$_2$级占 44%，需对建基面出露的 f_{13} 断层采取相应的工程处理措施。

可行性研究阶段坝基岩体质量分级分区示意图见图 7.3-1。

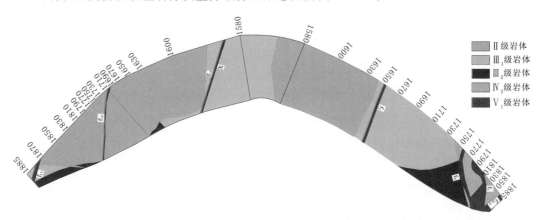

图 7.3-1 可行性研究阶段坝基岩体质量分级分区示意图（高程单位：m）

2. 开挖后坝基岩体质量评价

从 2007 年 8 月开始右岸坝基开挖、左岸垫座地基开挖，至 2009 年 9 月完成全部坝基开挖，跟随开挖进程，对坝基开挖揭示的实际地质条件进行了复核，开展了大量物探检测和岩体试验，评价了坝基岩体质量。

（1）施工期岩体质量检测。为了进一步查明建基岩体的风化卸荷、结构特征、地质缺陷的空间分布与性状，实现岩体质量的定量化评价，为坝基处理提供可靠依据，在坝基开挖过程中开展了系统的岩体质量检测工作。检测工作内容包括单孔声波测试，现场承压板变模试验（含坝面 ϕ40cm 承压板和两岸坝基灌排洞 ϕ50cm 承压板两种）、钻孔变模测试，钻孔全景图像测试。

如单孔声波检测，包括系统布置和针对性补充布置。系统声波检测孔布置于两岸建基面坝踵、坝趾，垂直建基面造孔，每 15m 梯段 3 孔（左岸混凝土垫座下游段增加 1 个孔），孔深 20m；补充声波检测孔，根据两岸建基面开挖进度动态布置设计，主要针对地质缺陷布置。坝基岩体质量单孔声波检测共完成了约 550 孔/11000m。

（2）岩体质量分级分区评价。施工详图阶段根据开挖揭示实际地质条件，完成复核后的坝基岩体质量分级分区见图 7.3 - 2。

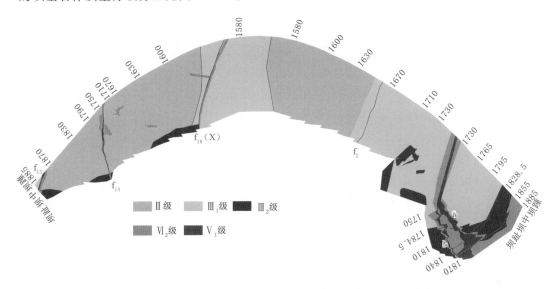

图 7.3 - 2　施工详图阶段坝基岩体质量分级分区示意图（高程单位：m）

河床高程 1580.00m 坝基主要由 II 级、III$_1$ 级岩体组成，仅沿 f$_{LC14}$、f$_{RC4}$ 断层破碎带为 V$_1$ 级岩体。

左岸高程 1580.00~1730.00m 坝基为大理岩，发育有 f$_2$、f$_{LC12}$ 等断层及 g$_{LC2}$、g$_{LC3}$ 等 10 条层间挤压错动带，坝基岩体以 II 级、III$_1$ 级岩体为主，极少量 V$_1$ 级岩体。

左岸混凝土垫座建基面，高程 1730.00~1810.00m 段为大理岩，总体以 III$_1$ 级为主、III$_2$ 级岩体次之，出露 f$_8$、f$_5$ 等规模较大的断层和多条规模较小的断层、层间挤压错动带，IV$_2$ 级、V$_1$ 级岩体沿断层和层间挤压错动带呈带状展布，延伸较长。高程 1810.00m 至坝顶 1885.00m 段为砂板岩，以 IV$_2$ 级岩体为主，V$_1$ 级岩体次之。

右岸坝基全部为大理岩，发育规模较大的 f$_{13}$、f$_{14}$、f$_{18}$ 断层和规模较小的 8 条断层、4 条层间挤压错动带，坝基岩体以 II 级岩体为主，III$_1$ 级岩体次之，IV 级、V$_1$ 级岩体沿断层、层间挤压错动带破碎带及影响带展布，性状差。

各级岩体在坝基中出露面积情况见表 7.3 - 1。

经施工详图阶段开挖揭示，坝基出露主要断层为左岸的 f$_2$、f$_5$、f$_8$、f$_{38-6}$ 断层和右岸的 f$_{13}$、f$_{14}$、f$_{18}$ 断层等；新揭示规模较小的断层有左岸的 f$_{LC1}$~f$_{LC14}$ 断层、右岸的 f$_{RC1}$~f$_{RC4}$ 断层。开挖后坝基岩体质量分级分区与可行性研究阶段对比基本无变化，开挖后坝基各级岩体在建基面出露面积的变化率在 -2.06%~1.25% 之间。

表 7.3-1   施工详图阶段坝基各级岩体出露面积统计表

岩 级	比 例/%		
	招标	开挖	变化
Ⅱ	65.69	66.94	+1.25
Ⅲ₁	27.61	26.65	-0.96
Ⅲ₂	5.51	3.45	-2.06
Ⅳ₂	0.45	1.68	+1.23
Ⅴ₁	0.74	1.28	+0.54

（3）开挖后岩体变形模量 E_0 值复核。施工详图阶段补充的 $\phi50cm$ 承压板变形试验和大坝建基面 $\phi40cm$ 承压板变形试验成果，与前期勘察阶段提出的岩体变形模量一致。此外，施工详图阶段还补充了各级岩体大量声波、钻孔变形模量测试。各级岩体变形模量值、声波值、钻孔变形模量值对比见表 7.3-2。

表 7.3-2 施工详图阶段坝基（含抗力体）各级岩体变形模量、单孔声波及钻孔变形模量值

岩级	各级岩体变形模量 E_{050}/GPa		各级岩体对穿声波值 V_{cp}/(m/s)	各级岩体单孔声波值 V_p/(m/s)	各级岩体钻孔变模值 E_{0k}/GPa
	//	⊥			
Ⅱ	21～32	21～30	>5500	>5650（其中小于 4200m/s 段数小于 5%）	13～20
Ⅲ₁	10～14	9～13	4500～5500	4850～5650（其中小于 4000m/s 段数小于 5%）	7～10
Ⅲ₂	6～10（砂板岩取低值）	3～7（砂板岩取低值）	3800～4800	4200～5000	3.5～8
Ⅳ₁	3～4	2～3	<3800	<4200	2.5～4
Ⅳ₂	2～3	1～2	<3500	<4000	1.5～3
Ⅴ₁	0.3～0.6	0.2～0.4	—	—	—

7.3.2　坝基地质缺陷处理与效果评价

开挖揭示，大坝坝基地质缺陷主要有：左岸坝基中的 f_2 断层及上下盘数条层间挤压错动带，右岸坝基中的 f_{13}、f_{14}、f_{18} 断层与煌斑岩脉和中低高程的风化绿片岩等，规模和性状有一定差异。在对其详细地质编录并适当的物探检测、岩土体测试的情况下，提出了一般处理或专门处理的地质建议，并根据处理后检查结果评价了处理效果。

1. 坝基地质缺陷类型与分布

根据岩性组成、岩体结构、风化卸荷状况、声波测试资料，将大坝坝基开挖揭示的地质缺陷主要分为以下几种基本类型。

（1）断层、层间挤压错动破碎带及其影响带：呈带状展布，延伸规模较大、裂隙发育、岩体破碎—较破碎、普遍弱风化，局部强风化，总体性状差，岩体质量分级属 Ⅳ₂ 级、Ⅴ₁ 级岩体。

（2）微—弱风化弱卸荷岩体：在建基面上一般在靠近岸坡坝段的坝趾部位、坝趾下游扩挖区，呈片状展布，卸荷裂隙发育，岩体完整性较差，岩体质量分级属Ⅲ$_2$级岩体。

（3）弱—强风化岩体：这类地质缺陷主要受断层构造影响和岩性影响，在建基面上呈夹层状、囊状展布，常含有风化绿片岩、煌斑岩，岩体总体上以弱风化为主，局部强风化，岩体质量分级属Ⅳ$_2$级岩体。

（4）单独的弱—强风化绿片岩：这类地质缺陷在建基面上呈夹层状、团块状、透镜状展布，层面裂隙发育，嵌合松弛，岩质软、性状差，其中强风化绿片岩属Ⅴ$_1$级岩体，弱风化绿片岩属Ⅳ$_2$级岩体。

（5）NWW—近EW向溶蚀裂隙密集发育带：普遍松弛，充填少量岩屑、次生泥，呈板裂、块裂结构，局部为碎裂结构，岩块嵌合较松弛，岩体质量分级属Ⅳ$_2$级岩体。

大坝坝基共有123处各类地质缺陷，其分布见图7.3-3。

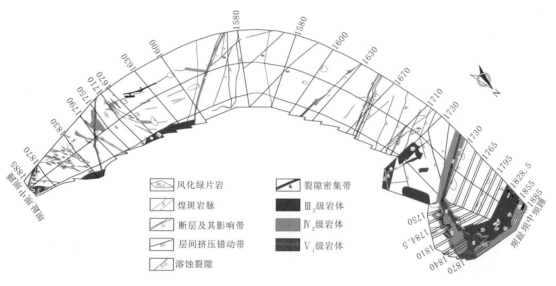

图7.3-3　大坝坝基地质缺陷分布示意图（高程单位：m）

2. 坝基地质缺陷处理与评价

对诸如小断层［图7.3-4（a）］、层间挤压错动带［图7.3-4（b）］、弱—强风化绿片岩、溶蚀裂隙密集带等地质缺陷，在坝基清基过程中进行了局部刻槽、两侧松动岩块清撬和高压水冲洗等常规处理，再结合坝基系统固结灌浆处理，处理后满足设计要求和大坝混凝土浇筑要求。

对左岸坝基出露的f$_2$断层与上下盘数条层间挤压错动带、f$_{LC13}$断层，右岸坝基出露的f$_{13}$、f$_{14}$断层及f$_{18}$断层与煌斑岩脉和FL$_{62}$、FL$_{63}$等风化绿片岩、L$_{63}$炭质千枚岩等规模较大、性状较差的地质缺陷，具有不同的水泥灌浆可灌性，需要采取针对性强的专门处理措施。

这些断层破碎带、层间挤压错动带、风化的煌斑岩脉、绿泥石片岩及炭质千枚岩，工程地质性状差，断层破碎带以易软化、泥化的碎粉岩为主，挤压紧密，普通水泥灌浆可灌性差，一般以刻槽开挖、混凝土置换和周边系统普通水泥加密固结灌浆处理为主。其中

（a）右岸坝基 f_{RC1} 断层　　　　　　　　（b）左岸坝基层间挤压错动带 g_{LC2}

图 7.3-4　坝基地质缺陷一般处理效果

f_{LC13}、f_{18} 断层及煌斑岩脉还进行了磨细水泥-化学复合灌浆，右岸坝基 22 坝段绿泥石片岩及炭质千枚岩，结合坝基防渗处理，也进行了化学灌浆。

以 f_{18} 断层及煌斑岩脉的补充化学灌浆效果检查评价为例来说明规模较大地质缺陷的处理与评价。f_{18} 断层及煌斑岩脉在系统水泥加密固结灌浆后的效果检查表明，由于 f_{18} 断层破碎带以碎粉岩为主，风化的煌斑岩脉软弱且裂隙不发育，普通水泥灌浆可灌性较差，灌后平均声波分别仅为 4048m/s、4490m/s，其中小于 4000m/s 的波速比例分别为38.98%、8.28%。因此，针对上游靠近防渗帷幕部位和下游坝趾部位进行了补充化学灌浆，化学灌浆灌后分单元进行了单孔声波、钻孔变形模量、透水率 3 个指标的检查，典型单元效果检查评价见表 7.3-3，表明化学灌浆处理后满足设计要求。

表 7.3-3　　　　　　f_{18} 断层及煌斑岩脉化学灌浆典型单元效果检查评价表

单元	类型	检测指标		单孔声波波速平均值 V_p/(m/s)	钻孔变形模量平均值 E_{0k}/GPa	透水率 q/Lu	分类评价	灌区合格评判	
		检测标准	f_{18}断层	≥4600	≥4.0	≤0.5		单元合格评判	合格率/%
			煌斑岩脉（X）	≥4400	≥5.0				
1	f_{18}断层破碎带	成果		4600			合格	合格	100
		评判		√					
	煌斑岩脉（X）	成果		4737			合格		
		评判		√					
3	f_{18}断层破碎带	成果		5138			合格	合格	
		评判		√					
	煌斑岩脉（X）	成果		4613			合格		
		评判		√					

注　"√"表示达到指标要求。

坝基 f_{13}、f_{14} 断层,破碎带以较松弛—较紧密的碎块岩、碎粒岩为主,局部少量碎粉岩,普通水泥灌浆可灌性一般;而断层两侧影响带与断层同向的节理裂隙发育且具有一定松弛,普通水泥灌浆可灌性好。因此,采用了开挖混凝土置换、随坝基系统固结灌浆,处理后检测指标满足设计要求。

7.3.3 建基面岩体开挖松弛评价与处理

坝区两岸岸坡高陡,属高—极高地应力区,两岸地应力测试成果最大主应力达 $35.7 \sim 40.4\mathrm{MPa}$。在高地应力区岩体开挖松弛效应明显。为查明坝基开挖后各部位卸荷松弛深度、岩体波速衰减情况以及岩体松弛随时间变化过程,评价建基面岩体开挖卸荷松弛程度和岩体质量,在施工过程中针对两岸坝基岩体开挖松弛程度开展了研究工作,包括爆破松弛和卸荷松弛两部分。从已开挖建基面岩体声波检测资料看,建基面浅表岩体波速衰减明显,且随时间延续松弛卸荷深度和波速衰减程度均有进一步加剧趋势。

1. 爆破松弛

已有研究表明,岩体爆破开挖受冲击波影响而产生爆破松弛,松弛程度与开挖前岩体完整程度、地应力状况和爆破开挖方式有关,并且在不同部位、不同岩类呈现出不同特征。因此,为评价岩体开挖爆破松弛情况,需要开展系统的爆破松弛检测,完成爆破松弛圈深度判别与评价,提出对松弛圈岩体处理的地质建议。检测表明,开挖完成的建基面浅表层存在不同程度的松弛,总体较轻微,在系统固结灌浆处理后满足特高拱坝建基要求。

两岸坝基从坝顶高程 1885.00m 开始布置了爆破前后检测孔进行声波检测对比,通过高高程检测为低高程检测积累经验,并为低高程坝基岩体开挖后的卸荷松弛情况的预测判断提供一定的基础资料。

两岸坝基一般按高程 7.5m 排距进行布置,每排 3 个孔;两岸低高程 1600.00 ~ 1585.00m 梯段,高程排距按左岸 5m、右岸 2.5m 进行布置,每排 3 个孔;河床坝基高程 1580.00m 按水平排距 7.5m 进行布置,每排 3 个孔。爆破前后检测孔,垂直建基面钻孔,坝中心线孔入建基面以里深度 20m,中心线上下游侧孔入建基面以里深度 10m(爆后加深到 20m)。左右岸坝基绝大部分检测孔均基本按要求完成测试。

开挖后坝基岩体松弛圈深度确定方法有:①爆破前后声波曲线对比,爆后松弛明显,声波衰减率大于 10%,见图 7.3-5(a);爆后松弛不明显,但有连续多点声波衰减,衰减率小于 10% 甚至更小,见图 7.3-5(b)。②无爆前声波测试而仅有爆后声波测试,爆后声波曲线可见明显的拐点,拐点以上声波较低、曲线起伏,拐点以下声波较高、曲线较平直,见图 7.3-5(c)。坝基岩体爆破松弛深度见图 7.3-6。

从图中可以看出,爆破松弛深度一般为 0.6 ~ 2.6m,最深 4.6m,各部位情况如下:①左岸高程 1730.00m 以上垫座建基面松弛深度 0.5 ~ 3.8m,垫座平台地基松弛深度 0.8 ~ 4.2m,高程 1730.00m 以下坝基松弛深度 0.8 ~ 3.5m;②右岸坝基松弛深度 0.4 ~ 4.6m;③河床坝基松弛深度 1 ~ 4.2m。总体上左岸相对右岸较深,河床相对右岸较浅,其中又以左岸垫座建基面最深,河床左侧最浅;高高程左岸坝基的松弛深度相对右岸明显较深,低高程左右岸及河床坝基的松弛深度基本相当,河床坝基略浅。

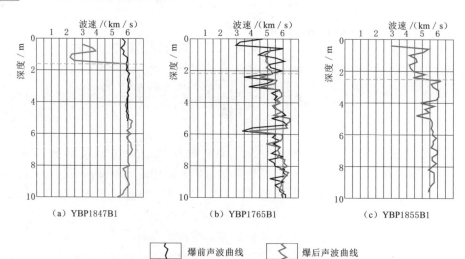

（a）YBP1847B1　　　　（b）YBP1765B1　　　　（c）YBP1855B1

爆前声波曲线　　　　爆后声波曲线

图 7.3-5　坝基岩体松弛深度示意图

（图中绿色虚线以上为松弛圈）

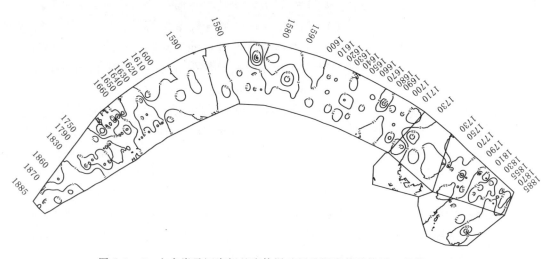

图 7.3-6　左右岸及河床坝基岩体爆破松弛深度等值线图（单位：m）

2. 卸荷松弛

坝区为高—极高地应力区，两岸坝基低高程均开挖至微新岩体，开挖后在低高程坝基的建基面出现了"板裂"和"葱皮"等一些轻微的应力破损现象。已有研究和工程经验表明，高—极高地应力区大坝坝基开挖后，除爆破松弛外，随时间持续还会发生时效变形即卸荷松弛。由于锦屏一级拱坝坝高达 305m，大部分坝段从开挖完成到混凝土浇筑完成会持续相当长的时间，卸荷松弛深度大、程度高。为评价开挖后坝基卸荷松弛特征，开展了系统的卸荷松弛长期检测，完成了卸荷松弛深度判别及松弛程度分级，评价了坝基卸荷松弛特征与规律。

为准确掌握建基面开挖后岩体随时间变化的情况，利用建基面坝中心线位置的爆破前后检测孔作为长期检测孔，并针对右岸高程 1780.00m 以下、左岸高程 1730.00m 以下重点部位增加了长期检测孔。长期检测孔孔深均为 20m，垂直建基面钻孔；检测内容包括声波测试和钻孔全景图像检测；检测频次一般为每月一次。

卸荷松弛深度判别与前一节爆破松弛圈深度判别方法基本一致，以声波曲线的对比分析为主。坝基岩体卸荷松弛深度与程度分级评判标准如下：①与爆破前声波比较，长观声波衰减率小于5％，声波值变化为200～300m/s，可归入测试误差，属无松弛；②与爆破前声波比较，长观声波衰减率为5％～10％，声波值变化为300～500m/s，属轻微松弛；③与爆破前声波比较，长观声波衰减率为10％～20％，声波值变化为500～1000m/s，属中等松弛；④与爆破前声波比较，长观声波衰减率大于20％，声波值变化在1000m/s以上，属强烈松弛。

由于两岸坝基建基岩体地质结构的不对称性、地应力的变化，以及开挖及支护完成时间不一致等，坝基岩体的卸荷松弛呈现出复杂的特征，主要表现在以下几个方面：①左岸建基岩体松弛深度、程度，均大于或强于右岸；建基岩体松弛经过一段时间的明显发展后逐渐趋于缓慢（或接近停止）；②左岸表现出随着高程的降低岩体松弛深度变浅、松弛程度增强、松弛持续时间缩短；右岸表现为中部高程松弛深度较大、松弛程度较强，而上部及下部高程松弛深度较小、松弛程度较弱；③左岸高程1730m垫座平台，垂向松弛程度明显强于侧向松弛；垫座混凝土开浇后，建基岩体 V_p 值基本提高至爆前测试的水平；④河床段建基岩体利用了天然的弱卸荷岩体，其开挖松弛深度较小，程度较弱。

综合开挖爆破松弛和卸荷松弛特征分析，建基岩体松弛以开挖爆破松弛为主，占建基岩体松弛的大多数，随时间变化的卸荷松弛只是略微增加了岩体的松弛程度。大坝建基面开挖完成后的岩体松弛造成了坝基一定深度范围内的岩体整体性变差，紧密程度降低，影响了坝基整体的抗变形性能，需进行系统的固结灌浆处理。

7.3.4　坝基处理与评价

为满足300m级特高拱坝坝基应力和坝基岩体变形稳定的要求，在对坝基和左岸垫座建基岩体全面系统固结灌浆处理基础上，针对左岸坝基中的 f_2 断层与上下盘数条层间挤压错动带，右岸坝基中的 f_{13}、f_{14}、f_{18} 断层与煌斑岩脉和中低高程的风化绿片岩等地质缺陷进行了专门处理。固结灌浆按灌注对象分为常规灌浆和加密灌浆两大类，常规灌浆主要用于对坝基各级岩体进行灌注，加密灌浆主要针对断层及其影响带等软弱岩带进行灌浆。

从坝基和左岸垫座建基面开挖揭示岩体质量条件和地质缺陷类型分析，左岸垫座建基面 IV_2 级岩体卸荷拉裂松弛强烈；左岸垫座建基面 III_2 级岩体和右岸坝基高高程 III_2 级岩体都为弱卸荷岩体，岩体嵌合较松弛，裂隙有张开；f_{13}、f_{14} 断层破碎带以碎块岩、碎斑岩为主，少量碎粉岩，岩体较松弛，其影响带岩体中与断层同向裂隙较发育，岩体嵌合较松弛—较紧密；这几类岩体普通水泥灌浆可灌性为较好—好，尤以浅表部爆破松弛、卸荷松弛岩体可灌性更好。II 级、III_1 级岩体微新、无卸荷，较完整—完整，浅表部爆破松弛、卸荷松弛岩体较松弛，普通水泥灌浆可灌性好。右岸坝基中部风化绿片岩、炭质千枚岩，质软但除片理面外节理裂隙不发育，岩体嵌合紧密；f_{18} 断层以易软化、泥化的碎粒岩、碎粉岩为主；煌斑岩脉全强风化，易软化、泥化；这三类岩体普通水泥灌浆可灌性极差，需进行水泥-化学复合灌浆。

坝基及垫座地基系统固结灌浆完成后分坝段分别进行了处理效果检查，以声波为主，钻孔变模、压水试验为辅。灌后检查不满足设计要求的部位均进行了补充灌浆，并再次检查，直至合格。经过全部坝段的检查，坝基及垫座地基固结灌浆质量全部合格，灌后岩体指标达到设计要求。

7.4 坝肩岩体抗滑稳定

坝肩岩体抗滑稳定性的工程地质研究主要包括两方面的内容：一方面要明确滑动块体组合模式，锦屏一级右岸坝肩主要为两陡一缓结构面组合，左岸坝肩主要为一陡一缓（为中缓倾坡内）结构面组合，同时还需区分确定性结构面与不确定性结构面，以及调查统计结构面的连通率；另一方面需论证确定滑动块体的物理力学参数。

7.4.1 左岸坝肩抗滑稳定

左岸坝肩抗滑稳定研究的工作主要有以下几部分：首先，查明抗力体范围内发育分布的顺坡向、中陡倾坡外，包括 f_5、f_8 断层，煌斑岩脉，深部裂缝和以 f_2 断层为代表的倾坡内顺层层间挤压错动带的展布特征、工程地质性状，有无缓倾坡外的软弱结构面或节理裂隙发育；然后，根据这些结构面的相互切割组合，分析对坝肩抗滑稳定不利的块体组合；然后再研究、提出潜在不利组合块体主要边界结构面的连通率和地质力学参数；最后结合大坝运行状况、监测资料评价坝肩抗滑稳定的条件。

1. 结构面发育展布特征

左岸坝肩及抗力体范围内，地形总体上完整，无大的深切沟谷发育，山体雄厚，谷坡陡峻。高程 1820.00～1900.00m 以下为大理岩，坡度 55°～70°；以上为砂板岩，坡度 40°～50°。

综合前期勘察成果和施工详图阶段根据坝基、拱肩槽边坡、抗力体洞室开挖及雾化区边坡清坡开挖揭示实际工程地质条件，左岸坝肩及抗力体范围内发育有 f_2、f_5、f_8 断层和煌斑岩脉，见图 7.4-1。这些断层和煌斑岩脉均与岸坡小角度相交，f_5、f_8 断层和煌斑岩脉陡倾坡外，往下游延伸均在坡面出露，规模大、延伸长、性状差，对左岸坝肩抗滑稳定不利。

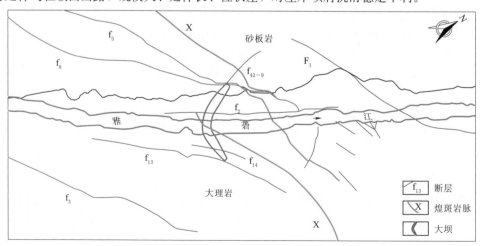

图 7.4-1 坝区断层等主要构造结构面发育分布示意图

此外，左岸抗力体范围内 N50°～70°E 向优势裂隙发育较多，延伸长 10～30m 不等，自然岸坡浅表部受风化卸荷影响多发育成卸荷裂隙。这些裂隙（卸荷裂隙）与自然岸坡小角度相交倾坡外、倾角与岸坡坡度基本一致。

另外，左岸抗力体范围内 f_5 断层以外缓倾河床裂隙发育少，一般仅占统计裂隙总数的 1%～3%，是零星随机发育的裂隙，为非优势裂隙。

2. 抗滑稳定边界条件分析

查清了抗力体范围内各个方向的确定性软弱结构面和非确定性节理裂隙发育展布特征后，更重要的是分析这些结构面与拱坝推力和岸坡临空面的关系，判断它们能否构成抗滑稳定中的底滑面还是侧裂面。

f_5、f_8 断层和煌斑岩脉陡倾坡外，与岸坡小角度相交，往下游延伸均在坡面出露，可以构成坝肩抗滑稳定的确定性侧裂面。左岸抗力体范围内深部裂缝均位于 f_5 断层下盘，且以延伸长数米至数十米的Ⅲ级、Ⅳ级深部裂缝为主，往下游延伸也未延伸至地表，分析认为其不构成坝肩抗滑稳定的确定性侧裂面。N50°～70°E 向陡倾坡外优势裂隙发育较多，尤其是自然岸坡浅表部风化卸荷带中的卸荷裂隙，与 f_5、f_8 断层及煌斑岩脉基本同向，与自然岸坡小角度相交陡倾坡外，可以构成坝肩抗滑稳定局部块体组合的不确定性侧裂面。

f_2 断层及上下盘层间挤压错动带中缓倾坡内，与岸坡小角度相交，在抗力体中延伸较长，可以构成坝肩抗滑稳定的可能底滑面。f_5 断层以外顺坡向缓倾河床裂隙发育少，为非优势裂隙，不构成坝肩抗滑稳定的可能底滑面。

3. 可能滑动块体组合分析

根据上述主要边界结构面的空间展布、相互交切关系和与拱坝、坝肩边坡的关系，对左坝肩抗滑稳定不利的可能滑移块体组合总体上不多，以陡倾坡外的 f_5 断层、岩脉等和中缓倾坡内的 f_2 断层、层间挤压错动带的组合为主。

其中规模最大、对左岸抗滑稳定影响最大的是 f_5、f_2 断层组合，为双滑面组合，见图 7.4-2。其中由于受普斯罗沟横跨背斜叠加影响，f_2 断层在走向及倾向上均呈舒缓波状起伏，产状变化大，总体上可分为两段，Ⅰ勘探线上游段总体产状 N20°E/NW∠35°～40°，Ⅰ勘探线下游段总体产状 N40°E/NW∠55°。与此相同，煌斑岩脉（X）与 f_2 断层的组合同样分为上下游两段。

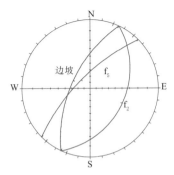 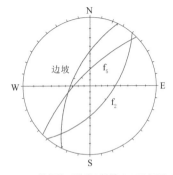

(a) Ⅰ勘探线上游段f_2断层N20°E/NW∠35°～40°　　(b) Ⅰ勘探线下游段f_2断层N40°E/NW∠55°

图 7.4-2　左坝肩抗滑稳定之 f_5、f_2 断层双滑面组合模式

左坝肩抗滑稳定潜在可能滑移块体组合见表 7.4-1，块体主要边界结构面地质性状及其力学参数取值见表 7.4-2。

表 7.4-1 左坝肩抗滑稳定潜在可能滑移块体组合汇总表

序号	块体边界结构面			块体性质
	类 别	性 质	结 构 面	
1	陡倾结构面	侧滑面	f_5 断层	双滑面
	缓倾结构面	底滑面	f_2 断层	
2	陡倾结构面	侧滑面	煌斑岩脉（X）	双滑面
	缓倾结构面	底滑面	f_2 断层	
3	陡倾结构面	侧滑面	N50°~70°E 优势裂隙	双滑面
	缓倾结构面	底滑面	f_2 断层	
4	陡倾结构面	侧滑面	f_5 断层	双滑面
	缓倾结构面	底滑面	层间错动带	
5	陡倾结构面	侧滑面	煌斑岩脉（X）	双滑面
	缓倾结构面	底滑面	层间错动带	
6	陡倾结构面	侧滑面	N50°~70°E 优势裂隙	双滑面
	缓倾结构面	底滑面	层间错动带	

表 7.4-2 左坝肩抗滑稳定块体主要边界结构面地质性状及其力学参数取值

编号	产状	滑块边界	工程地质性状	结构面类型	地质建议强度指标		
					连通率	f'	c'/MPa
f_2	上游段 N20°E /NW∠35°~40°；下游段 N40°E /NW∠55°	底滑面	连续延伸长约 1km，破碎带宽 0.2~0.8m，由局部泥化片状岩、碎粒岩、碎粉岩等组成	B_4	100%	0.3	0.02
f_5	N45°E /SE∠71°	侧滑面	连续延伸长 1.5km，破碎带宽度大，主要为胶结紧密的断层角砾岩和碎裂岩，沿断面局部有 2~3cm 的泥化碎粉岩，砂板岩中见大量碳化泥质片状岩、碎粒岩、碎粉岩	B_4	100%	0.3	0.02
煌斑岩脉	N50°E /SE∠67°	侧滑面	高程 1720.00m 以上嵌合较松弛，风化强烈，岩体强度低，岩脉及两侧影响带多为低波速带；高程 1720.00m 以下多微新，嵌合紧密，岩体强度较高。岩脉与大理岩 75% 为 B_2 类接触，25% 为嵌合较紧密的 A_1 类接触，抗滑稳定计算中加权取参数	75% B_2 25% A_1	—	0.51	0.13
层间挤压错动带	N25°E /NW∠35°~40°	底滑面	延伸长 30~50m，宽 5~50cm 不等，主要由风化绿片岩和少量角砾岩、碎粒岩、碎粉岩组成	B_4	100%	0.3	0.02
N50°~70°E 向优势裂隙	N60°E /SE∠70°	侧滑面	坝区优势裂隙，一般延伸长 10~30m，微张，无充填	B_2	30%~60%	0.45	0.10

7.4.2 右岸坝肩抗滑稳定

右岸坝肩抗滑稳定边界条件研究对象主要为陡倾坡内的 f_{13}、f_{14} 断层和近 SN 向、NWW 向的两组陡倾裂隙，以及中缓倾坡外的中高高程第二段第 6 层中层间挤压错动带、中低高程第 4 层中绿片岩夹层或透镜体和不同高程的层面裂隙。

1. 结构面发育展布特征

右坝肩及抗力体范围内地形完整，无沟谷发育，山体雄厚，谷坡陡峻。高程 1810.00m 以下谷坡陡峭，坡度 70°以上，局部为倒坡，高程 1810.00m 以上坡度较缓，自然坡度 40°～50°，为大理岩组成的顺面坡。

综合前期勘察成果和施工详图阶段根据坝基、拱肩槽边坡、抗力体洞室开挖及雾化区边坡清坡开挖揭示实际工程地质条件，右岸坝肩及抗力体范围内发育有 f_{13}、f_{14} 断层。这些断层与岸坡斜交，陡倾山里，往下游往山里延伸，规模大、延伸长、性状差，对右岸坝肩抗滑稳定不利。

第 6 层大理岩中发育有 g_{RC1}、g_{RC2} 等多条层间挤压错动带，总体产状 N45°E/NW∠35°，小角度相交岸坡，中缓倾坡外，对右岸中高高程段坝肩抗滑稳定不利。

右岸坝肩及抗力体范围内，第 4 层大理岩中所发育绿片岩有两个集中带：第一是第 5 层与第 4 层分界面的绿片岩第一集中带，第二是第 4 层中下部的绿片岩第二集中带。其中，性状较好、与大理岩接触紧密的钙质绿片岩及大理片岩 137 条，占 62.6%；性状较差的绿泥石片岩、炭质千枚岩占 37.4%。绿片岩受岩性、构造影响，在走向上、倾向上产状变化大。

右岸坝肩及抗力体范围内未发现确定性的近 SN 向陡倾软弱结构面；近 SN 向节理裂隙发育较少，一般仅占统计总数的 1%～3%，属非优势裂隙，总体产状 N15°～20°W/NE∠70°～75°，线连通率为 15%～20%（不分走向、倾向）。

此外，在右岸抗力体范围内未发现确定性的 NWW 向陡倾软弱结构面；但 NWW 向裂隙发育较多，为优势裂隙，且多表现出后期溶蚀的特点，总体产状 N70°W/SW∠70°，线连通率为 50%～70%（不分走向、倾向）。

2. 抗滑稳定边界条件分析

f_{13}、f_{14} 断层规模大、延伸长、性状差，走向与岸坡较大角度斜交，往下游往山里延伸，可以构成坝肩抗滑稳定的确定性第一侧裂面。

g_{RC1}、g_{RC2} 等多条层间挤压错动带，小角度相交岸坡，中缓倾坡外，构成中高高程坝肩抗滑稳定的控制性确定底滑面。中低高程第 4 层大理岩中发育绿片岩，尤其是第 5 层与第 4 层分界面的绿片岩第一集中带、第 4 层中下部的绿片岩第二集中带，同样斜顺向中缓倾坡外，可以构成中低高程坝肩抗滑稳定的半确定性底滑面。

由于 f_{13}、f_{14} 断层斜交岸坡，往下游山里延伸，不在岸坡出露，在抗滑稳定分析中需要与其他结构面组合才能形成可能的滑动块体组合。经分析，近 SN 向和 NWW 向两组方向的结构面可以构成第二侧裂面。对抗力体范围各种结构面发育展布特征的分析表明，无这两个方向的软弱结构面发育，其中近 SN 向节理裂隙发育较少，非优势裂隙，与岸坡小角度相交，可以构成坝肩抗滑稳定的第二侧裂面；同时，NWW 向陡倾裂隙发育较多，为优势裂隙，与岸坡大角度相交，同样可以构成坝肩抗滑稳定的第二侧裂面。

3. 可能滑动块体组合分析

根据上述主要边界结构面的空间展布、相互交切关系和与拱坝、坝肩边坡的关系，对右坝肩抗滑稳定不利的可能滑移块体组合中最典型的组合就是 f_{13} 断层与层间挤压错动带组合。该组合模式根据有无侧裂面和侧裂面的不同又可进一步细分为两种模式：①以 f_{13} 断层为第一侧裂面，以层间挤压错动带 g_{RC1}、g_{RD1}、g_{RD2} 等为底滑面，与近 SN 向非优势裂隙为第二侧裂面的组合，可能滑移破坏模式为楔形体破坏；②以 f_{13} 断层为第一侧裂面，以层间挤压错动带 g_{RC1}、g_{RD1}、g_{RD2} 等为底滑面，与 NWW 向优势裂隙为第二侧裂面的组合，可能滑移破坏模式为楔形体破坏，见图 7.4-3。f_{14} 断层与层间挤压错动带组合，以及 f_{13} 断层（或 f_{14} 断层）与绿片岩组合，亦可根据有无侧裂面和侧裂面的不同进一步细分模式（表 7.4-3）。右岸坝肩组合块体主要边界结构面工程地质性状及其力学参数取值见表 7.4-4。

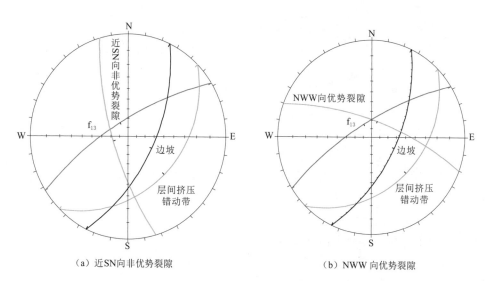

（a）近 SN 向非优势裂隙　　　　　　　　　（b）NWW 向优势裂隙

图 7.4-3　右岸坝肩抗滑稳定 f_{13} 断层与层间挤压错动带的组合

表 7.4-3　　　　　　　右岸坝肩抗滑稳定潜在可能滑移块体组合汇总表

序号	块体边界结构面			块体性质
	类　别	性　质	结构面	
1	陡倾结构面	第一侧裂面	f_{13} 断层	楔形体
		第二侧裂面	近 SN 向裂隙	
	缓倾结构面	底滑面	层间错动带	
2	陡倾结构面	第一侧裂面	f_{13} 断层	楔形体
		第二侧裂面	NWW 向裂隙	
	缓倾结构面	底滑面	层间错动带	

序号	块体边界结构面			块体性质
	类别	性质	结构面	
3	陡倾结构面	后缘拉裂面	f_{13} 断层	楔形体
		侧裂面	近 SN 向裂隙	
	缓倾结构面	底滑面	绿片岩	
4	陡倾结构面	第一侧裂面	f_{13} 断层	楔形体
		第二侧裂面	NWW 向裂隙	
	缓倾结构面	底滑面	绿片岩	
5	陡倾结构面	第一侧裂面	f_{14} 断层	楔形体
		第二侧裂面	近 SN 向裂隙	
	缓倾结构面	底滑面	层间错动带	
6	陡倾结构面	第一侧裂面	f_{14} 断层	楔形体
		第二侧裂面	NWW 向裂隙	
	缓倾结构面	底滑面	层间错动带	
7	陡倾结构面	第一侧裂面	f_{14} 断层	楔形体
		第二侧裂面	近 SN 向裂隙	
	缓倾结构面	底滑面	绿片岩	
8	陡倾结构面	第一侧裂面	f_{14} 断层	楔形体
		第二侧裂面	NWW 向裂隙	
	缓倾结构面	底滑面	绿片岩	

表 7.4-4　右坝肩抗滑稳定块体主要边界结构面地质性状及其力学参数取值

编号	产状	滑块边界	工程地质性状	结构面类型	地质建议强度指标		
					连通率/%	f'	c'/MPa
f_{14}	N60°E/SE∠73°	第一侧裂面	连续延伸长 500~550m，破碎带宽 0.5~0.55m，主要为胶结良好的角砾岩，局部有少量软化、泥化的糜棱岩，上断面附泥膜	B_4	100	0.3	0.02
f_{13}	N58°E/SE∠72°	第一侧裂面	连续延伸长 550m，破碎带宽度 0.4~0.8m，主要由重结晶的方解石、胶结好的碎裂岩组成，上盘接触带有糜棱岩及少量断层泥	B_4	100	0.3	0.02
g_{RD1} 等层间挤压错动带	N45°E/NW∠35°	底滑面	延伸长 30~50m，宽 5~50cm 不等，主要由风化绿片岩和少量角砾岩、糜棱岩组成	B_4	100	0.3	0.02
绿片岩	N45°~50°E/NW∠30°~35°	底滑面	第一类钙质绿片岩、石英片岩	A_1	22	0.7	0.20
		底滑面	第二类绿泥石片岩	B_3	13	0.42	0.07

续表

编号	产状	滑块边界	工 程 地 质 性 状	结构面类型	地质建议强度指标		
					连通率/%	f'	c'/MPa
近 SN 向非优势裂隙	N17°W/NE∠72°	第二侧裂面	非优势结构面，一般多短小、延伸 1～3m，闭合、无充填，是一组随机裂隙	A_1	15～20	0.7	0.20
NWW 向优势裂隙	N60°～90°W/NE（SW）∠60°～90°	第二侧裂面	坝区张性导水裂隙，主要为溶蚀裂隙，一般延伸长 7～10m，微张，两侧岩体较松弛较破碎，个别溶蚀裂隙局部充填有软化黄色泥	B_2	50～70	0.45	0.10

7.4.3 坝肩抗滑稳定评价

对比前期勘察成果和施工详图阶段开挖揭示左右岸坝肩抗滑稳定工程地质条件，除个别主要边界结构面由于规模大、延伸长而使得局部产状、破碎带宽度有所变化外，左右岸坝肩及抗力体主要边界结构面性状、组合块体、滑移模式与可行性研究阶段查明的基本一致，各主要边界结构面的连通率、性状与力学参数取值也基本无变化。

依据勘察查明的坝肩抗滑稳定边界条件及力学参数，经刚体极限平衡法、三维刚体弹簧元法、三维非线性有限元法计算和整体地质模型试验等综合分析表明，左岸所有可能滑动块体组合稳定安全系数满足相关规范规定的控制标准要求，且有较大的安全裕度。经刚体弹簧元法、三维非线性有限元法和整体地质模型试验等多种方法综合分析表明，影响右岸坝肩稳定的控制性滑块基本都处于稳定状态，在做好坝基加固处理和防渗、止水、排水措施等前提下，可以保证锦屏一级拱坝坝肩岩体的稳定性。

自 2012 年年底开始蓄水以来的两岸坝肩及抗力体和拱坝坝体各项监测成果与巡视成果表明，各项指标均处于设计允许范围内，两岸坝肩及抗力体稳定。

7.5 坝基岩体渗漏与渗透稳定

锦屏一级坝址位于纵向谷河段，拱坝三大工程地质问题之一的坝基岩体渗透稳定问题极为突出，勘探表明贯穿帷幕上下游的软弱结构面左岸有 f_5、f_8 断层，煌斑岩脉和以 f_2 断层为代表的顺层层间挤压错动带，以及左岸特有的有明显张开的深部裂缝，右岸有 f_{13}、f_{14}、f_{18} 断层和煌斑岩脉，以及中缓倾坡外的中高高程第 6 层中层间挤压错动带、中低高程第 4 层中绿片岩夹层或透镜体，岩体软弱破碎，工程地质性状差，不仅是水库蓄水后坝基渗漏的潜在主要通道，而且在长期高水头作用下可能发生渗透破坏，需要在防渗帷幕系统处理的基础上对这些软弱岩带进行专门防渗变形处理，并开展处理后检测，评价处理效果。

7.5.1 岩体透水性与分区分带

为了开展坝基帷幕防渗设计，必须在查明坝基含水岩体与隔水岩体、地下水径流体系与河谷水动力条件的基础上，根据左右岸和河床坝基岩体钻孔压水试验成果，进行岩体透水性分区分带，确定两岸地下水位，分析潜在渗漏的通道和潜在渗透变形的软弱部位，重点是左岸坝基 f_2、f_5 等断层，煌斑岩脉，深部裂缝；右岸坝基 f_{13}、f_{14}、f_{18} 断层及煌斑岩脉等。

1. 含水岩体与隔水岩体

根据坝区地层岩性、岩体结构面发育特征及水文地质现象分析，按含水介质类型将坝区岩体划分为裂隙含水岩体、岩溶裂隙含水岩体和相对隔水岩体三类。

绿片岩及粉砂质板岩，岩性相对软弱、构造裂隙不发育、水平埋深大，可视为相对隔水层。变质砂岩，节理裂隙发育，属裂隙含水岩体。大理岩虽为可溶岩类，但岩溶化程度较弱，节理裂隙发育，NW 向和 NWW—EW 向优势节理张性特征明显，裂面附近有溶孔、裂隙式小溶洞等溶蚀迹象，多有地下水活动，属岩溶裂隙含水岩体。

2. 地下水径流体系

根据左右岸地下水补、径、排关系和地下水分水岭分布情况，对左右岸地下水径流体系进行了划分，左岸可以分出四个地下水径流体系，右岸可以划分出两个地下水径流体系。

左岸谷坡水文地质区，后缘由构成三滩倒转向斜西翼的第一段绿片岩组成，为隔水边界，后缘山体内的地下水不可能进入该水文地质区，地下水补给来源为大气降水。根据地下水可能的流动、排泄方向划分为四个地下水系：①谷坡浅表地下水流体系，以大气降水补给为主，向雅砻江方向径流、隐伏排泄；②倒转翼顺层南流地下水系，大气降水补给，沿砂板岩下伏大理岩的岩溶裂隙通道向南顺层流动，在三滩沟附近以泉的形式排泄；③倒转翼顺层北流地下水系，与②相同，向北流，并于景峰桥附近向雅砻江排泄；④大理岩倒转翼内地下水，垂直或斜交向斜轴作绕轴深部径流，至雅砻江岸边地带与①地下水系混合后向雅砻江排泄。

右岸普斯罗沟至手爬沟水文地质区，由大理岩组成，其西为雅砻江排水边界，东为锦屏山断裂补给边界，北为手爬沟地下水补给（或排泄）边界，其南为普斯罗沟地下水补给（或排泄）边界。右岸水文地质区根据局部地下分水岭分割，进一步划分为图 7.5-1 所示的两个水文地质亚区：①北水文地质亚区以小断层和裂隙为基础构成溶蚀裂隙网络，特别是 NW 向小断裂构成含水网络的主干，向西北往手爬沟、雅砻江径流、排泄；②南水文地质亚区地下水从东边锦屏山断裂带方向获得补给，由东向西沿 NW 向断裂径流的过程中因受阻于 f_{13} 断层与煌斑岩脉，致使顺着阻水带展布的方向形成高压含水带并向南普斯罗沟方向流动、排泄。

3. 岩体透水性分区分带

锦屏一级坝区由岸坡浅表部卸荷带的中等—强透水岩体往深部岩体透水性逐渐过渡到弱、微透水，局部含中等透水透镜体。总体左岸坝基岩体以中等透水（$q=20\sim70$Lu）为主，微透水（$q<1$Lu）岩体埋藏较深，坝顶高程水平深度达 650m；河床坝基以下垂直深度 $20\sim40$m 范围内岩体以中等偏弱透水性（$q=10\sim30$Lu）为主，约 125m 垂直深度以下逐渐进入以微透水为主的第 1 层绿片岩、钙质绿片岩岩体；右岸坝基岩体以弱偏中等透水（$q=3\sim10$Lu）为主，其透水性随水平埋深及垂直埋深的增加而减弱，水平埋深约 230m 以内进入微透水岩体，见图 7.5-2。

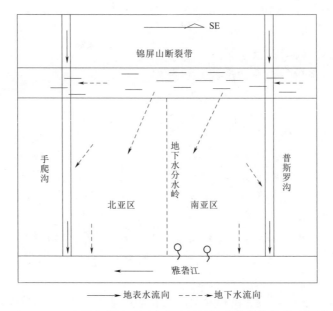

图 7.5-1 右岸水文地质区南北亚区地下水补径排关系示意图

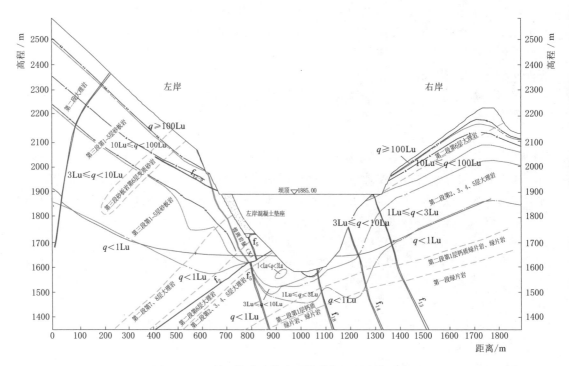

图 7.5-2 坝基帷幕岩体渗透分带与地下水位示意图

其中左岸坝基岩体受 f_2、f_5、f_8 等断层及深部裂缝影响，呈现微透水带埋深较大、地下水位低平的特征。右岸坝基岩体的透水性主要受 NWW 向导水裂隙的控制，但由于裂隙岩体透水性的不均一性，不排除存在由 NWW 向导水裂隙构成的强透水带。

除常规压水试验外，坝址区还进行了高压压水试验，岩体高压渗透形式以冲蚀型为主，充填、紊流型为辅，高压压水试验结果也表明坝址区浅部岩体受风化、卸荷影响，透水率相对较大，新鲜大理岩、钙质绿片岩，岩体渗透性较低。与常规压水试验结果的比较，即在试段长度、位置和压力相同的情况下，在钻孔下部即低高程岩石完整及孔径较规则的试段上二者透水率较为接近。

4. 两岸地下水位

根据前期勘测设计阶段各部位钻孔地下水位及其长期观测成果，结合施工阶段开挖揭示情况，两岸地下水位状况如下：

（1）左岸大理岩为岩溶裂隙含透水岩体，砂岩为裂隙含透水岩体，板岩为相对隔水岩体。地下水位总体比较低平。高程约 1645.00m 建基面以里水平埋深约 277m 以外，地下水位缓平，水力坡降接近 0；水平埋深约 277m 以里，地下水位抬升，平均水力坡降约 19.6%；再往山里，地下水位急剧抬升。

（2）右岸大理岩为岩溶裂隙含透水岩体，绿片岩为相对隔水岩体。高程 1650.00m 水平埋深约 113m 以外，地下水位抬升较缓慢，平均水力坡降约 8.6%；水平埋深 113m 以里，地下水位总体较均匀抬升，平均水力坡降约 41.8%。由于 f_{13}、f_{14} 两条压扭性断层具有一定的阻水作用，右岸地下水位在断层里外（上下盘）不连续，存在水位陡坎。

5. 可能的渗漏通道

坝区左岸坝基与防渗帷幕范围内通过的 f_2、f_5、f_{38-6} 断层等，大理岩第 6 层内层间挤压错动带，以及煌斑岩脉，右岸通过的 f_{13}、f_{14}、f_{18} 断层及煌斑岩脉均顺河向延伸长，贯穿大坝坝基上下游，且具有一定的破碎带宽度，主要由性状差的碎粒岩、碎粉岩组成，易软化、泥化，是构成坝基潜在渗漏的通道和潜在渗透变形的软弱部位。

7.5.2　主要软弱岩带渗透特性

坝区左岸发育 f_2、f_5 断层，大理岩第 6 层内层间挤压错动带，以及煌斑岩脉，右岸发育 f_{13}、f_{14}、f_{18} 断层及煌斑岩脉均贯穿大坝上下游，具有一定的破碎带宽度，且破碎带以性状较差的碎粉岩、碎粒岩为主，夹少量碎块岩、角砾岩，宏观判断是大坝潜在渗漏的通道和潜在渗透变形的软弱部位。

前期勘察阶段为了查明坝区这些主要断层和层间挤压错动带破碎带的渗透特性及其在大坝蓄水后的渗透性变化情况，选择左岸 f_5 断层、第 6 层大理岩内 f_2 顺层断层及右岸 f_{14} 断层，开展了 4 组现场原状样品非常规渗透变形试验，根据结构面类型的不同、空间展布及夹层上下岩盘情况确定试样尺寸为 50cm×50cm×40cm（长×宽×高），成果见表 7.5-1。锦屏一级非常规渗透变形试验采用的是取有或无岩盘的原状样，在现场实验室开展试验，避免了长途运输对试样的扰动。

试验成果表明，软弱结构面受带内颗粒组成及裂隙的影响，表现出渗透特性差别明显的特点：主错带因颗粒细小且较紧密而显示为透水性较弱、抗渗坡降较高；而影响带则因颗粒总体较粗，且部分带内裂隙较发育而显现为透水性较强，抗渗坡降也较低。

表7.5-1 坝区软弱岩带现场原状样品非常规渗透变形试验成果表

结构面	试样状态	临界比降 /%	破坏比降 /%	渗透系数 K_{20}/(cm/s)	破坏类型
f_5断层和f_8断层影响带	无岩盘	15.6	35.6	1.34×10^{-3}	管涌型
f_{14}断层主错带及影响带	带一侧岩盘厚7cm	3.0	13.2	1.43×10^{-2}	管涌型
f_2断层主错带及影响带	带一侧岩盘厚3cm	9.4	23.4	2.36×10^{-3}	管涌型
f_5断层主错带	无岩盘	17.0	50.4	1.73×10^{-4}	管涌型

7.5.3 防渗帷幕处理建议与实施及效果评价

根据坝基岩体透水性及其分区分带、地下水位，贯穿帷幕上下游的主要软弱岩带分布位置、工程地质性状，结合主要软弱岩带非常规渗透试验成果，对其渗透特性进行深入研究，提出左岸、河床、右岸不同部位坝基防渗帷幕水平深度、垂直深度的建议，并评价处理效果。

1. 防渗帷幕建议与实施

根据防渗帷幕特点，分左岸、河床、右岸三个部位提出帷幕灌浆范围建议，并对最终实施完成情况进行说明。

（1）左岸防渗帷幕建议各高程按帷幕灌浆平洞实际开挖深度控制，都以接到地下水位或进入透水率$q<1$Lu为标准，高高程适当放宽至小于3Lu。由于左岸帷幕位于三滩倒转向斜核部，受褶皱影响，发育较多的小断层和层间挤压错动带，岩体普遍较破碎，并且f_2、f_5断层及煌斑岩脉穿过帷幕，应对该部位帷幕灌浆进行加强。

左岸防渗帷幕最终实施完成长度在高程1885.00m、1829.00mm两层水平深度分别为671m、715.7m（自建基面算起，下同），均进入了三滩紧密同倾倒转向斜的北西倒转翼大理岩，且高程1885.00m进入透水率$q<3$Lu、高程1829.00m进入透水率$q<1$Lu的大理岩岩体，均接到地下水位。高程1785.00m、1730.00m、1670.00m帷幕洞分别长613m、535m、520m，均已进入透水率$q<1$Lu岩体。高程1601.00m帷幕洞长438m，水平、垂直两个方向均已进入透水率$q<1$Lu岩体，其中垂直方向帷幕最大成孔深度达171.5m，最终实施形成的底层防渗帷幕深162m。

（2）右岸防渗帷幕建议进入透水率$q<1$Lu为主的微新岩体为标准，高高程适当放宽至小于3Lu，并且在高程1785.00m及以下各高程还需接到地下水位。对穿过帷幕的f_{13}、f_{14}、f_{18}断层及煌斑岩脉，应针对性加强防渗处理。

右岸防渗帷幕最终实施完成长度在高高程1885.00m、1829.00m分别为381m、270m，虽没有接到地下水位，但已深入1Lu$\leqslant q<3$Lu的弱偏微透水的岩体；高程1785.00m、1730.00m、1670.00m、1601.00m实施深度分别为508.3、318.5m、342.36m、397.6m，均接到地下水位，并进入透水率$q<1$Lu的大理岩第2、第1小层微透水岩体，其中高程1601.00m以下防渗帷幕水平深度、垂直深度均已进入微透水岩体。

（3）河床防渗帷幕建议进入透水率$q<1$Lu为主的微新绿片岩、钙质绿片岩，垂直深度约为150m。

河床防渗帷幕实施完成垂直深度约为150m、相应高程1430.00m，进入了透水率$q<1$Lu

的微透水岩体。

2. 防渗帷幕灌浆效果评价

防渗帷幕灌浆以水泥灌浆为主、化学灌浆加强的方法,灌浆效果检查项目主要为岩体透水率、声波纵波速,合格标准见表 7.5-2 和表 7.5-3。

坝基防渗帷幕水泥灌浆效果检查以压水试验成果为主,结合钻孔、取岩芯资料、灌浆记录等综合评定其效果。在断层、岩体破碎、裂隙发育等地质条件复杂部位进行的帷幕灌浆效果检查,除透水率指标外,还应进行包括钻孔全景图像和声波纵波速的检查。

表 7.5-2　防渗帷幕水泥灌浆效果检查
岩体透水率合格标准

范　围	岩体透水率 q
高程 1829.00m 以上	≤3Lu
高程 1829.00m 以下	≤1Lu

灌后检查指标不满足设计要求的需进行补灌。帷幕灌浆效果评价分主帷幕、向上游的搭接帷幕分别进行评价,分高程按灌浆洞进行,各灌浆洞再按灌浆单元进行效果检查与评价。检查实施过程中,先评价单个钻孔,再评价单元,最后评价整个灌浆洞。

表 7.5-3　　　　　　　　防渗帷幕水泥灌浆效果检查声波纵波速合格标准

岩性	岩级	指标（声波速度）/(m/s)		备　注
大理岩	Ⅱ	≥5500 的测点大于 85%	<4500 的测点小于 5%	声波纵波速测点以每个检查孔为单位进行统计
	Ⅲ₁	≥5200 的测点大于 85%	<4300 的测点小于 5%	
	Ⅲ₂	≥5000 的测点大于 85%	<4200 的测点小于 5%	
砂板岩	Ⅱ	≥5300 的测点大于 85%	<4400 的测点小于 5%	
	Ⅲ₁	≥5000 的测点大于 85%	<4200 的测点小于 5%	
	Ⅲ₂	≥4800 的测点大于 85%	<4100 的测点小于 5%	

各高程帷幕灌浆在实施完成后的检查表明,绝大多数单元都一次性灌浆合格;对个别不合格单元进行了地质分析和补灌,经补灌后检查,仍不合格者则进一步采用磨细水泥灌浆或水泥-化学复合灌浆,直至合格。

7.5.4　主要软弱岩带专门处理与效果评价

勘察查明坝区左岸发育 f_2 与 f_5 断层、大理岩第 6 层内层间挤压错动带以及煌斑岩脉,右岸发育 f_{13}、f_{14}、f_{18} 断层及煌斑岩脉均贯穿大坝上下游。研究表明这些软弱岩带都具有一定的破碎带宽度,工程地质性状差,是大坝潜在的抗渗透变形破坏与渗漏的薄弱部位,对此均进行了针对性的综合加固处理,取得了很好的效果。

1. 软弱岩带防渗处理与效果评价

对坝基防渗帷幕软弱岩带防渗处理效果的评价,是将各检查孔的软弱岩带划分出来进行单独统计,并根据钻孔岩芯、岩体透水率、岩体声波纵波速、钻孔变形模量及钻孔全景图像综合分析判断,并对不合格单元进行补灌或采用水泥-化学复合灌浆后再检查与评价,直至全部合格。水泥-化学复合灌浆效果检查评价标准区分软弱岩带类型分别提出和执行。防渗帷幕化学灌浆灌后质量检测指标见表 7.5-4。

表 7.5-4   防渗帷幕化学灌浆灌后质量检测指标

软弱岩体类型	检查指标			备　注
	单位透水率 q/Lu	声波纵波速度平均值 V_{pm}/(m/s)	钻孔变形模量 E_{0k}/GPa	
岩屑夹泥型断层破碎带	≤0.5	≥4200	≥4.0	（1）声波速度测点以每个检查孔为单位进行统计； （2）压水试验孔段合格率在90%以上，不合格孔段的透水率不超过设计规定的150%，且不集中
岩块岩屑型断层破碎带	≤0.5	≥4600	≥5.0	
左岸煌斑岩脉	≤0.5	≥4400	≥4.0	
河床煌斑岩脉	≤0.5	≥4600	≥5.0	

左岸防渗帷幕 f_2 断层及上下盘层间挤压错动带采取了表层混凝土置换、建基面高压水冲洗灌浆、坝基普通水泥固结灌浆和帷幕的普通水泥灌浆、水泥-化学复合灌浆等综合加固处理措施，其中水泥-化学复合灌浆处理范围见图 7.5-3。f_5 断层采取了混凝土网格置换＋加密固结灌浆处理和帷幕水泥-化学复合灌浆等综合处理。左岸煌斑岩脉（X）采取了混凝土网格置换＋加密固结灌浆处理、防渗帷幕水泥灌浆处理、防渗帷幕水泥-化学复合灌浆等综合处理。f_{LC13} 断层采用了预留 4.0m×4.5m（宽×高）的灌浆廊道，对断层深部进行高压冲洗及水泥-化学复合灌浆处理。

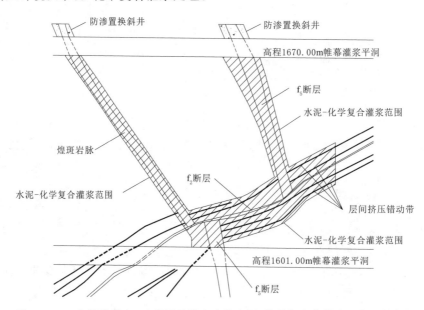

图 7.5-3   左岸帷幕 f_2、f_5 断层及煌斑岩脉水泥-化学复合灌浆处理范围示意图

右岸防渗帷幕 f_{13} 断层采取了混凝土置换网格、置换斜井和顺断层面加密固结灌浆处理。f_{14} 断层采取了高程 1785.00m、1730.00m、1670.00m 三个混凝土置换平洞及斜井、顺断层带加密固结灌浆和防渗帷幕水泥灌浆、水泥-化学复合灌浆等综合处理。f_{18} 断层及煌斑岩脉采取了混凝土置换槽、加密固结灌浆和防渗帷幕化学灌浆补强等综合加固处理，

其中化学灌浆范围见图 7.5-4。

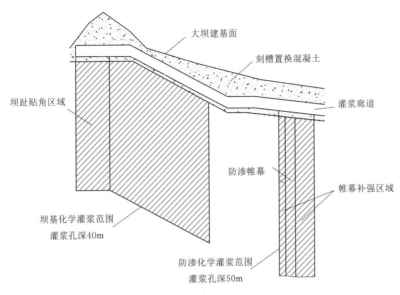

图 7.5-4　右岸帷幕 f_{18} 断层化学灌浆范围示意图（剖面为顺断层走向）

以右岸 f_{13} 断层为例来简要介绍防渗处理的水泥-化学复合灌浆效果检查与评价。f_{13} 断层破碎带组成物质主要为碎块岩、碎斑岩、局部少量碎粉岩，部分钙泥质胶结，沿上下盘面有 1～3cm 灰黑色软化泥化的碎粉岩，总体属于岩块岩屑型，局部为岩屑夹泥型。因此，水泥-化学复合灌浆效果检查应选择岩块岩屑型和岩屑夹泥型两个标准（表 7.5-5）。检查成果表明水泥-化学复合灌浆后岩体声波纵波速、岩体钻孔变形模量、岩体透水率等指标全部满足规程规范和设计要求。最终实施，f_{13} 断层部位防渗斜井从招标设计阶段的高程 1885.00～1601.00m 段调整为 1829.00～1601.00m 段，创造了"中国最高坝基防渗斜井 228m"的纪录。

表 7.5-5　右岸帷幕高程 1885.00～1829.00m 段 f_{13} 断层水泥-化学复合灌浆效果检查评价表

检测指标		岩体声波纵波速 $V_p/(m/s)$	岩体钻孔变形模量 $E_{0k}/(m/s)$	岩体透水率 q/Lu	综合评判
检测标准	岩屑夹泥	≥4200	≥4.0	≤0.5	
	岩块岩屑	≥4600	≥5.0	≤0.5	
检测结果		5531	16.17	0.34～0.36	合格
评　判		合格	合格	合格	

2. 软弱岩带防渗处理中主要地质工作

锦屏一级工程建成发电以来的运行表明，对左右岸防渗帷幕各个软弱岩带的综合处理是有效的。而配合处理过程中的地质工作难度较大，地质人员只能依靠少量的先导孔岩芯及钻孔全景图像来判断软弱岩带的准确位置。由于软弱岩带本身性状差，厚度不等，一旦先导孔取芯质量差就可能导致漏判、错判，因此，还需要借助钻孔钻进过程记录、钻孔返水返浆情况，加密现场巡查次数，紧追钻孔钻进过程，认真分析、记录钻孔过程中的每一个异常现象，以及钻孔全景图像等其他检测手段，最终综合判断。

地质工作主要可以划分为两个方面：一方面，积极参与处理方案讨论，详细介绍各软弱岩带性状，对处理方案的适宜性进行评价；另一方面，及时、认真编录开挖揭示资料，深入分析软弱岩带位置有无偏离、性状有无变化、对防渗帷幕的影响等，提出相应的地质建议，参与处理效果的综合评价。

7.5.5 左岸坝基高程 1595.00m 排水洞渗水分析

坝基总的渗漏量较小，但自 2012 年 11 月底导流洞下闸水库开始蓄水后，左岸坝基 1595.00m 排水洞渗漏量偏大，蓄水期首次到达正常蓄水位 1880.00m 时，该排水洞总渗水量为 39.74L/s，占到坝基总渗流量的 62%左右。到 2018 年年底，大坝坝基总渗流量约 40.71L/s，其中左岸总渗流量约 35.70L/s，而大坝左岸 1595.00m 排水洞（0＋226 以里）渗流量约 20.30L/s，约占到坝基的总渗漏量的一半。总体上，坝基左岸 1595.00m 排水洞内渗水较为集中。

排水洞涌水以排水孔及边墙和顶拱渗涌水为主。边墙和顶拱渗涌水主要出现在桩号 0＋220 以内，表现形式为沿 NE 向或层面裂隙渗水、滴水和沿溶蚀裂隙、小断层线状、股状流水；顶拱排水孔渗涌水也主要出现在桩号 0＋220 以内，主要是线状、股状流水；底板排水孔渗涌水在整个排水洞均有出现，其中 0＋000～0＋034 段、0＋249～0＋282 段、0＋402～0＋447 段较为集中，基本为连续排水孔出现涌水。排水孔、排水洞底板均可见大量、明显钙华析出和沉淀。

截至 2018 年年底，左岸 1595.00m 坝基排水洞 0＋226 断面涌水流量及降雨量、库前水位历时曲线见图 7.5-5。

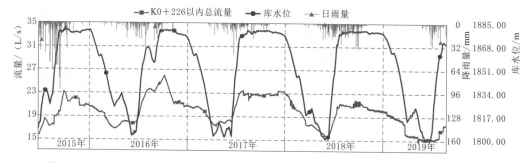

图 7.5-5　左岸 1595.00m 排水洞 0＋226 断面监测涌水流量与降雨量、库水位历时曲线

从图上可以看出：①与降雨量关系，0＋226 断面涌水流量总体呈阶梯状上升或下降趋势，而降雨量起伏变化较大；在每年 6—8 月的降雨较集中期，涌水流量在上升趋势的基础上，有较明显的起伏，其他时段零星降雨的时间则表现为局部小的跳跃；总体上，降雨对涌水流量有一定影响。②与坝前库水位关系，0＋220 断面涌水流量总体变化趋势与水库蓄水有一定关联性。

为查明左岸坝基排水洞涌水来源，采用伪随机流场法对坝基高程 1595.00m 排水洞和抗力体高程 1618.00m 排水洞进行渗漏探测，成果表明：坝基高程 1595.00m 排水洞、抗力体高程 1618.00m 排水洞内排水孔与坝前库水渗漏异常电流值最小，即排水洞与坝前库水连通性差。

综合上述分析，结合坝基高程 1595.00m 排水洞区域开挖揭示地质条件、地下水状态，防渗帷幕相关区域帷幕灌浆质量检测达到设计要求，综合分析判断，上游库水较集中穿透帷幕体的可能性不大，主要通过裂隙网络绕帷幕渗透进入排水洞区域，通过排水洞边墙、顶拱（底板已采用混凝土封闭）及排水孔排泄，只占全洞涌水的少部分。左岸更深山体内地下水也通过左岸倒转翼大理岩横切（斜切）向斜轴地下水径流体系的裂隙网络渗透，在排水洞边墙、顶拱及排水孔直接排泄，是主要涌水来源之一。下游水垫塘汛期运行水位 1656.50m，高出 1595.00m 达 61.5m，二道坝下游锦屏二级水库正常水位 1645.00m，高出 1595.00m 达 50m，这两部分水均有条件通过左岸倒转翼大理岩顺层南流体系的裂隙网络渗透，在排水洞边墙、顶拱及排水孔直接排泄，是另一个主要涌水来源。

针对排水洞渗涌水，对部分涌水量较大的底板排水孔进行了封堵，封堵后排水量明显降低，截至 2020 年达到正常蓄水位时，大坝坝体、坝基廊道实测总渗漏量 32.91L/s，左岸坝基高程 1595.00m 排水廊道 0+226 以里渗流量为 17.59L/s，坝基排水幕后渗压折减系数均小于 0.12，小于设计控制值 0.2。坝基渗控处理效果良好。

第 8 章

左岸抗力体工程地质研究

锦屏一级拱坝高度高、承受荷载大、坝体应力量级高，因而对拱座及抗力岩体的要求较高。左岸抗力体山体雄厚，谷坡陡峻，基岩裸露，为反向坡。上部高程约 1820m 以上岩性为三叠系中上统杂谷脑组第三段第 1~3 层砂板岩，以下为第二段第 4~8 层大理岩局部夹绿片岩，另外还可见后期侵入的煌斑岩脉（X）。发育有 f_2、f_5、f_8 断层、层间挤压错动带及一系列规模不等的卸荷张开裂缝、深卸荷松弛岩带，抗变形能力差，将对拱坝和坝基变形产生较大的不利影响。针对左岸各种地质缺陷，采用了坝基混凝土垫座、传力洞、抗力体软弱岩带混凝土网格（斜井、平洞）置换及固结灌浆等大量而复杂的工程处理。

前期勘测设计阶段开展了大量地质调查、平洞和钻孔勘探、岩体和结构面物理力学试验、灌浆试验等勘察、试验工作，对左岸抗力体工程地质条件进行了详细勘察和深入研究，获得了大量工程地质勘察资料和研究成果，查明了左岸抗力体工程地质条件，重点是 f_2、f_5、f_8 断层与层间挤压错动带及煌斑岩脉、深部裂缝等地质缺陷的分布、性状，分高程分区评价了抗力体岩体质量。施工详图阶段利用左岸边坡和抗力体加固处理各类洞室开挖，以及大量的测试工作和监测成果，包括地质编录和各种岩体结构精细测量、统计等现场调查成果，对 5 层抗力体加固处理洞室岩体结构特征进行了分段统计分析；根据开挖揭示，对 f_2、f_5、f_8 断层与层间挤压错动带及煌斑岩脉、深部裂缝等工程地质缺陷开展了地质调查、勘探与试验，复核了其工程地质特性，评价了其变形稳定性。

通过生产性固结灌浆试验，对专门处理对象的可灌性、灌后改善效果进行了试验研究，上述勘察、试验和研究成果为左岸抗力体加固处理设计和施工打下了坚实的基础。

左岸抗力体工程地质研究的重点，一方面是左岸抗力体范围内各类岩体可灌性与灌浆评价标准研究，需要充分了解大理岩、砂板岩中各类低岩级岩体和主要软弱岩带的普通水泥灌浆的可灌性和灌后性能改善情况，选择适合抗力体固结灌浆的检测项目与手段，提出考虑灌浆压力、灌浆分区条件，各级岩体、各类软弱岩带不同检测项目的灌浆效果检测标准；另一方面是工程综合处理措施与效果评价，需要开展处理效果检测、试验，按照检测指标逐一进行处理效果的地质评价。

8.1　工程地质条件

左岸拱座及抗力体工程地质条件极其复杂，不仅有 f_2、f_5、f_8 断层，煌斑岩脉等软弱岩带，还有一系列的深部裂缝段 IV_2 级岩体。前期勘测设计阶段，在大量地质勘查、试验和物探检测的基础上，完成了抗力体岩体质量预测评价，施工详图阶段根据开挖揭示地质条件和岩体质量声波、钻孔变形模量检测成果，完成了对抗力体每一个高程的分层、分区岩体质量复核评价，提出了各级岩体的钻孔声波、钻孔变形模量指标。

8.1.1　基本地质条件

左岸抗力体山体雄厚，谷坡陡峻，基岩裸露，高程 1820.00~1900.00m 以下为大理岩出露段，地形完整，坡度 55°~70°，以上为砂板岩出露段，坡度 35°~45°，地形完整性相对较差，呈山梁与浅沟相间的微地貌特征。

地层岩性为三叠系中上统杂谷脑组第二段大理岩和第三段砂板岩，另外还可见少量后期侵入的煌斑岩脉（X）。第三段砂板岩出露于高程 1820.00～1900.00m 以上，左岸抗力体范围主要涉及第 1、3 层粉砂质板岩和第 2 层变质砂岩。第二段大理岩出露于高程 1820.00～1900.00m 以下，不同高程从高到低、同一高程从里到外依次为第 8 层深灰色薄—中厚层状大理岩，底部发育较多的绿片岩，第 7 层厚层状大理岩、条纹状大理岩，第 6 层深灰色薄—中厚层状大理岩、少量角砾状大理岩，第 5 层浅灰至灰白色厚层状大理岩，第 4 层中厚—厚层状杂色角砾状大理岩，夹透镜状、团块状绿片岩。煌斑岩脉（X）厚一般为 2.0～3.0m，总体产状 N50°～70°E/SE∠60°～80°，贯穿分布于左岸坝基及抗力体内，抗风化能力低，在高程 1680.00m 以上多弱—强风化，往高高程风化逐渐变强，高程 1680.00m 以下岩脉多微风化—新鲜。

左岸抗力体断层较发育，f_5 断层贯穿整个左岸坝肩及抗力体，总体产状为 N35°～55°E/SE∠65°～80°，陡倾坡外。f_8 断层为 f_5 断层上盘旁侧的一条断层，产状 N30°～50°E/SE∠70°～85°，在坝肩及抗力体范围内仅出现在高程 1750.00m 以上。层间挤压错动带主要发育于高程 1885.00m、1829.00m、1785.00m 砂板岩中的厚层变质砂岩夹薄层板岩和高程 1670.00m 薄—中厚层大理岩夹绿片岩内，其他岩层内总体发育较少，规模相对较大的有 f_2 断层，总体产状 N10°～30°E/NW∠35°～50°，断层破碎带一般宽 20～40cm。

岩体总体风化较弱，风化作用主要沿裂隙和构造破碎带进行，具典型的裂隙式和夹层式风化特征。主要沿 f_2、f_5、f_8 断层及第 6 层中层间挤压错动带、绿片岩成弱—强风化夹层。弱风化岩体水平深度在砂板岩中一般为 50～90m，大理岩中一般为 20～40m。

总体上具有卸荷深度大、卸荷裂隙张开宽、卸荷类型较复杂的特点。大理岩段强、弱卸荷带下限水平深度一般为 10～20m、50～70m；砂板岩段强、弱卸荷带下限水平深度可达 50～90m、100～160m。深卸荷带下限水平深度在大理岩中为 150～200m，在砂板岩中为 200～300m。

地下水不发育，高程 1670.00m 及以上高程洞室仅局部沿断层带上盘或长大裂隙滴水，高程 1618.00m 洞室在开挖过程中有涌水现象。

开挖期左岸抗力体除低高程洞室局部出现有轻微的片帮现象外，其余洞室基本未出现明显的高地应力现象。

8.1.2 岩体质量评价

前期勘察阶段，查明左岸抗力体地质条件的重点是 f_5、f_8 断层破碎带及上下盘影响带、煌斑岩脉（X）、f_2 断层及上下盘层间挤压错动带、深部裂缝等变形模量低、工程地质性状差的软弱破碎岩带，对整个抗力体分高程进行了分级分区预测评价，提出了对重点软弱岩带处理的地质建议。施工阶段，根据抗力体加固处理洞室开挖揭示地质条件，开展适当的检测、试验，完成开挖后分高程、分区的岩体质量复核评价，对重点软弱岩带展布位置、工程地质性状的复核评价，提出针对重点软弱岩带复核后处理的地质建议。

1. 前期岩体质量预测评价

左岸抗力体岩体高程 1600.00～1735.00m 以 Ⅱ～Ⅲ₁ 级岩体为主，局部为 Ⅲ₂ 级岩体，变形模量较高，抗变形能力较强；高程 1735.00～1820.00m 大理岩及高程 1820.00m 以上的砂板岩，由于断层和受深部裂缝影响的 Ⅳ₂ 级岩体等软弱岩带（结构面）发育，抗力体范围多由 Ⅴ₁ 级、Ⅳ₂ 级岩体组成，其工程地质性状差，岩体变形模量低，抗变形能力亦差，对坝基及抗力体变形稳定不利，需要专门进行处理。

根据可行性研究阶段勘察成果和招标阶段补充调查、分析研究成果，左岸抗力体加固处理的重点对象是 f_5、f_8 断层破碎带 V_1 级岩体及上下盘影响带 IV_2 级岩体，高程 1680.00m 以上煌斑岩脉（X），f_2 断层及上下盘层间挤压错动带，以及受深部裂缝影响、变形模量低的 IV_2 级岩体。这些重点对象一般情况下发育宽度随着高程增加而增大，工程地质性状也随之变得更差。

2. 开挖后岩体质量复核评价

施工阶段随着高程 1885.00m、1829.00m、1785.00m、1730.00m、1670.00m 共 5 层加固处理地下洞室开挖揭示地质条件，开展了大量地质调查、复核和钻孔声波、钻孔全景图像、洞间地震层析成像等物探检测，复核了各高程岩体质量和重点处理对象工程地质性状，对其处理措施选择进一步提供了地质依据。

（1）高程 1670.00m。主要为 $T_{2-3}z^{2(6)}$ 层中厚—厚层状大理岩，局部夹绿片岩。出露煌斑岩脉，总体产状 N40°～60°E/SE∠60°～70°，宽 2～3m，多弱风化。揭露 f_2 断层、f_5 断层、煌斑岩脉（X）及多条层间挤压带（f_2 断层部位较为密集），多条溶蚀裂隙。

高程 1670.00m 深卸荷下限以里（水平埋深 160～180m 以里）的大理岩，岩体完整、裂面平直粗糙、新鲜，岩体结构以次块状—块状结构为主，岩体质量为 II 级；弱卸荷下限以里，深卸荷下限以外的大理岩，岩体较完整，裂面多平直粗糙、新鲜，岩体结构以镶嵌结构—次块状为主，局部为块状结构，岩体质量为 III_1 级；沿 f_5 断层、弱—强风化煌斑岩脉两侧分布的影响带岩体较破碎，裂隙发育，局部密集成带，裂面平直粗糙、锈染、松弛，见溶蚀，呈带状分布，带宽 10～15m，以碎裂结构为主，局部块裂或镶嵌结构，岩体质量为 IV_2 级，见图 8.1-1 中①区，抗变形能力差；f_2、f_5 断层及层间挤压带，主要由碎块岩、碎裂岩和易软化泥化的碎粒岩、碎粉岩组成，性状差，岩体质量为 V_1 岩体，抗变形能力极差。左岸抗力体高程 1670.00m 岩体分级分区如图 8.1-1 所示。

（2）高程 1730.00m。主要为 $T_{2-3}z^{2(6,7,8)}$ 层中厚—厚层状大理岩，发育 f_5 断层、煌斑岩脉，多条深裂缝，多条溶蚀裂隙。

f_5 断层破碎带主要由碎块岩、碎裂岩和易软化泥化的碎粒岩、碎粉岩组成，岩体破碎，为 V_1 级岩体，抗变形能力极差；f_5 断层两侧影响带（图 8.1-2 中①区）、煌斑岩脉及其影响带（图 8.1-2 中②区）为 IV_2 级岩体，碎裂—块裂结构，岩体完整性差，抗变形能力差；深部裂缝分布于煌斑岩脉以里局部，呈松弛条带状发育为主，带宽 8～15cm 不等，部分单条发育，深部裂缝发育部位岩体较破碎，裂隙发育，局部密集成带，见溶蚀裂隙，裂面多平直粗糙、普遍锈染、松弛，以碎裂—镶嵌结构为主，局部块裂结构，岩体质量为 IV_2 级（图 8.1-2 中③、④区），抗变形能力差；弱卸荷带内大理岩，裂隙发育，裂面平直粗糙，多轻锈，部分中—强锈，少量裂隙松弛张开，岩体结构以次块状—镶嵌状结构为主，岩体质量为 III_1 级；弱卸荷下限与深卸荷下限间及部分深卸荷以里大理岩，即煌斑岩脉与 f_5 断层间的条带，及煌斑岩脉以里与深卸荷下限间岩体，裂隙较发育，裂面多平直粗糙、多新鲜，少量轻锈—中锈，局部裂隙密集发育成带，但嵌合紧密，岩体结构以镶嵌—次块状结构为主，局部为碎裂结构或块状结构，岩体质量为 III_1 级。高程 1730.00m 岩体分级分区如图 8.1-2 所示。

图例

$T_{2-3}z^{2(7)}$	中厚层状大理岩
$T_{2-3}z^{2(6)}$	薄—中厚层状大理岩夹绿片岩
$T_{2-3}z^{2(5)}$	巨厚层状大理岩夹绿片岩
X	云斜煌斑岩脉
	岩层界线
f_5	断层及编号
△	弱卸荷下限
S	深卸荷下限
	岩体质量分级范围线
Ⅲ₁	岩体质量分级代号
①	Ⅳ₂级岩体分区及编号

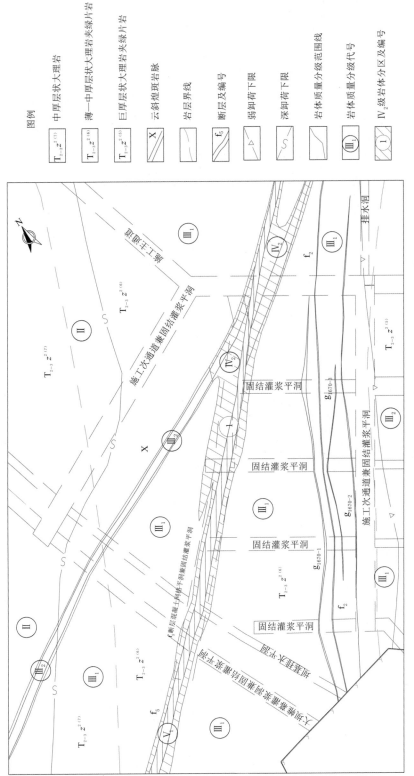

图 8.1-1 左岸抗力体高程 1670.00m 工程地质平切图

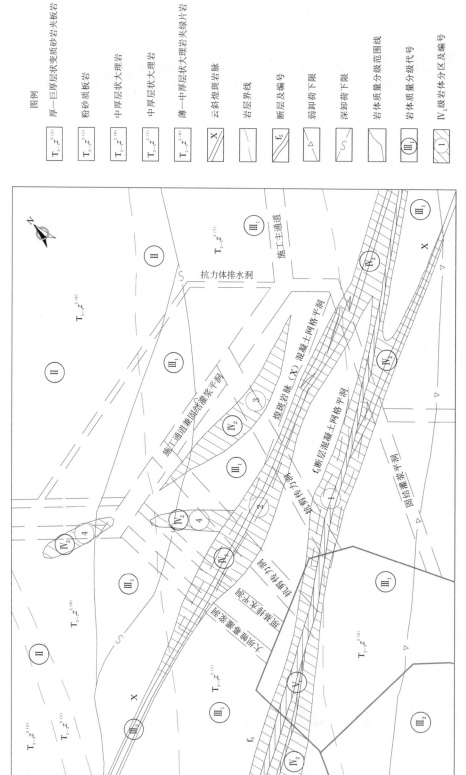

图例

$T_{2-3}z^{3(2)}$	厚—巨厚层状变质砂岩夹板岩
$T_{2-3}z^{3(1)}$	粉砂质板岩
$T_{2-3}z^{2(8)}$	中厚层状大理岩
$T_{2-3}z^{2(8)}$	中厚层状大理岩
$T_{2-3}z^{2(7)}$	薄—中厚层状大理岩夹绿片岩
X	云斜煌斑岩脉
	岩层界线
f_5	断层及编号
△	弱卸荷下限
S	深卸荷下限
	岩体质量分级范围线
III_1	岩体质量分级代号
①	IV_2级岩体分区及编号

图 8.1－2 左岸抗力体高程 1730.00m 工程地质平切图

（3）高程 1785.00m。主要为 $T_{2-3}z^{2(7,8)}$ 层中厚—厚层状大理岩，发育 f_5 断层和煌斑岩脉（X）及多条小断层、多条溶蚀裂隙、深部裂缝（带），深部裂缝主要为Ⅳ～Ⅲ级裂缝，沿断层带、煌斑岩脉及其以里局部呈带状发育，带宽 8～15m 不等。

f_5、f_8 断层破碎带主要由碎块岩、碎裂岩和易软化泥化的碎粒岩、碎粉岩组成，为 V_1 级岩体，抗变形能力极差；f_5 及 f_8 断层影响带（图 8.1-3 中①区）、煌斑岩脉及其影响带（图 8.1-3 中②区）碎裂—块裂结构，岩体完整性差，为 $Ⅳ_2$ 级岩体，抗变形能力差；深部裂缝发育部位岩体较破碎，裂面多平直粗糙、锈染、松弛，局部密集成带，以碎裂结构为主，局部块裂或镶嵌结构，岩体质量为 $Ⅳ_2$ 级（图 8.1-3 中③、④、⑤区），抗变形能力差；弱卸荷带内大理岩及深卸荷带内砂板岩，裂隙发育，裂面多轻锈，局部中锈，嵌合较紧密，岩体结构以次块状—镶嵌结构为主，局部为薄层状结构，少量呈碎裂结构，岩体质量为 $Ⅲ_2$ 级；f_5 断层与煌斑岩脉（X）间以及煌斑岩脉以里与深卸荷下限间大理岩岩体，裂隙较发育，裂面多平直粗糙，多新鲜，局部轻锈，局部裂隙密集发育成带，但嵌合紧密，岩体结构以镶嵌—次块状结构为主，局部为碎裂结构或块状结构，岩体质量为 $Ⅲ_2$ 级。高程 1785.00m 岩体分级分区如图 8.1-3 所示。

（4）高程 1829.00m。主要为 $T_{2-3}z^{3(2)}$ 层厚层状变质砂岩，部分为 $T_{2-3}z^{3(1)}$ 层粉砂质板岩夹变质砂岩、$T_{2-3}z^{2(8)}$ 层中厚—厚层状大理岩，除发育煌斑岩（X）外，还发育 f_5 断层、f_8 断层和多条小断层，沿 f_5、f_8 断层两侧及煌斑岩脉以里局部发育深部裂缝，呈带状延伸。

f_5 断层和 f_8 断层破碎带主要由碎块岩、碎裂岩和易软化泥化、不连续的碎粒岩、碎粉岩组成，为 V_1 级岩体，抗变形能力极差；f_5 与 f_8 断层影响带（图 8.1-4 中①区）、煌斑岩脉及其影响带（图 8.1-4 中②区）宽度大，碎裂—块裂结构，岩体完整性差，为 $Ⅳ_2$ 级岩体，抗变形能力差；深部裂缝发育部位岩体裂隙发育，普遍锈染、松弛，岩体结构以镶嵌—碎裂结构为主，局部为薄层状结构、块裂结构，岩体质量为 $Ⅳ_2$ 级（图 8.1-4 中③、⑤区），抗变形能力差；弱卸荷下限与深卸荷下限之间的砂板岩及弱卸荷带内的大理岩，裂隙较发育，多轻锈，嵌合较紧密，岩体结构以镶嵌状结构或薄层状结构为主，岩体质量为 $Ⅲ_2$ 级。高程 1829.00m 岩体分级分区如图 8.1-4 所示。

（5）高程 1885.00m。该高程抗力体岩性主要为 $T_{2-3}z^{3(3)}$ 层粉砂质板岩夹变质砂岩，部分为 $T_{2-3}z^{3(2)}$ 层厚层变质砂岩夹粉砂质板岩，发育断层 f_5、f_{38-6} 和多条小断层、层间挤压带，以及后期侵入煌斑岩脉（X），深部裂缝主要为Ⅳ～Ⅲ级，呈带状松弛岩带发育。

f_5、f_8、f_{38-6} 断层破碎带为 V_1 级岩体，抗变形能力极差；断层影响带（图 8.1-5 中①区）、煌斑岩脉及其影响带（图 8.1-5 中②区）宽度大，局部已连成片，为 $Ⅳ_2$ 级岩体，抗变形能力差；深部裂缝发育部位的岩体裂隙发育，强烈锈染、松弛，以镶嵌—碎裂结构为主，岩体质量为 $Ⅳ_2$ 级（图 8.1-5 中③、⑤区），抗变形能力差；煌斑岩脉与深卸荷下限之间砂板岩，裂隙面平直闭合，多轻锈—中锈，嵌合较紧密，岩体结构为镶嵌结构或薄层状结构，局部为次块状结构，岩体质量为 $Ⅲ_2$ 级。高程 1885.00m 岩体分级分区如图 8.1-5 所示。

8.1.3　抗力体岩体声波与钻孔变形模量检测

在前期勘察阶段对左岸抗力体范围大量物探声波、钻孔变形模量和岩块室内、岩体现

图例

X	云斜煌斑岩脉
	岩层界线
f₅	断层及编号
▽	弱卸荷下限
S	深卸荷下限
	岩体质量分级范围线
Ⅲ₁	岩体质量分级代号
1	Ⅳ₂级岩体分区及编号

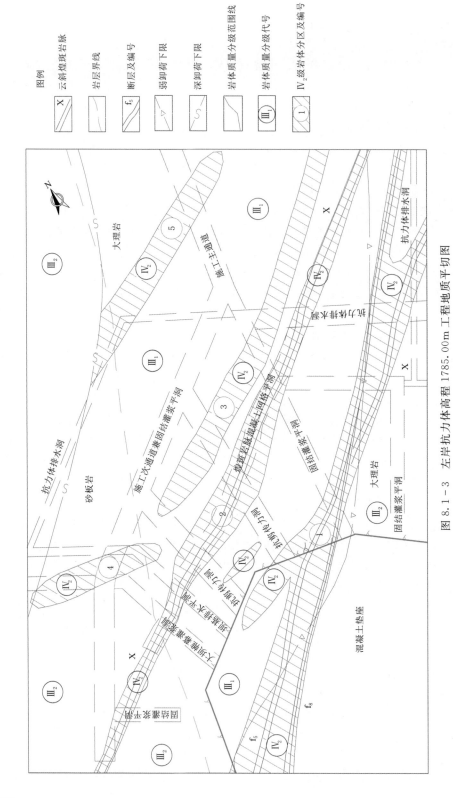

图 8.1-3　左岸抗力体高程 1785.00m 工程地质平切图

图例

$T_{2-Z}^{3(3)}$	粉砂质板岩夹变质砂岩
$T_{2-Z}^{3(2)}$	厚一巨厚层状变质砂岩夹板岩
$T_{2-Z}^{3(1)}$	粉砂质板岩
$T_{2-Z}^{2(8)}$	中厚层状大理岩
$T_{2-Z}^{2(7)}$	中厚层状大理岩
X	云斜煌斑岩脉
	岩层界线
f_5	断层及编号
	弱风化强卸荷下限
	弱卸荷下限
III_1	岩体质量分级代号
①	IV_2级岩体分区编号

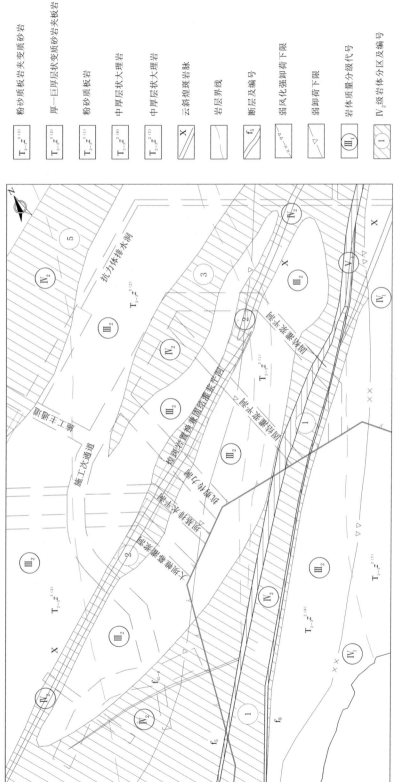

图 8.1－4 左岸抗力体高程 1829.00m 工程地质平切图

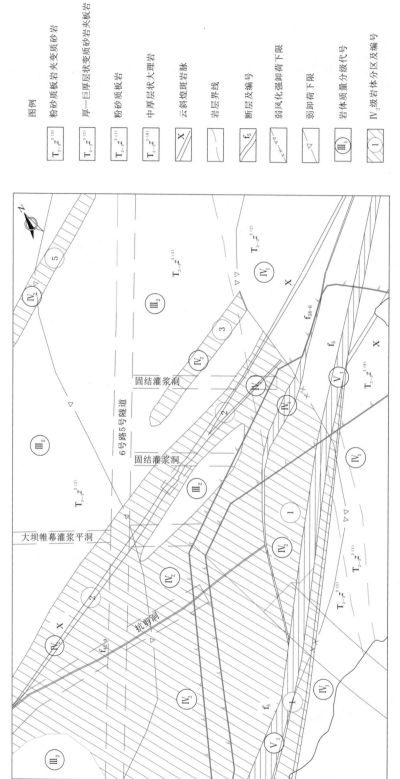

图 8.1 - 5 左岸抗力体高程 1885.00m 工程地质平切图

场试验成果的基础上，根据抗力体加固处理洞室开挖揭示地质条件，开展了岩体钻孔单孔声波、钻孔变形模量检测。

1. 岩体钻孔单孔声波特征

施工阶段左岸抗力体共取得约 51600 个单孔声波波速数据，按岩级对岩体钻孔单孔声波波速进行统计，最终得到各级岩体单孔声波纵波速（表 8.1-1）。

表 8.1-1　　　　　　　　左岸抗力体岩体单孔声波 V_p 统计汇总表

岩性	岩级	$V_p/(m/s)$				
		最小值	最大值	平均值	大值平均	小值平均
大理岩	II	2033	6849	5854	6223	5240
	III$_1$	1646	7547	5113	5772	3935
	III$_2$	1425	6944	4837	5548	3623
	IV$_2$	1572	5495	3890	4860	2755
	V$_1$	1515	5195	3549	4395	2707
砂板岩	II	—	—	—	—	—
	III$_1$	—	—	—	—	—
	III$_2$	1618	7812	4960	5505	3977
	IV$_2$	1471	5495	3995	4883	2743
	V$_1$	—	—	—	—	—
综合	II	2033	6849	5854	6223	5240
	III$_1$	1646	7547	5113	5772	3935
	III$_2$	1425	7812	4933	5507	3869
	IV$_2$	1471	5495	3932	4866	2744
	V$_1$	1515	5195	3549	4395	2707

各级岩体纵波速分布特征如下：

(1) II级岩体波速峰值分布较为集中，介于 5500～6500m/s 之间，平均值为 5850m/s。大于 5500m/s 的比例为 83.2%，小于 4500m/s 比例为 5.3%，小于 3500m/s 的比例仅为 1.5%。

(2) III$_1$级岩体波速峰值分布呈较扁平的单峰形态，介于 5000～6500m/s 之间，平均值为 5110m/s。大于 5500m/s 的比例为 45.8%，介于 4500～5500m/s 之间的比例约为 32.3%，小于 4500m/s 的比例为 21.9%，小于 3500m/s 的比例为 12.5%。

(3) III$_2$级岩体波速峰值分布呈较扁平的单峰形态，介于 4500～6000m/s 之间，平均值为 4930m/s。大于 5000m/s 的比例较高，接近 62.9%，介于 4000～5000m/s 之间的比例约为 21.5%，小于 3500m/s 的比例仅为 10.5%。

(4) IV$_2$级岩体波速分布较为分散，平均值为 3930m/s。大于 4500m/s 的比例为 43.3%，介于 3500～4500m/s 之间的比例约为 19.9%，小于 3500m/s 的比例仅为 36.8%。

(5) V$_1$级岩体波速分布较为分散，平均值为 3550m/s。大于 4500m/s 的比例为 21.6%，介于 3500～4500m/s 之间的比例约为 29.6%，小于 3500m/s 的比例仅为 48.8%。

2. 岩体钻孔变形模量特征

施工阶段左岸抗力体布置了大量的钻孔变形模量测试，共完成钻孔变形模量测试 91 孔，各岩级钻孔变形模量 E_{0k} 按岩性统计成果见表 8.1-2。可以看出各个岩级钻孔变形模量 E_{0k} 值的差异还是比较明显的。

表 8.1-2　　　左岸抗力体按岩性各岩级钻孔变形模量 E_{0k} 统计汇总表

岩性	统计值	钻孔 E_{0k}/GPa					小计
		Ⅲ₁	Ⅲ₂	Ⅳ₁	Ⅳ₂	Ⅴ₁	
砂板岩	平均值	—	7.25	—	2.46	—	—
	小值平均	—	3.84	—	1.57	—	—
	0.5 分位值	—	5.92	—	2.16	—	—
	0.2 分位值	—	3.28	—	1.38	—	—
	样本数	1	96	—	20	—	117
大理岩	平均值	10.32	5.44		2.52	—	—
	小值平均	6.24	2.02		1.66	—	—
	0.5 分位值	8.84	3.90		2.21	—	—
	0.2 分位值	5.29	1.80		1.37	—	—
	样本数	289	18		64	—	371
综合	平均值	10.35	6.96		2.51	—	—
	小值平均	6.31	3.64		1.62	—	—
	0.5 分位值	8.86	5.54		2.20	—	—
	0.2 分位值	5.31	2.95		1.38	—	—
	样本总数	290	114	—	84	—	488

3. 岩体钻孔变形模量与单孔声波 E_{0k}—V_p 相关关系

施工阶段取得钻孔变形模量与钻孔声波数据 612 对。核对数据的代表性后，剔除不能真实反映测试段岩体质量状况的异常数据后，共获得 462 对数据，其中，大理岩段 317 对，砂板岩段 145 对。分岩性绘制 E_{0k}—V_p 散点图（图 8.1-6），获得 E_{0k}—V_p 相关关系（表 8.1-3）。

表 8.1-3　　　左岸抗力体钻孔变形模量与钻孔声波 E_{0k}—V_p 相关关系式汇总表

岩性	样本数	关系式	系数	相关系数 R	备 注
大理岩	317	$E_{0k}=aV_p{}^b$	$a=0.0131$ $b=3.9724$	0.870	钻孔变形模量单位：GPa 钻孔声波纵波速单位：m/s
砂板岩	145		$a=0.0044$ $b=4.6615$	0.843	

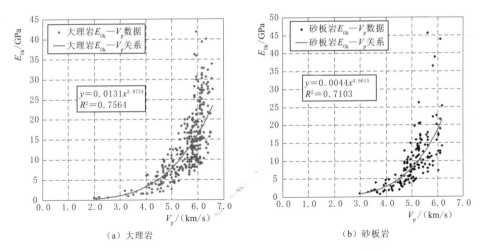

（a）大理岩　　　　　　　　　　（b）砂板岩

图 8.1-6　左岸抗力体钻孔变形模量与单孔声波关系散点图

8.2　地质缺陷工程地质特性

左岸抗力体范围内软弱结构面（岩带）发育，Ⅳ～Ⅲ级深部裂缝发育的松弛岩带分布较多，岩体均一性差，抗变形能力差。重点处理对象包括 f_5 断层、煌斑岩脉（X）、f_2 断层及该部位较为集中发育的层间挤压错动带等软弱结构面（岩带），以及沿煌斑岩脉（X）、f_5 断层两侧和深部裂缝发育部位Ⅳ_2级岩体，见图 8.2-1。根据前期勘察成果和左岸抗力体加固处理洞室施工开挖揭示地质条件复核成果，对这些重点处理对象的工程地质特性、延伸展布及对工程的影响进行了深入分析研究，得到了大量的成果资料。

8.2.1　f_5 断层

f_5 断层贯穿整个左岸坝肩及抗力体，在垫座建基面高程 1730.00m 平台内侧通过，高程 1730.00m 以下埋于建基面以里 30～120m，见图 8.2-1。

综合前期勘察成果和施工期开挖揭示地质条件，f_5 断层根据工程地质特征可以划分为三个区。

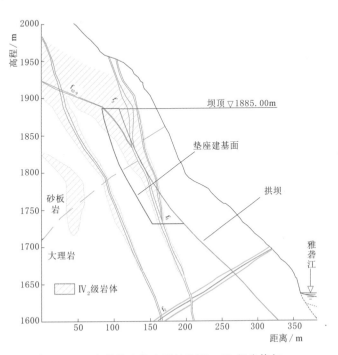

图 8.2-1　左岸抗力体主要结构面、Ⅳ_2级岩体与拱坝关系示意图

231

A 区：高程约 1800.00m 以上，断层破碎带全部处于砂板岩中，破碎带宽度较大，一般 5～10m，局部 20～25m，主要由易软化泥化、炭化的泥质片状岩及碎粉岩组成，少量碎块岩、碎裂岩，见大量炭化现象和镜面、擦痕，普遍强风化，散体结构，V_1 级岩体；该区以软弱的、易风化的碎粒岩、碎粉岩为主，夹少量粗粒的碎块岩、碎粒岩。

B 区：高程 1680.00～1800.00m 之间，断层破碎带全部处于大理岩内，破碎带宽度一般为 3～5m，局部（夹 A 区）10～15m，主要为碎块岩、碎裂岩，少量易软化泥化、炭化的泥质片状岩及碎粉岩，局部松弛张开 5～10cm，无充填，V_1 级岩体；本区以相对粗粒的碎块岩、碎裂岩为主，夹少量易软化泥化、炭化的碎粉岩和泥质片状岩。

C 区：高程 1680.00m 以下，破碎带宽度明显变窄，一般为 1～3m，多为重胶结、较紧密、坚硬的碎块岩、碎裂岩，微风化—新鲜为主，上下盘面断面明显，与大理岩接触带为宽 20～50cm 的碎粉岩、角砾岩条带，部分胶结紧密碎块岩为 III_2 级岩体，部分结构松散，弱—强风化，为 V_1 级岩体。

8.2.2　煌斑岩脉（X）

煌斑岩脉埋于建基面以里，高程 1885.00m 埋于垫座建基面以里 25～40m，往低高程及下游延伸埋深逐渐增大，至高程 1730.00m 埋于垫座建基面以里 40～90m，高程 1730.00m 以下深埋于大坝建基面以里 80～170m，至高程 1670.00m 深埋于大坝建基面以里 120～140m。

煌斑岩脉根据性状、风化卸荷特征可以划分为两个区。

A 区：位于高程 1680.00m 以上区域，其中高程 1800.00m 以上位于砂板岩中；岩脉厚一般为 2～4m，普遍弱—强风化，岩体松弛，完整性差，与上下盘岩体多为断层接触，发育宽 5～20cm 的小断层，且两侧为松弛、破碎的 IV_2 级岩体。

B 区：高程 1680.00m 以下，全部位于大理岩中，岩脉多微风化—新鲜，部分弱风化，且与上下盘大理岩紧密直接接触，III_2 级岩体。

8.2.3　f_2 断层及层间挤压错动带

f_2 断层发育于高程 1700.00m 以下，斜切抗力体，反倾坡内，基本顺层顺岸坡向下游、向低高程延伸，随高程的降低埋深增大，受褶皱及构造影响，走向及倾向上均呈舒缓波状起伏，局部产状变化大，总体产状 N10°～30°E/NW∠35°～50°，破碎带一般宽为 20～40cm，局部 50～70cm，组成物质主要为碎粒岩、少量碎粉岩及强风化绿片岩，局部炭化呈黑色，挤压紧密，遇水易软化泥化。

层间挤压错动带主要发育第二段第 6 层的大理岩中，在 f_2 断层上下盘 10～20m 范围内集中发育 4 条，间距 3～5m，稀疏部位 8～15m，断续延伸，单条层间挤压带宽 10～30cm，局部宽 50～70cm，主要为碳化碎粒化角砾岩、强风化绿片岩组成，性状差，挤压带两侧 0.5～1m 范围岩体较破碎。

8.2.4　IV_2 级岩体

抗力体范围内，系统固结灌浆处理重点对象之一的 IV_2 级岩体广泛分布于抗力体高程

1660.00m 以上，岩性为第三段砂板岩、第二段大理岩和煌斑岩脉，岩体较破碎，深部裂缝或溶蚀松弛裂隙发育，裂面多平直粗糙、锈染、松弛，局部张开成空缝，多无充填，局部密集成带，以碎裂—镶嵌结构为主，局部块裂结构。岩石质量指标 RQD 为 11%～23%、体积节理数 $J_v = 13 \sim 25$ 条/m³。

这些 IV_2 级岩体根据其岩组岩性、地质构造、风化卸荷及延伸展布情况，可划分为以下五个区（图 8.1-1～图 8.1-5 和图 8.2-2）。

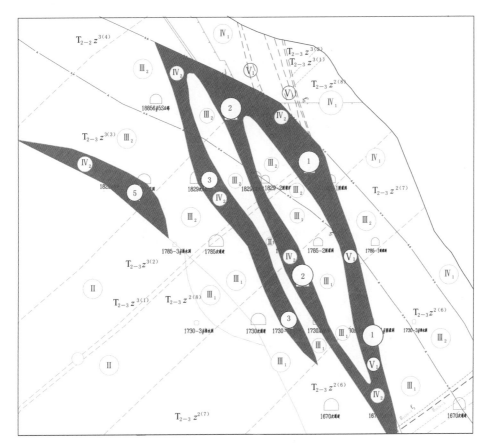

图 8.2-2　左岸抗力体IV_2级岩体分布分区示意图（坝区$\mathrm{V}-\mathrm{V}$剖面）

第①区：沿 f_5 断层两侧呈带状分布，一般宽为 15～20m，高程约 1690.00m 以下与煌斑岩脉交汇部位宽为 30～50m，贯穿整个抗力体。

第②区：沿煌斑岩脉（X）及两侧呈带状分布，一般宽为 10～15m，局部宽为 20～25m，高程约 1690.00m 以下与第①区交汇部位宽达 30～50m，贯穿整个抗力体。

第③区：位于煌斑岩脉以里，距煌斑岩脉一般为 10～20m，为与煌斑岩脉近于平行的条带，一般宽为 10～15m，向低高程延伸该区长度逐渐变短、宽度变窄，呈透镜状，尖灭于高程约 1700.00m，其中高程 1829.00m 长约 200m、宽一般为 15～25m，在下游与第①、②区交汇，交汇部位宽达 40～50m，高程 1785.00m 处长约 200m、宽一般为 8～12m，高程 1730.00m 长约 100m、宽为 5～10m；该区小断层比较发育，裂隙发育，裂面多平直粗糙，普遍中锈，局部强锈，多松弛，岩体结构以镶嵌—碎裂结构为主，局部为薄层状结构、块裂结构。

第④区：位于大坝防渗帷幕与施工次通道交叉部位，发育有长大溶蚀裂隙及Ⅲ级、Ⅳ级深部裂缝，呈宽10~15m的条带，向低高程尖灭于约1790.00m，向高高程尖灭于约1810.00m，上下游延伸长约60m。

第⑤区：位于煌斑岩脉以里、抗力体固结灌浆范围之外，距煌斑岩脉一般为50~60m，为与煌斑岩脉近于平行的条带，一般宽为10~15m，向低高程宽度变窄，呈透镜体，尖灭于高程1750.00m，上下游延伸长约200m。

8.3　岩体可灌性及灌浆评价标准

水泥灌浆可通过对岩体张开—微张裂隙的浆液充填，提高岩体整体性与均一性。但性状不一的岩体的可灌性及灌浆效果需要开展灌浆试验研究。

8.3.1　灌浆试验研究

由于左岸抗力体地质条件差，为了满足拱坝坝基变形稳定要求，需要对抗力体进行大规模的加固处理，其综合处理措施中最主要的是系统固结灌浆处理，范围大、灌浆钻孔深、工艺复杂，主要针对断层影响带、弱风化煌斑岩脉、Ⅲ级或Ⅳ级深部裂缝影响的IV_2级岩体等软弱岩带。为了检测软弱岩带灌后岩体完整性、均一性、抗渗性改善程度，可行性研究与招标设计阶段都开展了灌浆试验，对灌浆前后声波、变形模量、透水率等进行检测，为施工阶段固结灌浆工艺、检测指标和评价标准的确定打下了良好基础。

1. 可行性研究阶段岩体固结灌浆试验

可行性研究阶段主要针对大理岩中的深卸荷IV_2级岩体及受其影响的煌斑岩脉进行了灌浆试验研究，在左岸高程1780.00m勘探平洞内选择了两个代表性试区。

Ⅰ试区位于PD12平洞内0+81.70~0+91.70之间，主要灌浆对象是受Ⅲ级、Ⅳ级深部裂缝SL_1、SL_2、SL_3和f_8断层破碎带影响的大理岩IV_2级岩体。二试区位于PD18平洞内0+128.9~0+138.9之间，主要灌浆对象是受Ⅳ级深部裂缝$SL_6(X)$、$SL_7(f)$影响的IV_2级大理岩岩体、煌斑岩脉。

灌前灌后检测孔中开展了钻孔单孔声波测试、钻孔对穿声波测试、钻孔变形模量测试和压水试验等，并开挖了检查竖井及支洞，开展了岩体原位承压板变形试验，灌后岩芯取样进行了磨片鉴定。

试验成果表明：①IV_2级大理岩岩体、弱风化—新鲜煌斑岩脉水泥可灌性好。IV_2级大理岩Ⅰ、Ⅱ、Ⅲ序孔平均单位注入量达517.4kg/m，裂隙中水泥结石一般厚2~4mm，局部见2~20cm的透镜体，岩体的均一性、紧密度及完整性均有提高，岩体钻孔声波、钻孔变形模量都有一定幅度提高；弱风化—新鲜煌斑岩脉内水泥结石充填一般厚2~7mm，最厚达20~60mm，岩体钻孔声波、钻孔变形模量都有一定幅度提高；②强风化的松软煌斑岩脉可灌性差，未见水泥结石充填，钻孔声波、钻孔变形模量提高幅度小；③f_8断层以碎块岩、碎裂岩为主的破碎带具有一定的可灌性，以碎裂岩为主的影响带可灌性好，可见厚 2~10mm 的水泥结石充填，灌后钻孔变形模量可达 6.30GPa；而以碎粉岩、碎粒岩为主的破碎带可灌性差，未见水泥结石充填，岩体钻孔声波、钻孔变形模量提高幅度有限。

两个试区各主要对象灌浆前后检测指标对比分析见表 8.3-1 和表 8.3-2。

表 8.3-1　可行性研究阶段 PD12 平洞大理岩与断层试区灌浆前后检测指标对比分析表

检测指标	灌浆阶段	大 理 岩		f_8断层破碎带	
		Ⅲ₂级	Ⅳ₂级	碎粉岩碎粒岩为主	碎裂岩为主
钻孔声波纵波速	灌浆前/(m/s)	5180	2750	未取得数据	—
	灌浆后/(m/s)	5820	3830	2100~3100	3500~4700
	提高幅度	12%	39%		
钻孔变形模量	灌浆前/GPa	11.77	2.65	1.85	未取得数据
	灌浆后/GPa	13.50	4.96	未取得数据	6.30
	提高幅度	14%	87%		
承压板法变形模量	灌浆前/GPa	未取得数据	0.81	未取得数据	未取得数据
	灌浆后/GPa	15.3	5.66	未取得数据	5.66
透水率	序次	平均值	透水率分段所占百分比/%			
			≤1	1~3	3~10	10~50	50~100
	灌浆前/Lu	52.5	0	0	0	67	33
	灌浆后/Lu	1.12	55	45			

表 8.3-2　可行性研究阶段 PD18 平洞大理岩与煌斑岩脉试区灌浆前后检测指标对比分析表

检测指标	灌浆阶段	条 纹 状 大 理 岩		Ⅳ₂级煌斑岩脉
		Ⅲ₁级	Ⅳ₂级	
钻孔声波纵波速	灌浆前/(m/s)	5820	3300	3160
	灌浆后/(m/s)	5990	4300	3700
	提高幅度	3%	30%	17%
钻孔变形模量	灌浆前/GPa	13.62	3.04	1.17
	灌浆后/GPa	15.28	6.22	2.19
	提高幅度	12%	105%	87%
现场承压板法变形模量	灌浆前/GPa	未取得数据	3.20	未取得数据
	灌浆后/GPa	35.5（2点）	8.98（1点）	4.16（1点）
透水率	序次	平均值	透水率分段所占百分比/%				
			≤1	1~3	3~10	10~50	50~100	>100
	灌浆前/Lu	65.3	0	0	11	28	50	11
	灌浆后/Lu	0.69	88	12				

根据各主要对象灌浆后指标提高率，结合坝区承压板法变形模量、钻孔变形模量与单孔声波的关系，给出各岩级大理岩和两类断层破碎带岩体灌浆处理后物理力学参数建议表见表 8.3-3，也即灌后检测初步指标。

表 8.3-3　可行性研究阶段大理岩与断层带岩体灌浆处理后岩体物理力学参数建议表

检测指标	灌浆阶段	大 理 岩			断层破碎带	
		Ⅲ₁级	Ⅲ₂级	Ⅳ₂级	碎粉岩碎粒岩为主	碎裂岩为主
钻孔声波纵波速	灌浆前/(m/s)	5400～6000	4100～5700	2300～3800	1500～2000	2500～3500
	灌浆后/(m/s)	5500～6300	5100～6200	3000～4800	2100～3100	3500～4700
	提高幅度	2%～5%	9%～15%	25%～30%	20%～30%	30%～40%
钻孔变形模量	灌浆前/GPa	10～20	7.0～12.5	1.5～3.0	0.6～0.9	1.5～3.5
	灌浆后/GPa	13～22	8.5～15	3.5～7.4	0.8～1.2	2.2～5.0

注　提高幅度以平均值进行计算。

2. 招标设计阶段岩体固结灌浆试验

招标设计阶段主要针对松弛拉裂的砂板岩岩体进行了灌浆试验研究。为了进一步了解深卸荷松弛拉裂的Ⅳ₂级砂板岩岩体和相对较好的Ⅲ₂级、Ⅲ₁级砂板岩岩体灌浆后变形模量、声波、透水率的改善程度，分析研究灌浆处理后岩体完整性和均一性提高程度和防渗特性方面的改善情况，在左岸高程 1825.00m 两个平洞内选择了两个代表性试验区开展砂板岩的水泥灌浆试验。

Ⅰ试验区位于 PD64 平洞内 0+100～0+110 之间，主要灌浆对象是裂隙发育的Ⅲ₂级砂板岩岩体及受深部裂缝影响的块裂结构的Ⅳ₂级大理岩岩体。Ⅱ试验区位于 PD54 平洞内 0+125～0+135 之间，主要灌浆对象是受深部裂缝影响松弛拉裂的Ⅳ₂级砂板岩岩体。

灌前灌后检查孔中开展了钻孔单孔声波测试、钻孔对穿声波测试、钻孔变模测试和压水试验等，成果表明：①拉裂松弛的Ⅳ₂级砂板岩、大理岩岩体水泥可灌性好，岩体的均一性、完整性均有提高；岩体裂隙中水泥结石多，尤其张开的深部裂缝、裂隙密集带，贯通性较好，裂隙得到了较为有效的填充；②拉裂松弛的小断层 f_{42-9}、f_{54-6} 等可灌性好，灌后断层带内充填大量水泥结石，最厚达 30cm，钻孔声波波速一般为 3000～4200m/s，钻孔变形模量一般为 3～6GPa，灌浆效果较好，但仍然存在低波速和低变形模量段；③Ⅲ₁级、Ⅲ₂级砂板岩，大理岩岩体可灌性总体上弱于Ⅳ₂级岩体。

招标设计阶段砂板岩大理岩试验区灌浆前后检测指标对比分析见表 8.3-4。

表 8.3-4　招标设计阶段砂板岩大理岩试验区灌浆前后检测指标对比分析

检测指标	灌浆阶段	砂板岩、变质砂岩			大 理 岩	
		Ⅳ₂级	Ⅲ₂级	Ⅲ₁级	Ⅳ₂级	Ⅲ₁级
钻孔声波纵波速	灌浆前/(m/s)	3453	4844	5143	3599	6101
	灌浆后/(m/s)	4276	5130	5464	5438	6293
	提高幅度	24%	5.9%	6.2%	51%	3.1%
钻孔变形模量	灌浆前/GPa	2.90	4.51	10.18	2.69	11.87
	灌浆后/GPa	3.86	5.12	11.54	4.06	15.77
	提高幅度	33%	14%	13%	50%	32%

续表

检测指标	灌浆阶段	砂板岩、变质砂岩			大 理 岩	
		IV_2级	III_2级	III_1级	IV_2级	III_1级
透水率	灌浆前/Lu	23～423	0.6～5.2	3.0～6.1	20～50	0.4～0.8
	灌浆后/Lu	0.5～1.9	0.4～2.2	0.9～1.7	1.1～1.9	0.3～1.6

根据各主要对象灌浆后指标提高率，结合坝区承压板法变形模量、钻孔变形模量与单孔声波的关系，给出砂板岩IV_2级、III_2级、III_1级岩体，大理岩IV_2级、III_1级岩体灌浆处理后物理力学参数建议表见表 8.3-5，也即灌后检测初步指标。

表 8.3-5　招标阶段砂板岩大理岩试区灌浆处理后岩体物理力学参数建议表

检测指标	灌浆阶段	砂 板 岩			大 理 岩	
		IV_2级	III_2级	III_1级	IV_2级	III_1级
钻孔声波波速	灌浆前/(m/s)	2800～4000	4000～5200	4600～5500	2900～4600	5700～6300
	灌浆后/(m/s)	3500～4500	4600～5500	52.00～5700	5200～5500	6100～6500
	提高幅度	20%～30%	5%～8%	5%～8%	40%～50%	3%～5%
钻孔变形模量	灌浆前/GPa	1.5～4.0	2.5～6.5	8.0～13.0	1.5～4.0	8.0～15.0
	灌浆后/GPa	2.3～5.5	4.0～8.0	9.0～14.0	3.0～6.0	10.0～18.0
	提高幅度	30%～40%	10%～15%	10%～15%	40%～50%	10%～20%

注　提高幅度以平均值进行计算。

3. 施工阶段现场生产性灌浆试验

施工阶段为了进一步明确灌浆处理的材料、工艺、灌浆参数，提出不同区域（高程）、不同岩性、不同岩类的灌后检测指标，以指导大范围灌浆施工，尤其是灌浆前后检测指标与成果的分析研究，根据左岸抗力体处理洞室开挖进度，选择布置了 5 个灌浆试验区，分别针对IV_2级砂板岩、IV_2级大理岩及f_2断层开展了水泥灌浆生产性试验，其中 3 个试区针对主要处理对象，2 个试区针对浆液类型，各试验区基本情况及试验对象见表 8.3-6。

表 8.3-6　施工阶段左岸抗力体加固处理生产性水泥灌浆试验区基本情况汇总表

试区	高程/m	洞室名称	桩　　号	试验对象
1829-4	1829.00	2 号固结灌浆平洞	0+073～0+085.5	砂板岩IV_2级岩体
1785-3	1785.00	2 号抗剪传力洞	0+033～0+049.5	稳定浓浆与普通浆液对比
1785-4	1785.00	1 号抗剪传力洞	0+047～0+063.0	稳定浓浆与普通浆液对比
1785-5	1785.00	2 号固结灌浆平洞	0+052～0+068.5	大理岩IV_2级岩体
1730-3	1730.00	1 号抗剪传力洞	0+060～0+068.5	大理岩IV_2级岩体

5 个试区灌浆试验成果（表 8.3-7）表明：①拉裂松弛明显的IV_2级砂板岩、大理岩岩体水泥可灌性好，灌后岩体的均一性、完整性均有明显提高，灌后岩体平均声波波速提高率IV_2级大理岩为 10%～15%、IV_2级砂板岩一般在 10%左右（个别试区灌浆后的声波均低于灌浆前的波速，这一异常的原因可能与灌后测试孔位偏差有关）；②拉裂松弛不明

显的Ⅲ₁级大理岩、Ⅲ₂级砂板岩具有一定的可灌性，但灌后岩体平均声波波速提高有限，Ⅲ₁级大理岩、Ⅲ₂级砂板岩都在1%～3%范围；③弱—微新煌斑岩脉可灌性较好，灌后岩体钻孔声波、钻孔变形模量都有一定幅度提高；强风化的松软煌斑岩脉可灌性差，灌后钻孔声波、钻孔变形模量提高幅度小；④以角砾岩、碎裂岩为主的断层破碎带具有一定的可灌性，以碎裂岩为主的影响带可灌性好，灌后岩体钻孔声波、钻孔变形模量都有明显提高；而以碎粉岩、碎粒岩为主的破碎带可灌性差，灌后岩体钻孔声波、钻孔变形模量提高幅度有限。

表 8.3-7　左岸抗力体加固处理工程生产性灌浆试验灌浆前后检测指标对比分析

试验区	岩性（岩级）	灌序	钻孔声波波速			岩性（岩级）	灌序	钻孔声波波速		
			平均速度	大值平均	小值平均			平均速度	大值平均	小值平均
1730-3 试验区 1 号传力洞	大理岩（Ⅲ₁）	灌前/(m/s)	5838	6177	5130	大理岩（Ⅳ₂）	灌前/(m/s)	4513	5401	3882
		灌后/(m/s)	6018	6241	5664		灌后/(m/s)	4098	5219	3120
		提高率	3.1%	—	—		提高率	−9.2%	—	—
1785-3 试验区 2 号传力洞	大理岩（Ⅲ₁）	灌前/(m/s)	5786	5968	5408	大理岩（Ⅳ₂）	灌前/(m/s)	4680	5056	4328
		灌后/(m/s)	5859	6044	5522		灌后/(m/s)	5272	5538	5024
		提高率	1.3%	—	—		提高率	12.6%	—	—
1785-4 试验区 1 号传力洞	大理岩（Ⅲ₁）	灌前/(m/s)	5919	6281	5197	大理岩（Ⅳ₂）	灌前/(m/s)	3904	5090	3166
		灌后/(m/s)	6128	6307	5876		灌后/(m/s)	5507	5972	4832
		提高率	3.5%	—	—		提高率	41.1%	—	—
1785-5 试验区 2 号固结灌浆平洞	大理岩（Ⅲ₁）	灌前/(m/s)	5452	5695	5104	大理岩（Ⅳ₂）	灌前/(m/s)	4568	4980	4119
		灌后/(m/s)	5652	5854	5374		灌后/(m/s)	5027	5582	4569
		提高率	3.7%	—	—		提高率	10.0%	—	—
1829-4 试验区 2 号固结灌浆平洞	大理岩（Ⅲ₁）	灌前/(m/s)	5766	6108	5026	砂板岩（Ⅲ₂）	灌前/(m/s)	5270	5667	4863
		灌后/(m/s)	5418	5600	5010		灌后/(m/s)	5386	5946	4935
		提高率	−6.0%	—	—		提高率	2.2%	—	—
	—	—	—	—	—	砂板岩（Ⅳ₂）	灌前/(m/s)	4515	5201	3736
							灌后/(m/s)	4997	5385	4512
							提高率	10.7%	—	—

8.3.2　灌浆检测标准

岩体固结灌浆作为一项隐蔽的处理工程，对其质量的检测手段主要有单孔声波、对穿声波、钻孔全景图像、钻孔变形模量及地震波层析成像测试。在水电水利灌浆规范及工程物探规程中，对固结灌浆检测要求采用声波检测为主要方法，压水试验和钻孔变形模量测试为辅助方法。锦屏一级左岸抗力体固结灌浆灌后岩体质量检测以声波波速为主、透水率为辅，必要时结合钻孔变形模量和钻孔全景图像综合评定。

1. 检测指标研究

左岸抗力体加固处理工程固结灌浆检测标准主要综合考虑灌浆设计参数、各级岩体声波波速指标差异、灌浆工艺微观机理及生产性灌浆试验成果等因素而制定。

（1）灌浆设计参数：在总结可行性研究阶段 2 个试区、招标设计阶段 2 个试区和施工阶段 5 个生产性灌浆试验区灌浆成果的基础上，根据左岸抗力体灌浆处理后不同高程需要达到的设计综合变形模量要求，考虑到不同高程区岩性及其构造、深卸荷发育差异，以及拱推力差异，分高程 1785.00m 以上、以下两个范围，提出了不同岩性的固结灌浆效果灌后检测标准。灌浆设计中，首先将左岸抗力体固结灌浆总体上分为主灌浆区和控制灌浆区，其中各高程主灌浆区边界一定范围的区域为控制灌浆区，要求控制性灌区内采用低压浓浆并且需在主灌浆区灌浆前实施。同时，根据灌浆压力参数，高程 1785.00m 以下的主灌浆区为高压灌浆区，高程 1785.00m 以上的主灌浆区为中压灌浆区，各高程控制灌浆区以及近边坡部位的灌浆区为低压灌浆区。

（2）各级岩体声波波速指标差异：Ⅱ级岩体声波波速范围为 5240～5854m/s（小值平均值～平均值，下同），其中波速大于 5500m/s 的占 83.2%，波速小于 4500m/s 的占 5.9%；Ⅲ$_1$ 级岩体声波波速范围 3935～5113m/s，其中波速大于 5500m/s 的占 45.83%，波速小于 4200m/s 的占 18.1%；Ⅲ$_2$ 级岩体声波波速范围值为 3869～4933m/s，其中波速大于 4800m/s 的占 69%，波速小于 3800m/s 的占 13.36%；Ⅳ$_2$ 级岩体声波波速范围值为 2744～3932m/s，其中波速小于 3500m/s 的占 36.8%。由于各级岩体声波波速特征的差异性，灌浆处理过程中，各级岩体力学性能改善程度也不一样，因此，针对各岩性、岩级岩体差异化制定各自灌后检测指标。

（3）灌浆工艺微观机理及生产性灌浆试验成果：灌浆施工工艺其本身无法改变岩块力学性能，而是通过对岩体裂隙的充填，提高岩体整体完整性，从而达到改善岩体力学性能的目的。研究其微观机理，主要表现为张开—微张裂隙的浆液充填；而在岩体声波指标方面，主要表现在张开裂隙的低波速明显提高。生产性灌浆试验成果表明：Ⅲ$_1$ 级岩体由于岩体自身均一，岩体声波波速较高，灌浆处理后，其岩体整体声波波速提高率一般为 3%～5%，结合灌浆工艺微观机理，其岩体声波波速提高主要集中在低波速孔段（裂隙发育孔段）。整体考虑左岸抗力体加固处理工程开挖阶段Ⅲ$_1$ 级岩体波速小于 4400m/s 的测点占 13.92%，灌浆处理后，低波速段岩体声波波速比例提高约 10%，从而制定Ⅲ$_1$ 级岩体灌后小于 4400m/s 测点比例降至 5%；岩体声波波速大于 5200m/s 比例大于 85% 主要依据Ⅲ$_1$ 级岩体自身岩体均一、完整性而制定。其他各级岩体均类比Ⅲ$_1$ 级岩体灌后检测标准而确定。

综合上述灌浆设计参数、各级岩体声波波速指标差异、灌浆工艺微观机理及生产性灌浆试验成果，提出主灌区、控制性灌区不同高程范围及其不同岩性的灌浆效果灌后检测标准（表 8.3-8 和表 8.3-9）。

需要补充说明的是，由于左岸抗力体范围内宽度比较大的 f$_5$ 断层、f$_8$ 断层破碎带、f$_2$ 断层及其上下盘层间挤压错动带破碎带性状差，以软化、泥化的碎粒岩、碎粉岩为主，而强风化煌斑岩脉呈碎裂结构、散体结构，遇水易软化、泥化。对这些类型、结构的软弱岩带，已有工程经验和该工程三阶段水泥灌浆试验成果显示，普通水泥灌浆效果差，浆液基

表 8.3 - 8   左岸抗力体主灌区水泥灌浆效果灌后检测指标表

范围	岩性	岩类	灌浆效果灌后检测指标		备注
			声波速度/(m/s)	透水率 q/Lu	
高程 1785.00m 以下	大理岩	III$_1$	<4400 的测点小于 5%	≥5200 的测点大于 85%	≤3.0	高压区
		III$_2$	<4200 的测点小于 5%	≥5000 的测点大于 85%	≤3.0	
		IV$_2$	<3900 的测点小于 5%	≥4600 的测点大于 85%	≤3.0	
高程 1785.00m 以上	大理岩	III$_1$	<4200 的测点小于 5%	≥5100 的测点大于 85%	≤5.0	中压区
		III$_2$	<3900 的测点小于 5%	≥4700 的测点大于 85%	≤5.0	
		IV$_2$	<3800 的测点小于 5%	≥4500 的测点大于 85%	≤5.0	
	砂板岩	III$_2$	<3800 的测点小于 5%	≥4600 的测点大于 85%	≤5.0	
		IV$_2$	<3600 的测点小于 5%	≥4300 的测点大于 85%	≤5.0	

表 8.3 - 9   左岸抗力体控制性灌区水泥灌浆效果灌后检测指标表

岩性	岩类	灌浆效果灌后检测指标		备注
		声波速度/(m/s)	透水率 q/Lu	
大理岩	III$_1$	<4100 的测点小于 5%	≥5000 的测点大于 85%	≤5.0	低压区
	III$_2$	<3800 的测点小于 5%	≥4600 的测点大于 85%	≤5.0	
	IV$_2$	<3700 的测点小于 5%	≥4300 的测点大于 85%	≤5.0	
砂板岩	III$_2$	<3700 的测点小于 5%	≥4500 的测点大于 85%	≤5.0	
	IV$_2$	<3600 的测点小于 5%	≥4200 的测点大于 85%	≤5.0	

本不能充填进入破碎带内部,需要采用其他灌浆处理措施,如渗透进入破碎带的化学灌浆。因此,上述两表没有断层、层间挤压错动带和破碎带等 V$_1$ 级岩体,强风化煌斑岩脉 IV$_2$ 级岩体的水泥灌后检测指标。

2. 检测标准操作运用

水泥灌浆效果灌后检测以钻孔声波波速为主,透水率为辅,必要时结合钻孔变形模量、全景图像和岩芯综合评定。检测实施中执行标准还包括:①声波速度测点以每个检查孔为单位进行统计,每个单元检查孔的合格率应不小于 90%,且不合格的孔不集中;②每个单元检查孔压水试验孔段合格率应不小于 85%,不合格孔段的透水率不超过设计规定的 150%,且不集中。

固结灌浆效果检查中对不合格情况分以下三种方式进行补灌:①某个单元评价不合格时,采取单元整体补强灌浆,再检查;②单元评价合格,但个别钻孔不合格,针对不合格钻孔对周边进行局部补强灌浆,再检查;③钻孔检查全部合格,但局部孔段声波波速不合格,透水率超过设计规定值 150% 或透水率不合格孔段有集中现象,则针对不合格孔段进行局部补强灌浆处理,再检查。三种方式都要按补强灌浆总孔数比例重新布置检测孔检查,直至补灌后检查全部合格,满足灌浆检测指标要求。

经系统水泥固结灌浆,且局部不满足要求的部位补强灌浆处理后,灌后检查各部位、各岩性岩体单孔声波波速均有不同程度提高,满足设计要求,提高幅度一般为 0.5% ~ 5.2%;压水试验透水率满足设计要求。总之,灌后岩体的均一性、完整性、紧密程度有一定程度的改善，灌浆效果良好。

8.4 工程综合处理措施及效果评价

为了满足大坝变形稳定要求，需对拱座及抗力体范围内的地质缺陷专门处理。左岸这些地质缺陷主要有 f_2、f_5、f_8、f_{38-6} 断层，深卸荷 IV_2 级岩体及低波速岩带及层间挤压错动带等软弱岩带。因此，对左岸拱座及抗力岩体采取了混凝土垫座置换、传力洞、f_5（f_8）断层及煌斑岩脉混凝土网格置换和系统固结灌浆等综合处理措施。

8.4.1 工程综合处理措施

1. 大体积混凝土垫座

左岸建基面高程 1730.00m 以上，由于受 f_8、f_5、f_{38-2}、f_{38-6} 等断层和层间挤压错动带 $g_{LC1} \sim g_{LC6}$ 影响，V_1 级、IV_2 级、III_2 级岩体出露面积较大（开挖后统计约占建基面的53.4%），这些岩体地质性状极差，即使经固结灌浆处理后仍不能直接作为大坝建基面岩体，需进行专门处理，经过重力墩、传力墙和混凝土垫座等方案的综合比较，最终确定在左岸拱座高程 1730.00m 至坝顶高程 1885.00m 设置大体积混凝土垫座（图 8.4-1）。该垫座高 155m、体积达 56 万 m^3，使其基础应力得以扩散，有效地提高了基础刚度。

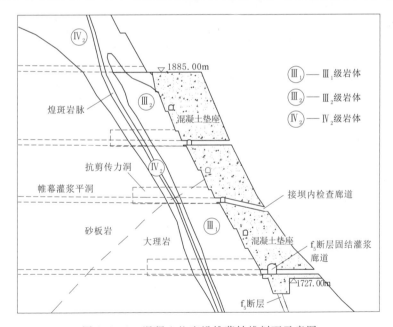

图 8.4-1 混凝土垫座沿帷幕轴线剖面示意图

2. 传力洞

在混凝土垫座以里，仍存在 IV_2 级煌斑岩脉、深卸荷带等地质缺陷，需进一步设置三层传力洞，将拱推力传至煌斑岩脉以里的 III_1 级岩体。分别在高程 1829.00m、1785.00m 和 1730.00m 设置传力洞，其中高程 1829.00m 布置 1 条，高程 1785.00m、1730.00m 分别布置 2 条传力洞，传力洞洞径为 9.0m×12.0m（宽×高）。

3. 混凝土洞井网格置换

（1）f_5断层洞井置换及灌浆。f_5断层地质性状较差、破碎带较宽，属V_1级岩体，两侧影响带属IV_2级岩体，处于抗力体主要受力区，是左岸坝肩抗滑稳定控制性滑块的特定侧滑面，同时考虑到工程运行后，在长期较高拱推力和坝基渗水压力作用下，f_5断层力学性能可能弱化，对左岸坝肩抗变形和抗滑稳定不利，需进行专门工程处理。加固处理措施主要有：靠近大坝防渗帷幕的 1730.00m、1670.00m 二层平洞与洞间斜井的混凝土网格置换，系统加密水泥灌浆和局部水泥-化学复合灌浆；抗力体部位对断层局部高压冲洗回填灌浆和系统水泥固结灌浆。其中混凝土置换网格布置见图 8.4-2。

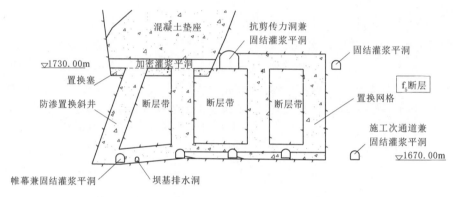

图 8.4-2　f_5断层置换洞（井）网格布置剖面示意图

（2）煌斑岩脉洞井置换及灌浆。煌斑岩脉位于建基面以内，高程 1885.00m 埋于垫座建基面以里 25～40m，且高程 1730.00m 埋于垫座建基面以里 40～90m，高程 1730.00m 以下埋于大坝建基面以里 80～170m，高程 1670.00m 以下埋于大坝建基面以里 120～140m。总体上，往低高程及下游延伸埋深逐渐增大。沿煌斑岩脉及两侧影响带IV_2级岩体，宽 10～15m，对拱坝坝肩稳定、变形、渗透均存在不利影响，需要进行专门工程处理。

主要措施是靠近大坝防渗帷幕的 1829.00m、1785.00m、1730.00m 三层平洞与洞间斜井的混凝土网格置换，系统加密水泥灌浆和局部水泥-化学复合灌浆；抗力体部位系统水泥固结灌浆。

4. f_2断层专门灌浆

f_2断层及上下盘 10～20m 范围内集中发育多条层间挤压错动带，间距 3～5m 不等，单条带宽 10～30cm，局部宽 50～70cm。对此，在靠近坝基部位采用了水泥-化学复合灌浆、局部高压冲洗回填灌浆；抗力体部位系统水泥固结灌浆。

5. 系统固结灌浆

除对f_2、f_5、f_8、煌斑岩脉等地质缺陷采取了上述专门处理措施外，为提高左岸抗力体整体抗变形能力，对包括深卸荷拉裂松弛IV_2级岩体，以及波速较低的III_2级岩体，在高程 1650.00～1885.00m 范围内，通过 5 层洞室进行了大量系统固结灌浆处理。

8.4.2 处理效果评价

经钻孔声波、钻孔变形模量、钻孔全景图像以及钻孔岩体压水测试检测，左岸抗力体大范围系统固结灌浆效果良好，有效地提高了抗力体岩体的完整性、均一性，达到了设计要求。针对左岸拱座及抗力体范围内的断层、岩脉，集中发育的层间挤压错动带以及深卸荷拉裂松弛Ⅳ₂级岩带等，采用了大体积混凝土垫座、混凝土传力洞、混凝土网格置换、系统固结灌浆等多种综合处理措施，经过加固处理后，拱座及抗力岩体的抗变形能力得以提高。监测资料显示（图 8.4-3 和图 8.4-4），截至 2020 年年底，左岸拱座及抗力岩体无明显变形趋势，处于稳定状态，坝体、坝基及抗力体工作性态正常。

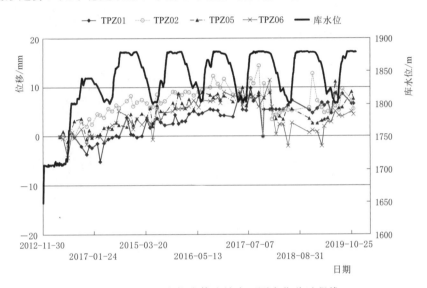

图 8.4-3　左岸抗力体边坡表面测点位移过程线

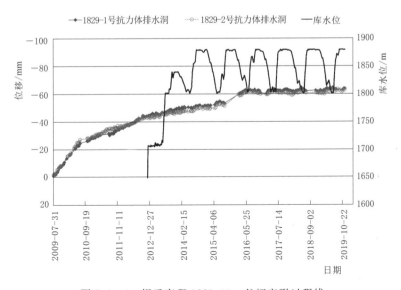

图 8.4-4　坝后高程 1829.00m 谷幅变形过程线

第 9 章

高应力条件下大型地下洞室群围岩稳定性研究

锦屏一级水电站布置 6 台水轮发电机组，总装机容量 3600MW，地下厂区洞室群主要由主厂房、主变室、尾水调压室、母线洞、尾水管等组成，洞室密集，规模巨大。主厂房长 276.99m，最大跨度 28.90m，高 68.80m；两个圆形尾水调压室，最大直径 41m，高 80.5m。

地下厂区洞室群位于大坝下游山体内，出露地层为三叠系杂谷脑组大理岩，岩石饱和单轴抗压强度一般为 60～75MPa，第一主应力 σ_1 一般超过 30MPa，最大为 35.7MPa，围岩强度应力比一般为 1.5～3，属高—极高应力区，高地应力引起的围岩变形破坏及稳定问题极为突出。在主厂房、主变室等洞室开挖过程中，围岩出现了大量变形破坏，呈现出"破坏区域广、围岩松弛强、累计变形大、收敛历时长"的特征，最终边墙围岩松弛深度一般为 10～15m，最大深度达 17～19m，而主厂房下游拱座部位围岩累计最大位移达 99.4mm，在以往大型水电水利地下工程中鲜见。围岩变形破坏直接威胁到洞室群稳定安全，于 2009 年 5 月开挖至第Ⅷ层时停止下挖，进行二次加强支护。

针对高地应力条件下大型地下洞室群围岩变形破坏与稳定性研究，前期勘察阶段完成了大面积地面工程地质测绘和勘探地质资料的调查统计，进行了大量的平洞、钻孔勘探和地下水、岩石（体）物理力学性质试验，开展了多种方法的现场地应力测试，运用多种方法进行了洞室围岩工程地质分类与稳定性评价，分析了洞室开挖后可能存在的关键工程地质问题。在地下洞室开挖过程中，进行了地质编录、物探检测、地应力二次测试，开展了围岩变形监测和反馈分析，并根据其成果复核了围岩分类分段；分析研究了围岩变形破坏特征、影响因素及力学机制；综合分析评价了围岩稳定性，有效地指导了地下工程动态设计、开挖与支护施工。

9.1 主要研究内容

对高地应力、较低岩石强度应力比条件下围岩工程地质特性、厂址选择及主要洞室围岩稳定性、开挖期围岩变形破坏特征、开挖期围岩变形破坏机理、围岩稳定性宏观评价 5 个方面内容重点研究，为大型地下洞室群建设实践积累了丰富的经验，对类似高地应力区大型洞室群地质勘察与评价具有重要的借鉴意义。

（1）围岩工程地质特性。通过勘察阶段地质测绘、勘探、物探和试验等，以及开挖后地质编录、检测与测试等，查明并复核地下洞室区的基本地质条件、岩石（体）物理力学特性，对厂区初始地应力进行分组、分带研究；地下洞室开挖后，重点复核研究了 f_{13}、f_{14}、f_{18} 断层及煌斑岩脉等构造结构面发育特征，开挖后二次地应力场特征等，分析评价其对围岩稳定的可能影响。

（2）厂址选择及主要洞室围岩稳定性。在地质勘察成果的基础上，对初拟首部厂址方案、中部厂址方案和尾部厂址方案的工程地质条件和围岩稳定条件等综合比较，推荐了中部厂址方案，并进一步根据地层岩性、结构面发育情况和地应力分布状态等确定了地下厂房位置及洞轴线方向；最后综合前期勘察成果对高地应力条件下大型地下洞室群围岩稳定性进行了评价，并根据开挖后工程地质条件进行了复核评价。

（3）开挖期围岩变形破坏特征。通过全面的地质编录和专门的变形破坏现象调查统计，辅以系统声波长观测试、钻孔全景图像检测，结合围岩变形监测成果，对开挖后围岩变形破坏现象类型进行了分类，分析研究了其发育特征与规律，提出了围岩卸荷松弛分级标准，划分了主要洞室卸荷松弛圈，评价了不同松弛圈岩体质量，提出了处理的地质建议。

（4）开挖期围岩变形破坏机理。在围岩变形破坏特征与规律研究成果的基础上，深入分析了围岩变形与地应力、岩体结构、岩层产状、洞室尺寸效应等各类影响因素的关系，进一步分析了不同洞室、不同部位开挖后二次应力特征，分顺河向洞室、垂河向洞室、断层破碎带洞段，分析了围岩变形破坏的力学机理，再分开挖初期、中期和后期不同阶段研究了围岩变形破坏的成因机制。

（5）围岩稳定性宏观评价。根据开挖后围岩工程地质分类、围岩破裂损伤程度，实施完成的系统支护与针对围岩变形破坏的加固支护情况，再结合围岩变形监测和巡视资料，宏观判断洞室群围岩稳定性。

9.2　围岩工程地质特征

在预可行性研究和可行性研究阶段，开展了大量的工程地质测绘和勘探试验工作。以工程地质调查测绘为基础，围绕地下厂房洞室群，布置了网格状、主洞加支洞的平洞勘探，最长主勘探平洞长 500 多米，并结合平洞内钻孔及相应岩体试验，以及 20 多组孔径法空间地应力测试，查明了地下厂房区工程地质条件，完成了岩体结构特征、岩石（体）物理力学性质、地应力状态等围岩工程地质特征的分析研究，为地下厂址选择和地下厂房位置确定、洞轴线拟定，以及围岩稳定性分析和支护设计提供了翔实的地质资料。

9.2.1　基本地质条件

地下厂房区洞室群所在的雅砻江右岸为大理岩顺向坡，河谷断面为深切 V 形，地形陡峻，右岸地貌上呈陡缓相间的台阶状，高程 1810.00m 以下坡度 70°～90°，以上约 40°，见图 9.2-1。

厂区洞室群置于杂谷脑组第二段第 2、3、4 层大理岩内，岩层总体产状 N40°～60°E/NW∠15°～45°。其中第 2 层岩性变化较大，既有厚层状大理岩，又有薄—中厚层状或互层状结构的大理岩与绿片岩；第 3 层以条纹状大理岩为主，夹极少量薄层绿片岩，岩体多呈厚层—块状结构；第 4 层岩性为灰白色大理岩、杂色角砾状大理岩，间夹透镜状绿片岩；此外，局部发育有云斜煌斑岩脉。

厂区岩体受构造影响较强，断层、层间挤压错动带、节理裂隙等构造结构面较发育。规模较大的断层有 f_{13}、f_{14}、f_{18} 断层。f_{13} 断层总体产状 N50°～65°E/SE∠70°～80°，主断面起伏、光滑，破碎带宽一般 1～2m，由灰黄色断层角砾岩、碎粉岩组成，碎粉岩厚 0.5～5cm，呈条带状连续分布，易泥化、软化，带内物质挤压紧密，胶结差，部分弱风化，有滴水现象，下盘影响带一般 0.3～1m，上盘影响带 3～5m，多弱风化，绿片岩强风化，多呈碎裂—镶嵌结构，上盘往往发育 NNW—NW 向张性裂隙带，为主要的涌水

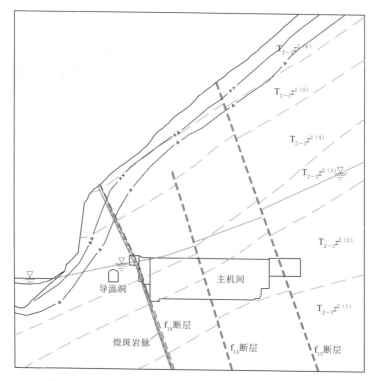

图 9.2-1 地下厂房沿机组中心线工程地质剖面示意图

带。f_{14}断层产状 N50°～70°E/SE∠65°～70°，主断面起伏、光滑，主断带一般宽 0.5～1m，主要由断续分布的碎粉岩、角砾岩组成，部分碎粉岩软化、泥化，带内物质挤压较紧密，部分弱风化，下盘影响带一般 0.5～1m，上盘影响带 1～2m，多呈碎裂—镶嵌结构。f_{18}断层：沿煌斑岩脉与大理岩接触面发育，总体产状 N70°E/SE∠70°～80°，带宽 20～40cm，主要由灰黑色碎粉岩、角砾岩组成，碎粉岩有软化、泥化现象。节理裂隙发育四组：① N40°～60°E/NW∠30°～40°，层面裂隙；② N50°～70°E/SE∠60°～80°；③N25°～40°W/NE（SW）∠80°～90°；④N50°～70°W/NE（SW）∠80°～90°。

厂区岩体风化作用主要沿构造破碎带和裂隙进行，具典型的夹层式和裂隙式风化特征。除沿构造破碎带和绿片岩夹层局部有强风化外，岩体一般无强风化。f_{13}、f_{14}断层破碎带及影响带附近，多沿断层带形成弱—强风化夹层，一般宽 3～5m，局部达 10～20m。

厂区为岩溶裂隙含水岩体，地下水的分布主要受裂隙的发育及分布情况控制，在裂隙不发育的部位，一般仅表现为弱—微透水，在裂隙较发育，特别是 NWW 向导水裂隙集中发育的洞段，地下水较活跃，多表现为渗、滴水，甚至涌水。NE 向断层具有隔水作用，f_{13}断层以里地下水丰富，NNW 向张裂发育，内外存在水位差，f_{13}断层上盘地下水较多，下盘以外地下水不丰。厂区地下水主要由锦屏山断裂导水带及普斯罗沟沟水补给，平均水力坡降约 36%，径流畅通，径流通道主要受 NWW—NNW 向张裂隙控制。

9.2.2 地应力场特征

高地应力是锦屏一级"两高一深"主要地质特点之一。高—极高地应力区洞室开挖后应力调整重分布,可引起一系列的与应力释放、局部应力集中、围岩松弛、损伤等相关的变形、破坏现象,如卸荷回弹、洞壁片帮剥落、岩体劈裂、岩层内鼓弯折、岩爆等,对洞室围岩的稳定影响大。一方面最大主应力 σ_1 方向与洞室群轴线方向夹角不同,控制了洞室开挖后不同部位围岩变形破坏类型与强度的差异;另一方面洞室开挖后的时效变形对围岩支护强度和支护时机的选择有极大影响。可行性研究阶段和施工详图阶段,在坝区右岸共完成 34 组地应力测试,其中位于厂房洞室群附近区域的测点见图 9.2 – 2。

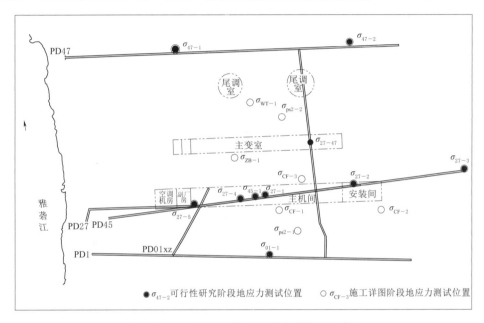

图 9.2 – 2 地下厂区实测地应力点位置示意图

1. 地应力方向与分组

地下厂区最大主应力 σ_1 方位规律性较好,以 NW—NWW 向为主,与边墙交角较小,而中间主应力 σ_2 方位变化较大,最小主应力 σ_3 则位于第一、第三象限,倾角缓。依据 σ_2 方位不同大致可以分为两组,第一组 σ_2 方位与边墙夹角较小,量值多为 10~20MPa,主要位于山体较深部,在地下厂区高程 1650.00m 水平埋深一般都超过 200m,而第二组 σ_2 方位与边墙夹角较大,且量值多为 15~25MPa,主要位于较浅部,水平埋深一般不超过 200m,见图 9.2 – 3。

(1)两组地应力中的第一主应力(即最大主应力)σ_1 的方位角差别不大,而且变化相对较集中,方位相对较稳定,总体上与洞室轴线方位角在水平面上的夹角较小,夹角一般为 5°~45°,平均夹角约 15°。倾角 2.6°~51.6°,平均倾角约 29.0°,俯角倾向河谷方向(略偏向下游)。因此,对主厂房围岩变形稳定较有利。但是有将近一半的测点倾角大于 40°,与洞室垂直方向夹角相对较小,将导致开挖洞室围岩应力场重分布后第一主应力 σ_1 方向将偏向于与开挖面近平行的方向,并使得平行于厂房开挖面方向的最大二次主应力相对较大,特别是对于拱腰、拱座部位。

(2)第一组地应力中的中间主应力 σ_2 方位角与厂房轴线在水平面上的夹角小于 35°,

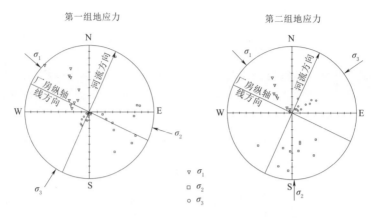

图 9.2-3　地下厂区地应力场三向主应力分组统计图

平均夹角约 10°，倾角 32.6°～81.1°，平均倾角约 60.2°，俯角倾向山内（略偏向下游），对厂房开挖变形稳定相对有利。而第二组中的 σ_2 方位角与厂房轴线在水平面上的夹角均大于 35°，平均夹角约 60°，倾角 36.5°～71.4°，平均倾角约 50.5°，俯角倾向山内（偏向上游），在空间上近垂直于主厂房及主变室拱腰位置开挖面，因此使得下游侧拱腰部位的开挖是沿第二主应力方向卸荷，又因为第二主应力量值为 15～25MPa，考虑到与主厂房轴线小角度相交、中等倾角的第一主应力 σ_1，这样沿相对较大的 σ_2 方向开挖卸荷，可导致第一主应力方向偏转至与拱腰部位开挖面近平行，造成一定深度范围内围岩切向应力集中，对下游侧拱腰部位开挖面围岩稳定不利。

（3）第一组地应力中的最小主应力 σ_3 方位角与厂房轴线在水平面上的夹角大于 65°，平均夹角约 85°，倾角较小，一般为 2°～18°，平均倾角约 7.9°，俯角倾向上游。第二组地应力中的第三主应力 σ_3 方位角与厂房轴线在水平面上的夹角也比较大，一般为 45°～75°，平均夹角约 70°，倾角较小，一般为 5°～34°，平均倾角约 16.6°，俯角倾向下游。

2. 地应力量值及其与水平埋深的关系

地下厂区现今构造应力与自重应力叠加造成天然状态下地应力量值高，前期勘探过程中的钻孔岩芯饼裂和平洞洞壁片帮、弯折内鼓以及现场测试岩体波速高于室内岩块波速等现象均表明地下厂区为高—极高地应力区。实测最大主应力 σ_1 量值普遍为 20～30MPa，最大值达 35.7MPa。

图 9.2-4 为地下厂区地应力大小随水平埋深的变化曲线，可见随水平深度增大地应力量值逐渐提高；在水平深度 100m 以外，最大主应力 σ_1 为 12.96～15.42MPa；在水平埋深为 100～350m，σ_1 为 21.7～35.7MPa，平均约 26.5MPa，其中应力最为集中的部位是水平埋深 200～270m 区域，最大主应力一般超过 30MPa；水平埋深约 350m 以里应力趋于平稳，最大主应力 σ_1 为 23.02～27.11MPa。地下厂房位于水平埋深约 110（副厂房端墙）～380m（安装间端墙），大部分位于应力集中增高带内。

岩体的完整程度、岩性特点对应力量级有较大的影响，完整厚层状大理岩内的地应力量值最高，有绿片岩出露部位，或在岩体完整性较差断层带附近，地应力量值相对较小，如位于 f_{14} 断层带附近的测点最大主应力 σ_1 仅 16.13～18.44MPa。

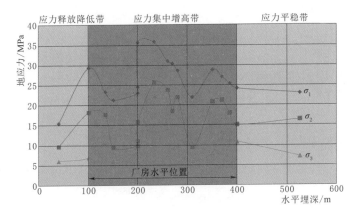

图 9.2 - 4 右岸地应力量值与水平埋深关系

9.2.3 岩体结构特征

地下厂房区分布杂谷脑组第二段大理岩，岩体结构类型与所处的大理岩层位和地质构造密切相关。第 2 层大理岩内层面裂隙较发育，岩体结构类型以中厚层—次块状为主，少量厚层—块状和薄层状；第 3、4 层大理岩主要发育第①、②组裂隙，间距多大于 50cm，部分大于 100cm，岩体完整—较完整，多属于厚层—块状结构、中厚层—次块状结构，天然条件下围岩处于高围压状态，岩体嵌合紧密，声波纵波速 $V_p \geqslant 5500 \text{m/s}$，断层破碎带、煌斑岩脉发育部位以镶嵌—碎裂结构为主，总体上洞室围岩完整性较好。

9.2.4 岩石（体）物理力学性质

地下洞室区岩石强度是围岩工程地质分类的主要因素之一。地下厂区主要地层岩性岩石类型众多，岩质类型从软—中硬的绿片岩到中硬的煌斑岩脉、粗晶大理岩，再到坚硬的厚层状大理岩、角砾状大理岩均有分布。在前期地质勘察过程中，针对包括厂区岩石在内的诸多岩石类型取样完成了大量岩块室内物理力学性质试验。

厂区各类岩石的烘干密度介于 $2.63 \sim 2.90 \text{g/cm}^3$ 之间，比重为 $2.69 \sim 2.94 \text{g/cm}^3$；普通吸水率：大理岩类较低 $(0.08 \sim 0.29)$，绿片岩类较高 $(0.11 \sim 0.90)$，煌斑岩脉最高 $(0.87 \sim 2.33)$，平均达 1.75。

新鲜岩石的饱和抗压强度：普通大理岩 $64.3 \sim 100 \text{MPa}$，杂色角砾状大理岩 $55.9 \sim 99.8 \text{MPa}$；绿泥石石英片岩 $39.7 \sim 56.1 \text{MPa}$；方解石绿泥石片岩 $22.9 \sim 49.5 \text{MPa}$；煌斑岩脉 $43.3 \sim 75 \text{MPa}$；静弹模以大理岩较高，为 $19.5 \sim 45 \text{GPa}$；其他几类岩石相对较低，介于 $12 \sim 36 \text{GPa}$ 之间。

软化系数：大理岩类 $0.63 \sim 0.89$；绿片岩类、煌斑岩脉的软化系数相对较低，介于 $0.36 \sim 0.70$ 之间。

大理岩中的绿片岩及粗晶大理岩透镜状夹层，其物理力学性质因矿物成分与晶粒联结程度的不同而异。在绿片岩类中，钙质绿片岩、石英片岩强度较高，亦有岩芯饼裂现象，而方解石绿泥石片岩性质较软弱。

作为地下厂区围岩主体的大理岩平均抗压与抗拉强度比为 17.5～19.0，属于脆性特征较明显的岩石，而绿片岩、煌斑岩抗压与抗拉强度比值较小，脆性特征相对不明显。因此，大理岩单轴压缩条件下易劈裂破坏，破裂面张开并近平行于最大主应力方向。三轴压缩条件下岩石均具有典型的脆性破坏，岩石抗压强度和静弹模随围压增高而增大。

对地下厂区各类围岩进行了现场原位变形试验和抗剪（断）试验，其取值见表 6.5－4。

9.3 厂址选择及主要洞室围岩稳定性评价

9.3.1 厂址选择

工程枢纽区河谷狭窄、两岸岸坡陡峻，不具备布置岸边地面厂房及坝后式厂房的条件。左岸为砂板岩构成的反向坡，其中板岩岩层薄，层间挤压错动带发育，岩体完整性差，发育有规模较大的 f_5 和 f_8 断层，岩体卸荷深度大，发育有深部裂缝和拉裂松弛带，成洞条件差。再有左岸还需要大规模的抗力体加固处理，若再布置大型地下洞室群，则施工布置较困难。右岸为大理岩顺向岸坡，山体浑厚，岩体完整性较好，适宜于布置大型地下洞室群，故地下厂址布置于右岸。

在确定了右岸布置地下厂房后，拟定了首部、中部和尾部 3 个地下厂址方案，开展了大量的地质和勘探、物探、试验工作，经过反复论证，最终选择了右岸中部地下厂址方案，如图 9.3－1 所示。

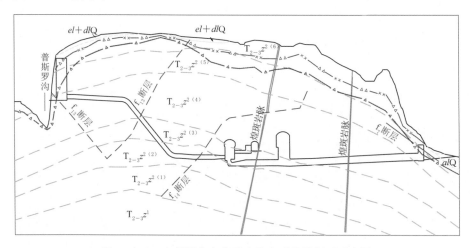

图 9.3－1 中部厂房方案引水发电系统纵剖面示意图

首部厂址方案是可行性研究选坝阶段拟订方案，地下厂房布置在坝前右岸普斯罗沟上游约 400m 处，属库内厂房；中部厂址方案是可行性研究选定普斯罗沟坝址后拟订方案，也是最终选定方案，进水口布置在普斯罗沟下游侧沟壁，地下厂房布置在坝后右岸 I 勘探线下游约 70m；尾部厂址方案是预可行性研究阶段拟订方案，进水口位置与右岸中部厂房方案相同，位于普斯罗沟下游，地下厂房布置于坝后 III、IV 勘探线之间。3 个厂址方案工程地质条件比较见表 9.3－1。

表 9.3－1　　　　　　　各方案引水发电建筑物工程地质条件比较表

方案		首部厂房	中部厂房	尾部厂房	比　　较
进水口	自然坡度	35°～45°	80°～90°	80°～90°	3 个方案均具备进洞工程地质条件，中部、尾部方案进水口位于普斯罗沟下游侧陡壁，开挖边坡高度较大
	工程边坡	＞100m	300m	260m	
	岩层	大理岩第 5、6 层	大理岩第 4、5、6 层	大理岩第 4、5、6 层	
	构造		发育 f_{13} 断层		
	风化水平深度	弱风化 35m	弱风化 15～20m	弱风化 15～20m	
	卸荷水平深度	强卸荷 30m，弱卸荷 58m	强卸荷 5～10m，弱卸荷 20～30m	强卸荷 5～10m，弱卸荷 20～30m	
压力管道	岩层	大理岩第 3、4、5 层	大理岩第 1、2、3、4 层	大理岩第 3、4、5 层	3 个方案压力管道均以 $Ⅲ_1$ 类围岩为主
	断层构造		f_{13}	f_{13}、f_{14}、f_7	
	详细围岩类别	$Ⅲ_1$ 类、Ⅱ 类	$Ⅲ_1$ 类、$Ⅲ_2$ 类、$Ⅳ_1$ 类、Ⅱ 类	$Ⅲ_1$ 类、Ⅱ 类、局部 $Ⅳ_1$ 类	
三大洞室	岩层	大理岩第 2、3 层	大理岩第 2、3、4 层	大理岩第 3、4、5 层	3 个方案地下厂房均位于高地应力区，以中部、尾部厂房的地应力相对略高，首部厂房的地应力相对略低；3 个方案地下厂房地下水活动情况以中部厂房较强，尾部、首部厂房次之；3 个方案地下厂房洞室围岩稳定条件以尾部厂房略好，中部厂房及首部厂房了略差
	断层构造		f_{13}、f_{14}；NNW 向裂隙密集带	f_7、f_{28}	
	地应力	24.1MPa，相对略低	20～35MPa	与中厂基本相当	
	水文地质	潮湿，局部渗水	渗滴水、涌水	渗滴水	
	详细围岩类别	$Ⅲ_1$ 类、$Ⅲ_2$ 类、$Ⅳ_1$ 类	$Ⅲ_1$ 类、$Ⅲ_2$ 类、$Ⅳ_1$ 类	$Ⅲ_1$ 类为主	
尾水洞	岩层	大理岩第 2、3、4、5、6 层	大理岩第 2、3、4、5、6 层	大理岩第 3、4、5 层	3 个方案尾水洞工程地质条件基本一致，出口工程边坡坡高以尾部方案的最大
	断层构造	f_{13}、f_{14}、f_7	f_{14}、f_7		
	详细围岩类别	$Ⅲ_1$ 类、$Ⅲ_2$ 类、$Ⅳ_1$ 类、Ⅱ 类	$Ⅲ_1$ 类、$Ⅲ_2$ 类、Ⅱ 类	$Ⅲ_1$ 类、Ⅱ 类	
	风化水平深度	弱风化 0～62m	弱风化 0～62m	弱风化 0～62m	
	卸荷水平深度	强卸荷 5～10m，弱卸荷 20～40m	强卸荷 5～10m，弱卸荷 20～40m	强卸荷 5～10m，弱卸荷 10～30m	
	出口坡高	80m	85m	110m	
	自然坡度	35°～55°	35°～55°	35°～55°	

首部、中部、尾部厂房 3 个方案主要建筑物工程地质条件综合比较如下：

（1）进水口，3 个方案均具备进洞的工程地质条件，中部、尾部方案进水口可利用普斯罗沟下游侧陡壁，地形条件更为有利，但开挖的工程边坡高度较大。

（2）压力管道，3 个方案压力管道围岩类别均以 $Ⅲ_1$ 类为主，总体成洞条件均较好。但中部厂房方案压力管道穿过 f_{13} 断层，山里侧压力管道涉及第 1、2 层大理岩与绿片岩，围岩稳定性差。尾部厂房压力管道穿过 f_{13}、f_{14} 断层带，局部稳定性差。压力管道工程地质条件看首部厂房较优。

（3）厂房三大洞室，3 个方案地下厂房区均属于高—极高地应力区，以尾部厂房、中部厂房的地应力相对略高，首部厂房的地应力相对略低。3 个方案地下厂房地下水出露情况以中部厂房较强，表现为渗滴水、涌水，尾部、首部厂房较弱。首部方案厂房涉及大理岩第 2、3 层，围岩类别主要为 III_1 类、III_2 类、IV_1 类；中部方案厂房置于大理岩第 2、3、4 层内，围岩类别以 III_1 类为主；尾部方案厂房岩性为大理岩第 3、4、5 层，围岩类别主要为 III_1 类。因此，3 个方案地下厂房洞室围岩稳定条件以尾部厂房相对略好，中部厂房及首部厂房略差。

（4）尾水洞，3 个方案尾水洞穿过地层均为大理岩第 2～6 层，工程地质条件基本一致。

经水工布置、施工条件、投资、工期等综合比较，选定中部厂址方案。

9.3.2　地下厂房位置确定与洞轴线拟定

大坝轴线和地下厂址确定后，进一步研究三大洞室具体布置位置和拟定洞室轴线方向。

1. 地下厂房位置确定

综合厂区工程地质条件，地下厂房具体位置确定原则为：①保证地下厂房有足够的埋深；②避开相对软弱的第 1 层绿片岩及大理岩互层；③尽量避开 f_{13} 断层及上盘 NNW—NWW 向裂隙密集带涌水的不利影响。综合分析后，将地下厂区洞室群置于水平埋深一般为 100～380m，垂向埋深一般在 160～420m 范围内，主、副厂房位于 f_{13} 断层下盘。

2. 洞轴线拟定

三大洞室轴向的拟定主要考虑以下因素：①地下厂区为高地应力区，最大主应力 σ_1 方向平均为 N48.7°W，三大洞室轴向尽量与 σ_1 平行；②主要结构面的优势方向：N40°～60°E/NW $\angle$ 15°～30°（层面裂隙），N50°～70°E/SE $\angle$ 60°～80°，N50°～70°W/NE（SW）$\angle$ 80°～90°。洞室轴向尽量与主要结构面走向呈大角度相交。最终将三大洞室轴线方向确定为 N65°W，见图 9.3-2，与 σ_1 夹角约 15°，与 f_{13}、f_{14} 断层带和 NE 向裂隙等主要结构面夹角为 70°～90°，最大程度降低了高地应力和结构面对围岩稳定的不利影响。

9.3.3　三大洞室围岩分类及稳定性评价

厂区除 f_{13}、f_{14} 及 f_{18} 断层带和煌斑岩脉属软弱岩带以外，岩体多新鲜，较坚硬，完整性较好，以厚层—块状结构和中厚层—次块状结构为主，且处于高围压状态下，岩块嵌合紧密。断层、煌斑岩脉、层面裂隙、NE 向倾 SE 陡倾节理等主要结构面走向均与洞室轴线大角度相交或近于垂直，鲜见不利结构面组合切割形成的块体塌落。围岩以 III_1 类为主，整体稳定性总体较好。围岩类别与岩体结构对应较好，III_1 类围岩主要分布于厚层—块状和中厚层—次块状岩体分布部位，III_2 类围岩主要分布于薄层状大理岩出露部位，IV 类围岩均分布于断层破碎带和煌斑岩脉出露部位。

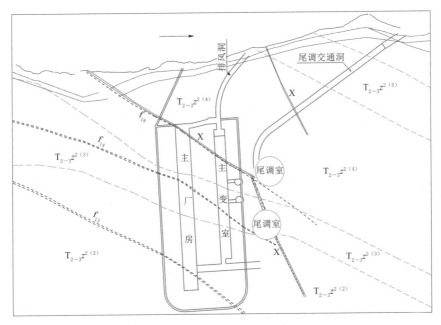

图 9.3-2　地下厂区 1650.00m 平切面图

地下厂房主要洞室各部位围岩分类与稳定性评价如下：

（1）断层破碎带、煌斑岩脉等Ⅳ类围岩不稳定。地下厂房区发育 f_{13}、f_{14} 及 f_{18} 三条断层带，断层组成物质虽后期有一定胶结，但岩质总体较软，强度较低，破碎带及其影响带岩体破碎，呈镶嵌—碎裂结构，弱—强风化，以Ⅳ类围岩为主，不稳定。煌斑岩脉出露于第一附厂房、主变室、尾水调压室等部位，岩体较破碎，镶嵌—碎裂结构为主，Ⅳ类围岩，不稳定，易坍塌或以岩脉为边界的块体崩塌。

（2）主厂房上游边墙整体稳定性较好。主厂房上游边墙除 f_{13} 断层、f_{14} 断层和煌斑岩脉及其影响带以外，岩体普遍新鲜、较完整，受高地应力影响，以Ⅲ$_1$类围岩为主，但开挖后边墙表层由于应力释放与转移，岩体变形破坏明显，形成大量劈裂与卸荷回弹裂缝。

（3）主厂房、主变室顶拱围岩稳定性较好。两洞室顶拱除 f_{13} 断层、f_{14} 断层和煌斑岩脉及其影响带以外，岩体普遍新鲜、较完整，受高地应力影响，以Ⅲ$_1$类围岩为主。两洞室顶拱未见大的不稳定块体组合，开挖期出现的不稳定块体主要是由节理裂隙组合形成的小规模随机块体，这种随机块体主要出现在洞室浅表部，对洞室整体稳定影响不大。

（4）主厂房、主变室间岩墙整体稳定性较好。除 f_{13} 断层、f_{14} 断层和煌斑岩脉及其影响带以外，岩体同样新鲜、较完整，主要呈厚层—块状结构，以Ⅲ$_1$类围岩为主。岩墙受母线洞等洞室开挖的影响，挖空率高，形成四面临空的岩柱，受上部荷载和高应力作用，岩墙围岩卸荷松弛深度较大。

（5）主厂房、主变室下游拱腰整体稳定性较好。除断层带和煌斑岩脉及其影响带以外，岩体新鲜，完整性好，呈厚层—块状结构，以Ⅲ$_1$类围岩为主。主厂房下游拱腰在高地应力作用下，开挖后二次应力形成了较高的应力集中区，使表层围岩发生了劈裂破坏、弯折破坏，且持续的时间较长，变形破坏程度加剧明显，严重影响了拱腰部位围岩的稳定性。

（6）两个尾水调压室顶拱围岩稳定性总体较好。1号尾水调压室顶拱揭露的 f_{14} 断层，岩体破碎，风化较强，呈碎裂—散体结构；煌斑岩脉虽脉体较新鲜，但完整性差。f_{14} 断层破碎带和煌斑岩脉属Ⅳ类围岩，不稳定；其余部位发育层面裂隙和 NE 向裂隙，岩体呈块状—次块状结构，完整性较好，多属Ⅲ₁类围岩；局部裂隙发育，岩体完整性较差，裂面风化锈染，属Ⅲ₂类围岩，稳定性差。2号尾水调压室顶拱发育的 f_{18} 断层和煌斑岩脉，岩体破碎，风化强烈，碎裂结构为主，属Ⅳ类围岩，不稳定，下游偏山内侧部分岩体完整性较好，多呈块状—次块状结构，属Ⅲ₁类围岩，围岩稳定性总体较好；其余部位裂隙发育，完整性较差，开挖时沿层面剥落明显，属Ⅲ₂类围岩，岩体稳定性差。

9.4 开挖期围岩变形破坏特征与规律

地下厂房洞室群总体置于厚层状大理岩中，洞室围岩一般新鲜，完整性较好，但由于高地应力影响，开挖施工期围岩出现了强烈的脆性变形破坏现象，如主厂房、主变室等的下游侧拱腰附近岩体劈裂破坏，压力管道下平段、母线洞、尾水管等的外侧拱座附近岩体片帮或内鼓弯折现象；主厂房、主变室上游边墙与主机间内端墙岩体卸荷回弹、劈裂破坏现象等，上述围岩的变形破坏现象对洞室稳定性造成了较大的不利影响。

9.4.1 围岩变形破坏特征

对于施工期洞室群围岩出现的变形破坏，在现场施工地质编录成果基础上，进行了专门地质调查。在整个地下洞室群调查变形破坏现象共 63 处，可归纳为片帮剥落、卸荷回弹、岩体劈裂、岩层弯折内鼓、环向卸荷拉裂、岩层错动等 6 类，其中片帮剥落 21 处（约占 33%），卸荷回弹 16 处（约占 25%），岩体劈裂 8 处（约占 13%），岩层弯折内鼓 8 处（约占 13%），环向卸荷拉裂 6 处（约占 10%），岩层错动 2 处（约占 3%），其他 2 处（约占 3%），见图 9.4-1。

1. 片帮剥落

片帮剥落是洞室开挖后围岩出现比较多的一类，一般伴随开挖发生，或开挖数小时后出现，属于开挖初期的变形破坏现象，多发生于洞室围岩浅表部。发生部位主要是厂房、主变室等垂直河流向洞室的下游侧拱座附近，以及压力管道下平段、母线洞、尾水管等顺河向洞室的外侧拱座附近，其他部位也时有发生，但规模较小。在主厂房、主变室下游侧拱座附近片帮深度一般 20～30cm、最深 50～70cm。尾水连接管、压力管道下平段顶拱外侧片帮深度一般 30～50cm，最深 60～70cm。少数洞室在初期支护后仍有片帮现象。

2. 卸荷回弹

卸荷回弹主要见于主厂房、主变室的上游边墙，主机间内端墙，厂房、主变室下游边墙局部，压力管道、母线洞内侧边墙下部。属于开挖中后期的变形破坏现象，一般都在下层开挖时发生，具有高地应力区时效变形的特征，多发生在洞室围岩中部—深部，是洞室围岩卸荷松弛最主要的原因之一。

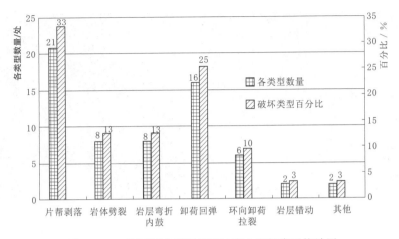

图 9.4-1　地下洞室群围岩高地应力破坏类型统计图

在主厂房、主变室上游边墙岩层走向与边墙大角度相交，缓倾山外偏下游，有利于应力释放，因此厂房上游侧岩壁吊车梁以下开挖后边墙岩体普遍卸荷回弹破坏，形成大量板状、鳞片状岩板（片），几乎在第Ⅳ开挖层以下每一层开挖时均出现了大范围卸荷回弹破坏，形成新鲜破裂面，较平直，产状一般为 N50°～70°W/NE∠40°～50°，走向与洞轴近平行，倾向洞内。破裂形成的岩板（片）层厚 5～30cm 不等，在墙壁处薄，远离墙壁变厚，呈三角形状，见图 9.4-2。主厂房下游边墙局部岩体卸荷开裂，或沿裂隙卸荷张开，裂缝产状 N30°～80°W/SW∠50°，走向与边墙小角度相交，倾向洞内。压力管

图 9.4-2　主厂房上游边墙围岩
卸荷回弹破坏

道下平段、母线洞等顺河向洞室内侧下部围岩卸荷回弹现象与厂房上游侧类似。

主厂房安装间内端墙开挖后，由于上部失去约束，岩体普遍卸荷上抬，形成近水平向裂隙，张开 1～7cm，并见预裂孔错位现象。

3. 岩体劈裂

岩体劈裂是典型的高地应力变形破坏现象，一部分发生于开挖初期，出现在洞室围岩浅表部；一部分发生于支护后，同样发生在洞室围岩浅表部，由于支护强度、支护时机等原因岩体劈裂破坏具有时效变形的特征。岩体劈裂破坏现象出现部位与上述片帮剥落、卸荷回弹部位基本一致，岩体劈裂后产生的劈裂缝方向与开挖面近平行，劈裂面起伏、粗糙（图 9.4-3）。主厂房下游侧起拱线以上围岩岩体支护完成后在下层开挖后发生了进一步的劈裂破坏现象，表层混凝土清撬后可量测劈裂裂缝，产状一般为 N50°～60°W/NE∠30°～40°，延伸 10～30m，张开宽一般为 0.6～2cm，可见新鲜岩体已严重劈裂破坏，劈裂成薄板状或片状。

（a）开挖期

（b）初期加固后

图 9.4-3　主厂房典型岩体劈裂现象

4．岩层弯折内鼓

岩层弯折内鼓一般出现在开挖初期，且大多发生在薄—中厚层的层状岩体中，主要见于压力管道下平段、母线洞等顺河向洞室的外侧顶拱和内侧下部及底板，由于这些洞室轴向与岩层走向近平行，而与最大主应力近正交，因此在薄层状大理岩构成的洞室中，外侧顶拱岩层在高地应力作用下向洞内弯曲，甚至折断，如图 9.4-4 所示，致使洞室外侧拱超挖，成形差，影响围岩稳定。也有部分发生在支护完成之后的开挖中后期，新鲜完整的大理岩劈裂成薄板状或片状后，进一步发生弯折，最明显的就是主厂房下游侧拱腰纵 0+132～0+185 段、高程 1670.00～1671.00m 范围内，原新鲜完整的大理岩在支护完成后的下层开挖过程中发生了进一步变形破坏，先劈裂成 10～20cm 厚的不规则板状，而后弯折破坏，见图 9.4-5，挤压喷层和支护结构，致使混凝土喷层开裂，钢筋肋拱挤压弯曲。

图 9.4-4　尾水管外侧顶拱岩层弯折

图 9.4-5　主厂房下游拱腰岩体劈裂弯折

5．岩层错动

岩层错动现象在大规模地下洞室群中不多见，是差异卸荷的一种，是开挖初期的围岩变形破坏现象，发生在洞室围岩表部。厂房洞室群岩层错动破坏现象仅两处位置局部可见，一处是厂房上游边墙中部 0+150 附近，岩层错动系沿岩层面逆错，错距约 5cm（图

9.4-6）；另一处位于安装间内端墙。开挖后，见预裂孔错位现象。

6. 环向卸荷拉裂

环向卸荷拉裂（环向裂缝）现象一般出现在开挖中后期，在支护完成前和完成后都有发生，主要出现在联系垂河向大型洞室内部的顺河向中小型洞室中，如母线洞、副厂房联系洞、出线平洞等洞室，表现为垂直洞向（平行于主洞开挖面）的环向拉裂裂缝。副厂房与主变室间联系洞内环向卸荷拉裂缝分布如图9.4-7所示，结合钻孔声波、钻孔全景图像检测成果，可

图 9.4-6 主厂房上游边墙岩层错动现象

以判断主厂房下游边墙以里约17m范围和主变室上游边墙以里约10m范围内，岩体出现了明显的破裂，破裂缝的走向与厂房、主变室边墙近平行，且均为陡倾裂缝，基本没有错台、错动现象。裂缝产生的原因主要是，厂房和主变室间岩墙两侧临空，为竖向高地应力作用下，围岩向两侧临空变形而使岩体卸荷拉裂所致。

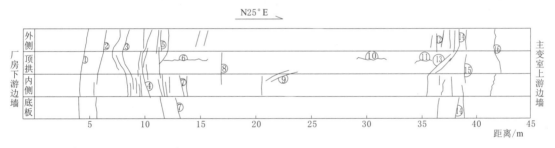

图 9.4-7 副厂房—主变室联系洞环向卸荷拉裂缝发育分布示意图

9.4.2 围岩变形破坏规律

通过大量声波检测、钻孔全景图像探测和地质专门调查，在查明开挖后围岩变形破坏特征的基础上，进一步分析、研究围岩变形破坏规律，有助于深入了解围岩变形破坏的主要影响因素，有助于高地应力条件下围岩变形破坏力学机理和成因机制的研究。

9.4.2.1 与岸坡应力分带的关系

地下厂区属高—极高应力区，洞室开挖后围岩发生了较多的变形破坏，这时首先想到的就是高地应力的作用，必须先搞清楚这些围岩变形破坏与岸坡地应力分带的关系。

地下厂区根据最大主应力 σ_1 量值与水平埋深的关系将右岸岸坡地应力大致可以分为应力释放降低带（100m 以外）、应力集中增高带（100～350m）、应力平稳带（350m 以里）3 个带，见图 9.4-8，主厂房等三大洞室水平埋深 100～380m，总体位于应力集中增高带。围岩变形破坏的调查统计结果表明，厂区地下洞室群施工期发生的 63 处围岩变形破坏主要位于应力集中增高带内，共有 60 处，约占总破坏数的 95%，其余带内仅零星出

现。统计结果说明，高地应力是引起地下厂区围岩开挖后变形破坏的最主要因素。

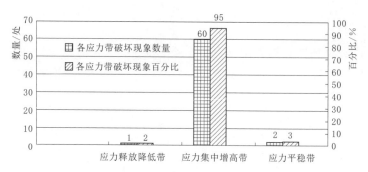

图 9.4 - 8　地下厂区洞室围岩变形破坏与岸坡应力分带关系统计图

9.4.2.2　围岩变形破坏空间分布

调查表明，地下厂区洞室群开挖后围岩变形破坏点多面广，在垂河向洞室和顺河向洞室都有发育分布，在同一洞室不同部位也有分布。开挖后围岩变形破坏现象既与洞室方向，也与洞室尺寸有关。在洞室不同部位开挖后围岩变形破坏发育特征上的差异，或者说不同类型围岩变形破坏在洞室不同部位的空间发育分布差异，与洞室开挖后围岩二次应力场在不同部位分布差异、应力集中程度差异有关。

1. 围岩变形破坏与洞室方向的关系

根据洞室轴线方向与河流流向间的关系将厂区洞室群分为垂河向洞室和顺河向洞室，其围岩变形破坏发育分布统计见图 9.4 - 9。由图可知：由于最大主应力方向与顺河向洞室轴线大角度相交，对洞室稳定极为不利，开挖后母线洞、尾水洞、尾水连接管及压力管道等中小型洞室顺河向洞室围岩变形破坏有 42 处，占总破坏的 67%，多于主厂房、主变室等垂河向洞室（21 处，占总破坏的 33%）。但调查成果表明，垂河向主厂房、主变室发生的围岩变形破坏规模一般都较大，多是成片、成区出现，如主厂房下游侧顶拱下部的围岩弯折内鼓破坏包括 0−005～0+090、高程 1672.00～1668.00m 范围。

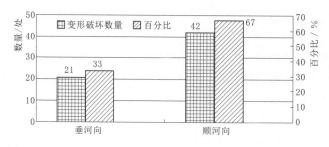

图 9.4 - 9　地下厂区不同方向洞室围岩变形破坏发育分布统计

2. 在洞室不同部位发育的规律

将洞室部位细分，如"顺顶外"表示顺河向洞室外侧顶拱，"垂上中"表示垂河向洞室上游侧边墙中部，这样将垂河向、顺河向洞室的不同部位共分为 8 个部位，以垂河向为例分别是垂顶上、垂顶下、垂上上、垂上中、垂上下、垂下上、垂下中、垂下下。

图 9.4 - 10 为垂河向洞室不同部位开挖后围岩变形破坏现象统计，垂河向洞室围岩变

形开裂主要出现于洞室顶拱下游，占垂河向洞室变形破坏的43%，其次是下游侧边墙上部及上游侧边墙中部。如主厂房、主变室下游拱座以上（特别是拱腰部位），无论开挖过程中还是支护后变形破坏都较强烈，开挖过程中完整岩体的片帮剥落、劈裂破坏现象都较明显；喷锚支护后最早发现混凝土喷层开裂，并进一步发展为喷层剥落、钢筋肋拱压弯等变形破坏现象。而主厂房上游边墙岩壁吊车梁以下开挖期表部岩体普遍出现了卸荷回弹。垂河向洞室围岩变形破坏中发育较多的是岩体劈裂、弯折内鼓、卸荷回弹3种，环向裂缝（卸荷拉裂）次之，片帮剥落、岩层错动零星出现。

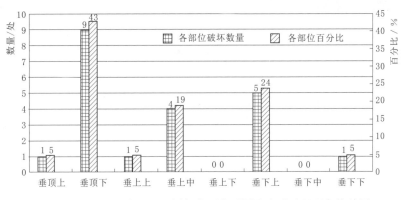

图9.4-10　垂河向洞室不同部位开挖后围岩变形破坏现象统计图

　　顺河向洞室围岩变形开裂现象统计结果表明：变形开裂主要出现在顶拱外侧和内侧边墙下部，前者出现的变形破坏占顺河向洞室的55%，后者占顺河向洞室的27%，其余部位围岩变形破坏比较零星。开挖期洞室外侧顶拱发生了较多的片帮剥落或弯折内鼓，内侧边墙下部则以岩体劈裂、卸荷松弛为主，支护后局部仍有混凝土喷层开裂片帮及岩体劈裂破坏。而且顺河向洞室内发育分布的环向裂缝，其反映的实际上是主厂房或主变室边墙深部岩体劈裂或卸荷张拉破坏。顺河向洞室围岩破坏形式主要以片帮剥落、卸荷回弹、弯折内鼓及环向开裂为主，其他破坏类型零星出现。

9.4.2.3　围岩破坏随时间发展演化

　　紧跟洞室开挖过程的现场调查结果表明，洞室开挖初期围岩破坏主要在洞壁浅表部，破坏形式主要为片帮剥落、劈裂破坏、卸荷回弹、局部错动、弯折内鼓等，上述破坏现象一般在爆破开挖后数小时内开始出现，并随时间逐步发展。在支护完成后的下层开挖过程中，受高一极高地应力、相对较低的岩石强度制约，并且由于支护强度、时机、时序等多种原因影响，在支护后围岩变形破坏仍有发展，表现出明显的时效变形特征，具体表现为两个方面：一是浅表部岩体变形破坏加剧；二是变形破坏逐渐向深部发展。

　　（1）浅表部岩体变形破坏加剧。洞室群围岩在刚开挖时，开挖面平整，岩体几乎没有破坏现象，但滞后一段时间后，开始出现片帮剥落现象，随后陆续会出现岩体劈裂、卸荷回弹等。开挖后洞室群都及时进行了表层锚喷支护，浅表部围岩变形大部分受到限制，但仍有发展，甚至出现破坏，如主厂房下游拱弧部位，刚开挖后，开挖面平整，滞后一段时间，就会出现片帮剥落，随时间持续，岩体破坏明显加剧，下游顶拱、拱腰喷层出现裂缝后，再出现剥落、掉块，人工剥离喷层后可见岩体劈裂、弯折内鼓，如图 9.4-11 所示，显示出随时间持续，浅表部已变形破坏岩体变形破坏程度明显加剧的时效变形特征。

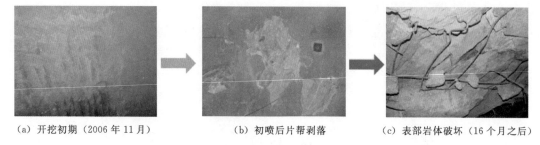

（a）开挖初期（2006 年 11 月）　　（b）初喷后片帮剥落　　（c）表部岩体破坏（16 个月之后）

图 9.4-11　主厂房下游顶拱部位岩体变形破坏随时间发展演化情况

（2）围岩变形破坏随时间向深部发展。围岩变形破坏随时间向深部发展主要发生在主厂房、主变室等大型洞室上下游边墙，这些部位洞室挖空率高，变形破坏随时间、随下层开挖向深部的发展更为明显，其随时间持续向深部发展的过程和结果，可以从母线洞、副厂房连接洞、出线下平洞等与主厂房轴线垂直的顺河向洞室中环向裂缝起裂、发展、演化过程直接观察到，还可通过钻孔声波、钻孔全景图像长期检测成果分析得到印证。

图 9.4-12 为主厂房下游拱座厂纵 0+124 高程 1665.00m 长期检测波速曲线对比图。可以看出，开挖初期（2007 年 9 月）波速曲线平稳，波速值高，到 2009 年 2 月测试，波速明显降低，曲线呈锯齿状，特别是浅部有 0～8m 深，显示围岩已发生强烈破裂松弛。

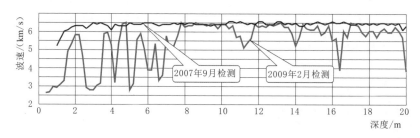

图 9.4-12　主厂房下游拱座厂纵 0+124 高程 1665.00m 长期检测波速曲线对比图

主厂房、主变室多点位移计的变形监测成果也反映出围岩变形时效性特点，如图 9.4-13 所示，围岩变形破坏除受开挖影响变形位移过程曲线上有突变外，随时间推移变形仍持续发展。

9.4.3　围岩松弛分级与松弛圈划分

地下厂房洞室群主要洞室开挖期发生了围岩大变形，局部围岩变形破坏强烈，导致围岩卸荷松弛强烈，松弛范围大、深度大，主厂房边墙一般为 10～15m，最大可达 19m 深。为了评价不同卸荷松弛状况围岩质量，为加固处理设计提供地质依据，在围岩变形破坏现象调查、分析、统计成果的基础上，通过钻孔声波测试、钻孔全景图像检测等，对地下洞室围岩卸荷松弛程度进行了划分，提出了不同松弛程度的地质特征与划分标准。

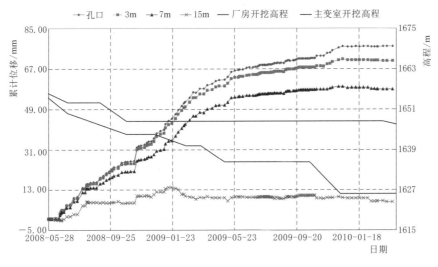

图 9.4 - 13　围岩深部变形位移过程线

(测点安装位置：厂纵 0+079 下游吊车梁)

1. 围岩卸荷松弛检测布置

引水发电系统三大地下洞室围岩卸荷松弛检测方法主要以单孔声波的长期测试为主，以钻孔全景图像的长期测试为辅，针对特殊地质缺陷增加合适的检测项目。检测时间一般从本层开挖后的第一次检测开始，在下层开挖后及其支护施工期按照时间频次要求开展。物探长期检测约每 30m 布置 1 个断面，共布置 6 个断面，每断面上下游边墙共布置 6 个检测孔。在主厂房等洞室出现围岩变形破坏后有针对性地增加了部分物探检测布置，主要是布置在厂房下游顶拱部位。

2. 围岩卸荷松弛分级

根据现场调查、波速曲线和全景钻孔图像，围岩卸荷松弛自表至里可以划分为三个区，即破坏区、强松弛区和弱松弛区（表 9.4 - 1）。松弛区岩体波速曲线随深度变化一般无明显拐点，多呈锯齿状跳跃，典型声波曲线和钻孔全景图像见图 9.4 - 14 和图 9.4 - 15。

表 9.4 - 1　　　　　　　　　　厂房围岩松弛区划分

类型	波速 /(m/s)	岩 体 破 裂 特 征
破坏区	—	岩体破坏严重，破碎、松弛，呈板裂、碎裂状，失去承载能力。破坏区主要分布于厂房和主变室下游拱部位表层
强松弛区	3000～ 4500	岩体破坏较严重，新鲜张开裂缝发育，间距一般小于 30cm。岩体结构已经发生改变，多呈板状，波速较低或波速曲线起伏大，围岩自稳能力差
弱松弛区	4500～ 6000	岩体破坏程度较轻，裂缝间距较大，一般 1～3m，甚至更大，平均波速较高。局部偶尔出现的裂缝在波速曲线上表现为大幅向下锯齿，而规模很小的裂纹在波速曲线上反映不明显。岩体结构有一定程度的松弛，围岩自稳能力较强

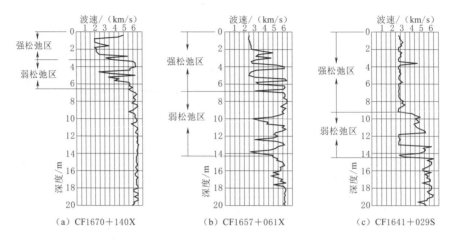

图 9.4-14 地下洞室围岩卸荷松弛区划分典型声波曲线

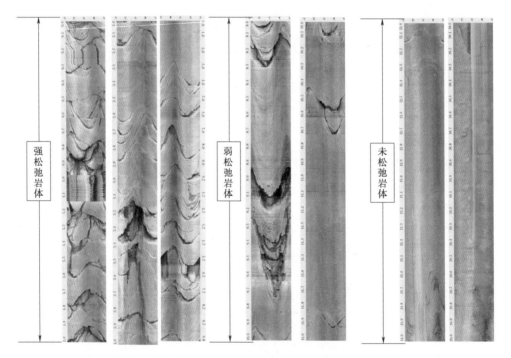

图 9.4-15 地下洞室围岩松弛区划分典型钻孔全景图像

3. 围岩卸荷松弛深度

通过对主厂房上下游 5 个高程近 70 个钻孔的长期检测成果的分析、整理，得到主厂房上下游边墙最终卸荷松弛深度成果（图 9.4-16）。

总体上，主厂房围岩卸荷松弛深度不对称，且深度大，上游侧拱座附近松弛深度 1.2~3.2m，下游侧拱座及拱腰附近松弛深度达 7~12m；上游边墙松弛深度一般为 8~13m，最深约 16m，而下游边墙松弛深度一般介于 9~16m 之间，局部最深约 19m。上下游边墙围岩卸荷松弛深度的不对称分布格局，与下游侧围岩挖空率较高密切相关。

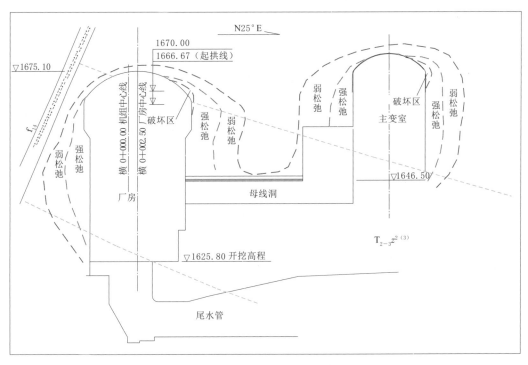

图 9.4-16　主厂房主变室围岩卸荷松弛范围典型剖面示意图（单位：m）

9.5　高应力下洞室群围岩变形破坏机理

洞室群围岩变形破坏是一个十分复杂的过程，是开挖卸荷引起的围岩二次应力应变场自适应调整的过程，也是岩体自身工程地质特性与洞室规模及结构、开挖时序及爆破控制、支护强度及支护时机等众多因素共同作用的结果。

岩体工程地质特性是影响开挖后洞室群围岩变形破坏的最根本因素。地下厂房洞室群主厂房与主变室跨度大，施工开挖后，围岩变形破坏导致的围岩松弛区随下挖不断扩大，两洞室以及母线洞、压力管道、尾水洞等不同规模、不同方向洞室的变形破坏特征与规律差异明显，同时，围岩变形还表现出时效变形特征，从而在不同开挖阶段表现出明显不同的变形破坏特征及其力学机理。

9.5.1　围岩变形破坏影响因素

综合现场地质调查与编录、物探声波与钻孔全景图像长期检测、应力与变形位移监测资料，以及对开挖后围岩变形破坏的分析，影响围岩变形破坏的主要因素有高地应力、岩体结构、岩层产状以及洞室尺寸、群洞效应等。

9.5.1.1　地应力因素与"偏压"

研究表明，高一极高地应力及其与洞室方向的关系引起的应力"偏压"作用，使得不同洞室开挖后的二次应力场呈现出不同的特征，导致同一洞室不同部位表现出不同的变形破坏现象与力学机理。

1. 高地应力与较低岩石强度

地下厂区初始最大主地应力 $\sigma_1 = 20 \sim 35.7$MPa，围岩强度应力比较低，一般为 $1.5 \sim 3$，洞室群处于高一极高应力区。开挖过程中及围岩加固后的变形破裂现象多以强度破坏为主，表明高地应力与岩体强度之间的矛盾是厂区围岩变形破坏的根本原因。

厂区地应力场为典型的高山峡谷区"驼峰状"应力分布形式，地应力较高的区域集中在水平埋深 $100 \sim 350$m 之间，σ_1 量值在 $21.7 \sim 35.7$MPa 之间，平均约 26.5MPa。锦屏一级地下厂房洞室群正好位于水平埋深 $110 \sim 380$m 段，没有避开应力集中区。应力最为集中的部位是水平埋深 $200 \sim 270$m 区域（最大主应力一般超过 30MPa，最大达 35.7MPa），而主厂房下游拱腰变形开裂最为厉害的部位（厂纵 $0+090 \sim 0+120$）也正好位于最大主应力最为集中的区间。

2. 二次应力集中与"偏压"

地下厂房洞室群主应力产状对横河向主厂房、主变室及顺河向洞室铅直轴面的不对称作用，是造成这些洞室开挖后二次应力集中与"偏压"，并使围岩发生变形破坏的直接原因。

鉴于垂河向的主厂房和主变室轴线方向与最大主应力 σ_1 方向夹角仅 15°，而与前述第二组中间主应力 σ_2 交角大，且 σ_2 量值较高，中陡倾山里偏上游，致使开挖后二次最大主压应力高度集中于主厂房和主变室下游拱腰，以及与之对称的两洞室上游直墙下部，主厂房下游拱腰局部区段围岩出现了压致碎裂破坏现象。

9.5.1.2 岩体结构影响

厂区围岩结构类型除 f_{13}、f_{14} 和 f_{18} 断层（煌斑岩脉）发育部位属碎裂镶嵌结构外，其余部位以厚层块状结构为主，少量中薄层结构。岩体内主要结构面多与主要洞室轴线方向大角度相交，总体上对围岩稳定影响大为降低，但是，围岩岩体具体变形破坏形式随岩层岩性的变化而呈现出不同的特征：在厚层块状岩体中围岩以片帮、劈裂压碎破坏为主，薄层结构岩体中则以弯折内鼓为主。

9.5.1.3 岩层、裂隙产状影响

受岩层及结构面产状与洞室的关系影响，主厂房及主变室上游边墙岩层视倾向开挖洞内，有利于主应力释放，围岩卸荷回弹变形明显；而下游侧岩层视倾向下游墙内，不利于地应力释放；同样，主厂房与主变室下游侧拱腰部位，岩层产状与洞室关系有利于岩层在切向应力的作用下发生弯折鼓出破坏。因此，岩层与结构面产状与洞室布置的关系也是造成下游侧边墙拱腰变形破坏相对严重的原因之一。

在顺河向洞室中（尾水管、压力管道下平段等），外侧顶拱岩体易发生弯折内鼓破坏，与初始地应力"偏压"和开挖后的二次主应力 σ_1 作用有关，这是因为：一方面，这些部位岩层倾向与最大主应力 σ_1 倾向一致，都是倾向山外，倾角都在 30°～40°范围；另一方面，当这些部位岩体为薄—中层状大理岩时，层面裂隙发育，开挖后的重分布最大主应力与层面裂隙夹角较小，更容易使得应力顺层传递，最终发生弯折内鼓破坏。

9.5.1.4 洞室尺寸与群洞效应

围岩应力集中和变形破坏还受洞室开挖规模、形状等几何因素的影响，表现出洞室尺

寸与形状、群洞效应。

1. 洞室形状与尺寸效应

应力集中的部位与断面形状有关，应力高度集中于拱腰部位，与该部位形状急剧变化有关。主厂房的规模较大，厂房下游侧拱腰部位的应力集中程度比主变室要高，导致其破坏程度比主变室更为强烈。

此外，随着开挖高度增加，二次应力集中程度也在增大。如图 9.5-1 中为同一应力边界条件下不同开挖步时围岩弹性应力分布情况的数值分析结果，左图在主厂房第 3 步、主变室第 2 步开挖，右图在主厂房第 9 步、主变室第 5 步开挖，随着开挖空间高度的增加，下游拱脚处最大主应力集中值从 45MPa 增加至 50MPa。

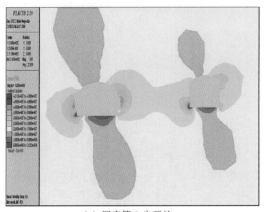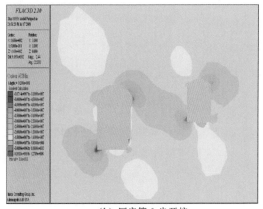

(a) 厂房第 3 步开挖　　　　　　　　　　　　(b) 厂房第 9 步开挖

图 9.5-1　应力集中程度的洞室尺寸与形状效应

2. 群洞效应

开挖后调查、编录和各类监测数据均表明，洞室密集和洞室之间的部位，围岩变形破坏严重，与洞间承载应力的岩体尺度减小，应力集中程度更高，且变形空间也更大密切相关。

9.5.2　围岩变形破坏力学机理

在开挖揭示实际工程地质条件基础上，结合围岩钻孔声波、全景图像长期检测成果、地应力补充测试成果，以及大理岩卸荷力学特性试验成果，从地下厂区初始地应力场及开挖后二次地应力场变化着手，深入分析开挖后各洞室不同部位地应力集中程度、方向以及对围岩变形破坏的影响，分析洞室顶拱、拱腰、边墙部位变形破坏的力学机制。

9.5.2.1　不同洞室不同部位围岩应力场差异

从地应力场分析，最大主应力 σ_1 方向与垂河向洞室轴线小角度相交、与顺河向洞室轴线大角度相交，就在不同方向洞室的不同部位形成不同的围岩应力场特征。

在垂河向洞室，σ_1 方向与洞室洞轴线小角度相交略偏向下游且呈缓～中等倾角，第二组 σ_2 方向与洞轴线大角度相交，且中陡倾向山里偏上游，形成一定的"偏压"，导致在顶拱段下游拱腰处法向应力分力量值相对大于上游相同部位，洞室开挖后形成的切向应力量值也较大，见图 9.5-2。在顺河向洞室，σ_1 方向与洞室洞轴线大角度相交，σ_1 直接在外侧顶拱和内侧边墙底部形成较大的切向应力，见图9.5-3。这种围岩应力场的差异就是开挖后围岩发生不同类型、不同规律变形破坏的根本原因。

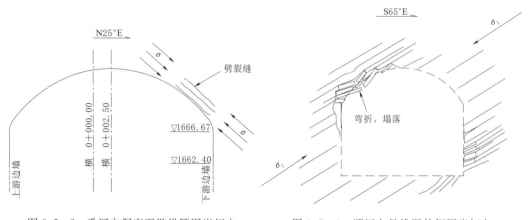

图9.5-2 垂河向洞室下游拱腰围岩切向　　　　图9.5-3 顺河向母线洞外侧围岩切向
　　　　应力示意图（单位：m）　　　　　　　　　　应力示意图

9.5.2.2 垂河向洞室围岩变形破坏力学机制

1. 顶拱部位的劈裂破坏机制

由前述可知，垂河向洞室中，顶拱部位下游拱腰处法向应力分力量值和开挖后切向应力 $\sigma_{切}$ 量值都大于上游相同部位。洞室开挖后原岩应力发生调整，下游拱腰处法向方向 σ_2 迅速卸载即发生应力卸荷，而平行于开挖面的切向应力 $\sigma_{切}$ 急剧增加即产生应力集中，当集中的切向应力量值达到或超过围岩岩石强度时，围岩浅表层岩体即在高—极高的切向压应力作用下发生劈裂破坏（或压致拉裂破坏）。首先出现的是片帮和岩体劈裂现象，其中片帮破坏一般在开挖后数小时内发生，也有的在喷层混凝土施工后发生，影响深度一般为 $0.3\sim0.5m$，而劈裂破坏可以一直持续；之后，随时间延续，尤其是下层开挖，应力释放与调整往围岩深部转移，已劈裂岩体变形破坏程度加剧、深度加大，进而发生向临空面方向的弯折鼓出破坏。表现出可见的变形破坏现象包括早期的混凝土喷层开裂或脱落，中后期预应力锚杆钢垫板的反凹变形，钢筋肋拱的弯曲变形。这种劈裂（片帮）、弯折鼓出破坏可以分为两种类型：第一种是在完整岩块中，岩体在 $\sigma_{切}$ 的作用下产生平行于开挖临空面的微裂隙（是新生裂隙），随切向应力增加和法向应力卸载的持续而进一步发展形成；第二种是岩体在 $\sigma_{切}$ 的作用下沿层面裂隙向临空面方向发生弯曲，并进一步发展形成，当岩体为薄层状时，比厚层状更容易发生这种形式的弯折鼓出破坏，见图9.5-4。

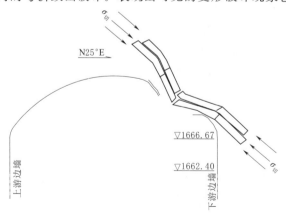

图9.5-4 垂河向洞室下游拱腰围岩弯折鼓出
　　　破坏机制示意图（单位：m）

由于"偏压"导致下游拱腰处法向应力分量值大于上游相同部位，因此开挖后的 $\sigma_{切}$ 集中、增高程度大于上游部位，法向应力 σ_2 的释放速度与程度也大于上游部位，这就是下游拱腰部位变形破坏点数、程度都大于上游部位的根本原因。在增加几排锚杆和预应力锚索加固并实施完成后，拱腰的变形才逐渐趋缓，直至停止。

2. 直边墙部位的卸荷回弹机制

直边墙开挖后，开挖岩体表面的法向应力卸荷至 0，而切向应力增加，岩体应力状态从三维压缩变化为二维甚至一维压（拉）应力状态，应力差迅速增大，致使浅表岩体发生片帮、劈裂破坏，而一定深度以里则逐渐转化为因卸荷回弹引起的劈裂破坏或压致拉裂破坏，见图 9.5-5。一般来说，岩体的强度相对较低时，岩体脆性越强，地应力越高，开挖后越容易发生劈裂破坏且其破裂深度也相应越深。

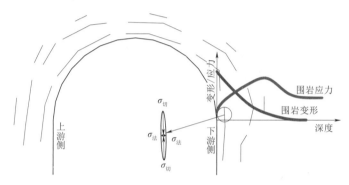

图 9.5-5　垂河向洞室直边墙段浅层岩体变形破坏机制示意图

这种卸荷回弹引起的劈裂破坏或压致拉裂破坏有两种类型：①原有裂隙的张拉机制；②为一些新鲜的拉张裂面，如发生在主厂房与主变室之间岩墙部位环向张裂缝，形成机制见图 9.5-6，主要是由于母线洞之间岩柱四面临空，在拱座传递的近垂直方向压力作用下产生类似于单轴压缩的压致拉裂破坏。

随着边墙继续下挖，边墙处地应力持续调整，往更深部转移，在已有裂隙面的两侧产生明显卸荷回弹引起的裂隙张开等变形突变现象。一般情况下，卸荷回弹强度从开挖面往里是逐渐减小的。这种由卸荷回弹引起的围岩变形破坏在整个边墙开挖过程中、加固支护全部完成之前一直在持续发展，直至边墙全部深层支护完成后才逐渐趋于平稳，与多点位移计、锚索测力计监测到的位移、应力变化过程一致。

9.5.2.3　顺河向洞室围岩变形破坏力学机制

母线洞、压力管道等平行于河流流向的地下洞室，其洞室轴向与最大主应力 σ_1 近垂直，且 σ_1 平均倾角为 $30°\sim40°$，正好与其外侧拱部位置切向方向近于平行，导致开挖后的二次应力场在顶拱外侧、边墙内侧底部的切向应力增大，致使这两个部位岩体先片帮、劈裂破坏，随开挖继续、时间持续，已劈裂岩体进一步压致拉

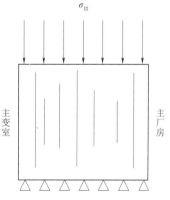

图 9.5-6　垂河向主厂房与主变室之间岩柱环向拉裂破坏机制示意图

裂、弯折塌落鼓出，影响深度最大达 2~3m 不等。

9.5.3 围岩变形破坏演化机制

因开挖卸荷、应力释放、转移与集中导致的地下洞室群围岩变形破坏，随洞室方向的不同而不同，同一洞室、不同部位差异大，同一洞室、同一部位因下层开挖、时间延续也呈现出不同的特点。本书在前节变形破坏力学机理的基础上，从时间维度出发，分析不同开挖阶段围岩变形破坏的成因机制和所受 4 个因素的影响，以及在不同洞室、不同部位等空间维度上呈现出的差异。

1. 开挖初期的片帮与劈裂破坏

不论是垂河向洞室还是顺河向洞室，不论是顶拱还是直边墙，开挖引起的应力重分布、应力集中都较快，在较短时间内（一般是开挖后数小时）集中应力即可达到岩体极限抗剪强度、极限张拉强度而导致岩体发生片帮与劈裂破坏，其力学机制是劈裂破坏。

岩体的片帮与劈裂破坏在不同洞室、不同部位均有发生，但受地应力"偏压"和洞室方向影响，垂河向洞室下游侧拱腰、上游侧直边墙中下部较强烈，顺河向洞室以外侧顶拱较强烈。一是发生时间短，二是破坏的规模较大，其长度一般可达数米至十数米，影响深度局部可达 0.5m 左右。受洞室尺寸与规模影响，主厂房开挖后变形片帮、劈裂破坏强度明显强于高度、跨度都较小的主变室，但两者都大于尺寸更小的压力管道等顺河向洞室。受岩性与岩体结构影响，微新、完整的厚层块状岩体分布洞段更易发生片帮、劈裂破坏，而薄—中厚层大理岩夹绿片岩岩体分布洞段更易发生弯折破坏。

2. 开挖中期的弯折鼓出与卸荷回弹破坏

随洞室下挖、时间延续，已开挖洞段在支护完成之前，围岩卸荷持续，应力释放与转移、集中往深部位发展，在较深部位形成新的破裂，同时，导致浅表部已破裂岩体发生进一步的破裂，即已劈裂成板状岩体进一步弯折、鼓出破坏。

较深部位形成新的破裂的成因机制以差异卸荷回弹破坏为主，一般发生在垂河向与顺河向洞室的直边墙部位。直边墙部位发生的卸荷回弹破坏有两种类型：①沿已有近平行于开挖面、陡倾裂隙的卸荷张拉；②岩体中新生近平行于开挖面的张开裂隙，其典型有新生张开裂隙的钻孔全景图像见图 9.5-7。

这种卸荷回弹破坏有着如图 9.5-8 所示的时效变形特征，开挖停止的支护期围岩变形趋缓，下层开挖期围岩变形有一个跃升、突变。主厂房及主变室上游边墙岩层视倾向开挖洞内，有利于主应力释放，围岩卸荷回弹变形明显强于下游壁相同部位。受群洞效应影响，主厂房、主变室与母线洞交汇区和尾水连接管、尾水洞交汇区，洞室密集，群洞效应加剧了岩体应力的二次应力集中程度，导致围岩变形破坏程度比其他区域更强。

已劈裂成板状岩体进一步弯折、鼓出破坏一般发生在垂河向与顺河向洞室的顶拱部位。受岩性与岩体结构差异影响，弯折、鼓出破坏在薄—中层状岩体分布洞段更明显、更强烈，如主厂房下游侧拱腰、压力管道下平段外侧顶拱等薄—中厚层状大理岩夹绿片岩洞段。

3. 开挖后期的卸荷回弹破坏

三大洞室开挖后期，大部分洞室已开挖完成，主厂房发电机层以上已开挖完成，并且

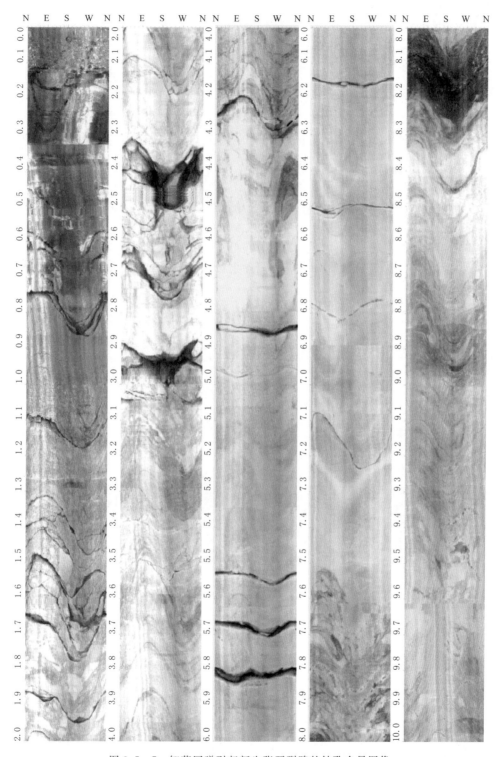

图 9.5-7　卸荷回弹引起新生张开裂隙的钻孔全景图像

271

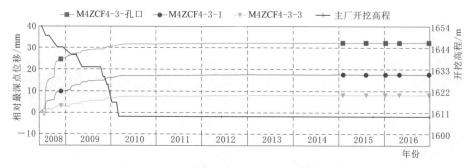

图 9.5-8 主厂房 9—9 断面上游吊车梁高程 1659.00m 位移计位移历时曲线

大部分加固支护也已完成，此时围岩二次应力场往围岩的更深部转移、集中，导致在围岩更深部由于差异卸荷回弹而形成新生张开裂隙，仍然多近平行于开挖面。如主厂房下游侧与主变室上游侧间中间岩柱内的新张开裂隙与低波速带，最大深度可达 15～19m，见图 9.5-9。这些由差异卸荷回弹引起的围岩深部岩体压致拉裂破坏，其新的破裂面倾角很陡，呈现明显的张性特征。

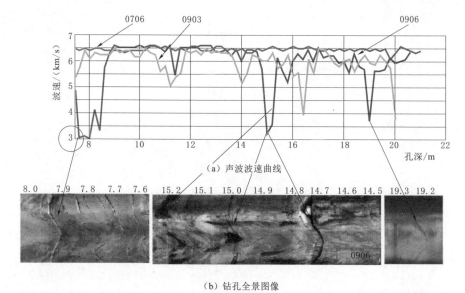

图 9.5-9 主厂房厂纵 0+124 下游侧高程 1665.00m 新生张开裂隙钻孔全景图像与低波速带

9.6 围岩稳定性宏观评价

在前期对地下厂房洞室群围岩工程地质分类分段和稳定性评价的基础上，结合开挖后围岩变形破坏类型、特征、规律及其成因机制分析，对围岩稳定性作出最终的宏观综合评价。围岩稳定性宏观综合评价，首先要根据各洞室开挖后经复核的围岩工程地质分类分段，对围岩稳定性进行评价；其次要根据实施完成的洞室群系统支护情况，针对围岩变形破坏、卸荷松弛的加固支护情况，以及围岩应力与变形长期监测和巡视资料，对围岩稳定现状进行评价；最后根据围岩时效数值模拟结果，对围岩长期力学行为进行安全评估。综合上述进行围岩稳定性的宏观评价。

1. 基于围岩质量的洞室稳定性评价

厂区地下洞室群置于杂谷脑组第二段第 2、3、4 层大理岩内，局部通过断层破碎带。除第 2 层大理岩层面裂隙较发育，多属中厚层状—次块状结构，局部薄层状结构外，大理岩第 3、4 层多属厚层—块状结构，岩体嵌合紧密，总体完整性较好。开挖后对厂区洞室群围岩详细调查和质量评价结果显示，地下厂区三大洞室Ⅲ类围岩所占比例达到 80% 及以上，如图 9.6-1 所示，各洞室Ⅲ$_1$类围岩所占比例为 52%～84%，Ⅲ$_2$类围岩所占比例为 13%～28%，可见，地下厂区洞室大部分围岩的稳定性较好，局部稳定性差，断层及其影响带、煌斑岩脉出露部位，围岩不稳定，自稳时间短。

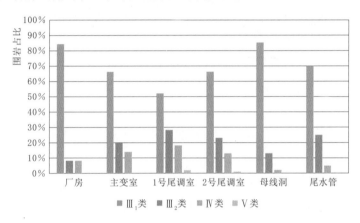

图 9.6-1 地下厂房洞室群围岩质量分类统计图

施工开挖期，由于地应力高，且构成洞室围岩的大理岩岩石强度相对较低，开挖应力释放造成围岩应力重分布，局部应力集中超限，导致围岩出现了强烈脆性破坏，围岩变形深度较大。通过现场调查、物探检测、变形监测资料分析，除厂房下游拱腰表部岩体碎裂，失去承载能力外，其余岩体虽有一定拉裂松弛损伤，强度降低，但围岩还没有进入松动状态，总体还具有一定的自稳能力和承载能力，而洞室深部围岩受施工开挖扰动相对较小，基本保持了原有的应力状态和力学特性，具有较强的长期稳定性。因此，通过充分发挥深部岩体的结构承载能力，针对拉裂松弛岩体，采取适宜的支护措施后，能够保持围岩的长久稳定。

2. 基于实施的支护措施及监测资料的稳定性分析

施工期通过对洞室群围岩应力变形监测，并结合围岩地质编录，及时开展了围岩稳定性反馈分析，进行了处理方案与支护参数的动态调整和加强。最终实施主要支护措施为：适度加密系统锚杆和锚索、降低锚索锁定吨位，对主厂房和主变室下游拱腰采用钢筋混凝土梁与较高密度的锚杆以及锚索和灌浆等，有效提高了围岩的抗破坏能力，确保了围岩稳定。

洞室群长期监测资料表明，从 2012 年至 2015 年，主厂房顶拱、上游边墙和下游边墙的变形监测数据变化很小，变形速率呈逐年递减趋势，主厂房下游边墙开挖结束后的

2010—2015 年，围岩平均年变形量分别为 1.69mm、0.83mm、0.18mm、0.06mm、0.01mm 和 0.08mm。位移变化较明显部位均位于煌斑岩脉和 f_{14} 断层通过的区域或在其影响带内，该范围内的位移、应力监测值变化规律基本一致，均在开挖施工期增长较为明显，开挖施工结束后变化趋势基本收敛。厂区洞室群最大变形部位为主变室下游边墙煌斑岩脉通过部位，累计位移为 245.40mm，2012—2015 年其年变形量分别为 4.61mm、1.76mm、0.69mm 和 0.84mm，呈逐年减小趋势，见图 9.6-2。截至 2020 年 10 月 31 日，厂房围岩变形最大值 79.04mm，主变室围岩变形最大值 245.40mm，尾调室围岩变形最大值 64.42mm，围岩变形已收敛，厂房洞室群围岩处于稳定状态。

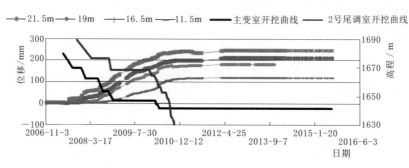

图 9.6-2　主变室下游边墙 0+126.8、高程 1668.00m 位移计 M^4PS2-8 位移历时曲线

3. 基于围岩时效数值模拟的长期稳定性评价

从长期安全角度考虑，在模拟支护结构时，考虑支护结构的力学参数随时间逐步降低，最终降低到原参数的 90%。在此基础上，采用三维黏弹塑性模型数值计算方法和反演获得的流变力学参数，对施工完成后洞室群长期运行工况进行模拟分析，对围岩长期力学行为进行安全评估，数值模拟结果如下：

（1）在洞室群开挖完毕后，地下厂房经过长期运行，在赋存环境和附加荷载基本不变的情况，随着围岩卸荷调整的逐步完成，洞室变形逐步趋于收敛，其中大部分区域的围岩深部的变形基本在 0.5~1 年内收敛，表层围岩变形在运行 1~2 年内已处于收敛状态，在局部断层影响区域的围岩变形在运行 3~5 年内逐步趋于收敛。地下厂房经过长期运行，围岩变形稳定后，长期增量较为明显的部位主要分布在主厂房大桩号区域的边墙表层，特别是下游侧岩锚梁部位，总体来看，洞室群长期运行后，围岩变形大部分的区域的增量基本在 1~10mm 之间，局部受断层影响区域的增量较大，多在 20mm 以内，对洞室群整体的长期稳定不构成明显的影响。

（2）长期运行洞室群各部位的应力量值和方位基本未发生明显变化，应力松弛区仍然主要分布在主洞室上下游边墙以及断层影响区和洞室交叉部位，特别是断层影响区和洞室交叉部位分布范围相对较大，其中应力降低较为显著的区域包括主厂房和主变室上、下游边墙 3~6m 范围，尾调室 1~3m 范围，在围岩表层存在拉应力分布区。压应力集中区仍然主要位于垂直河流方向洞室的下游拱腰和上游边墙墙脚附近，其中主厂房的应力集中区主要分布在下游侧拱肩和拱座部位，以及上游边墙下部和机窝附近；主变室的应力集中区也主要分布在下游侧拱肩和拱座部位，以及上游边墙下部及墙脚部位。对于平行于河流方向洞室，应力集中区主要分布于山外侧的拱腰和山内侧的边墙墙脚附近，如母线洞、尾水管和导流洞等部位。尾调室为圆筒形,应力集中部位主要分布在穹顶偏河谷一侧以及在山体一侧边墙下部及墙脚部位。

(3)洞室群各部位的围岩塑性区的分布范围和塑性区深度没有明显变化,洞室表层围岩的塑性卸荷破损程度随时间发展仍然有所增加,而洞室深部岩体的塑性卸荷破损程度没有明显变化,岩体承载力降低有限,对洞室群长期稳定的影响不显著。

4.综合分析

地下厂房洞室群围岩以Ⅲ₁类为主,总体稳定性较好,施工期变形破损围岩经加固处理后仍具有承载能力;安全监测表明洞室群围岩变形已收敛;数值分析显示,长期运行洞室群各部位的应力量值和方位基本不发生明显变化,围岩塑性区的分布范围和塑性区深度没有明显变化。综合宏观判断,地下厂房洞室群围岩处于稳定安全状态。

第 10 章

高陡边坡稳定性研究

　　锦屏一级水电站工程边坡规模巨大，其中左岸坝肩边坡高达 530m，其边坡开挖支护工程是世界最复杂地质条件的坝肩高陡边坡治理工程之一。

　　水电站位于雅砻江中游锦屏大河湾西侧三滩至景峰桥的峡谷河段，雅砻江深切形成相对高差 2000～3000m 的锦屏山脉，属于典型的高山峡谷地貌景观。枢纽区河道两岸谷坡陡峻，岩壁耸立，相对高差超过 1500m，坡度多在 50°～90°之间，岩性复杂，构造发育，外动力地质作用强烈，高陡边坡稳定问题成为锦屏一级重大工程地质问题之一。

　　前期勘测设计阶段和施工阶段，开展了大量的勘探与试验工作，取得了丰富的高陡边坡稳定性工程地质研究成果，为工程边坡的开挖支护设计提供了地质依据，取得了显著效益，其中左岸边坡开口线高程从招标设计阶段的 2360.00m 降至 2110.00m，降低开挖高度 250m，减少锚索 3500 束，减少交通道路长约 6km，共计节约工程投资 6.65 亿元，缩短工期 2 年。开挖完成后至运行期监测资料显示，枢纽区工程边坡变形总体较小，锚杆和锚索锚固力变化不大，目前边坡整体处于稳定状态。

　　锦屏一级在高陡边坡稳定条件勘察方法与手段、边坡稳定性分区评价、基于坡体地质结构的工程边坡稳定性研究和自然边坡高位危岩体稳定性论证与防治等方面，取得了丰硕的成果，积累了丰富的经验，可供类似高山峡谷区边坡稳定性问题勘察与分析研究借鉴。

10.1　主要研究内容

　　锦屏一级高陡边坡地质勘察，在采取工程地质测绘、勘探、试验、测试等方法的基础上，还采用了陆地摄影、地震波浅层反射与地震 CT 技术、岩体结构精细测量、数码摄影、三维激光扫描、数值模拟等一系列新技术、新方法，并且开展了"高陡岸坡稳定性及建高坝适宜性研究""枢纽区左右岸边坡地质条件及稳定性分析研究""枢纽区自然边坡危岩体危害性分析及防护措施研究"等大量专题研究，以及砂板岩岩体流变特性试验、高应力强渗水条件下软弱岩带弱化效应试验等专门试验研究，查明了岸坡工程地质条件与变形破坏现状，分析研究了边坡变形破坏机制，预测评价了边坡稳定性，对工程边坡处理和自然边坡防治分别提出了地质建议。

　　高陡边坡稳定性主要从以下五个方面开展研究：

　　(1) 高陡边坡地质条件研究。开展了大量工程地质调查测绘和勘探试验工作，从地形地貌、地层岩性、地质构造、风化卸荷、水文地质条件、地应力等几个方面，对边坡地质条件进行深入研究。

　　(2) 高陡边坡稳定性分区。查明枢纽区岩质高陡边坡的地质环境与边坡岩体结构特征，进一步分析边坡中控制性软弱结构面延伸展布规律及其与边坡临空面的关系，划分边坡坡体结构类型；调查边坡已有变形破坏现象的空间分布与发育特征。根据自然边坡形态特征、地层组合、控制性地质结构面及其与边坡的几何关系，以及边坡已有变形破坏现象及其成因机制、变形破坏规律及其模式，进行高陡自然边坡稳定性分级分区，评价各区边坡稳定性。

　　(3) 不同坡体结构和不同分区条件下工程边坡稳定性评价。根据枢纽区建筑物布置方案，预测评价工程边坡开挖后稳定性及可能失稳破坏模式，重点针对稳定性差或不稳定边坡提出工程处理的地质建议；复核工程边坡开挖后的实际地质条件，必要时进一步提出加强处理建议；根据边坡监测资料、地质巡视成果，评价加固处理后的工程边坡稳定性。

（4）典型工程边坡稳定性计算。前期勘察成果表明，锦屏一级左岸坝头变形拉裂块体边坡、下游侧雾化区深卸荷最为发育的边坡，其稳定条件最差，开展了较为深入的稳定性分析计算，并按开挖前、开挖期、蓄水前、运行期和不同工况，进行了二维、三维的极限平衡法计算。

（5）枢纽区自然斜坡高位危岩体地质勘察与防治研究。查明高位危岩体发育地质背景、稳定性影响因素，分析研究其形成机制和可能的变形失稳破坏模式，进行稳定性评价和危害性的分级，提出防治措施的地质建议，最后完成处理效果的评价。

10.2 高陡边坡地质条件

坝址位于普斯罗沟与手爬沟间 1.5km 长的河段上，河流流向约 N25°E，河道顺直而狭窄，枯期江水位 1635.70m。坝区两岸山体雄厚，谷坡陡峻，基岩裸露，相对高差千余米，为典型的深切 V 形谷。

右岸为顺向坡，普斯罗沟—Ⅰ勘探线之间高程约 1810.00m 以下坡度 70°～90°，以上约 40°；Ⅰ勘探线—手爬沟之间坡度 40°～50°。右岸有深切的普斯罗沟和手爬沟，沟内有常年水流，高程 1900.00m 以下为一线天式峡谷，沟壁近直立，坡高 160～300m。左岸为反向坡，顺坡向结构面发育，无大的深切冲沟，高程约 1900.00m 以下大理岩出露段，地形完整，坡度 50°～70°；以上砂板岩段坡度 35°～45°，山梁与浅沟相间。

左右岸边坡基岩为杂谷脑组（$T_{2-3}z$）变质岩，还有两条后期侵入的煌斑岩脉（X）。边坡第四系（Q）松散堆积层以崩坡积块碎石土层为主，右岸还分布较多的残坡积碎石土层。杂谷脑组变质岩按岩石建造特征可分为第一段绿片岩、第二段大理岩、第三段砂板岩共三段。

边坡岩体内断层、层间挤压错动带、节理裂隙发育，规模较大的有左岸 f_5、f_8、f_{42-9} 断层和右岸 f_{13}、f_{14}、f_{18} 断层等，以 f_2 断层为代表的层间挤压错动带主要发育在第 6 层大理岩和第三段砂板岩中，带宽一般 3～10cm，少量 20～30cm，性状软弱，遇水易软化、泥化。节理裂隙在坚硬的大理岩和变质砂岩中较发育，中薄层大理岩中节理比厚层块状大理岩中发育，主要发育 5 组，其中左岸岩体中节理比右岸更为发育。

边坡大理岩、变质砂岩岩石坚硬，抗风化能力较强，风化作用主要沿裂隙和构造破碎带进行，具裂隙式和夹层式风化特征。弱风化岩体水平深度在砂板岩、大理岩中分别为 50～90m、20～40m。左岸卸荷深度大，既有浅表常规卸荷，又有深部卸荷。右岸卸荷深度小。

右岸大理岩含水较丰富，左岸地表无泉水出露，平洞内个别地段偶见渗滴水现象。两岸总体上地下水补给江水。左岸地下水位低平，与江水位基本一致。右岸地下水位在枯水期总体较江水位高。右岸 f_{13}、f_{14} 两条断层具有一定的横向阻水作用，断层里外地下水位不连续，存在水位陡坎。

坝区现今构造应力场为 NW—NWW 向主压应力场，谷坡高陡，相对高差达 1500～2000m，自重应力量值高，天然状态下地应力高。受河流快速下切影响，边坡浅表部地应力释放，岩体卸荷松弛拉裂；卸荷带以里应力集中现象明显，最大主应力 σ_1 量值达 30～40MPa，方向与岸坡近于垂直。

10.3　高陡自然边坡稳定性分区

21 世纪以来，通过小湾、溪洛渡、锦屏一级、大岗山、拉西瓦等水电站大量高度超过 300m 岩质高边坡的勘察设计和施工实践，在"边坡地质结构类型""边坡岩体结构类型"基础上，提出了"边坡坡体结构类型"，以便对自然边坡和工程边坡的控制性结构面、可能失稳破坏模式及其稳定性进行宏观判断，进而对自然边坡稳定性进行分区。

10.3.1　边坡岩体结构特征

两岸边坡位于紧闭同倾的三滩向斜之南东翼（正常翼）。自然岸坡属于典型的层状结构边坡，其中右岸为层状同向结构即顺向坡结构，左岸为层状反向结构即反向坡结构。

边坡主要岩性为大理岩和砂板岩，可进一步划分为厚层—块状大理岩组、厚层—块状角砾状大理岩组、中厚—薄层大理岩组、互层状大理岩组、厚层变质砂岩组、板岩组、绿片岩岩组、煌斑岩岩组、断层岩岩组等 9 个工程地质岩组。

岸坡岩体结构类型划分时还需要充分考虑边坡的以下特点：①坝区呈现出左岸岸坡为层面控制的逆向坡，右岸为层面裂隙控制的顺向坡；②构造裂隙发育，左岸发育顺坡向构造裂隙，右岸发育逆坡向构造裂隙；③向斜核部构造裂隙发育，使斜坡岩体结构复杂化，由层状体斜坡转化为块状体斜坡；④岸坡岩体的浅表生改造赋予岩体结构类型更加复杂，特别是左岸深部裂缝沿构造裂隙的形成与发展对顺向坡的改造。

综合考虑上述因素，将左右岸边坡岩体结构划分为厚层—块状结构、中薄层—次块状结构、互层状结构、薄层状结构、块裂—镶嵌结构、块裂—碎裂结构、板裂—碎裂结构和散体结构 8 种类型。

在考虑不同发育状况深部裂缝的影响条件下，再考虑岩性与岩组、地质构造、节理裂隙发育情况与岩块块度大小、嵌合紧密程度的影响，完成了边坡岩体结构类型的划分。

左岸边坡在岸坡浅表卸荷带，由于顺坡向裂隙和层面裂隙较为发育，把岩体切割成板柱状，岩体呈现似层状板裂结构和块裂结构特征。在紧密岩带，大理岩岩块嵌合较紧密，岩体呈现次块—块状结构特征；砂板岩段层面裂隙发育，中厚层岩体多呈现层状完整结构特征，其中厚—巨厚层状砂岩呈现似整体块状特征。在深部裂缝发育段，岩体拉裂松弛严重，形成层状镶嵌结构和板裂结构特征。边坡中上部砂板岩区，倾倒变形较强烈，结构面多短小，卸荷带内岩体多呈现层状碎裂结构和块裂结构特征；以里无卸荷岩体则呈现层状完整岩体结构特征。边坡中 f_5、f_8、f_9、f_{42-9} 断层破碎带与影响带等呈现糜棱化结构和碎裂、散体结构特征。

右岸边坡在第二段第 6 层大理岩分布区域，岩层中层间挤压错动带较发育且绿片岩夹层相对较多，岩体呈现出层状板裂结构特征。其中猴子坡陡崖岩体受卸荷裂隙切割，呈现出（似）层状碎裂结构特征。第二段第 3、4、5 层大理岩分布区域，岩体较为完整，为块状结构岩体或层状完整结构岩体。而断层 f_7、f_{13}、f_{14}、f_{18} 以及煌斑岩脉为碎裂—散体结构特征。

10.3.2 边坡坡体结构特征

边坡坡体结构类型及其主控结构面是控制边坡稳定性及可能失稳模式的地质因素。为了划分、确定边坡坡体结构类型，需要在查明边坡岩石（体）建造、构造、改造情况，重点是浅表生改造特征和岩体宏观、微观变形破坏现象的基础上，进一步分析研究控制性软弱结构面与边坡临空面的关系。

"坡体结构"的定义：指边坡岩体内先前存在的各种控制性结构面与临空面（自然、开挖坡面）组合，从而在空间上构成一定规模的潜在沿主控结构面向边坡临空面方向变形滑移块体的结构模式。控制性结构面一方面控制了边坡潜在破坏面的孕育与发展，或直接构成潜在失稳坡体的边界；另一方面控制性结构面与临空面的不同组合，决定了边坡变形失稳模式及稳定性状况。坡体结构属于边坡尺度的一种结构形式，既不同于传统的、小尺度的岩体结构，也不同于基于原生建造的边坡地质结构（例如顺向坡、反向坡、横向坡、斜向坡等）。它是一种基于稳定性评价的结构模式，揭示了边坡可能变形破坏的边界条件和失稳模式，为边坡稳定分析和加固处理提供地质依据。锦屏一级水电站枢纽区自然岸坡坡体结构类型划分见表 10.3-1，各类型坡体结构分区见图 10.3-1。

表 10.3-1　　　　　　　　枢纽区自然岸坡坡体结构类型划分表

坡体结构类型	分区位置	主要地质特征	控制性结构面与可能变形破坏模式	稳定性宏观评价
整体或块状结构（Ⅰ）	右岸普斯罗沟—A 勘探线之间高程约 1810.00m 以下自然岸坡	自然岸坡为顺向坡。边坡岩体为第 3～5 层浅灰色厚层大理岩、条纹状大理岩与杂色角砾状大理岩，以厚层—块状结构为主	主要受岩体中绿片岩透镜体、层面裂隙控制，可能的失稳破坏模式为沿绿片岩透镜体、层面裂隙的平面滑动破坏	自然岸坡稳定性好
中缓倾顺层状结构（ⅡA）	右岸普斯罗沟—A 勘探线之间高程约 1810.00m 以上区域和 Ⅰ 勘探线下游区域（不含猴子坡）自然岸坡	自然岸坡为顺向坡。边坡岩体主要为第 6 层深灰色—灰黑色条带状大理岩夹绿片岩夹层，一般为薄—中厚层状结构，局部发育层间挤压错动带	主要受层间挤压错动带、绿片岩透镜体或层面裂隙控制，可能的失稳破坏模式为以层间挤压错动带、绿片岩透镜体或层面裂为底滑面的平面破坏	自然岸坡稳定性较好
陡倾顺层状结构（ⅡB）	左岸高程 1850.00～1900.00m 以下 Ⅰ 勘探线上游的大理岩段自然岸坡的浅表部	自然岸坡为反向坡。边坡岩体主要为第 5～8 层灰白—灰色条纹状、角砾状大理岩，以中厚—厚层状结构为主，f_5、f_8 断层埋深较浅，浅表部顺倾坡外裂隙、卸荷裂隙发育	主要受顺坡陡倾坡外的断层或裂隙、卸荷裂隙控制，可能的失稳破坏模式为沿顺倾坡外断层或裂隙、卸荷裂隙的平面滑塌破坏	自然岸坡稳定性好

续表

坡体结构类型	分区位置	主要地质特征	控制性结构面与可能变形破坏模式	稳定性宏观评价
斜顺向层状结构（IIc）	右岸猴子坡自然岸坡	自然岸坡为斜顺向坡。边坡岩体主要为第 6 层深灰色—灰黑色条带状大理岩夹绿片岩夹层，发育以 f_7 断层为代表的层间挤压错动带，在重力作用下有向河谷方向的错动扩容特征	主要受顺层挤压错动带、近 SN 向结构面和 f_{28} 断层或煌斑岩脉控制，可能破坏模式是顺层的滑移拉裂破坏或楔形体破坏	自然岸坡整体基本稳定，但猴子坡为潜在不稳定岩体
反倾层状结构（IID）	左岸高程 1850.00～1900.00m 以上砂板岩段自然岸坡	自然岸坡为反向坡。砂板岩倾倒变形深度大，岩体卸荷拉裂变形强烈且深度大，岩体普遍极松弛破碎	主要受倾倒变形岩体中顺坡向卸荷拉张裂缝，尤其是中缓倾坡外卸荷裂隙控制，可能的失稳破坏模式为倾倒-滑移破坏	自然岸坡整体基本稳定，但稳定条件较差
楔形坡体结构（IIIA）	左岸左坝头变形拉裂岩体所在约 1810.00m 以上砂板岩段自然岸坡	自然岸坡为反向坡。边坡岩体为砂板岩，发育 f_5、f_8 断层，以 f_{42-9} 断层为代表的一系列近 EW 向小断层以及层间挤压错动带、煌斑岩脉（X）；岩体普遍卸荷拉裂变形强烈且卸荷拉裂深度大，SL_{44-1} 张开宽度大	主要受近 EW 向中倾小断层、f_5 断层和 SL_{44-1} 拉裂带控制，可能的失稳破坏模式为楔形体破坏	自然岸坡整体基本稳定，但整体稳定条件较差
深卸荷破裂型（IIIB）	左岸高程 1850.00～1900.00m 以下 IV—VI 勘探线山梁自然岸坡	自然岸坡为反向坡。边坡上部为砂板岩、下部为大理岩，浅表部卸荷带内顺倾坡外卸荷裂隙发育，其中上部砂板岩倾倒变形强烈，下部大理岩中深部裂缝发育，其中 I 级、II 级深部裂缝条数多、规模大、延伸长	主要受深部裂缝控制，可能的深部失稳破坏模式为沿深部裂缝的平面滑动破坏，浅表部失稳破坏模式为沿倾坡外卸荷裂隙滑塌破坏和小规模楔形体破坏	自然岸坡整体基本稳定，浅表部局部潜在不稳定
碎（块）裂结构（IV）	左右岸边坡浅表部强卸荷带；左右岸边坡中断层破碎带及影响带出露段	边坡岩体一般为块裂—碎裂结构、散体结构	主要受开挖坡高和开挖坡比控制，可能的失稳破坏模式为圆弧形破坏	自然岸坡稳定性较差

　　同一坡体结构类型的自然边坡，在工程边坡开挖后，新的各种临空面形成，原发育的主要结构面在新的各种临空面中的延伸展布及其组合关系会呈现出差异，从而形成不同的坡体结构。如位于右岸中缓倾顺层坡体结构的电站进水与泄洪洞进口区，在内侧开挖坡仍然是中缓倾顺层坡体结构，但洞脸开挖坡则变为横向坡体结构。泄洪洞出口边坡开挖后，由于上部覆盖层具有较大的厚度，其坡体结构由中缓倾顺层坡体结构变为岩土混合坡体结构。

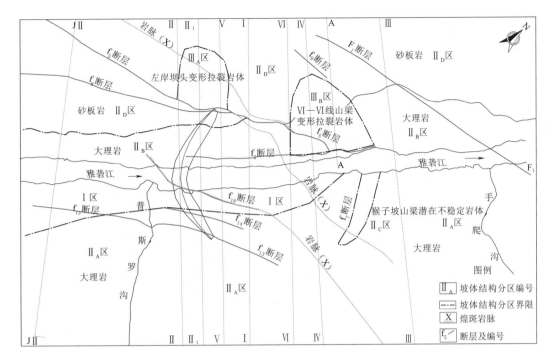

图 10.3-1 枢纽区自然边坡坡体结构分区示意图

10.3.3 自然岸坡变形破坏特征与类型

由于自然斜坡地质条件及赋存环境等的差异，在其形成、演变过程中，自然斜坡变形破坏现象极其纷繁复杂。通过近几十年来的水电水利工程地质勘察和实践，分析、总结了大量水电水利工程自然斜坡和工程边坡的变形破坏现象，逐步深化了对自然斜坡变形破坏现象与类型的认识，建立了比较统一的分类标准。一般情况下按其变形破坏形式（方式或现象）划分为崩塌、滑动、倾倒、溃屈、拉裂、流动 6 大类，其中滑动又根据滑带或滑面形态进一步细分为平面型、圆弧型、折线型、楔形体 4 个亚类。

锦屏一级工程针对自身地质特点，对左右岸自然边坡已有变形破坏现象进行了深入、细致的分析，尤其是左右岸因为地形地貌、坡体结构类型的差异而呈现出的特点，对坝区自然斜坡变形破坏现象与特征进行了深入研究。

1. **左岸自然边坡**

枢纽区左岸边坡地形较为完整，高程 1820.00～1900.00m 以上为砂板岩、以下为大理岩，岩层以中等倾角反倾坡内，为典型的反向坡。边坡在高程 1780.00m 以上发育有 4 个较大浅沟，将左岸边坡切割形成 5 个突出的山梁，从上游至下游依次为 2 号、4 号、6 号、8 号、10 号山梁，见图 10.3－2。其中Ⅱ₁勘探线为拱坝坝轴线部位，拱坝坝基从上游Ⅱ勘探线向下游至Ⅴ勘探线。

受左岸边坡地形地貌和上软下硬的地质条件影响，自然边坡已有的变形破坏形式以浅表部的卸荷、深卸荷形成的深部裂缝为主，高高程砂板岩段反倾结构导致的倾倒变形、沿

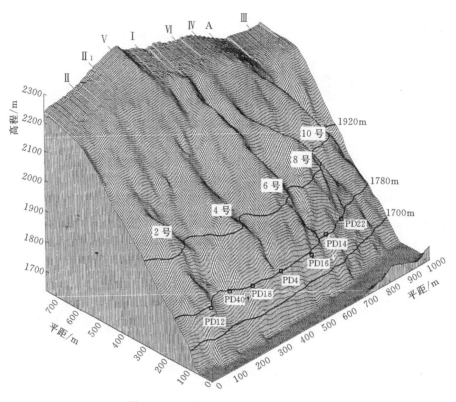

图 10.3-2　枢纽区左岸边坡地形地貌

顺坡裂隙的滑移-拉裂变形较发育。

　　坝区左岸边坡特有的地质现象是深卸荷现象。它主要表现为在岸坡浅表部强、弱卸荷带以里经过一段相对紧密完整的岩体后，又出现的深部拉裂缝、节理裂隙松弛带等地质现象。深卸荷底界水平深度在大理岩中一般为 $150\sim200\mathrm{m}$，在砂板岩中可达 $200\sim300\mathrm{m}$，总体上随高程降低深卸荷水平深度、带内张开裂隙密度、宽度变小，至高程 1650.00m 附近深卸荷现象消失；在高高程砂板岩分布区深卸荷与浅表卸荷叠加。

图 10.3-3　左岸边坡高程 2000.00m 以上
倾倒变形岩体

　　左岸边坡在风化卸荷岩体中进一步沿近 EW 向断层、顺坡裂隙发生了滑移-拉裂、压致-拉裂等变形，形成局部的变形拉裂迹象，其中规模较大的有左岸坝头变形拉裂岩体、左岸Ⅳ—Ⅵ线山梁变形拉裂岩体两处。

　　在边坡高程 1960.00～2000.00m 以上砂板岩倾倒变形强烈，岩层倾角变缓明显，局部地段甚至水平、反倾向坡外（图 10.3-3）。相同高程，山脊部位变形强烈，两侧冲沟部位较弱。

　　左岸大理岩段边坡最常见的是顺坡裂隙控制浅层滑塌破坏，多表现为顺坡向卸荷裂隙（裂隙）与大理岩中层间挤压错动带或层面裂隙组合，沿顺坡向卸荷裂隙（裂隙）发生浅层滑塌破坏，总体上规模有限。

2. 右岸自然边坡

右岸自然边坡地形地貌变化比较大，普斯罗沟—Ⅰ勘探线之间，表现为陡崖和相对平缓地形相间的地貌形态，河床以上高程1640.00～1820.00m之间为近直立的陡崖，高程1820.00～2160.00m为近40°的缓坡，高程约2160.00m以上又为陡崖，见图10.3-4。

右岸边坡最常见的同样是岩体卸荷现象，总体上具有卸荷深度小，卸荷裂隙不发育的特征。

右岸边坡最主要的变形破坏现象是沿顺层面特别是第6层薄—中厚层大理岩中层间挤压错动带、第4层大理岩中绿片岩层面的顺层滑动或滑塌破坏，上部岩体大多随河谷下切，谷坡形成过程中滑动或滑塌破坏，残留一系列呈锯齿状地形的滑塌空腔地形，见图10.3-5。该变形现象在第6层薄层大理岩段岸坡中多见。

图10.3-4　右岸自然边坡高程1800.00m以上
斜坡及后缘陡壁地形地貌

图10.3-5　右岸边坡低高程导流洞进口上方
楔形体滑动破坏后滑塌空腔

右岸边坡规模最大的变形破坏现象是猴子坡潜在不稳定岩体，位于下游右岸导流洞出口和尾水洞出口之间的上方，地形上为一个突出的三面临空的孤立山体即猴子坡［图10.3-6 (a)］；f_7断层从其底部切过，与谷坡小角度相交［图10.3-6 (b)］。f_7断层破碎带宽约40cm，见多次错动痕迹，两侧有张扭性派生裂隙及擦痕。

10.3.4　自然边坡稳定性分区

为枢纽布置方案选择提供地质依据，开展了自然边坡稳定性分区研究与评价。

1. 影响边坡稳定性分区的主要地质因素

边坡稳定性分区主要考虑边坡岩体的岩性组合、岩体结构与坡体结构、已有变形破坏现象与程度和边坡变形破坏模式等。

（1）地层岩性。左右岸岸坡由于岩性、岩石强度、原生结构等方面的差异，使得不同岩性部位表现出了不同的变形破坏模式及稳定程度。

左岸高程1810.00m以上为砂板岩段，岩层软硬相间分布，高程2000.00m以上倾倒拉裂变形明显，边坡稳定性普遍较差。右岸第6层薄—中厚层大理岩内含绿片岩夹

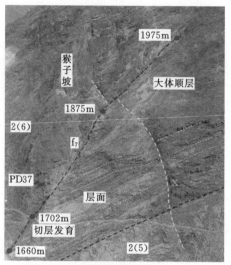

| （a）地形地貌 | （b）地质概况示意 |

图 10.3-6　右岸猴子坡地形地貌及地质概况

层，对顺向、斜顺向岸坡稳定不利。左岸大理岩第 5~8 层、右岸大理岩第 3~5 层出露段，多为厚—巨厚层状，岩质坚硬、结构较完整，多构成陡峻稳定岸坡。

（2）边坡岩体结构与坡体结构。左岸为反向坡，一般情况下其稳定性要好于右岸顺向坡，尤其是好于第 6 层薄—中厚层大理岩夹绿片岩段顺向、斜顺向岸坡。右岸第 6 层薄—中厚层大理岩内层间挤压错动带发育，性状差，延伸长，是顺倾层状坡体结构边坡稳定的控制性结构面，边坡稳定性稍差。左坝头变形拉裂岩体，由倾角较缓、延伸长、性状差的 f_{42-9} 断层，与其他结构面组合构成，控制着该楔形坡体结构边坡的稳定性。

岸坡浅表部结构类型的不同，表现出不同的失稳模式与稳定程度。左岸为反向坡，浅表部顺坡向陡倾卸荷裂隙较为发育，坡体稳定性受其控制，构成该条件下的陡倾顺层状结构坡体，对边坡稳定性不利。左岸高高程砂板岩段，以块裂—碎裂结构为主，岩体破碎、松弛，自然边坡稳定条件较差。

（3）变形破坏现象与程度。如左岸高程 2000.00m 以上砂板岩普遍强烈倾倒变形，水平深度 30~70m 不等，而 2000m 以下以卸荷拉裂、滑移-拉裂等变形为主，自然边坡前者稳定性要差于后者。再如，左岸反倾岸坡中左坝头变形拉裂岩体、Ⅳ—Ⅵ线山梁变形拉裂岩体所在岸坡变形破坏程度明显强于其他段岸坡，岸坡稳定性亦都差于左岸边坡的其他段。

（4）边坡变形破坏模式。边坡的岩性不同、岩体结构与坡体结构不同，尤其是控制性结构面与临空面的关系不同，从而呈现出不同的稳定状况，自然边坡稳定性分区需考虑其主要的变形破坏模式。

2. 稳定性分区及可能变形破坏模式

综合上述影响边坡稳定性分区的主要地质因素在枢纽区两岸边坡不同部位的组合发育情况和边坡稳定性的宏观判断，总体上将枢纽区边坡分为 4 个大区 7 个亚区，见图 10.3-7。

各区基本地质特征、可能变形破坏失稳模式及稳定性评价见表10.3-2。

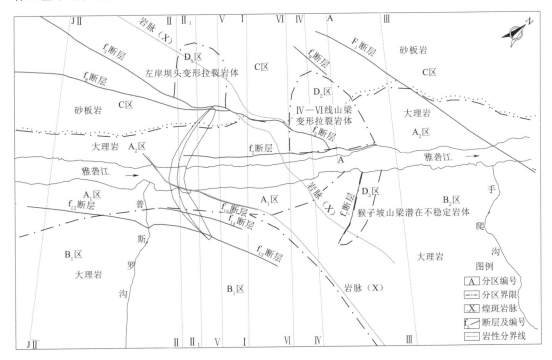

图 10.3-7　枢纽区自然岸坡稳定性分区示意图

表 10.3-2　　　　　枢纽区自然边坡稳定性分区地质评价表

分区代号	亚区代号	基本地质特征	变形拉裂迹象	可能变形失稳模式	稳定性评价
A	A₁	顺向坡，整体或块状坡体结构；由第3~5层大理岩组成，厚层—块状结构	边坡表层局部见层面裂隙、绿片岩控制的小块体滑移、崩塌	由浅表卸荷裂隙与绿片岩夹层组成小块体滑塌	自然岸坡稳定性好
	A₂	反向坡，顺倾层状坡体结构；由第5~8层大理岩组成，岩体较完整，中厚—厚层状结构，倾坡外裂隙发育	该坡段上部发育轻微深部破裂，规模小、数量少；主要为浅表卸荷	①顺倾坡外裂隙滑塌破坏；②局部小规模楔形体破坏	自然岸坡稳定性好
B	B₁	顺向坡，顺倾层状坡体结构；由第6层大理岩组成，薄—中厚层状结构，局部发育层间挤压带	边坡表层局部见绿片岩、层面裂隙控制的小块体滑移、崩塌	受层间挤压带、绿片岩透镜体或层面裂控制的平面破坏	自然岸坡稳定性较好
	B₂	斜向坡，顺倾层状坡体结构；主要由第6层大理岩组成，层间挤压带较发育	岸边见沿顺层挤压面滑动残留的凹腔	局部小规模楔形体破坏	自然岸坡稳定性较好

续表

分区		基本地质特征	变形拉裂迹象	可能变形失稳模式	稳定性评价
分区代号	亚区代号				
C		反向坡，反倾层状坡体结构；由砂板岩组成，岩体较破碎，小断层及层间挤压带发育	中上部砂板岩浅表部倾倒变形强烈，倾坡外裂隙松弛张开	①倾倒-滑移破坏；②滑移-拉裂破坏；③楔形体破坏	岸坡整体基本稳定，浅表局部潜在不稳定
D	D_1	反向坡，楔形坡体结构；由砂板岩组成，主要弱面有 f_5、f_8、X、层间挤压带及 f_5 内侧近 EW 向中倾小断层（f_{42-9} 等）	左坝头变形拉裂岩体，砂板岩倾倒变形深度大。卸荷拉裂变形强烈，深度大	①楔形体破坏；②局部倾倒-滑移破坏	天然状态下整体基本稳定，但岩体松弛拉裂严重，整体稳定条件较差
	D_2	反向坡，深卸荷破裂型坡体结构；上部由砂板岩、下部由大理岩组成，浅表部顺倾坡外裂隙发育	Ⅳ—Ⅵ勘探线山梁变形拉裂岩体，上部砂板岩倾倒变形强烈；下部大理岩中深部裂缝发育	①顺倾坡外裂隙滑塌破坏；②局部小规模楔形体破坏	岸坡整体基本稳定，浅表部局部潜在不稳定
	D_3	斜向坡，顺倾层状坡体结构；猴子坡坡脚一带层间挤压带较发育，其他弱面主要有 f_7、f_{28}、X 等	沿 f_7 断层及层间挤压错动带两侧有张扭性派生裂隙及在重力作用下向河谷方向的错动扩容现象	局部小规模楔形体破坏	岸坡整体基本稳定。各类软弱结构面组合构成潜在不稳定岩体

10.4　不同坡体结构下的工程边坡稳定性评价

　　水电工程建筑物边坡稳定性的分析研究，一般从边坡基本地质条件、已有变形破坏现象及其成因机制出发，结合自然边坡稳定性判断，预测工程边坡可能失稳模式及不利块体组合，分析评价工程边坡整体和局部稳定性，提出边坡处理的建议，并在开挖后根据揭示实际地质条件予以复核，动态调整边坡处理方案。

　　锦屏一级工程在前期勘察设计和招标设计阶段，针对工程边坡稳定性开展了多项研究，对不同坡体结构的控制性结构面发育规律及其组合关系、可能的失稳破坏模式均有较为丰富的研究成果；对不同坡体结构边坡在前期、施工期的地质勘察内容、重点、难点有着深刻的体会。因此，从控制性结构面主导的坡体结构出发，基于控制性结构面和滑移模式进行工程边坡稳定性研究，从简单的厚层块状边坡，到复杂的变形拉裂岩体边坡，再到岩土混合边坡，以下简要介绍锦屏一级工程各种坡体结构工程边坡的可能失稳破坏模式及其稳定性研究成果。

10.4.1　整体或块状坡体结构（Ⅰ）边坡

　　该类坡体结构工程边坡在坝区自然边坡稳定性分区中位于稳定性好的 A_1 区，岩层岩性以厚层—巨厚层的浅灰色大理岩、杂色角砾状大理岩或灰白色大理岩为主，夹少量绿片岩透镜体，岩体条件好，层面裂隙发育少且普遍嵌合紧密，呈现出块状结构特征；一般情况下岩体中贯通性软弱结构面不发育或发育较少，边坡稳定条件好。主要包括电站取水口及泄洪洞进口洞脸开挖边坡、右岸坝肩上游侧高程约 1800.00m 以下边坡和右岸泄洪雾化区高程约 1800.00m 以下边坡三处工程边坡。下面以电站取水口及泄洪洞进口洞脸开挖边坡为例，叙述整体或块状坡体结构边坡的失稳破坏模式研究与稳定性评价。

该边坡位于普斯罗沟下游侧陡壁，开挖坡高约 300m，开挖坡比在高程 2070.00～1945.00m 为 1∶0.433～1∶0.5，高程 1945.00～1777.00m 为 1∶0.233～1∶0.3；每30m 设置一级宽 3m 的马道。该边坡是厚层块状工程边坡中开挖坡高最高的边坡。

1. **基本地质条件**

该处自然边坡高陡，基岩裸露，主要由厚层—块状、杂色角砾状大理岩或灰白色大理岩夹少量绿片岩透镜体组成，最上部开口线附近薄—中厚层大理岩。岩层总体产状为 N20°～60°E/NW∠30°～50°，层面裂隙走向与洞脸坡走向大角度相交，边坡为斜横向坡。

边坡中主要结构面为 f_{13}、f_{XD4}、f_{RL1}、f_{RL3} 断层（图 10.4-1）和 g_{XD1}、g_{XD8} 等多条层间挤压错动带（图 10.4-2），以及层面裂隙等。

 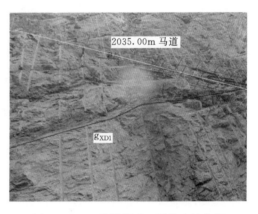

图 10.4-1 泄洪洞进口洞脸边坡高程 1840.00～1825.00m 段 f_{13} 断层　　图 10.4-2 泄洪洞进口洞脸边坡高程 2035.00m 以上层间挤压错动带 g_{XD1} 性状

开挖坡岩体以弱风化为主，其中沿断层破碎带及影响带、层间挤压错动带局部发育有 5～20m 不等的强风化夹层。开挖坡岩体向雅砻江河床方向以弱卸荷为主；靠近普斯罗沟侧岸坡高陡，向普斯罗沟方向以强卸荷为主。

2. **边坡整体稳定性与局部可能失稳破坏模式分析**

开挖洞脸边坡主要由厚—巨厚层大理岩、杂色角砾状大理岩组成，少量薄—中厚层大理岩，坡体中 f_{13}、f_{XD4}、f_{RL1}、f_{RL3} 等断层和 g_{XD1}、g_{XD8} 等层间挤压错动带、层面裂隙等主要结构面走向均与洞脸坡大角度相交，未见顺坡向、中缓倾坡外的贯通性软弱结构面发育，开挖边坡整体稳定性好，为锦屏一级稳定条件最好的工程边坡。

根据开挖边坡岩性及岩体结构、风化卸荷、软弱结构面发育情况、组合特征与边坡相互关系的分析，开挖边坡在不同高程、不同部位有一些局部的不稳定块体组合分布。

3. 边坡处理与稳定性后评价

该工程边坡于 2008 年完成了浅层系统锚喷支护，深层加固在高程 1825.00～1975.50m 的每级马道 2 排锚索 $T=1000$kN，间距 5m；在高程 1975.50m 以上每级马道锚索 $T=2000$kN，间距 6m，排距 6.5m。多年来边坡各项监测成果显示累计变形量小，位移计历时曲线基本呈平缓或小幅波动状态；地质巡视显示，未见边坡变形破坏迹象。这表明电站取水口及泄洪洞进口洞脸边坡稳定。

10.4.2 中缓倾顺层状坡体结构（ⅡA）边坡

该类边坡一般为顺向坡—斜顺向坡，在坝区天然边坡稳定性分区中位于稳定性较好的 B_1 区，中缓倾坡外的控制性结构面主要为层面裂隙和层间挤压错动带，但总体发育较少，多短小、不连续、贯通性差，边坡稳定条件总体较好，可能的失稳模式是以控制性结构面为底滑面的小规模平面滑动破坏。主要为右岸薄—中厚层大理岩夹绿片岩夹层、透镜体组成的工程边坡，包括泄洪洞进口引渠内侧边坡、右岸缆机平台边坡、右岸骨料筛分平台边坡、右岸泄洪雾化区高程 1800.00m 以上边坡、尾水洞出口边坡等。

这类边坡中局部失稳破坏模式为一陡一缓或二陡一缓平面滑动模式，其中控制性结构面仍为底滑面，坡体中与边坡小角度相交或近于平行的陡倾（倾坡内或坡外）结构面为后缘拉裂面，另外一组与边坡大角度相交的陡倾结构面为侧向拉裂面。下面以一陡一缓平面滑动模式的右岸泄洪洞进口引渠内侧边坡为例，说明中缓倾坡外结构面控制的顺倾层状坡体结构边坡的失稳破坏模式研究与稳定性评价。

该边坡位于普斯罗沟上游侧，走向 N62.5°E，开挖坡比 1∶0.18，每 30m 设置一级宽 3m 的马道，最大开挖坡高约 200m。是中缓倾坡外结构面控制工程边坡中规模最大、条件最复杂的边坡。

1. 基本地质条件

该处天然岸坡陡峻，走向 N20°～30°E，坡度一般为 60°～80°，相对高差千余米。地层岩性主要为杂谷脑组第二段大理岩，岩层走向与岸坡走向小角度相交，为顺向坡结构岸坡。

边坡中发育有 f_{yj6}、f_{XD5} 等多条小断层，g_{yj2}、g_{yj3}～g_{yj7} 等多条层间挤压错动带。这些断层和层间挤压错动带破碎带厚一般为 5～20cm，主要由黄色、黑色碎粒岩、碎块岩组成，局部见绿片岩强风化形成的黄泥，遇水易软化泥化，性状差，构成边坡不同高程、不同部位控制开挖边坡稳定性的主要结构面。

2. 边坡整体稳定性与局部可能失稳破坏模式分析

引渠内侧开挖边坡主要由上部薄—中厚层大理岩、中下部厚层—块状大理岩组成，虽然坡体内发育的小断层、层间挤压错动带走向与边坡走向夹角小或近平行，对坡体稳定不利，但开挖边坡未见大规模变形拉裂现象，边坡整体稳定。

坡体内发育控制性的层间挤压错动带走向与开挖边坡走向夹角小或近平行，且中缓倾坡外，在开挖坡面出露，坡体稳定性有所降低，需要对局部稳定性予以复核并进行针对性的加固处理：①以 f_{yj6} 断层为后缘拉裂面，以 g_{yj2}、g_{XN2}、g_{XN4}、g_{yj3}～g_{yj7} 为底滑面，以 NWW 向裂隙为侧裂面的组合；②以 f_{XD5} 断层为后缘拉裂面，以 g_{XN4}、g_{yj3} 及 g_{yj7} 为底滑面，以 NWW 向裂隙为侧裂面的组合，如图 10.4-3 所示，其中，开挖过程中由于支护不及时等原因影响，曾发生过一次总方量 1.0 万～1.5 万 m^3 的小型滑塌破坏，破坏模式为以 f_{XD5} 断层为后缘拉裂面、层间挤压错动带 g_{yj3} 为底滑面组合的平面滑动失稳，见图 10.4-4。

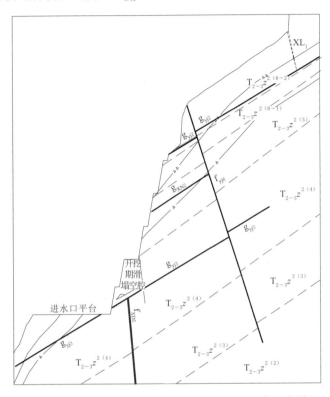

图 10.4-3　泄洪洞引渠内侧坡不利结构面组合示意图

图 10.4-4　泄洪洞引渠内侧边坡高程 1827.00～1777.00m 滑塌破坏面貌

3. 边坡处理与稳定性后评价

针对坡体内发育的陡倾小断层、中倾坡外的层间挤压错动带为主的控制性结构面，采取了深层系统锚索、浅层锚喷支护及被动防护网等支护措施处理，其中锚索 $T = 2000 \sim 3000\text{kN}$，间距一般 5.0m。至 2009 年该边坡支护工程全部完成。多年来，该边坡多项监测成果和地质巡视表明，引渠内侧开挖边坡未发现变形破坏迹象，边坡处于稳定状态。

10.4.3 陡倾顺层状坡体结构（II_B）边坡

锦屏一级左岸天然岸坡高程约 1810.00m 以下的大理岩段边坡，坡度为 $50° \sim 70°$，岩层以中等倾角反倾山里，为反向坡，在坝区自然边坡稳定性分区中位于稳定性好的 A_2 区。岩体中与岸坡走向近于平行或小角度相交的一组陡倾坡外顺坡节理裂隙发育，岩体被切割成板状，呈现出似层状特征，成为边坡浅表层稳定的控制性结构面，自然边坡呈陡倾顺层状坡体结构特征。边坡中中缓倾坡外的贯通性软弱结构面不发育，边坡稳定条件总体较好。主要包括左岸拱肩槽上游侧高程约 1810.00m 以下边坡、左岸泄洪雾化区高程约 1810.00m 以下边坡。下面以左岸拱肩槽上游侧边坡为例，说明陡倾坡外顺坡结构面控制的顺倾层状坡体结构边坡的失稳破坏模式研究与稳定性评价。

该边坡高程约 1810.00m 以下出露大理岩，是左岸坝肩边坡的一部分，其开挖坡高 230m，约占左岸坝肩开挖边坡总坡高 530m 的 43%。

1. 基本地质条件

左岸坝肩上游侧边坡大理岩基岩裸露，自然岸坡高陡，坡度一般 $50° \sim 70°$。坡体中发育倾坡内的 $N15° \sim 35°E/NW \angle 30° \sim 45°$ 层面裂隙和倾坡外的 $N50° \sim 70°E/SE \angle 50° \sim 80°$ 构造裂隙，自然边坡地质结构为逆向坡，而顺坡向裂隙又构成陡倾坡外顺层状的坡体结构特征。此外，坡体中倾坡外的 $N20° \sim 40°E/SE \angle 60° \sim 85°$ 组裂隙也较发育。

边坡大理岩中岩体变形破裂以利用上述两组倾坡外构造裂隙卸荷拉裂为主，且延伸较长、贯通程度高，坡体结构呈现"似板状"的顺向坡结构。

2. 边坡整体稳定性与局部可能失稳破坏模式分析

虽然边坡中陡倾坡外的节理裂隙发育，但其倾角总体大于或等于边坡坡度，且缓倾河床的底滑面不发育，开挖前天然边坡整体是稳定的。边坡变形破坏形式主要是顺坡向陡倾结构面拉裂松弛变形，局部垮塌，而以 f_5 断层（或煌斑岩脉）为后缘拉裂面、前缘剪断岩体失稳破坏的可能性很小。

3. 边坡处理与稳定性后评价

边坡开挖过程中，未发生较大的变形破坏现象。开挖后边坡整体稳定条件也无明显变化，只是局部小块体比前期预测的多，这与边坡大面积开挖后，新揭示出局部延伸较短小的中缓倾结构面有关。针对该边坡，采取了浅表层系统喷锚、深层 1000kN、2000kN 的预应力系统锚索等加固措施。监测表明，蓄水以来边坡整体处于稳定状态。

10.4.4 斜顺向层状坡体结构（II_C）边坡

斜顺向层状坡体结构边坡典型实例为右岸猴子坡潜在不稳定岩体，位于坝区自然边坡稳定性分区中的 D_3 区，其所在自然岸坡稳定条件较差，且受运行期泄洪雾化影响，边坡稳定性有所降低。

1. 基本地质条件

猴子坡潜在不稳定岩体位于大坝下游右岸导流洞出口和尾水洞出口上方,地形上为一突出的孤立山脊,见图 10.4-5。坡体由第二段第 6 层含层间挤压错动带的大理岩组成,f_7 断层为代表的顺层挤压错动带从其下部通过,中陡倾坡内的 f_{28} 断层和煌斑岩脉从坡体中上部通过。由于差异风化作用断层和煌斑岩脉在地表显示明显的凹槽。

f_7 断层产状 N50°～60°E/NW∠35°～40°,破碎带宽约 40cm,由压碎岩夹黄褐色次生泥组成,见蠕滑错动痕迹,断层两侧有张扭性派生裂隙及擦痕。

2. 边坡整体稳定性与可能失稳破坏模式分析

猴子坡潜在不稳定岩体下部 f_7 断层出露于地表倾向坡外,构成猴子坡潜在不稳定岩体底滑面及上游侧边界,f_{28} 断层或煌斑岩脉构成后缘切割面。由于边坡下游侧无特定的、规模较大的近 SN 向结构面发育,块体组合边界不甚完备,综合判断该边坡现状整体基本稳定。

图 10.4-5　右岸猴子坡潜在不稳定
岩体地形地貌

猴子坡潜在不稳定岩体可能失稳模式是以 f_7 断层为代表的顺层挤压错动带为底滑面及上游侧切割面,以 f_{28} 断层或煌斑岩脉为后缘切割面,断续、短小的近 SN 向裂隙为下游侧切割面的组合,可能发生顺层的滑移拉裂破坏。

3. 边坡处理与稳定性后评价

在枢纽布置研究中,右岸导流洞、尾水洞出口均避开了猴子坡潜在不稳定岩体。为确保施工和运行安全,对猴子坡潜在不稳定岩体下部一定范围进行了加固支护处理,以系统的表层喷锚和深层 2000kN 级的预应力锚索为主。

加固处理完成后,猴子坡潜在不稳定岩体布置有多点位移计、锚索测力计和石墨杆收敛计,开展边坡安全监测,边坡总体变形量值小,如图 10.4-6 所示,猴子坡潜在不稳定岩体边坡基本稳定。

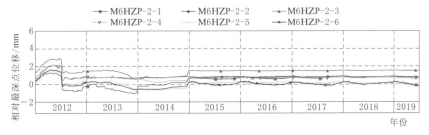

图 10.4-6　右岸雾化区猴子坡位移计 M6HZP-2 位移历时曲线图

10.4.5　反倾层状坡体结构（II_D）边坡

该类边坡仅分布在左岸边坡上部高程约 2000.00m 以上砂板岩倾倒变形段，在坝区自然边坡稳定性分区中位于整体基本稳定、浅表局部不稳定的 C 区。由于岸坡高陡，物理地质作用强烈，高高程砂板岩倾倒变形普遍，厚度大，开挖后的工程边坡仍保留有部分倾倒变形砂板岩体，成为锦屏一级左岸高高程独特的倾倒变形边坡。

1. 基本地质条件

左岸上部缆机平台边坡高程约 2000.00m 以上，砂板岩岩体变形破坏形式复杂，在卸荷松弛的基础上又叠加了倾倒（弯曲）-拉裂等变形现象。在山梁、冲沟等不同部位倾倒变形程度有所差异。地形突出的部位岩体倾倒变形强烈，多形成危岩体，其中规模较大的有 1 号危岩体和 2 - 3 号危岩体，倾倒变形水平深度 55～65m。

图 10.4 - 7　左岸边坡高程约 2000.00m 以上倾倒砂板岩中拉裂缝

缆机平台边坡开挖，揭示出 f_{LL-2}、f_{1B-2}、f_{1A-7} 三条小断层，以及 4 条陡倾坡外、总体产状 N0°～30°E/SE∠60°～80°的卸荷拉裂缝，延伸长 50～150m，普遍张开 10～50cm，充填岩块、岩屑及次生泥，见图 10.4 - 7。

2. 边坡整体稳定性与局部可能失稳破坏模式分析

虽然左岸砂板岩倾倒变形强烈，岩体普遍松弛破碎，表部时有小型垮塌，但倾倒变形岩体内部的折断带尚未形成，且边坡中亦无贯通性的中缓倾坡外的软弱结构面发育，开挖前自然边坡整体基本稳定。

开挖后，倾倒变形砂板岩边坡整体稳定性将降低，可能发生以拉裂张开的 f_{LL-1}、f_{LL-2}（煌斑岩脉）、f_{1B-2}、f_{1A-7} 等断层或 XL_{1B-5}、XL_{1B-6} 等卸荷裂隙为后缘面，剪断下部变形松弛岩体的局部失稳破坏，见图 10.4 - 8。

3. 边坡处理与稳定性后评价

针对左岸高程约 2000.00m 以上倾倒变形砂板岩边坡，采用了边坡截排水、浅表层系统锚杆、混凝土框格梁、深层预应力系统锚索（1000kN、2000kN、3000kN，长 30.0～80.0m）等系统加固措施。

经系统支护处理后，截至 2020 年年底，左岸倾倒边坡外部变形观测点、多点位移计、锚杆应力计、锚索测力计等变形监测成果表明，倾倒变形岩体仍在缓慢变形，但变形量值微小，且有收敛趋势，现场巡查，亦未见变形迹象。综合分析判断，左岸高程约2000.00m 以上倾倒变形边坡整体基本稳定。

10.4.6　楔形坡体结构（III_A）边坡

楔形坡体结构边坡即左坝头变形拉裂岩体"大块体"所在的边坡，属坝区自然边坡稳

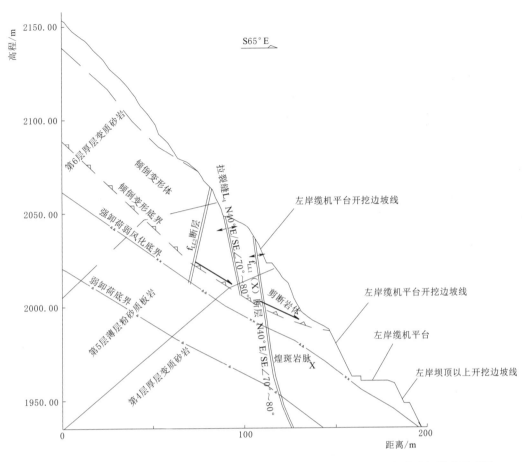

图 10.4-8 左岸边坡高程约 2000.00m 以上倾倒变形砂板岩可能局部失稳破坏模式示意图

定性分区中的 D_1 区，岩体松弛拉裂严重，整体稳定条件较差，开挖后工程边坡稳定性将明显降低。

左岸坝肩坝头边坡总体开挖高度约 530m（河床建基面高程 1580.00m 至左岸缆机平台边坡开口高程 2110.00m），其中坝顶以上最大坡高 225m，开挖坡比 1:0.45～1:0.5。左坝头砂板岩变形拉裂岩体，位于拱肩槽上游侧边坡高程 1810.00～2000.00m 之间，控制了左岸坝肩开挖边坡的整体稳定性。

1. 基本地质条件

该砂板岩组成的边坡开挖前自然坡度 40°～50°，局部覆盖有厚 1～5m 不等的崩坡积块碎石土层。边坡中规模较大的软弱结构面有 f_5、f_8、f_{42-9} 等断层、层间挤压错动带、深卸荷拉裂缝、煌斑岩脉，以及边坡浅表部发育的卸荷裂隙。节理裂隙主要发育 3～4 组，其中倾坡内的为 N15°～35°E/NW∠30°～45° 层面裂隙，倾坡外的为 N20°～40°E/SE∠60°～85°、N50°～70°E/SE∠50°～80° 两组构造裂隙，自然边坡属层面构成的逆向坡。

边坡砂板岩岩体变形破坏形式复杂，在深卸荷及表浅拉裂松弛的基础上，又叠加了蠕滑-拉裂等变形现象。蠕滑-拉裂主要发育在坡体内受 f_{42-9} 断层控制的上盘岩体内。f_{42-9} 断层产状 N80°E～EW/SE（S）∠40°～60°，破碎带宽 0.30～1.00m，主要由碎粉岩、碎粒岩等组成，带内见蠕滑擦痕（图 10.4 - 9），上盘岩体内相间发育以 SL_{44-1} 深部裂缝为代表的一系列深卸荷松弛拉裂带，产状 SN～N20°W/E（NE）∠55°～60°（图 10.4 - 10）。在后缘煌斑岩脉切割条件下，f_{42-9} 断层与 SL_{44-1} 深部裂缝组合形成楔形大块体，开挖前总方量约 232 万 m^3。

图 10.4 - 9　左岸坝头变形拉裂岩体中高程　　　　　图 10.4 - 10　左岸坝头变形拉裂岩体中 PD42
1930.00m PD42 平洞 f_{42-9} 断层面蠕滑擦痕　　　　　平洞 330m 上游壁岩体拉裂现象

　　研究认为，f_5 断层及 f_8 断层为变形拉裂岩体的外侧边界，断层破碎带及影响带总宽度达 10～20m，为楔形块体的蠕滑提供了变形空间。

　　2. 边坡整体稳定性与可能失稳破坏模式分析

　　由于坡体前缘 f_5、f_8 断层限制了 f_{42-9} 断层向坡外延伸，左坝头变形拉裂岩体大块体天然状态下整体基本稳定。失稳破坏模式为 f_{42-9} 断层、SL_{44-1} 和煌斑岩脉组成的楔形大块体蠕滑变形破坏［图 10.4 - 11（a）］。当左岸坝肩边坡开挖后，f_5 断层及外侧起阻挡作用的"岩墙"将大部分被挖除［图 10.4 - 11（b）］，f_{42-9} 断层大范围出露于开挖坡面，大块体稳定性将大幅降低（稳定性计算详见 10.5.1 节），应对边坡开挖后左坝头变形拉裂岩体的整体稳定性进行全面复核，针对复核成果采用有针对性的加固支护。

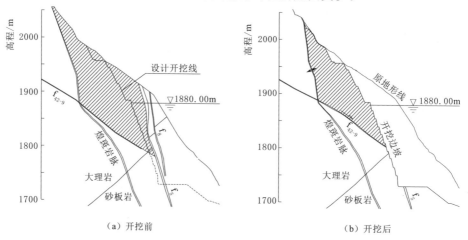

（a）开挖前　　　　　　　　　　　　　（b）开挖后

图 10.4 - 11　左岸坝头变形拉裂岩体大块体可能滑移破坏模式示意图

3. 边坡处理与稳定性后评价

针对由 f_{42-9} 断层、煌斑岩脉和深部裂缝 SL_{44-1} 组成的左坝头变形拉裂岩体大块体开挖后的稳定问题，为满足规范规定的稳定安全系数要求，采用的加固措施主要有：边坡截排水；浅表层系统锚杆（锚杆长 6m、9m）、混凝土框格梁；深层预应力系统锚索（吨位 1000kN、2000kN、3000kN，长 30.0~80.0m）；针对底滑面兼下游边界 f_{42-9} 断层，采取了高程 1883.00m、1860.00m、1834.00m 三层宽 9.0m×高 10m 的抗剪洞及键槽加固处理。边坡经上述系统加固后稳定性计算表明，地震工况下，安全系数大于 1.17，极端工况下（部分锚索失效或应力损失）安全系数大于 1.14，边坡整体安全系数能满足规范要求。

针对"大块体"，布设有外部变形观测点、多点位移计、锚杆应力计、锚索测力计、水准观测、谷幅观测、测斜孔、石墨杆收敛计、滑动测微计、测缝计等监测。监测成果表明，左坝头"大块体"未见沿 f_{42-9} 断层的整体滑移迹象，变形速率明显趋缓，"大块体"的稳定性得到有效控制。

至 2020 年 10 月，表部监测成果显示（图 10.4-12），开挖期（2005 年 1 月至 2012 年 11 月）变形速率最大，在 0.79mm/月内；初期蓄水期（2012 年 12 月至 2017 年 12 月）变形速率减小，在 0.42mm/月内；运行期（2018 年 1 月至 2019 年 12 月）变形速率在 0.65mm/月内；2020 年 1—12 月，变形速率为 0.10mm/月。总体上，变形量值微小，且变形速率总体减缓，边坡变形趋于收敛。变形虽尚未收敛，但变形量值微小，且变形速率总体趋缓。深部变形监测显示，变形主要位于 f_{42-9} 断层以外深部裂缝、煌斑岩脉等发育部位，见图 10.4-13。

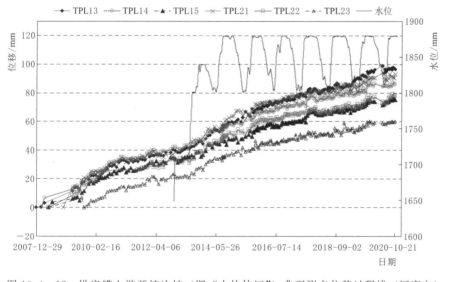

图 10.4-12　拱肩槽上游开挖边坡（即"大块体区"）典型测点位移过程线（河床向）

10.4.7　深卸荷破裂型坡体结构（ⅢB）边坡

左岸Ⅳ—Ⅵ线山梁变形拉裂岩体为深卸荷破裂型坡体结构边坡，属坝区自然边坡稳定性分区中的 D_2 区，深卸荷拉裂发育，整体稳定条件较差，受泄洪雾化影响，边坡稳定性

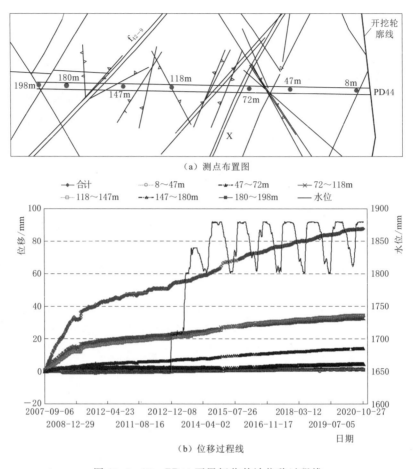

（a）测点布置图

（b）位移过程线

图 10.4-13 PD44 石墨杆收敛计位移过程线

有所降低。该边坡岩体稳定性评价与可能失稳破坏模式见第 5 章论述，稳定性计算详见
10.5.2 节。

10.5 典型工程边坡稳定性计算

锦屏一级工程坝址区边坡地质条件极其复杂，受地层岩性、地质构造、深卸荷、倾倒
变形等影响，各工程边坡具有差异很大的坡体结构和不同的稳定条件、不同的可能失稳破
坏模式，从其中选择最复杂、最重要的左岸坝头变形拉裂岩体楔形坡体结构边坡、左岸雾
化区Ⅳ—Ⅵ线山梁变形拉裂岩体深卸荷破裂型坡体结构边坡为例，介绍其稳定性分析
计算。

10.5.1 左岸坝头变形拉裂岩体楔形坡体结构边坡

左岸坝头变形拉裂岩体大块体作为楔形坡体结构边坡的代表，涉及整个左岸坝肩边坡
的整体稳定性。

1. 可能失稳破坏组合模式

左坝头变形拉裂岩体大块体，在开挖前、后边坡可能失稳破坏模式均以 f_{42-9} 断层为潜在底滑面兼下游边界、SL_{44-1} 深卸荷拉裂带为上游侧边界、煌斑岩脉为后缘边界的楔形体蠕滑破坏。

鉴于 SL_{44-1} 深卸荷拉裂带走向有一定变化，根据其不同的走向，有两个规模不同的模式 A 及模式 B，见图 10.5-1。模式 A：SL_{44-1} 走向取 SN 向，滑块出露的最高高程约 2050.00m，最低高程约 1700.00m。模式 B：SL_{44-1} 走向取 N20°W，滑块出露的最高高程约 2050.00m，最低高程约 1750.00m。两种组合模式的分析计算与综合评价结论基本相同，因此，本节以模式 A 为例来说明楔形大块体稳定性的计算分析。

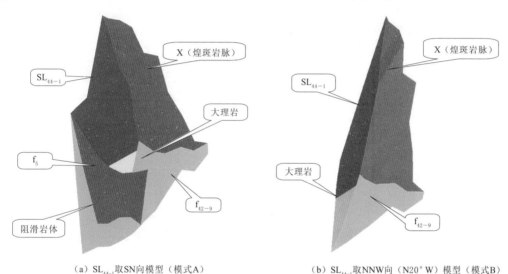

（a）SL_{44-1} 取 SN 向模型（模式A）   （b）SL_{44-1} 取 NNW 向（N20°W）模型（模式B）

图 10.5-1   左岸大块体不同走向 SL_{44-1} 结构面模型图

2. 边坡主要结构面参数

大块体边坡出露规模较大的结构面主要有 f_5、f_8、f_{42-9} 断层及煌斑岩脉、深部裂缝 SL_{44-1} 等，此外还有 f_{LJ-3}、f_{LB13}、f_{LB9} 等规模较小的断层，其工程地质性状及建议参数见表 10.5-1。

表 10.5-1   左岸大块体边坡中主要结构面性状与建议参数表

结构面	产状	工程地质性状	结构面类型	建议参数					
				可行性研究成果			施工图阶段复核成果		
				连通率	f'	c' /MPa	连通率	f'	c' /MPa
f_5、f_8	N30°~50°E/ SE∠75°~85°	延伸长，宽一般为 0.30~5.00m。岩屑夹泥型	B_4	100%	0.3	0.02	100%	0.3	0.02
f_{42-9} 及同向小断层	EW/ S∠40°~60°	延伸长，宽一般为 0.30~1.00m。泥夹岩屑型	B_4	100%	0.3	0.02	100%	0.3	0.02

续表

结构面	产状	工程地质性状	结构面类型	建议参数					
				可行性研究成果			施工图阶段复核成果		
				连通率	f'	c' /MPa	连通率	f'	c' /MPa
煌斑岩脉	N50°E/ E∠67°	嵌合较松弛,风化强烈,岩体强度低,岩脉与砂板岩全部为断层接触	B_4	100%	0.3	0.02	100%	0.3	0.02
SL_{44-1}	SN~N20°W/ E(NE)∠55° ~60°	宏观上为一松弛拉裂带,带内裂隙松弛张开宽度一般 0.05~0.10m	B_2	50% ~ 70%	50%~70% 取 B_2 类指标,30%~50%取潜在滑移面通过各类岩体指标的综合加权值		50% ~ 70%	50%~70% 取 B_2 类指标,30%~50% 取潜在滑移面通过各类岩体指标的综合加权值	
f_{LL1} (X), f_{LL2} 断层, L_4 拉裂松弛带		地表以下 0~50m	空缝	无			空缝	0	0
		地表 50m 以下	B_4	无			100%	0.3	0.02

3. 三维极限平衡法分析方法

依据大块体的可能失稳破坏模式,对其天然、施工期与运行期稳定性的分析研究采用三维极限平衡法,即 3D-SLOPE 程序 (Spencer 下限解法)。

该程序分高程、分岩类、分边界条件生成物理参数数据,同时还考虑地震条件的输入;对锚索、锚杆、抗剪洞等支护措施可较准确地模拟,并分析其作用效果;判断不同滑动方向的稳定安全系数。

4. 计算时段与工况

计算时段在蓄水前,分析天然边坡、开挖至高程 1885.00m、开挖至高程 1795.00m、开挖完成后边坡 4 种情况。运行期,计算分析正常蓄水位 1880.00m、死水位 1800.00m 和库水位骤降 3 种情况。

计算工况在蓄水前,均为正常工况、降雨工况 (地下水位系数取 0.2)、地震工况 (地震加速度取 0.129g)。蓄水期,正常蓄水位和死水位的计算工况为正常工况、降雨工况 (地下水位系数取 0.2)、地震工况 (地震加速度取 0.129g);库水骤降计算 1880.00~1800.00m 放水速度为 12.25m/d 的工况和 1880.00~1800.00m 饱水工况共 2 种工况。

5. 稳定性计算成果

根据水电行业相关规程规范规定,边坡稳定状态及其稳定性系数划分标准见表 10.5-2。本节依据此标准进行工程边坡的稳定状态评价。

表 10.5-2 水电边坡稳定状态及其稳定性系数

边坡稳定状态	稳定	基本稳定	稳定性差	不稳定
边坡稳定性系数 K	$K \geqslant 1.15$	$1.15 > K \geqslant 1.05$	$1.05 > K \geqslant 1.00$	$K < 1.00$

施工期大块体楔形边坡稳定性计算成果见表 10.5-3。

表 10.5-3 施工期大块体楔形边坡稳定性计算成果表

开挖高程	工 况	稳 定 性 系 数	
		未加固	加固后（边坡开挖至高程 1885.00m，锚索支护至高程 1885.00m）
至 1885.00m	正常工况	1.806	1.920
	降雨工况（地下水位系数取 0.2）	1.699	1.806
	地震工况（地震加速度取 0.129g）	1.558	1.648

开挖高程	工 况	稳 定 性 系 数			
		未加固	1883.00m、1860.00m 抗剪洞支护	锚索支护	锚索＋1883.00m 抗剪洞 1860.00m 抗剪洞联合支护
至 1795.00m	正常工况	0.985	1.108	1.081	1.237
	降雨工况（地下水位系数取 0.2）	0.882	1.019	0.990	1.141
	地震工况（地震加速度取 0.129g）	0.845	0.974	0.942	1.083

开挖高程	工 况	稳 定 性 系 数			
		未加固	三层抗剪洞支护	锚索支护	锚索和三层抗剪洞联合支护
开挖完成	正常工况	0.985	1.204	1.081	1.344
	降雨工况（地下水位系数取 0.2）	0.882	1.112	0.990	1.244
	地震工况（地震加速度取 0.129g）	0.845	1.061	0.942	1.178

计算成果表明：①大块体边坡开挖至高程 1885.00m 时，各种工况下边坡稳定系数都在 1.5 以上，属于稳定状态。自坝顶高程 1885.00m 往下开挖，由于块体前沿剪出口的阻滑区岩体被逐步挖除，导致 f_{42-9} 断层在开挖坡面出露，恶化了边坡的稳定条件，因此随边坡开挖至不同马道高程，块体的稳定系数整体上呈现逐步减小趋势。②当边坡完全开挖后，由于滑块剪出口的阻滑区岩体被大范围挖除，各工况下大块体的稳定系数较边坡开挖至高程 1885.00m 时有较大程度的下降，下降幅度为 45%～82%。在没有任何支护的条件下正常工况最小稳定系数为 0.985，属于不稳定，不能保持整体稳定性，需要及时进行加固。边坡开挖完成后，在锚索和三层抗剪洞共同作用下，三种工况边坡整体稳定系数都在 1.15 以上，属于稳定边坡，并满足规范规定枢纽工程区Ⅰ级边坡的稳定安全要求。

运行期大块体楔形边坡稳定性计算成果见表 10.5-4。

计算成果表明：①当水库蓄水至 1880.00m 时，大块体在正常工况条件下的稳定系数大于 1.35，在降雨工况条件下稳定系数大于 1.30，在地震工况条件下稳定系数大于 1.15，都属于稳定状态；②当水库水位处于 1800.00m 死水位时，由于块体的剪出口位置大多位于高程 1800.00m 以上，大块体的稳定性基本不受库水影响；在正常工况条件下的

表 10.5 – 4   运行期大块体楔形边坡稳定性计算成果表

运行工况	边坡稳定性系数			备　注
	正常工况	降雨工况（地下水位系数取 0.2）	地震工况（地震加速度取 0.129g）	
正常蓄水位（1880.00m）	1.390	1.323	1.160	锚索和三层抗剪洞联合支护（不考虑锚索失效）
死水位（1800.00m）	1.344	1.244	1.136	
1880.00m 骤降至 1800.00m（放水速度 12.25m/d）	1.273	—	—	
1880.00m 骤降至 1800.00m（饱水工况）	1.234	—	—	

稳定系数大于 1.30，在降雨工况条件下稳定系数大于 1.20，属于稳定状态；在地震工况条件下稳定系数为 1.136，属于基本稳定状态；③当库水位从 1880.00m 以 12.25m/d 的速度骤降到 1800.00m 死水位时，正常工况下大块体的稳定系数大于 1.27，属于稳定状态。当库水位从 1880.00m 突然下降到 1800.00m 时，且坡体内部 1880m 以下岩体完全处于饱水状态，大块体的稳定系数为 1.234，属于稳定状态。总之，运行期该大块体稳定安全系数总体满足规范要求。

10.5.2　左岸雾化区 Ⅳ—Ⅵ 线山梁变形拉裂岩体深卸荷破裂型坡体结构边坡

左岸 Ⅳ—Ⅵ 线山梁变形拉裂岩体所在的边坡深部裂缝最为发育，规模较大的 Ⅰ级、Ⅱ级深部裂缝大多发育在该边坡，为深卸荷破裂型坡体结构最具有代表性的边坡，对其稳定性的分析计算具有类似边坡借鉴意义。

1. 可能失稳破坏组合模式

左岸 Ⅳ—Ⅵ 线山梁变形拉裂岩体位于泄洪雾化区下游段岸坡，坡体结构类型为深卸荷破裂型，边坡主要的可能失稳破坏组合模式有：滑移模式①，以 f_9 断层（SL_{24} 深部裂缝）为后缘面，剪断下部 f_9 断层以外边坡岩体的深层整体滑移模式；滑移模式②，以 f_9 断层外侧的 SL_{13}、SL_{18}、SL_{29} 等深部裂缝为后缘面，剪断下部深部裂缝以外边坡岩体的深层整体滑移模式；滑移模式③，以边坡浅部 f_5 断层或煌斑岩脉为后缘面，剪断下部 f_5 断层或煌斑岩脉以外边坡岩体的浅层滑移模式；滑移模式④，在边坡浅表部强卸荷岩体内，以顺坡卸荷裂隙（③N20°～35°E/SE∠70°～85°）为主要后缘面，剪断边坡前缘岩体的浅层滑移模式。见图 10.5 – 2。

以最深部的滑移模式①为深层滑动、最表浅的滑移模式④为浅层滑动为例，采用上游段 Ⅳ—Ⅳ 剖面、下游段 1—1 剖面进行稳定性计算。

2. 边坡主要结构面参数

边坡中 f_5、f_9（SL_{24}）断层和 SL_{13}、SL_{18}、SL_{29} 深部裂缝等主要结构面的参数取值见第 5 章表 5.6 – 2。

3. 二维极限平衡法分析方法

边坡可能失稳破坏模式以平面滑移为主，稳定性的分析计算采用二维极限平衡法，具

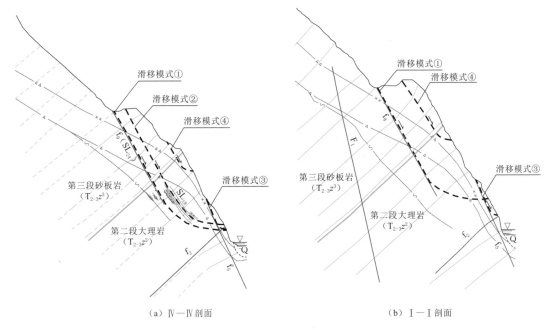

（a）Ⅳ—Ⅳ剖面　　　　　　　　（b）Ⅰ—Ⅰ剖面

图 10.5-2　左岸深卸荷破裂型坡体结构边坡主要失稳破坏模式示意图

体使用中国水利水电科学研究院编制的"EMU2007—岩质边坡稳定分析程序"，该程序采用能量法，为上限解法。

4. 计算工况

计算考虑五种工况：工况1，天然状态；工况2，天然状态＋地震（0.13g）；工况3，泄洪雾化状态下无任何防排工程措施；工况4，泄洪雾化状态下有坡面截防排水和地下排水洞系统排水措施；工况5，泄洪雾化状态下有坡面截防排水和地下排水洞系统排水措施，但考虑排水系统部分失效。

5. 稳定性计算成果

以 f_9 断层为后缘面，剪断下部 f_9 断层以外边坡岩体的滑移模式①（深层滑移模式）稳定性计算成果见表 10.5-5。

表 10.5-5　　　　　　　以 f_9 断层为后缘面的滑移模式①稳定性计算成果

剖面名称	稳 定 性 系 数				
	工况1	工况2	工况3	工况4	工况5
Ⅳ—Ⅳ剖面	1.39	1.21	1.20	1.32	1.26
1—1剖面	1.19	1.10	0.95	1.15	1.09

在边坡浅表部强卸荷岩体内，以顺坡卸荷裂隙（N20°～35°E/SE∠70°～85°）为后缘面，剪断边坡前缘岩体的滑移模式④（浅层滑移模式）稳定性计算成果见表 10.5-6。

计算成果表明：深层滑移模式①，天然和天然＋地震条件下，其上游侧Ⅳ—Ⅳ剖面稳定系数分别为1.39、1.21，属于稳定状态；天然条件下，下游侧1—1剖面稳定系数为

剖面名称	稳定性系数			
	工况 1	工况 2	工况 3	工况 5
Ⅳ—Ⅳ 剖面	2.10	1.75	1.64	1.95
1—1 剖面	2.04	1.62	1.51	1.73

1.19，属于稳定状态，但天然＋地震条件下，1—1 剖面稳定系数为 1.10，属于基本稳定状态。下游侧 1—1 剖面稳定系数较低，表明 f_9 断层在靠近坡面位置，即 f_9 断层和浅表卸荷带逐渐重合部位，断层外侧抗剪断岩体厚度变小，边坡深层稳定程度降低。上游侧 Ⅳ—Ⅳ 剖面，无防排措施的雾化雨作用工况下，边坡稳定系数 1.20，属于稳定状态；有防排措施的雾化雨作用工况下，边坡稳定系数 1.32，属于稳定状态。下游侧 1—1 坡面，无防排措施的雾化雨作用工况下，边坡稳定系数 0.95，属于不稳定状态；有防排措施的雾化雨作用工况下，边坡稳定系数 1.15，属于稳定状态。

浅层滑移模式④，对于以顺坡卸荷裂隙为后缘面的边坡岩体浅层滑移模式，天然工况下的边坡稳定系数为 2.04～2.10，在雾化降雨条件下，如无防排水工程措施，边坡稳定系数大幅降低至 1.51～1.64，表明泄洪雾化降雨对边坡浅表层稳定有重要的影响。

总之，为确保左岸雾化区边坡在运行期的稳定安全，在地表和地下采取系统排水措施基础上，还采取了深层系统锚索、浅层系统锚喷、主动网防护和贴坡混凝土等支护措施。

10.6　枢纽高位危岩体稳定性与防治研究

锦屏一级水电站工程枢纽区两岸自然岸坡高陡，在长期内外动力地质作用下，岸坡尤其是悬崖峭壁表部岩体普遍由于裂隙的卸荷张开、软弱岩层的风化蚀变及其相互切割，形成较多的多面临空的块体、突出小山脊，以及自然边坡陡缓相间的缓坡地带崩塌堆积的大孤（块）石。当这些块体、突出小山脊和大孤（块）石高悬于两岸枢纽建筑物上方时，就构成了影响施工安全和建筑物长期运行安全的危险源。这些危险源在强降雨、渐进性风化、地震等各种自然因素的作用下可能发生局部的或整体的失稳破坏，形成高位崩塌或滚石、落石、掉块，不仅会给施工期安全带来重大威胁，在运行期还可能给枢纽区建筑物长期安全带来重大隐患，甚至灾难性后果。

从 2005 年起，锦屏一级水电站在国内水电工程界首先开展了对工程开挖边坡开口线以上一定范围高位危险源的地质勘察与专题研究，就危岩体对工程建筑物的危害性进行了综合评价，开展了系统的危岩体防治设计工作。

两岸高位危岩体地质勘察过程中，采用了一些较常用的方法，如航片判读与现场调查，也采用了三维激光扫描、远程高清数码摄影技术等。同时，对危岩体稳定性宏观判断的方法、标准进行了探索，建立了适应锦屏一级特点的危岩体稳定性评判及危害性等级划分标准。

10.6.1　高位危岩体的定义

锦屏一级工程在对高位危岩体地质勘察中首先遇到的就是怎么定义枢纽区工程边坡开

口线以上自然边坡存在的危险源或危岩体。当时水电工程勘察规范没有明确规定。国内地质矿产行业有关标准中地质灾害列有一灾种"崩塌（危岩）"，与锦屏一级工程拟开展勘察的危险源或危岩体有一定类似。经过几年地质勘察和专题研究的摸索、探讨，逐步明确，形成了锦屏一级危岩体及高位危岩体的概念及其定义，为危岩体的防治设计打下了良好基础。

（1）危岩体。是指基岩斜坡上被多组不利结构面切割，在重力、地震或其他外力作用下易脱离母体，从斜坡以坠落、滑落、弹跳、滚动等方式顺坡向下剧烈快速运动的地质体，包括危石、危石群。

（2）高位危岩体。锦屏一级工程在危岩体的调查研究中，根据危岩体分布位置与工程建筑物关系及其发育现状、产出状况，位于水工建筑物上方或工程边坡开口线以上，其高程一般均在 1950.00m 以上，将其定义为高位危岩体，表明其位置高，普遍远高于水工建筑物及工程边坡开口线。

10.6.2　危岩体勘察方法与分布特征

危岩体用什么样的勘察方法比较适用？怎样对危岩体进行比较准确的定位与测量？这两个问题是锦屏一级工程危岩体勘察时的主要难题。通过边工作、边摸索，基于常见的工程地质调查测绘方法、数码摄影技术与近景摄影测量、三维激光扫描技术，开展两岸高位危岩体的地质勘察，其中采用三维激光扫描技术，在国内水电水利工程地质勘察中尚属首次。

通过这些方法技术，获得了危岩体确切的空间分布位置及边界范围，长、宽、高等几何尺寸，拉裂缝与软弱层面（带）分布位置、发育长度、张开宽度及充填情况、产状等信息，及其相互交切、组合关系，再通过分析、估算，获取了大多数危岩体（群）的体积方量，为危岩体防治方案提供了地质依据。

从 2005 年开始，至 2007 年年底，经过近 3 年的详细调查与测绘、研究，并经过施工期的现场复核，查明枢纽区两岸共发育有危岩体 66 个区，其中左岸 32 个区、右岸 34 个区。施工期右岸 1 区根据现场复核，将其进一步划分为 5 个亚区。

左岸危岩体主要分布在高程 1960.00～2100.00m 砂板岩陡壁段、高程 2100.00～2280.00m 砂板岩缓坡段、高程 2280.00m 以上的大理岩段；右岸则主要分布在缓坡后缘高程 2100.00～2320.00m 的大理岩陡壁。

危岩体多以片区集中分布，其中板裂体、楔形体、风化卸荷拉裂体构成的危岩体体积普遍较大，左岸最大体积约 2.13 万 m^3，右岸最大体积约 12 万 m^3；以孤立式岩体、岩块出现，体积一般较小，左岸最小的仅 1.8m^3。66 区危岩体中，体积大于 1000m^3 的有 29 区，体积在 100～1000m^3 的有 16 区，体积小于 100m^3 的有 21 区。

10.6.3　危岩体稳定性

危岩体一般高悬于枢纽建筑物以上的自然边坡，有关人员无法直接到达，因而危岩体主要结构面工程地质性状与参数也无法直接取得，导致对其进行稳定性计算难度极大。因此，主要从宏观方面定性判断危岩体的稳定性。

1. 危岩体变形失稳模式调查分析

由于枢纽区两岸谷坡不同部位岩体已有变形破坏类型与变形程度的差异，加之风化卸荷等表生改造作用的叠加，使得两岸岸坡浅表部的坡体结构复杂，高位危岩体的变形破坏失稳模式呈现出多样化。高位危岩体变形失稳模式的调查分析认为，左岸砂板岩段岸坡属软硬互层式的反向坡，在自然条件下，其最基本的、最普遍的变形失稳模式为弯曲-拉裂或倾倒-拉裂，在此基础上岸坡浅表部常发育形成倾倒变形体；而右岸大理岩岸坡属顺向坡，在自然条件下，其最基本的、最普遍的变形失稳模式为滑移-拉裂，后缘陡壁由于风化卸荷、水流侵蚀在其上形成危岩体。

通过对危岩体变形失稳模式的归类、细分，锦屏一级工程高位危岩体主要有表 10.6 - 1 中所列几种可能的变形失稳模式。

表 10.6 - 1　　　　　　　　　高位危岩体变形失稳模式划分表

变形失稳模式	主要地质特征	变形失稳模式示意图	危岩体编号
压缩-倾倒变形失稳模式	仅发育于左岸。主要发育在上硬下软的陡坡。表现为边坡被顺坡向陡倾结构面切成板状岩体，并向河谷方向产生倾倒和基座崩解、风化、软化现象。板裂岩体沿顺坡裂隙滑移下错，反倾岩层产状变缓；内部有横坡向拉裂缝，结构松弛明显		左岸第 6、22、32 区等
偏心滚滚(滑)落模式	仅发育于左岸。主要发育于陡倾的砂板岩段岸坡。表现为受层面（反倾）、顺坡向裂隙（两组）、横坡向裂隙控制，被顺坡向陡倾裂隙切割成板状岩体，向临空方向作悬臂梁弯曲，弯曲岩体倾角变缓，坡体结构松弛明显。当最大弯折断面贯通，板梁根部岩体被折裂、压碎，即产生倾倒变形破坏		左岸第 7、23、28 区等

变形失稳 模式	主要地质特征	变形失稳模式示意图	危岩体 编号
基座压缩旋转倾倒拉裂模式	仅发育于左岸。主要发育于崩坡积覆盖层段岸坡。表现为悬挂于陡坡缘，下部为空腔；受渐进风化及重力作用，块体重心逐渐偏移失去支撑而失稳；地下水对基座的软化或溶蚀作用会加速危岩体的变形失稳	 崩坡积覆盖层 空腔 夹泥、碎石充填物 薄片状板岩	左岸第4、5、17、18、20、30区等
块体崩滑变形失稳模式	左右岸均有发育。表现为由2～3组节理与临空面构成不利组合，沿两组节理交线产生滑移，形成随机小规模块体，以崩、滑方式失稳	 节理1 节理2 临空面	右岸第1、2、4、7、8、16区；左岸10、11、12区等
阶梯状滑动变形失稳模式	发育于左岸。主要发育在无长大裂隙发育的砂岩、大理岩陡壁。表现为缓倾裂隙为控制性结构面；滑动面呈阶梯状，沿缓裂节理滑动，陡倾节理张开，边坡变形由前缘向后缘扩展	 地形线 临空面	左岸第6、7、8、9、10、11、12、13、14、22、32区等
整体滑移模式	仅发育于右岸。整个高位陡崖处均有发育。表现为在自重等作用下危岩体与母岩之间连接的岩桥被剪断，并与母岩分离，危岩体整体滑移	 危岩体 原地形线	右岸第3、9、10、11、12、14、15、20、25、26、28、29、32、34区等

续表

变形失稳模式	主要地质特征	变形失稳模式示意图	危岩体编号
错落破坏模式	仅发育于右岸。整个高位陡崖处均有发育。表现为在自重等作用下危岩体与母岩之间连接的岩桥被剪断，并与母岩分离而整体崩落	后缘陡倾结构面　危岩体　原地形线	右岸第 5、6、13、17、18、19、21、22、23、24、27、30、31、33 区等

2. 危岩体稳定性评判

根据危岩体的地质特征、结构面发育特征及其组合关系、可能变形失稳模式，对其稳定性进行了现场的综合评判。经过分类、归纳，采用结构面特征、风化特征和边坡岩体结构特征三个主要因素建立了危岩体稳定性分类的地质宏观评价标准，将其稳定性分为稳定性差、稳定性较差、基本稳定三类（表 10.6-2）。

表 10.6-2　　　　　枢纽区危岩体稳定性分类地质宏观评价标准表

稳定性分类	影响危岩体稳定的主要地质因素				
	结构面特征		风化特征		边坡岩体破坏特征
	分布特征	表面特征	结构特征	风化速度差异	
稳定性差	不利方向的连续节理：危岩体表现出不利方位的控制性节理模式、层理面或其他非连续体	黏土充填或镜面：诸如黏土和强风化等低摩擦材料将岩石壁面分离，使节理面的任何宏观和微观粗糙度失效，这些充填材料比岩石间的接触摩擦角低得多，镜面节理也具非常低的摩擦角	大量的侵蚀特征：诸如危险的侵蚀性悬崖等严重情形	极大差异：这种差异使侵蚀特征很快形成	以大范围的平面破坏、类似土质边坡的破坏、平面滑动、大的楔形滑动为破坏特征
稳定性较差	不利方位的非连续节理：危岩体表现出非常显著的不利方位节理模式、层理面或其他非连续体	平整：宏观光滑但微观粗糙的节理，表面无任何起伏，摩擦直接来源于岩石表面的粗糙度	明显的侵蚀特征：存在较多而明显的差异风化特征	大的差异：这种差异使侵蚀特征每年都会形成	以某些节理或很多楔形体滑动为破坏特征
基本稳定	随机方位的非连续节理：可能有一些分散的带不利方位节理的块体，但不存在起控制作用的节理组	粗糙而不规则或有起伏：节理表面粗糙，节理不规则，足以引起块体之间的嵌锁或者有宏观和微观粗糙特征但不具嵌锁能力	很少或偶有侵蚀特征：只有微弱的差异风化特征	小或中等差异	仅以某些块体崩落为破坏特征或不存在破坏

根据这种分类评判方法与标准，对枢纽区两岸所有危岩体稳定性进行了分析评判，66个区危岩体中基本稳定、稳定性较差、稳定性差的分别有 28 个区、17 个区、21 个区。

10.6.4 危岩体危害性

在危岩体稳定性评判基础上，依据相关建筑物的重要性、人员伤亡可能性及危岩体规模，对高位危岩体的危害性进行分级（表 10.6 - 3）。

表 10.6 - 3 两岸高位危岩体危害性分级表

危害性分级	危岩体失稳后可能造成危害情况
严重	影响大坝、电站进水口、厂房出线场、尾水洞出口等重要永久建筑物，对工程造成重大的直接影响；或可能造成重大的人身伤亡
较严重	影响水垫塘、二道坝等永久建筑物，对工程造成较大的直接影响，但可修复；或可能造成较重大的人身伤亡
一般	影响导流洞进出口、缆机平台、上下游围堰、高线混凝土系统等施工期建筑物，可能造成一定的人身伤亡

综合考虑危岩体与各工程建筑物、主要施工场地的关系，认为影响危害程度的因素主要包括危岩体稳定性、体积、与建筑物高差三个因素。

首先是危岩体稳定性。在危岩体危害性评判因素中最重要的是危岩体稳定性，稳定性越差，发生失稳破坏的可能性越大，反之，稳定性越好，发生失稳破坏的可能性越小。枢纽区危岩体稳定性一般划分为稳定性差、稳定性较差、基本稳定三类，对应地将其危害性等级划分为严重、较严重、一般 3 级（表 10.6 - 4）。

表 10.6 - 4 危岩体危害性等级单因素分级表

影响因素分类		危 害 性 等 级		
		严重	较严重	一般
稳定性		稳定性差	稳定性较差	基本稳定
体积/m³		≥1000	≥100，<1000	<100
与建筑物高差/m	大坝区	≥400	≥300，<400	<300
	水垫塘二道坝区	≥600	≥400，<600	<400

根据稳定性单因素危害性分级，左右岸共 66 个区危岩体中危害性严重、较严重、一般的分别有 21 个区、17 个区、28 个区，分别占 31.8%、25.8%、42.4%。

其次是危岩体体积。体积越大，即使稳定性相对较好，一旦发生变形失稳破坏，对建筑物造成的威胁和危害远大于小体积危岩体发生失稳破坏后的危害性，反之，危岩体体积越小，潜在危害性相对较小。根据体积大小单因素危害性分级，左右岸共 66 个区危岩体中危害性严重、较严重、一般的分别有 29 个区、16 个区、21 个区，分别占 43.9%、24.3%、31.8%。

最后是危岩体与建筑物高差。危岩体失稳破坏后，从更高处坠落后对建筑物造成危害更大，因此危岩体与建筑物高差越大，其破坏力越大，潜在危害越大，反之，高差越小，潜在危害就小。

将危岩体与建筑物高差先分大坝区（含两岸缆机平台）和水垫塘二道坝区（含右岸高线混凝土系统），再分别按高程差进行危害性等级分级。根据危岩体与建筑物高差单因素危害性分级，左右岸共66个区危岩体中危害性严重、较严重、一般的分别有21个区、33个区、12个区，分别占31.8%、50.0%、18.2%。

综合上述三个因素，开展危岩体危害性等级综合评判，其标准见表10.6-5。综合评判成果显示，左右岸共66个区危岩体中危害性严重、较严重、一般的分别有51个区、8个区、7个区，分别占77.3%、12.1%、10.6%。

表10.6-5　　　　　　　　　锦屏一级危岩体危害性等级分级综合评判表

危害性等级	多因素综合评判		
	稳定性	体积	与建筑物高差
严重	三个因素中只要有一个为严重，即综合评判为严重		
较严重	三个因素中满足至少两个因素为较严重，且第3个因素不是严重时，综合评判为较严重		
一般	三个因素中满足至少两个因素为一般，且第3个因素不是严重时，综合评判为一般		

10.6.5　危岩体防治措施与处理效果评价

考虑到锦屏一级工程两岸高位危岩体的地质特点、分布位置及现场施工条件、施工道路布置，参考工程边坡加固支护的常用措施，综合危岩体稳定条件、可能失稳破坏模式，按照危岩体对建筑物的影响及潜在危害性等级，现场可实施的加固处理工程措施，拟定了适合锦屏一级特点和危岩体特点的防治措施，包括清理、喷混凝土、锚杆、拦石墙、防护网（主动、被动）、浆砌石及混凝土顶固、混凝土嵌补、预应力锚索等。

至2013年年底，各区危岩体均已完成防治处理。典型的如整个工程规模最大的右岸1区危岩体，施工期根据地质条件的差异，划分了5个区块，不同区块存在不同的失稳破坏模式，包括沿倾坡外结构面的平面滑塌、结构面组合的楔形体滑塌、破碎松弛岩体的崩塌、沿陡倾卸荷张开裂隙的倾倒崩塌、破碎松弛岩体的浅表风化剥落、陡坡上孤块石的滚落等。针对不同的失稳破坏机理，采取了相应的支护处理措施，主要包括主动网、锚杆、锚索、喷混凝土等。由于有的区块同时存在上述多种可能的失稳破坏，采取了多种复合处理措施，如主动网＋锚索＋锚杆＋喷混凝土。

左、右岸各区高位危岩体在完成防治处理后基本稳定。截至2020年年底巡视检查，已防治各区危岩体均未发现失稳破坏的迹象，防治效果良好。

第 11 章

结论与展望

锦屏一级水电站地处我国西南高山峡谷地区，工程规模巨大，混凝土双曲拱坝高305m，为现今世界建成最高坝。枢纽区地质条件极为复杂，具有"两高一深"的地质特点，即高边坡、高地应力、深卸荷。坝区两岸自然边坡高达1500～2000m，工程边坡最高达530m；地应力量级高，实测最大主应力左岸岸坡为40.4MPa、右岸岸坡为35.7MPa；左岸表部正常卸荷岩体以里经过一段紧密岩体后又发育的"深部裂缝"，其下限水平深度最大可达250～300m。锦屏一级水电站工程地质问题十分突出，主要体现在：①复杂地质背景下区域构造稳定性；②深大水库大消落条件下库岸稳定性；③高坝坝址选择；④坝区左岸山体内发育的"深部裂缝"的成因及对建坝条件影响；⑤多岩性、高地应力，以及"深部裂缝"影响的坝基岩体质量分级与参数选取；⑥特高拱坝建基岩体选择与坝基岩体稳定性；⑦左岸抗力岩体复杂工程地质特性与加固；⑧高地应力较低围岩强度应力比条件下大跨度洞室群围岩稳定性；⑨不同坡体结构下的高陡边坡稳定性。

各阶段通过多手段、多方法，完成了大量工程地质勘察工作，针对区域、水库和枢纽区重大工程地质问题开展了多项专题研究，取得了丰富的研究成果，历经20余年，全面查明了复杂的工程地质条件，论证和客观评价了存在的重大工程地质问题，提出了工程处理建议。

11.1 结论

1. 复杂地质背景下区域构造稳定性

工程区位于扬子准地台与松潘—甘孜地槽褶皱系交界部位，区域构造背景复杂。于20世纪80年代末，引进新技术、新方法，开展了航卫片的遥感解译与地质调查、地球物理场深部构造延拓、区域构造稳定性数值模拟等专题研究，采用多层次、多手段、不同方法查明了区域地质和地震构造背景，工程建设的场址选在了构造相对稳定区。

2. 深大水库大消落条件下库岸稳定性

水库区岸坡主要是由变质砂岩、粉砂质板岩及千枚岩构成的纵向谷，断裂构造发育，岩层倾倒变形较强烈。因水库壅水高，且每年消落达80m，受其影响库岸出现了较多的变形破坏现象。蓄水后库岸变形破坏类型主要有塌岸、变形、滑坡复活和新生滑坡四类，其中基岩库岸变形问题最为突出，其规模大，对当地安全存在影响；其次为库区大型滑坡整体复活，至今多持续缓慢滑移，尚未完全收敛。水库蓄水后库岸变形破坏与地形地貌、地层岩性、地质构造、岸坡结构，以及蓄水前岩层倾倒变形破坏程度等密切相关，其中由薄层砂板岩、千枚岩构成的纵向谷两岸反向坡或顺向坡中，地形坡度在30°～60°的凹凸坡库岸最易出现变形破坏。

3. 高坝坝址选择

锦屏一级水电站300m级高坝坝址选择研究始于20世纪80年代末，放眼世界，在当时都没有超过300m的先例，且河段工程地质条件复杂，存在一系列工程地质问题：如区域构造挤压紧密、河段地层岩性复杂、外动力地质作用强烈、岸坡岩体卸荷拉裂发育、岩层倾倒变形普遍，谷坡稳定问题突出，坝址、坝型选择过程漫长而艰难，挑战前所未有。

预可行性研究阶段，在小金河口—景峰桥长约 21km 的河段内，对筛选出的水文站、三滩、解放沟、普斯罗沟四个坝址进行深入勘察研究，各坝址均存在不同工程地质问题和不同坝型适应性，初选三滩坝址砾石土心墙堆石坝和普斯罗沟坝址混凝土拱坝两个代表性坝址坝型；可行性研究阶段，在大量的勘察设计、专题研究成果的支撑下，经充分比较与论证，最终选定在普斯罗沟坝址建设一座 305m 高的混凝土双曲拱坝。

4. "深部裂缝"的成因及其对工程的影响

坝址区谷坡陡峭，左岸岸坡表部正常卸荷带以里穿过一段紧密完整的岩体后，又陆续发育一系列张开裂缝或裂隙松弛带，统称"深部裂缝"。从查明深部裂缝特征（宏细观特征、年代测试）及赋存地质-力学条件（区域地质、河谷演化、岸坡结构、地应力场）入手，通过概念模型分析，结合物理模拟、数值模拟等，多角度多种技术相结合，综合论证了深部裂缝的成因机制。认为是在左岸特定的高边坡地形、岩性组合、地质构造和高地应力环境条件下，伴随河谷的快速下切过程，边坡高应力发生强烈释放、分异、重分布，而在原有构造结构面基础上卸荷张裂所形成的一套边坡深卸荷拉裂体系，与岸坡表部重力改造形成的卸荷拉裂不同。左岸山体现今整体是稳定的，具备建坝的地质条件，而坝轴线避开了深部裂缝发育强烈的区域。

锦屏一级水电站对深部裂缝进行了较为系统的研究，形成并完善了对深切峡谷岸坡岩体卸荷的认识，其后随着其他水电站工程勘察过程中对深卸荷现象进一步揭示，逐步形成了"深卸荷"概念。

5. 复杂地质环境下高拱坝坝基岩体质量评价

坝址区岩性层位多，既有坚硬的大理岩、变质砂岩，又有相对软弱的板岩、绿片岩及煌斑岩脉。构造结构面发育，左岸发育深部裂缝等，构成了影响坝基岩体质量的基本地质要素，因此，研究并建立了以"工程地质岩组＋岩体结构特征＋岩体紧密程度＋深部裂缝"为要素的坝基的岩体质量综合分级评价体系和标准，客观评价了坝基岩体质量，选取了各级岩体的物理力学参数。为拱坝建基面选择和地基处理设计提供了可靠的地质依据。

6. 特高拱坝建基岩体选择与坝基岩体稳定性

河床坝基利用了表浅部微风化、弱卸荷的 III$_1$ 级岩体，其声波波速达 4500～5500m/s，岩体变形模量为 9～14GPa，重点对无充填的弱卸荷岩体灌浆后能否满足 300m 级高拱坝建基要求，合理的建基面选择及坝基开挖深度进行了研究，最大程度地减小了高地应力对河床坝基开挖带来的松弛破损等不利影响，减少了开挖量。作为世界最大坝高 305m 的特高拱坝，河床建基面利用了约 60% 的 III$_1$ 级岩体、约 40% 的 II 级岩体，其建基岩体确定与建基面选择的原则、坝基岩体工程地质条件比较的思路与方法对类似高坝工程的勘察设计具有重要的借鉴意义。

除左岸高程 1730.00～1885.00m 混凝土垫座建基面外，大坝建基岩体以 II 级、III$_1$ 级岩体为主。经常规坝基加固处理和针对地质缺陷的专门处理，坝基和坝肩岩体具有良好的抗变形稳定、抗滑稳定、抗渗稳定性。

7. 左岸抗力岩体复杂工程地质特性与加固

左岸抗力体范围内发育有 f$_5$、f$_8$、f$_2$ 断层，煌斑岩脉，层间挤压错动带及一系列深卸荷裂隙松弛带等，属 IV$_2$ 级、V$_1$ 级岩体，抗变形能力差，对坝体受力状态和坝基变形稳定等均会产生较大不利影响，需采取专门的加固处理措施。在前期勘察、专题研究和处理设计基础上，施工详图阶段基于精细地质编录、灌浆试验、物探检测等，对左岸抗力岩体变形及稳定性又开展了深入研究，细化了加固处理措施。针对左岸抗力岩体存在的地质缺陷，采用了大体积混凝土垫座、传力洞、软弱岩带及深卸荷松弛带的混凝土网格（斜井、平洞）置换以及系统固结灌浆等大量而复杂的工程处理。

8. 高地应力较低围岩强度应力比条件下大跨度洞室群围岩稳定性

地下厂区洞室群置于大理岩内，围岩强度应力比较低，为 1.5～3。洞室开挖过程中，围岩出现了弱岩爆、卸荷松弛、劈裂破坏等脆性变形破坏现象，围岩卸荷松弛范围大、岩体变形的时效特征明显，支护系统荷载大。经大量勘探、试验、测试和专题研究工作，论证了高地应力条件下围岩变形机理和长期稳定问题，对围岩加强了锚固，保障了工程顺利建设与永久运行安全。

地下主厂房与主变室开挖时，下游拱腰至拱脚部位围岩发生明显压裂现象，深入研究洞室开挖后的二次应力场与较低围岩强度应力比对围岩稳定的影响，在这些部位采取了钢筋混凝土梁及固结灌浆，围岩的稳定得到有效保证。

9. 不同坡体结构的高陡边坡的稳定性

枢纽区左岸自然谷坡高陡，岩体卸荷强烈，发育有断层、深卸荷裂缝、变形拉裂岩体及倾倒变形岩体等，地质条件复杂，边坡稳定问题在国内外水电工程中罕见。为此，勘察了边坡工程地质条件，调查了边坡变形破坏宏观现象，研究了控制边坡稳定性的不同坡体结构的边坡变形破坏机制和变形破坏模式，开展了边坡表部和内部变形长期监测，对边坡进行了各种工况下的稳定分析，数值模拟及动态反馈分析等，综合评价了边坡的稳定性。对开挖坡高达 530m 的左岸坝肩边坡采取了以系统锚索和边坡截排水为主的加固处理，同时还针对性地对左坝变形拉裂岩体"大块体"底滑面增设了抗剪洞措施。根据边坡监测资料、地质巡视成果，加固处理后的工程边坡是稳定的，满足边坡安全要求。

11.2 展望

锦屏一级水电站勘察过程中，针对存在的重大工程地质问题开展了大量专题研究，在一些复杂的工程地质问题研究方面取得了重要突破，但鉴于我国西部山区区域构造稳定条件和工程区地形地质条件复杂，今后在类似地区进行大型、巨型水电工程地质勘察，还需要在以下几个方面开展更加深入系统的研究。

1. 区域构造稳定性与工程地震安全性评价

鉴于我国西部尤其西南地区位于青藏高原及其外围地貌斜坡地带，受印度板块向欧亚板块俯冲影响，区域地震地质条件极其复杂，活动断裂发育，地震动参数高，水电开发规划与水电工程兴建，首当其冲将遇到区域构造稳定性与工程地震安全性评价的重大研究课题，需要开展深入的研究论证工作。

2. 水电工程流域地质灾害危险性风险评估

水电工程多位于高山峡谷地区，河流冲刷侵蚀强烈，暴雨、冰雪、冰川冻融等频发，导致流域崩塌、滑坡、泥石流、碎屑流、雪（冰）崩、冰湖溃决等灾害发生，对水电工程的梯级规划、选址、建设与运行构成较大的制约与风险，尤其是高位远程灾害及灾害链影响更加突出，运用"天、空、地"相结合的勘察方法手段，开展水电工程流域地质灾害危险性风险评估与防控对策研究，势在必行。

3. 深大水库潜在不稳定库岸识别与防控对策研究

随着我国水电工程往西部地形地质条件更为复杂的干流高山峡谷区域进一步拓展，壅水高、变幅大的龙头水库或控制性水库库岸稳定问题更加突出。蓄水前库岸稳定性勘察时，对滑坡体、崩塌体等既有变形破坏岸坡多能识别，但对于岸坡存在的一些稳定条件较为复杂、蓄水前没有明显破坏迹象的潜在不稳定岸坡较难识别。这些岸坡蓄水前有一定的变形现象，但未失稳，现状稳定性差或基本稳定，在水库蓄水后库水作用下，往往会出现变形加剧乃至破坏失稳，对枢纽区工程或库区移民安置区、专项设施等造成潜在影响，如何准确识别和评价其在库水作用下的稳定性，以及结合对影响对象的危害程度，采取合适的防控对策，均需深入研究。

4. 高地应力条件下工程岩体开挖卸荷力学特性研究

我国西部地区现代地壳活动强烈，地应力高，河谷地带地应力状态复杂，在谷底和两岸岸坡内岩体存在应力松弛降低带、应力集中增高带及应力正常带。在高地应力高围压条件下，水电工程建设开挖坝基、边坡和洞室时，不可避免地会遇到开挖卸荷后岩体力学性能弱化的问题。工程勘测设计时，除查明地应力场特征，还需深入研究论证高围压状态下岩体和开挖卸荷状态下岩体的物理力学特性，为控制因高地应力释放而引发的工程岩体变形及其应对措施设计提供依据。

5. 工程岩体流变力学特性与长期稳定安全性研究

越来越多的工程实例表明，不仅软岩、断层破碎带等岩体具有流变的特性，在坚硬岩体中存在的软弱岩脉、蚀变岩带等亦具有流变性质，对坝基、边坡、围岩的长期稳定产生不利影响，为保证水电工程的长期安全运行，有必要对工程岩体的流变力学特性与长期稳定安全性开展深入研究。通过对流变的地质机理研究和流变力学特性试验研究，建立流变损伤本构模型，根据试验和监测成果确定和反演岩体流变力学参数，分析评价工程岩体长期稳定安全性，以指导专门的工程处理设计研究和风险评估管控。

参 考 文 献

［1］ 能源部水利部成都勘测设计院. 四川省雅砻江干流水电规划报告（卡拉至江口河段）工程地质
    ［R］. 成都：1992.

［2］ 中国水电顾问集团成都勘测设计研究院. 四川省雅砻江锦屏一级水电站预可行性研究报告工程地
    质 ［R］. 成都：1999.

［3］ 中国水电顾问集团成都勘测设计研究院. 四川省雅砻江锦屏一级水电站可行性研究报告工程地质
    ［R］. 成都：2003.

［4］ 王惠明，彭土标，李文纲，等. 水力发电工程地质勘察规范 ［M］. 北京：中国计划出版社，2016.

［5］ 李文纲，廖明亮，陈卫东，等. 水电工程坝址工程地质勘察规程 ［M］. 北京：中国水利水电出版
    社，2019.

［6］ 李文纲，陈卫东，廖明亮，等. 水电工程地下建筑物工程地质勘察规程 ［M］. 北京：中国水利水
    电出版社，2019.

［7］ 彭土标，袁建新，王慧明，等. 水力发电工程地质手册 ［M］. 北京：中国水利水电出版
    社，2011.

［8］ 张倬元，王士天，王兰生，等. 工程地质分析原理 ［M］. 北京：地质出版社，2016.

［9］ 赵其华，王兰生. 边坡地质工程理论与实践 ［M］. 成都：四川大学出版社，2001.

［10］ 孙广忠. 岩体结构力学 ［M］. 北京：科学出版社，1988.

［11］ 王兰生，李文纲，孙云志. 岩体卸荷与水电工程 ［J］. 工程地质学报，2008，16（2）：145 - 154.

［12］ 李文纲，王泽斌. 地下建筑物围岩稳定性研究 ［M］. 中国水力发电工程：工程地质卷. 北京：中
    国电力出版社，2000.

［13］ 伍法权，宋胜武，巩满福，等. 复杂岩质高陡边坡变形与稳定性研究：以雅砻江锦屏一级水电站
    为例 ［M］. 北京：科学出版社，2008.

［14］ 宋胜武，郑汉淮，巩满福. 左岸深部裂缝的地质特征及成因分析 ［J］. 人民长江，2009，
    40（18）：34 - 36.

［15］ 李小波，吴莉，祝华平. 锦屏一级水电站左岸深部裂缝岩体灌浆试验研究 ［J］. 水电站设计，
    2009，25（1）：54 - 56.

［16］ 胡波，巩满福，郑汉淮，等. 基于精细结构描述及数值试验的节理岩体参数确定与应用 ［J］. 岩
    石力学与工程学报，2007，26（12）：2458 - 2465.

［17］ 王新峰，杨静熙，郑汉淮. 基于野外测量数据的裂隙间距箱线图法初探——以锦屏一级水电工程
    厂房为例 ［J］. 安全与环境工程，2010，17（2）：103 - 107，122.

［18］ 李晓，胡耀飞，贾疏源. 锦屏普斯罗沟坝址右岸地下水连通试验 ［J］. 地质灾害与环境保护，
    2002，13（4）：51 - 55.

［19］ 虞修竟，胡耀飞，王能峰，等. 锦屏山地下水碳酸碳氧同位素组成 ［J］. 地球科学进展，2004，
    19（增）：132 - 134.

［20］ 徐慧宁，郑汉淮，杨静熙，等. 锦屏一级水电站软弱岩体高水头弱化效应的试验研究 ［J］. 岩石
    力学与工程学报，2013，32（增 2）：4207 - 4214.

［21］ 冉从彦，刘忠绪，孙云. 锦屏一级水电站枢纽区基岩裂隙渗透性研究 ［J］. 四川地质学报，2011，
    31（11）：9 - 13.

［22］ 胡耀飞，宋胜武. 雅砻江锦屏水电站坝址区右岸地下水系特征及其工程意义 ［J］. 水土保持研究，

2006, 13 (6): 22 - 24.

[23] 谭成轩, 张鹏, 郑汉淮. 雅砻江锦屏一级水电站坝址区实测地应力与重大工程地质问题分析 [J]. 工程地质学报, 2008, 16 (2): 162 - 168.

[24] 王胜, 冉从彦, 祝华平, 等. 地震层析成像技术在坝肩地质缺陷评价中的应用 [J]. 人民长江, 2002, 43 (11): 50 - 52.

[25] 祝华平, 刘忠绪, 李小波. 西南某水电站 f_5 断层化学复合灌浆试验研究 [J]. 中国水运, 2010, 10 (11): 201 - 202.

[26] 李小波, 孙云. 西南某水电站抗力体煌斑岩脉复合灌浆试验研究 [J]. 四川水利发电, 2013, 32 (1): 8 - 10.

[27] 冯学敏, 陈胜宏, 李文纲. 岩石高边坡开挖卸荷松弛准则研究与工程应用 [J]. 岩土力学, 2009, 30 (增2): 452 - 456.

[28] 宋胜武, 冯学敏, 向柏宇. 西南水电高陡岩石边坡工程关键技术研究 [J]. 岩石力学与工程学报, 2011, 30 (1): 1 - 22.

[29] 宋胜武, 向柏宇, 杨静熙, 等. 锦屏一级水电站复杂地质条件下坝肩高陡边坡稳定性分析及其加固设计 [J]. 岩石力学与工程学报, 2010, 29 (3): 442 - 438.

[30] 祁生文, 伍法权. 锦屏一级水电站普斯罗沟左岸深部裂缝变形模式 [J]. 岩土力学, 2002, 23 (6): 817 - 820.

[31] 祁生文, 伍法权, 兰恒星. 锦屏一级水电站普斯罗沟左岸深部裂缝成因的工程地质分析 [J]. 岩土工程学报, 2002, 24 (5): 596 - 599.

[32] 李小波, 杨静熙. 锦屏一级水电站右岸高位危岩体成因机制与防治对策研究 [J]. 四川水力发电, 2010, 29 (3): 82 - 86.

[33] 宋胜武, 严明. 一种基于稳定性评价的岩质边坡坡体结构分类方法 [J]. 工程地质学报, 2010, 19 (1): 6 - 10.

[34] 申艳军, 徐光黎, 宋胜武, 等. 高地应力区水电工程围岩分类法系统研究 [J]. 岩石力学与工程学报, 2014, 33 (11): 2267 - 2275.

[35] 董家兴, 宋胜武, 张世殊, 等. 高地应力条件下大型地下洞室群围岩失稳模式分类及调控对策 [J]. 岩石力学与工程学报, 2014, 33 (11): 2161 - 2170.

[36] 陈长江, 刘忠绪, 孙云. 锦屏一级水电站地下厂房施工期下游拱腰部位的裂缝成因分析 [J]. 水电站设计, 2011, 27 (3): 87 - 89.

[37] 徐佩华, 黄润秋, 巩满福, 等. 锦屏一级水电站左岸Ⅳ♯～Ⅵ♯山梁稳定性分析 [J]. 岩土力学, 2009, 3 (4): 1023 - 1028.

[38] 杨静熙, 刘忠绪, 黄书岭. 高地应力条件下锦屏一级主厂房围岩松弛深度形成规律和支护时机研究 [J]. 工程地质学报, 2016, 24 (5): 775 - 787.

[39] 杨静熙, 刘忠绪, 孙云, 等. 锦屏一级水电站水库蓄水后库岸变形破坏规律探讨 [J]. 人民长江, 2019, 50 (2): 130 - 137.

[40] 杨静熙, 舒建平, 刘忠绪, 等. 锦屏一级坝基岩体质量爆破开挖损伤评价 [J]. 工程地质学报, 2016, 24 (6): 1318 - 1326.

[41] 杨静熙, 陈长江, 刘忠绪. 高地应力洞室围岩变形破坏规律研究 [J]. 人民长江, 2016, 47 (6): 37 - 41.

[42] 周雄华, 沈军辉, 王兰生. 锦屏一级水电站坝址区雾化边坡稳定性分析 [J]. 地质灾害与环境保护, 2004, 15 (1): 65 - 69.

[43] 黄润秋, 黄达, 段绍辉, 等. 锦屏Ⅰ级水电站地下厂房施工期围岩变形开裂特征及地质力学机制研究 [J]. 岩石力学与工程学报, 2011, 30 (1): 23 - 35.

[44] 黄润秋, 黄达. 高地应力条件下卸荷速率对锦屏大理岩力学特性影响规律试验研究 [J]. 岩石力学与工程学报, 2010, 2 (1): 21 - 33.

[45] 黄达，黄润秋，周江平，等．雅砻江锦屏一级水电站坝区右岸高位边坡危岩体稳定性研究［J］．岩石力学与工程学报，2007，26（1）：175-181.

[46] 霍俊杰，黄润秋，严明，等．锦屏一级坝区右岸建基面绿片岩工程地质性质研究［J］．太原理工学院学报，2010，41（1）：751-755.

[47] 霍俊杰，黄润秋，董秀军，等．3D激光扫描与岩体结构精细测量方法比较研究——以锦屏Ⅰ级水电站为例［J］．湖南科技大学学报，2011，26（1）：39-44.

[48] 邓荣贵，张倬元，黄润秋，等．锦屏Ⅰ级水电站坝区岩体结构面特征研究［J］．地质灾害与环境保护，1996，7（1）：35-40，53.

[49] 徐佩华，黄润秋，陈剑平，等．锦屏复杂结构谷坡应力场反演模拟与特征分析［J］．岩土力学，2012，33（增2）：329-337.

[50] 徐佩华，黄润秋，陈剑平，等．高地应力区复杂结构河谷应力场特征——以锦屏Ⅰ级水电站为例［J］．吉林大学学报，2013，43（1）：1523-1532.

[51] 刘明，黄润秋，严明，等．锦屏一级左岸垫座以下坝基地质缺陷初步评价［J］．工程地质学报，2010，18（1）：933-939.

[52] 刘明，黄润秋，严明．锦屏一级水电站Ⅳ～Ⅵ山梁雾化边坡稳定性分析［J］．岩石力学与工程学报，2006，25（增1）：2801-2807.

[53] 林锋，黄润秋，严明．锦屏水电站左岸坝头边坡变形拉裂岩体稳定性评价［J］．成都理工大学学报，2009，36（5）：487-491.

[54] 张登项，许强．基于底摩擦试验的锦屏一级水电站左岸岩石高边坡变形机制研究［J］．地质灾害与环境保护，2008，19（1）：71-75，87.

[55] 周德培，钟卫，杨涛．基于坡体结构的岩质边坡稳定性分析［J］．岩石力学与工程学报，2008，27（4）：687-695.

[56] 荣冠，朱焕春，王思敬．锦屏一级水电站左岸边坡深部裂缝成因初探［J］．岩石力学与工程学报，2008，27（增1）：2855-2863.

[57] 林华章，裴向军．锦屏一级水电站猴子坡危岩区稳定性研究［J］．科学技术与工程，2014，30（14）：91-96.

[58] 赵德军，陈洪德，吴德超．雅砻江锦屏一级水电站左岸深部裂缝成因机制探讨［J］．水文工程地质，2011，38（6）：102-107.

[59] 任爱武，伍法权，范永波．复杂地质条件下顶拱大型不稳定块体分析与预测［J］．工程地质学报，2008，16（6）：788-792.

[60] 王根龙，伍法权，李巨文．岩质边坡稳定塑性极限分析方法——斜分条法［J］．岩土工程学报，2007，29（12）：1767-1771.

[61] 衣晓强，伍法权，熊峥．锦屏一级水电站地下厂区破坏成因分析［J］．工程地质学报，2010，18（2）：267-272.

[62] 刘建友，伍法权，赵振华，等．锦屏一级水电站地下厂房下游拱腰喷层裂缝成因分析［J］．岩石力学与工程学报，2010，29（增2）：3777-3784.

[63] 王东，伍法权，任爱武．锦屏一级水电站引渠内侧自然边坡的稳定性［J］．工程地质学报，2008，16（6）：793-797.

[64] 安关峰，伍法权．锦屏水电站左坝肩岩体深卸荷带成因分析［J］．岩土力学，2003，24（2）：300-303.

[65] 祁生文，伍法权，丁振明，等．从工程地质类比的角度看锦屏一级水电站左岸深部裂缝的形成［J］．岩石力学与工程学报，2004，23（8）：1380-1384.

[66] 魏进兵，邓建辉，王俤剀，等．锦屏一级水电站地下厂房围岩变形与破坏特征分析［J］．岩土力学，2010，29（6）：1198-1205.

索　引

Contents

compiled by Li Wengang, Yang Jingxi and Liu Zhongxu, edited by professor Yan Ming from Chengdu University of Technology.

This book summarized and refined a series of engineering geological surveying results, topic researching results and major scientific researching results in the constructing period. Chengdu University of Technology, Institute of Geology and Geophysics of Chinese Academy of Science, Institute of Geology of China University of Geosciences (Wuhan), Sichuan University, Hehai University, Xi'an Jiaotong University, Reseaching institute of Sinohydro, etc. were involved. Scientific research projects were funding by Yalong Hydro Cooperation Limited in the period of construction. In the process of surveying and researching, the results of surveying, topic research, major scientific researching results were received the technical instruction and review from China Renewable Energy Engineering Institute. Sincerely appreciation to all.

The compiling of this book received a lot support and help from colleagues and leaders from Chengdu Engineering Cooperation Limited, China Water & Power Press also put efforts in publishing, thanks to you all.

It is inevitable to make some little mistakes in this book due to the capability of writers, please criticize and correct us.

Authors

December 2021

fication and parameter selection of rock mass in dam site", the book introduced the rock classification with the consideration of the influence of deep cracks as well as the parameters of the discontinuity. In Chapter 7 "The study of dam foundation stable of super high arch dam", the book introduced the key factors and principles to choose the rock mass used to build 300 – meter level's dam, demonstrated the deformation of rock foundation, the anti – sliding ability of dam abutment, the key engineering geological problems about rock leakage and seepage stability. In Chapter 8 "The engineering geological reseach of resistant rock body on the left bank", the book mainly introduced the groubility and the evaluating standard of grouting results for resistant rock mass as well as the integrated treatment results. In Chapter 9 "The surrounding rock stability researching of large underground complex with high stress", the book mainly introduced the engineering geological condition of chamber groups, the process to decide powerhouse layout and tunnel axis, demonstrated the mechanism of rock deformation in the period of excavation. Aiming the study of high slope stability. Chapter 10 mainly introduced the structure of slope rock, the structural characteristic of slopes, the stable zones of natural slope and demonstrated the stability of engineering slopes in different slope structure. It also introduced the surveying methods of dangerous rock at high elevation, the evaluating standard and classification of stability and hazard. Chapter 11 summarized the main research achievements, and raised the main engineering geological problems that should be paid attention to in arch dam projects.

The Chapter 1 was written by Yang Jingxi, Gong Manfu, Zheng Hanhuai, Liu Zhongxu. Chapter 2 was written by Liu Zhongxu, Zheng Hanhuai, Chen Changjiang. Chapter 3 was written by Liu Zhongxu, Shu Jianping, Sun Yun. Chapter 4 and Chapter 5 were written by Yang Jingxi, Liu Zhongxu, Gong Manfu. Chapter 6 was written by Yang Jingxi, Wang Gang. Chapter 7 was written by Yang Jingxi, Shu Jianping, Lv Zhangying. Chapter 8 was written by Yang Jingxi, Sun Yun, Ran Congyan. Chapter 9 was written by Liu Zhongxu, Su Jiande, Chen Changjiang. Chapter 10 was written by Yang Jingxi, Ji Weihua, Ran Congyan. Chapter 11 was written by Li Wengang and Liu Zhongxu. Zhou Yinghua made the treatments of figures in some chapters. This book was schemed by Li Wengang, Yang Jingxi, Zhou Zhong,

cated, "two highs and one deep" (high slopes, high stress an deep unloading" can be used to described the unique geological characteristic, the engineering geological problems in this project are unprecedent. The major geological problems mainly include below: the regional structure stability in the complex geological background, the stability of reservoir bank with large water fluctuation, the selection of dam site, the influence of deep cracks in left bank, engineering geological classification and parameter selection in the special geological condition, the stability of dam foundation of super high arch dam, the engineering geology of resistant rock body, the surrounding rock stability of large underground complex with high stress and the stability of high slope. Aiming the nine major engineering geological problems, CHIDI carried out plenty of geological surveys, exploration and tests through independent work and cooperation with domestic universities. What CHIDI had done has received abundant results, solved the major geological problems, ensured the construction and operation of the project successfully.

This book was compiled based on 20 – year' surveying, monographic study of the nine major engineering geological problems in Jinping – 1 Project. Chapter 1 introduced the general project condition, the basic geological condition, the major problems of engineering geology, the surveying methods and the investigation results. Aiming the regional structural stability of complicated geological background. Chapter 2 introduced segmented activity of Jinping regional fault and the study of regional tectonic plate boundary round the project, the seismic statistical zones and the change of potential seismic areas. It also gives the rock seismic parameters in different probability and evaluated the regional structural stability in different zones. Aiming to the bank stability of reservoir with large water fluctuation. Chapter 3 introduced the geological condition of reservoir, representative bank slope stable and bank deformation regulation after impounding. In Chapter 4 "The selection of dam site", the book introduced the geological condition of target river section and the process to decide four competitive dam sites. Aiming to the influence of constructing dam due to the deep cracks in the left bank slope. Chapter 5 introduced the geological condition and developing characteristics of deep cracks, demonstrated the mechanism of deep cracks and the influence to construct dam. In Chapter 6 "The engineering geological classi-

Foreword

China is extremely abundant in hydropower resources, theoretically there are 676 million kW storages, among them 378 million kW can be regarded as installed capacity. To implement the important thoughts of developing hydropower scientifically and protecting ecological environment, our nation came up with the layout to build 12 hydropower bases, which represent the strategy of developing the hydropower in whole nation in the 20th century. Jinping – 1 Hydropower Station is the one of the 12 hydropower bases in the downstream of Yalong River (Kala to Jiangkou) and which is the controlling stage with a huge reservoir. It locates in county Yanyuan and Muli, Liangshan Yi Autonomous, Sichuan Province, the Kala hydropower station lie in upstream and Jinping – 2 lies in downstream.

Jinping – 1 Hydropower Station is composed of dam, the buildings of flood discharge, energy dissipation and generating electricity. It is located in canyons of west China, the transition areas from Tibet Plateau to Sichuan basin. The geography and geological conditions are extremely complicated, because of the large scale of the project and the high technical difficulty, the techniques of surveying and design are on the top of the world, the huge hydropower station was called the most complicated in geological conditions, the most hostile for constructing condition and the most difficult for technology. As Pan Jiazheng the master of field of hydropower, academician of Chinese academy of engineering, academician of Chinese academy of science said: The Three Gorges is the largest in scale and The Jinping – 1 is the most difficult in technology.

The Jinping – 1 locates in the canyon areas of west side of the huge Yalong River cove, the relative elevation between two sides of the river cove exceeds 1,500m, and it locates on the west side of the Jinping reginoal fault. The engineering geological condition and hydrogeology condition are extremely compli-

models, suggestion and methods of resolution were brought forward.

The engineering geological survey, analysis and evaluation, demonstration and study on above problems of Jinping – 1 Hydropower Station represented the highest standard in the field of domestic hydropower engineering and advanced the world.

To summarize the experience and achievement of engineering geological surveying in the project of Jinping – 1 Hydropower Station systematically, and to spread and apply the new methods, techniques, research ideas and principles of hydropower project geological surveying and evaluation including super high arch dam at the level of 300m, large underground caverns under high geostress condition, high rock slope at the level of 500m, a group of experts who were engaged in geological surveying of Jinping – 1 for a long time in CHIDI compiled the national publication foundation project *The Jinping Sub-volumes of Super Hydropower Stations of The Pillars of a Great Power for The Major Engineering Geological Problems*. It is essential and appropriate to compile this masterpiece to provide the reference for similar projects.

This book is a rich and rewarding read of comprehensive and abundant contents. It systematically concludes the struggles to get the final substantial achievement. It generalizes and concludes the application of the surveying methods, the principles of surveying arrangement according to nine major engineering geological problems summarized. Also it systemically summarizes the design direction, contents, approachs, methods, programs and results for the engineering geological problems. The research ideas and methods in this book serves as examples and important guides for similar projects.

China abounds in hydropower resources. As the hydropower exploitation gradually move to west, especially to implement national development strategy, accelerate the construction and surveying of downstream Yaluzangbu River. It will encounter more complicated geological conditions and more difficult problems about engineering geology, which is both challenge and opportunity to hydropower geologists. This book is of great benefits to engineering geological work. Let us strive together to contribute to modernization construction and geological work.

Wang Sijing
Academician of the Chinese Academy of Engineering
December 2021

sites, ascertained its suitability for construction of high arch dam and the geo-
logical conditions of 21km from Xiaojin estuary to Jingfeng bridge. The study
on the origin mechanism and distribution characteristics of deep cracks at the
left bank, with exploration adits, revealed the deep cracks were the deep un-
loading tensile fractures, which always occur in slopes of reservoirs constructed in
high mountains or deep valleys.

The study about geological characteristic and classification of rock projects
and selection of parameters in special geological condition ascertained the engi-
neering characteristic of deep rock mass with cracks, deeply analyzed the influ-
ence of rock mass quality due to the cracks, and built a classification system of
rock mass quality of dam foundation with the consideration of influence coming
from deep cracks. The study on engineering geological conditions, classification
and parameter selection of rock mass, identified the geological characteristics
of deep fractures, and evaluated its effect on rock mass quality at different de-
velopment stages, by which rock mass quality assessment of the dam founda-
tion was proposed.

By studying rock mass stability of super high arch dam foundation (the
level of 300m), the characteristics and availability of weathered unloading rock
mass of riverbed were found out. The fresh and weakly disturbed III_1 rock mass
was firstly adopted to reduce the excavation of dam foundation. Study on the de-
formation, failure and stability of surrounding rock of large caverns under high
geo-stress ascertained the deformation types, characteristics, regulation and
mechanism of the rocks during construction and excavation, and evaluated the
rock mass quality. By research on engineering geology of the resistance rock
mass on the left bank, the basic geological conditions were identified and engi-
neering geological properties of the special treatment object were found out,
the treatment suggestions are put forward. A large number of tests and monito-
ring are carried out during the construction period, and the results of grouting
treatment is evaluated. The study on the stability of the engineering slope up to
530m on the left bank ascertained the slope structure, and the deformation and
failure cause models of high-elevation sand slate toppling deformation, de-
formed ripped blocks at the left abutment, and large-scale unloading rock
mass. Geological macro evaluation and quantitative calculation were used to es-
timate the slope stability. Based on the slope structure and potential failure

surrounding rock stability of large underground caverns, high and steep rock slope stability, etc. I am glad to see the national publication foundation project: *The Jinping Sub-volumes of Super Hydropower Stations of The Pillars of a Great Power for The Major Engineering Geological Problems* compiled and published, and write a preface explaining the purpose of this work.

The Jinping-1 Project began in Nov. 2005. In July 2014, all six sets were put into operation. As the Jinping-1 started to generate electricity successfully, the methods of engineering geological survey put into use, the identification of geological conditions of regional geology, reservoirs and pivotal project as well as the analysis and evaluation of major engineering geological problems has been proved. And its engineering geological surveying and demonstration advance in the world.

In the fields of engineering geological surveying, the new methods and techniques adopted appropriately to improve surveying accuracy and working efficiency, such as the technique to protect borehole wall by using SM vegetable-gum drilling fluid, the coring techniques with SD core tools and ropes were widely used to weak intercalation and deep core drilling, by which the core recovery and quality improve a lot in fault, compressive fractured and landslide zones. Geophysical exploration technologies such as the seismic tomography (seismic CT) and the shallow seismic reflection method have been applied to detect the distribution of unfavorable geological body including deep fracture, deformation mass and landslides. High definition digital photography geological logging technology and three-dimensional laser scanning technology are widely used in early geological mapping and geological logging in construction stage. The three-dimension model of pivotal areas was built by adopting the "geosmart" known as three-dimensional geological modeling technology.

A vast amount of analysis and research has been made on major geological problems. The stability research of regional structure under complicated geological conditions solved the problems about geosyncline-platform faults, historical changes, segmental activity of the faults in Jinping Mountain as well as latent earthquake source area mapping. The bank stability study about large hydro-fluctuation in reservoir of the high dam solved the problems about impact evaluation of Gapa and Hydrologic station landslides, deformation mass on the Santan right bank. The study on dam site selection by comparing four recommended dam

Preface of This Book

Concrete arch dam, as a statically indeterminate bearing structure with arch – beam combined effects, has advantages in strong bearing capacity, good anti – seismic performance and engineering quantity and investment optimized. Since Meishan Multiple Arch Dam was constructed in 1950s, the concrete arch dam has been widely developed in the end of the 20th century and the beginning of 21th century. From the construction of Ertan Arch Dam of 240m in height in 1990s which was put into operation in July 1998 to the Dagangshan dam in region of Dadu River which produced electricity in 2015, 7 arch dams above 200m in China were completed and put into operation including Ertan dam of 240m in height built on Yalong River, the Jinping – 1 of 305m in height, the Xiluodu of 285.5m in height located on Jinsha River, Dagangshan dam of 210m in height in Dadu River, Xiaowan dam of 294.5m in height in Lancang River, Laxiwa dam of 250m in height in the Yellow River basin and Goupitan dam of 232.5m in height in the Wujiang River basin. The height of Wudongde Arch Dam put into operation in June 2020 and Baihetan dam in June 2021 reaches 270m and 289m respectively.

There are series of complicated geological problems encountered in surveying, designing and constructing of those super high arch dams. The identification after surveying, the demonstration made in deigns and treatment measures in construction are of great significance to the safety and technical economy of super – high arch dams. The Jinping – 1 dam is the highest dam built in the world since far. The unique "Two High and One Deep" geological characteristics, that is high slope, high geo – stress and deep unloading, lead to a series of major engineering geology problems in the areas with mountains, canyons and large reservoirs more representative including regional structural stability, reservoir bank stability, the foundation and shoulders of arch dam stability,

I am glad to provide the preface and recommend this series of books to the readers.

Zhong Denghua
Academician of the Chinese Academy of Engineering
December 2020

mental protection. All these have technologically supported the successful con-struction of the Jinping – 1 Hydropower Station Project.

The Jinping – 1 Hydropower Station Project is located in an alpine and gorge region with steep topography, deep river valley, faults development, high in – situ stress, limited space and scarce social resources. I have led the team of Tianjin University to study on the "Key Technologies in Modeling and Analysis of Hydropower Engineering Geology" in the feasibility study stage of the Jinping – 1 Project. We have researched the theoretical method to model and analyze the hydropower engineering geology based on such engineering and technical issues as complex geological structure, great amount of information, real – time analysis and quick feedback in accordance with the engineering design and construction of major hydropower projects. Moreover, we have pro-posed a 3D unified modeling technology for hydropower engineering geology by coupling multi – source data, which wins the Second National Prize for Progress in Science and Technology. We have studied the "concrete construction quality and real – time control system for construction progress for high arch dam", proposed a dynamic acquisition system of dam construction information and a real – time control system for high arch dam concrete construction progress and an integrated system for high arch dam concrete construction information, and established a dynamic real – time control and warning mechanism for quality so that the dam construction quality and progress are always under control, provi-ding technical support for the efficient and high – quality construction of Jinping – 1 Hydropower Station. I have visited the construction site for many times and re-member the experience here vividly. Seeing the successful construction of Jin-ping – 1 Hydropower Station, I am deeply impressed by the hardships during the construction of Jinping – 1 Hydropower Station and proud of the great achievements.

This series of books, as a set of systematic and cross – discipline engineer-ing books, is a systematic summary of the technical research and engineering practice of Jinping – 1 Hydropower Station by the designers of Chengdu Engi-neering Corporation Limited. I do believe that the publication of this series of books will be beneficial to the hydropower engineering technicians and make new contributions to the hydropower development.

charge and energy dissipation for high arch dam hub in narrow valley, safety monitoring analysis of high arch dams, and technical difficulties in research on and practice of aquatic ecosystem protection. Also, these books study the influence of deep cracks in the left bank on dam construction conditions, and establishes a rock body quality classification system under the influence of deep cracks. Moreover, the researchers propose the deformation stability analysis method for arch dam foundation controlled by the deformation coefficient of arch end, take measures to reinforce the arch dam resistance body, and also put forward the design concept and method for crack prevention of the arch dam structure. The researchers adopt the dissipated energy analysis method for surrounding rock stability, expanding analysis method for surrounding rock failure and long – term stability analysis method, reveal the evolutionary mechanism of progressive failure of surrounding rock of underground powerhouse and evaluate the long – term stability and safety of underground cavern surrounding rocks. For flood discharge and energy dissipation of high arch dams, the researchers propose and realize the energy dissipation technology by means of outflowing by multiple outlets without collision, which significantly reduces the effects of flood discharge atomization, and develop the method to mitigate aeration through super high – flow spillway tunnels and dissipate energy through dovetail – shaped flip buckets. The feedback analysis is performed for the working behavior safety monitoring of high arch dams and safety evaluation is conducted for the deformation and stress behavior during the operation period. Also, a safety monitoring system is established for the working behavior of the super high arch dam during the initial impoundment period and operation period. Jinping – 1 Hydropower Station sets up the environmental protection consciousness of “ecological priority without exceeding the bottom line ”, adheres to the social consensus of “harmonious coexistence between human – beings and the nature”, coordinates the relationship between hydropower development and ecological protection and plans the ecological optimization and scheduling, long – term tracking monitoring and dynamic adjustment of countermeasures, which solves the difficulties in the significant hydro – fluctuation reservoir and protection of aquatic organisms in the Yalong River bent section, and actively promotes the sustainable development of ecological and environ-

Such hydropower projects with high arch dams were designed and completed at the beginning of the 21st century, including Jinping – 1, Xiludu and Dagangshan ones. In addition, the high arch dams of Yebatan and Mengdigou were designed. Among them, the Jinping – 1 Hydropower Station, with the highest arch dam all over the world, is faced with quite complex engineering geological conditions and the greatest difficulty in foundation treatment. Also, the Xiludu Hydropower Station is provided with the most flood discharge outlets on the dam body and the largest flood discharge capacity and the greatest difficulty in the design of arch dam structure. The seismic fortification horizontal acceleration of Dagangshan Project is 0.557g, which is the most difficult in seismic design of arch dam. PowerChina Chengdu Engineering Corporation Limited has a complete set of core technologies in the design of arch dam shape, anti – sliding stability of arch dam abutment, aseismic design of arch dam, foundation treatment and design of arch dam under complex geological conditions, flood discharge and energy dissipation design of hub, temperature control and structure crack prevention design and three – dimensional design. It is bestowed with the international – leading design technology of high arch dams.

The Jinping – 1 Hydropower Station, with the highest arch dam all over the world, is located in a region with complex engineering geological conditions. Thus, it is faced with great technical difficulty. Chengdu Engineering Corporation Limited is brave in innovation and never stops. For the key technical difficulties involved in Jinping – 1 Hydropower Station, it cooperates with famous universities and scientific research institutes in China to carry out a large number of scientific researches during construction, make scientific and technological breakthroughs, and solve the major technical problems restricting the construction of Jinping – 1 Hydropower Station in combination with the on – site construction and geological conditions. In the series of books under the National Press Foundation, including Great Powers – China Super Hydropower Project (Jinping Volume), the researchers summarize the major engineering geological difficulties in Jinping – 1 Hydropower Station, key technologies for design of super high arch dams, surrounding rock failure and deformation control for underground powerhouse cavern group, key technologies for flood dis-

The Yalong River extends for thousands of miles and the construction of high dams is vigorously developing. The Yalong River originates from the snow – covered mountains of the Qinghai – Tibet Plateau and flows into the deep valleys and ravines of the folded belt of the Hengduan Mountains after joining with many streams and rivers. It rushes down with majestic grandeur and magnificence and meets the world's highest dam in the great river bay of Jinping Mountains on Panxi Region, forming an area with high gorges and flat lakes, which is known as the Jinping – 1 Hydropower Station. Among the existing dam types, the arch dam transmits the water thrust to the mountains on both sides of the river through the pressure arch by making full use of the high compressive strength of concrete. It has a good loading and adjustment ability, which, to some extent, can adapt to the changes of complex geological conditions, structural form and load case. The arch dam is featured by good anti – seismic property, small work quantities and economical investment as well as strong overload capacity and favorable economic security. Jinping – 1 Hydropower Station is located in an alpine and gorge region, the rock body of dam foundation rock is dominated by marbles and the upper elevation part of left bank is composed of sandstones and slates, with the width – to – height ratio of the valley being 1. 64. Therefore, a concrete double – arch dam is the best choice.

Currently, the design and construction technology of high arch dams has gained rapid development. PowerChina Chengdu Engineering Corporation Limited designed and completed the Ertan and Shapai High Arch Dams at the end of the 20th century. The Ertan Dam, with a maximum dam height of 240m, is the first concrete dam reaching 200m in China. The roller compacted concrete dam of Shapai Hydropower Station, with a maximum dam height of 132m, was the highest roller compacted concrete arch dam all over the word at that time.

arch dam hub in narrow valley, safety monitoring analysis of high arch dams, and design & scientific research achievements from the research on and practice of aquatic ecosystem protection. These books are deep in research and informative in contents, showing theoretical and practical significance for promoting the design, construction and development of super high arch dams in China. Therefore, I recommend these books to the design, construction and management personnel related to hydropower projects.

Ma Hongqi
Academician of the Chinese Academy of Engineering
December 2020

and warning system during engineering construction, water storage and operation period. Aquatic ecosystem protection in the development and construction of hydropower stations, especially which of Yalong River Bent Section at Jinping Site, is of great significance. This research elaborates the ecological and environmental protection issues including the maintenance of eco-hydrological process, the influence of water temperature in large reservoirs, water intake by layers, fish enhancement and releasing, the protection of fish habitat in Yalong River Bent at Jinping site, and the ecological operation of cascade power station. The main technological research achievements of Jinping – 1 Hydropower Station reach the international leading level. The engineering design and scientific research project of Jinping – 1 Hydropower Station have won one National Award for Technological Invention, 5 National Prizes for Progress in Science and Technology, 16 first or special prices at provincial or ministerial level for progress in science and technology, and 12 first prizes at provincial or ministerial level for excellent design. Jinping – 1 Hydropower Station was awarded the title of "highest dam" by Guinness World Records in 2016, and won Zhan Tianyou civil engineering award in 2017, FIDIC Project Awards for Outstanding Achievements in 2018, and the National Quality Engineering Gold Award in 2019. The Jinping – 1 Hydropower Station has been operating safely for 6 years, and its innovative technological achievements have been popularized and applied in many hydropower projects such as Dagangshan, Wudongde, Baihetan and Yebatan ones. Jinping – 1 Hydropower Station is considered as a new milestone in the construction of high arch dams, especially those with a height of about 300m.

As the leader of the expert group under the special advisory group for the construction of Jinping – 1 Hydropower Station, I have witnessed the whole construction progress of Jinping – 1 Hydropower Station. I am glad to see the compilation and publication of the National Press Foundation – *Great Powers – China Super Hydropower Project (Jinping Volume)* . This series of books summarize the study on major engineering geological difficulties in Jinping – 1 Hydropower Station, key technologies for design of super high arch dams, surrounding rock failure and deformation control for underground powerhouse cavern group, key technologies for flood discharge and energy dissipation for high

River Bent where the geological conditions are extremely complex. It encounters with major engineering geological challenges like regional stability, influence of deep cracks on the dam construction conditions, selection of engineering geological characteristics and parameters of rock body, stability of super high arch dam foundation rock and deformation & failure of underground cavern. The dam foundation is developed with lamprophyre vein and multiple large – scale faults and other fractured weak zones. The rock body on left bank is strongly unloaded due to the influence of specific structure and lithology. The large unloading depth and the development of deep cracks bring unprecedented challenges to the deformation control of arch dam foundation, reinforcement treatment and structural crack prevention design. The researchers put forward the optimize method of arch dam shape under complex geological conditions, propose the dam foundation reinforcement design technology of deformation re-sistance coefficient at arch end, and analyze and evaluate the influence of long – term deformation of side slope on arch dam structure. For the underground powerhouse cavern group, this research focuses on the failure of surrounding rock and time – dependent deformation caused by extremely low strength – stress ratio and poor geological structure, and analyzes the rock characteristics of triaxial loading – unloading – unloading and rheology, reveals the evolutionary mechanism of progressive failure of surrounding rock of underground power-house, and proposes a complete set of technologies to stabilize and control the deformation of surrounding rock of underground cavern group. The flood dis-charge and energy dissipation of high arch dam through collision has solved the difficulty involved in flood discharge and energy dissipation for high arch dam. However, the flood discharge atomization endangers the normal operation of E & M equipment and the stability of side slope. The research puts forward the energy dissipation technology by means of outflowing by multiple outlets with-out collision, which significantly reduces the effects of flood discharge atomiza-tion on bank slope. Under such complex environments as high waterhead, high seepage pressure, continuous deformation of high side slope at the dam abut-ment on the left bank and complicated geological conditions, the difficulties in safety monitoring and warning technology exceeds those in the existing projects at home and abroad. The research has been completed for safety monitoring

Arch dams are famous for their reasonable structure, beautiful shape, high safety capacity and small work quantities. When the geological conditions permit, an arch dam is usually preferred where a high dam is built over a narrow valley with a width – to – height – ratio less than 3. From the construction of Meishan Multi – arch Dam in 1950s to the end of the 20th century, China had completed 11 concrete arch dams with a height of more than 100m, accounting for half of the total arch dams in the world, ranking first all over the world. The Ertan Double – arch Dam completed in 1999 with a dam height of 240m ranks the fourth throughout the world, indicating that Chinese high arch dams have reached the international advanced level in terms of design & construction. Hydropower works in China have been rapidly developed in the 21st century. Currently, a number of high arch dams with a height of about 300m have been available, including Xiaowan Project with a dam height of 294.5m, Jinping – 1 Project with a dam height of 305.0m and Xiluodu Project with a dam height of 285.5m. These projects not only have the characteristic of high dam height, large reservoir and large dam body volume, but also the flood discharge power and installed capacity scale are among the best in the world, which indicates that China's high arch dam design & construction technology has reached the international leading level.

The Jinping – 1 Hydropower Station is one of the most challenging hydropower projects, and developing Yalong River Bent at Jinping site has been the dream of several generations of Chinese hydropower workers. Jinping – 1 Hydropower Station is characterized by alpine and gorge region, high arch dam, high waterhead, high side slope, high in – situ stress and deep unloading. It is a huge hydropower project with the most complicated geological conditions, the worst construction environment and the greatest technological difficulty, ranking the first in the world in terms of arch dam height, complexity of super high arch dam foundation treatment, energy dissipation without collision between surface spillways and deep level outlets, deformation control for underground cavern group under low ratio of high in – situ stress to strength, height of hydropower station intakes where water is taken by layers and overall layout for construction of super high arch dam in alpine and gorge region. Jinping – 1 Hydropower Station is situated in the deep alpine and gorge region of Yalong

The wonderful motherland, beautiful mountains and rivers, peaks rising one higher than another. The Yalong River, as originating from the southern foot of the Bayan Har Mountains which are characterized by range upon range of pinnacles, runs along the Hengduan Mountains, experiencing ups and downs all the way and joining Jinsha River from north to south. Jinping – 1 Hydropower Station, located in Liangshan Yi Autonomous Prefecture, Sichuan Province, is the controlled reservoir cascade in the middle and lower reaches of Yalong River developed and planned for hydropower. Jinping – 1 Hydropower Station is huge in scale, and is a super hydropower project in China, with total install capacity of 3600MW and annual power generation capacity of 16.62 billion kWh. With a height of 305.0m, the dam is the highest arch dam in the world. The reservoir is provided with a full supply level of 1880.00m. The Jinping – 1 Hydropower Station is bestowed with annual regulation performance. The construction of Jinping – 1 Hydropower Station focuses on the concepts of "green Jinping, ecological Jinping and scientific Jinping". Mainly for power generation, Jinping – 1 Hydropower Station stores water in flood season and mitigates the flood control burdens on the middle and lower reaches of the Yangtze River. Also, it can improve the downstream navigation, sediment retaining and ecological environment protection and other comprehensive benefits. The "Jinguan Direct Current Transmission" Project composed of Jinping – 1, Jinping – 2 Hydropower Stations and Guandi Hydropower Station, is the key of West – East Electricity Transmission Project, which can realize the optimal allocation of power resources throughout China. The completion of the station has improved the external and internal traffic conditions of the reservoir area, completed the development of resettlement and supporting works construction, and promoted the development of local energy, mineral and agricultural resources.

Informative Abstract

This book is a National Publication Foundation Project and is one of *Great Powers - China Super Hydropower Project (Jinping Volume)*.

Based on the extremely complex geological background of Jinping – 1 Hydropower Station, the world's highest concrete double curvature arch dam with a height of 305.0m and large – scale caverns under high geostress, for the major engineering geological problems including regional structural stability affecting the engineering survey and construction, the stability of deep reservoir banks with water level large fluctuation, the selection of the dam foundation, the adverse effect on dam construction from deep fractures of the left bank, the selection of parameters and the classification of rock mass, the foundation stability of super – high arch dam, the engineering geology of stressed body on the left bank, the stability or deformation of surrounding rock of underground excavation with high stress, the stability of high and steep slope etc, this book mainly adopts macroscopic judgment in the assistance of quantitative calculation to make the discussion and evaluation systematically. The book contains the key contents and research methods of engineering geological problems during different surveying stages. Also by comparative analysis, the book reveals the similarities and differences between Jinping – 1 and other projects in engineering geology.

The results can be adopted to surveyors and designers, constructors and supervisors, proprietors as well as relevant stuff from universities in the fields of hydropower, water conservancy, geotechnical, transportation, etc.

Great Powers - China Super Hydropower Project

Hydropower Project

(*JinPing Volume*)

Research on Major Engineering Geological Problems

Li Wengang Yang Jingxi Liu Zhongxu Gong Manfu Zheng Haihuai et al.

中国水利水电出版社
China Water & Power Press
· Beijing ·